Java高并发
核心编程 卷2
·加强版·

多线程、锁、JMM、JUC、高并发设计模式

尼恩 唐欢 孙精科 朱达华 著

清华大学出版社
北京

内 容 简 介

本书聚焦Java高并发编程基础知识，介绍Java多线程、线程池、内置锁、JMM、CAS、JUC、高并发设计模式等并发编程方面的核心原理和实战知识。

本书共10章。第1、2章剖析多线程、线程池的核心原理和实战应用，揭秘线程安全问题和Java内置锁的核心原理。第3、4章讲解CAS原理与JUC原子类、JMM的核心原理，揭秘CAS操作的弊端和两类规避措施，以及Java内存可见性和volatile关键字的底层知识。第5章讲解JUC显式锁的原理和各种显式锁的使用。第6章阐述JUC高并发的基础设施——AQS抽象同步器的核心原理。第7章介绍JUC容器类。第8～10章介绍常见的Java高并发设计模式的原理和使用。

本书既可以作为Java工程师、架构师的编程参考书，又可以作为参加互联网大厂面试、笔试的人员的学习参考书。

图书在版编目（CIP）数据

Java 高并发核心编程：加强版. 卷 2，多线程、锁、JMM、JUC、高并发设计模式/尼恩等著. —北京：清华大学出版社，2022.10（2025.1重印）

ISBN 978-7-302-62098-3

Ⅰ．①J… Ⅱ．①尼… Ⅲ．①JAVA 语言—程序设计 Ⅳ．①TP312.8

中国版本图书馆 CIP 数据核字（2022）第 194027 号

责任编辑：赵　军
封面设计：王　翔
责任校对：闫秀华
责任印制：沈　露

出版发行：清华大学出版社
　　　　　网　　　址：https://www.tup.com.cn，https://www.wqxuetang.com
　　　　　地　　　址：北京清华大学学研大厦 A 座　　　　　邮　　编：100084
　　　　　社 总 机：010-83470000　　　　　邮　　购：010-62786544
　　　　　投稿与读者服务：010-62776969，c-service@tup.tsinghua.edu.cn
　　　　　质量反馈：010-62772015，zhiliang@tup.tsinghua.edu.cn
印 装 者：三河市铭诚印务有限公司
经　　销：全国新华书店
开　　本：190mm×260mm　　　　　印　　张：26.75　　　　　字　　数：722 千字
版　　次：2022 年 11 月第 1 版　　　　　印　　次：2025 年 1 月第 4 次印刷
定　　价：118.00 元

产品编号：100125-01

前　言

5G时代、物联网时代的大幕已经开启，新时代提升了对Java应用的高性能、高并发的要求，也抬高了Java工程师的技术台阶和面试门槛。

很多公司的面试题从某个侧面反映了生产场景的技术要求。之前只有BAT等大公司才有高并发技术相关的面试题，现在与Java项目相关的整个行业基本都涉及此类面试题。多线程、线程池、内置锁、JMM、CAS、JUC、高并发设计模式等Java并发编程方面的面试题，从以前的加分题变成现在的基础题。本书着重介绍Java并发编程基础知识，揭秘Java高并发编程的核心难题和解决方案。

本书内容

本书是三卷本《Java高并发核心编程》的第2卷，旨在帮助大家掌握Java高并发基础知识：多线程、线程池、内置锁、JMM、CAS、JUC、高并发设计模式、Java异步回调、CompletableFuture类等。

第1章介绍线程的核心原理、线程的基本操作、线程池的核心原理、JUC的线程池架构、4种快捷创建线程池的方法。除此之外，还从生产实际的角度出发，介绍在生产场景中如何合理预估3类线程池（IO密集型、CPU密集性、混合型）的线程数。

第2章基于生产者－消费者模式的实战案例介绍线程安全问题和Java内置锁的核心原理。首先揭秘Java对象的存储布局、对象头的具体结构，并介绍如何用JOL工具查看对象的结构。然后介绍synchronized内置锁的核心原理，以及内置锁从偏向锁到轻量级锁再到重量级锁的升级过程。

第3章介绍CAS原理与JUC原子类，并解密在争用激烈的高并发场景下，如何提升CAS操作的性能。最后揭秘CAS操作的弊端和两类规避措施。

第4章介绍Java并发编程的三大问题——原子性问题、可见性问题和有序性问题，阐述JMM的核心原理，揭秘Java内存可见性和volatile关键字的底层知识。

第5章介绍JUC显式锁的原理与实战。首先介绍使用显式锁的正确方法、显式锁的分类，然后揭秘CAS可能导致的"总线风暴"和CLH自旋锁，最后从实例出发介绍JUC中的可中断锁和不可中断锁、共享锁与独占锁、读写锁。

第6章介绍JUC高并发的基础设施——AQS抽象同步器的核心原理。本章从模板模式入手，抽丝剥茧，层层深入，揭秘AQS的内部结构。然后结合SimpleMockLock独占锁的释放流程、ReentrantLock的抢锁流程，图文并茂地剖析释放、抢占AQS锁的源码和原理。

第7章介绍JUC容器类，包括CopyOnWriteArrayList、BlockingQueue、ConcurrentHashMap等高并发容器类的原理和使用。

第8章介绍高并发设计模式，主要包括Java开发必须掌握的安全单例模式、Master-Worker模式、ForkJoin模式、生产者－消费者模式、Future模式。

第9章着重介绍高并发编程中经常用到的高并发设计模式——异步回调模式。

第10章介绍Java 8所提供的一个具备异步回调能力的新工具类——CompletableFuture类的原理和使用。

以上内容是开发Java高并发应用所必备的知识，也是广大Java工程师必须掌握的高并发基础知识。

读者对象

1）对Java编程感兴趣的大专院校学生。
2）Java工程师。
3）Java架构师。

本书源代码下载

本书的源代码可以扫码右侧的二维码进行下载，若下载有问题，请发送电子邮件至booksaga@126.com，邮件主题为"Java高并发核心编程 卷2（加强版）下载资源"。

勘误和支持

由于笔者水平和能力有限，书中不妥之处在所难免，希望读者批评指正。

致谢

首先感谢卞诚君老师，没有他的指导和帮助，就不会有《Netty、Redis、ZooKeeper高并发实战》一书的面世，更不会有后续的本书。

然后感谢《Netty、Redis、ZooKeeper高并发实战》一书的读者，是他们对该书的高度评价，极大地提升了笔者的写作自信，激励笔者推出了三卷《Java高并发核心编程》，本书为第2卷。

最后感谢"疯狂创客圈"社群中的小伙伴们，他们中有很多非常有前途的技术狂人，他们对Java高并发技术的狂热喜爱让笔者惊叹不已。技术狂人们也获得了丰厚的回报，比如专科毕业的第76号、第453号技术狂人，已经顺利走向技术自由，成为P7级以上的技术专家，尤其是第76号卷王，两年之内薪资涨3倍，可喜可贺。

欢迎大家进入"疯狂创客圈"社群积极"砸"问题，虽然有的技术难题笔者不一定能给出最佳的解决方案，但坦诚、纯粹的技术交流，能让大家相互启发，产生技术灵感，拓展技术视野，并最终提升技术水平。

尼 恩

2022年8月25日

自 序

身边常常有小伙伴问我怎样提高Java技术水平。下面给两个简单的例子：

小伙伴A（6年经验）说：尼恩，使用Java编程时，我在思路和速度上都赶不上小伙伴B（5年经验），尤其是在解决复杂问题的时候，我该怎么办？

小伙伴C（12年经验）说：尼恩，我司刚刚引进了一位高薪的Java核心架构师，他的薪酬挺令人心动的，如何才能提高我的Java技术水平，成为核心架构师呢？

遇到这类问题，我一概回答："多读书、多画图、多实操。就目前看来，这是一条快捷、经济、有效地提高Java水平的途径。"

为什么这么说呢？首先，以我本人为例，身为核心架构师，我在技术能力方面早已得到团队认可，在团队内长期居于Bug排除榜前列，专门负责解决复杂、困难的技术问题。实际上，方法很简单，就是多阅读专业图书，我家里的技术书都可以用汗牛充栋来形容了。其次，给大家简单地分析一下具体原因。目前学习技术的途径大致有三种：（1）阅读博文；（2）观看视频；（3）阅读图书。通过途径1（阅读博文）获得的知识往往过于碎片化，难成系统。这种途径更适用于了解技术趋势、解决临时的技术问题。通过途径2（观看视频）获取知识需要耗费大量的时间，而且很多视频是填鸭式的知识灌输。所以，途径2更适用于初学者，或者用于掌握某个完整的知识体系。对于有经验、能动性高的Java工程师来说，途径2不足之处在于效率太低、时间成本高。通过途径3（阅读图书）获取知识有一个显著的优势：图书能以很小的体积承载巨量知识，而且所承载的是系统化、层次化的知识。

上述三种途径各有优劣，鉴于Java高并发所涉及的核心技术比较多，包括 Spring Cloud、Netty、Nginx、JUC、JMM、Kafka、ElasticSearch等，我将结合博文、视频、图书三种形式，为大家提供一个立体的、全方位的Java高并发核心编程知识仓库。在"疯狂创客圈"（我发起的Java高并发交流社群）中，将规划的图书整合成一个高并发核心编程的图书系列，大致清单如下：

1）《Java高并发核心编程 卷1（加强版）：NIO、Netty、Redis、ZooKeeper》：从操作系统底层IO模式和原理、Reactor高并发IO模式入手，介绍Java分布式、高并发通信原理，并指导大家进行高并发IM实战。

卷1详细介绍Reactor模式、Netty、ZooKeeper、Redis、TCP、HTTP、WebSocket、NIO等Java高性能通信的核心原理和编程知识，并指导大家编写一个高并发的分布式IM实战程序——CrazyIM。

2）《Java高并发核心编程 卷2（加强版）：多线程、锁、JMM、JUC、高并发设计模式》：聚焦Java高并发基础知识，内容包括多线程、线程池、JMM内存模型、JUC并发包、AQS同步器、高并发容器类、高并发设计模式等。

卷2为大家建立高并发、高性能Java应用的底层知识体系，是本系列图书中最为基础、最为核心的一卷书。

3）《Java高并发核心编程 卷3（加强版）：亿级用户Web应用架构与实战》：从亿级用户的Web应用架构入手，介绍高架构所涉及的理论知识体系和核心实操知识，涵盖Spring Cloud、Nginx的核心原理和编程知识，并指导大家编写一个高并发的秒杀实战程序。

卷3通过高并发架构的介绍和实操指导，引导大家建立架构师知识框架体系，并且指导大家做一些架构师必备的实操。

本书是《Java高并发核心编程 卷2》的加强版。自《Java高并发核心编程 卷2》初版后的一年半以来，在和广大读者小伙伴的答疑、交流过程中，以及在对Java顶级高并发组件的研究过程中，尼恩对《Java高并发核心编程 卷2》的内容进行了大量的修订、完善、充实，要点内容如下：

1）增加、扩展了ThreadLocal的内容。增加了Netty的FastThreadLocal和ThreadLocal 1.7/1.8之间本质区别的内容，并对 ThreadLocal 1.7/1.8、FastThreadLocal三大本地变量的内部结构做了对比介绍，以帮助大家了解什么是高性能版本的ThreadLocal。

2）更新了JMM中volatile语义上的四个内存屏障。更新之后，逻辑更加清晰，并且还提供了快速记忆的技巧。例如，"JMM中volatile如何保障可见性，涉及哪些内存屏障？"是Java高并发相关职位面试时的核心问题（也是难题）之一。新的内容能够帮忙大家快速地掌握和记忆volatile语义，相应的面试难题也就迎刃而解了。

3）新增了JVM的全局安全点原理和偏向锁撤销的性能问题方面的内容。这个也是面试的重点、难点。读完此版本，大家对JVM的全局安全点、线程的安全点、偏向锁撤销的STW停顿的原理，应该会有一个非常深入的了解。

4）更新了偏向锁、轻量级锁的部分内容。新增的内容对Mark Word在偏向锁、轻量级锁、重量级锁三大场景下的备份机制做了细化和深入的对比与区分。这是超级难点，是很多小伙伴模糊不清的地方。读完此版本，大家将对锁记录的用途，以及为啥偏向锁不需要锁记录等问题有更深刻的记忆。

5）新增了如何对volatile变量的写入进行性能优化的内容。这个技巧是开发高性能组件的必备技巧，Netty、JCTool等组件中有大量的应用。此版本深入剖析了volatile变量写入时的低性能的根本原理，并介绍了性能优化措施。

编写Java高并发核心编程系列图书的初衷是为大家奉上一系列有关Java高并发方面的"原理级""思想级"的图书，帮助大家轻松、切实、快捷地获取Java高并发核心知识，从而稳固自己的知识底盘，提升自己的开发内功。

由于书的篇幅有限，高并发知识体系又非常庞大，所以，笔者还编写了大量博客文章作为本书的配套知识和补充知识，具体的博客，请加"疯狂创客圈"社群获取。

尼 恩

2022年9月26日

目　　录

第 1 章　多线程原理与实战 ……………………………………………………………… 1

1.1　两个技术面试故事 …………………………………………………………………… 1

1.2　无处不在的进程和线程 ……………………………………………………………… 2

　　1.2.1　进程的基本原理 ……………………………………………………………… 3

　　1.2.2　线程的基本原理 ……………………………………………………………… 4

　　1.2.3　进程与线程的区别 …………………………………………………………… 7

1.3　创建线程的 4 种方法 ………………………………………………………………… 7

　　1.3.1　Thread 类详解 ………………………………………………………………… 8

　　1.3.2　创建一个空线程 ……………………………………………………………… 10

　　1.3.3　线程创建方法一：继承 Thread 类创建线程类 ……………………………… 11

　　1.3.4　线程创建方法二：实现 Runnable 接口创建线程目标类 …………………… 12

　　1.3.5　优雅创建 Runnable 线程目标类的两种方式 ………………………………… 14

　　1.3.6　实现 Runnable 接口的方式创建线程目标类的优缺点 ……………………… 16

　　1.3.7　线程创建方法三：使用 Callable 和 FutureTask 创建线程 ………………… 20

　　1.3.8　线程创建方法四：通过线程池创建线程 …………………………………… 25

1.4　线程的核心原理 ……………………………………………………………………… 28

　　1.4.1　线程的调度与时间片 ………………………………………………………… 28

　　1.4.2　线程的优先级 ………………………………………………………………… 29

　　1.4.3　线程的生命周期 ……………………………………………………………… 31

　　1.4.4　一个线程状态的简单演示案例 ……………………………………………… 33

　　1.4.5　使用 Jstack 工具查看线程状态 ……………………………………………… 35

1.5　线程的基本操作 ……………………………………………………………………… 36

　　1.5.1　线程名称的设置和获取 ……………………………………………………… 36

　　1.5.2　线程的 sleep 操作 …………………………………………………………… 38

　　1.5.3　线程的 interrupt 操作 ………………………………………………………… 39

　　1.5.4　线程的 join 操作 ……………………………………………………………… 42

　　1.5.5　线程的 yield 操作 …………………………………………………………… 46

　　1.5.6　线程的 daemon 操作 ………………………………………………………… 48

1.5.7 线程状态总结 ··· 52

1.6 线程池原理与实战 ··· 54

    1.6.1 JUC 的线程池架构 ··· 54

    1.6.2 Executors 的 4 种快捷创建线程池的方法 ·························· 56

    1.6.3 线程池的标准创建方式 ··· 62

    1.6.4 向线程池提交任务的两种方式 ······································ 63

    1.6.5 线程池的任务调度流程 ··· 66

    1.6.6 ThreadFactory（线程工厂） ·· 68

    1.6.7 任务阻塞队列 ·· 70

    1.6.8 调度器的钩子方法 ·· 70

    1.6.9 线程池的拒绝策略 ·· 72

    1.6.10 线程池的优雅关闭 ··· 75

    1.6.11 Executors 快捷创建线程池的潜在问题 ·························· 80

1.7 确定线程池的线程数 ··· 83

    1.7.1 按照任务类型对线程池进行分类 ···································· 83

    1.7.2 为 IO 密集型任务确定线程数 ······································· 84

    1.7.3 为 CPU 密集型任务确定线程数 ···································· 86

    1.7.4 为混合型任务确定线程数 ·· 87

1.8 ThreadLocal 原理与实战 ·· 89

    1.8.1 ThreadLocal 的基本使用 ·· 89

    1.8.2 ThreadLocal 使用场景 ··· 91

    1.8.3 使用 ThreadLocal 进行线程隔离 ··································· 92

    1.8.4 使用 ThreadLocal 进行跨函数数据传递 ·························· 93

    1.8.5 ThreadLocal 内部结构演进 ·· 94

    1.8.6 ThreadLocal 源码分析 ··· 96

    1.8.7 ThreadLocalMap 源码分析 ·· 99

    1.8.8 ThreadLocal 综合使用案例 ··· 102

第 2 章 Java 内置锁的核心原理 ··· 106

2.1 线程安全问题 ·· 106

    2.1.1 自增运算不是线程安全的 ·· 106

    2.1.2 临界区资源与临界区代码段 ··· 108

2.2 synchronized 关键字 ·· 109

    2.2.1 synchronized 同步方法 ·· 110

    2.2.2 synchronized 同步块 ··· 110

    2.2.3 静态的同步方法 ·· 112

2.3　生产者－消费者问题 ·· 113

  2.3.1　生产者－消费者模式 ·· 113

  2.3.2　一个线程不安全的实现版本 ··· 114

  2.3.3　一个线程安全的实现版本 ·· 120

2.4　Java 对象结构与内置锁 ·· 121

  2.4.1　Java 对象结构 ·· 121

  2.4.2　Mark Word 的结构信息 ·· 124

  2.4.3　使用 JOL 工具查看对象的布局 ·· 126

  2.4.4　大小端问题 ··· 129

  2.4.5　无锁、偏向锁、轻量级锁和重量级锁 ·· 131

2.5　偏向锁的原理与实战 ·· 132

  2.5.1　偏向锁的核心原理 ··· 132

  2.5.2　偏向锁的演示案例 ··· 133

  2.5.3　偏向锁的膨胀和撤销 ·· 136

  2.5.4　全局安全点原理和偏向锁撤销的性能问题 ····································· 137

2.6　轻量级锁的原理与实战 ··· 139

  2.6.1　轻量级锁的核心原理 ·· 139

  2.6.2　轻量级锁的案例演示 ·· 141

  2.6.3　轻量级锁的分类 ··· 143

  2.6.4　轻量级锁的膨胀 ··· 144

2.7　重量级锁的原理与实战 ··· 144

  2.7.1　重量级锁的核心原理 ·· 144

  2.7.2　重量级锁的开销 ··· 146

  2.7.3　重量级锁的演示案例 ·· 147

2.8　偏向锁、轻量级锁与重量级锁的对比 ·· 149

2.9　线程间通信 ··· 150

  2.9.1　线程间通信定义 ··· 150

  2.9.2　低效的线程轮询 ··· 150

  2.9.3　wait 方法、notify 方法的原理 ·· 152

  2.9.4　"等待－通知"通信模式演示案例 ·· 154

  2.9.5　生产者－消费者之间的线程间通信 ·· 156

  2.9.6　需要在 synchronized 同步块的内部使用 wait 和 notify ······················ 158

第 3 章　CAS 原理与 JUC 原子类 ··· 160

3.1　什么是 CAS ·· 160

  3.1.1　Unsafe 类中的 CAS 方法 ·· 160

3.1.2 使用 CAS 进行无锁编程 ··· 162

3.1.3 使用无锁编程实现轻量级安全自增 ·· 164

3.1.4 字段偏移量的计算 ·· 165

3.2 JUC 原子类 ·· 167

3.2.1 JUC 中的 Atomic 原子操作包 ··· 167

3.2.2 基础原子类 AtomicInteger ·· 168

3.2.3 数组原子类 AtomicIntegerArray ·· 170

3.2.4 AtomicInteger 线程安全原理 ··· 171

3.3 对象操作的原子性 ··· 173

3.3.1 引用类型原子类 ·· 173

3.3.2 属性更新原子类 ·· 174

3.4 ABA 问题 ·· 175

3.4.1 了解 ABA 问题 ··· 175

3.4.2 ABA 问题解决方案 ··· 177

3.4.3 使用 AtomicStampedReference 解决 ABA 问题 ························ 177

3.4.4 使用 AtomicMarkableReference 解决 ABA 问题 ······················ 179

3.5 提升高并发场景下 CAS 操作的性能 ·· 180

3.5.1 以空间换时间：LongAdder ·· 181

3.5.2 LongAdder 的原理 ·· 183

3.6 CAS 在 JDK 中的广泛应用 ·· 189

3.6.1 CAS 操作的弊端和规避措施 ··· 190

3.6.2 CAS 操作在 JDK 中的应用 ·· 191

第 4 章 可见性与有序性原理 ··· 192

4.1 CPU 物理缓存结构 ·· 192

4.2 并发编程的三大问题 ··· 194

4.2.1 原子性问题 ·· 194

4.2.2 可见性问题 ·· 195

4.2.3 有序性问题 ·· 196

4.3 硬件层的 MESI 协议原理 ··· 198

4.3.1 总线锁和缓存锁 ·· 199

4.3.2 MSI 协议 ··· 201

4.3.3 MESI 协议及 RFO 请求 ·· 201

4.3.4 Store Buffer 和 Invalidate Queue ·· 206

4.3.5 volatile 的原理 ··· 207

4.4 有序性与内存屏障 ··· 209

4.4.1 重排序 ··· 210

4.4.2 As-if-Serial 规则 ·· 211

4.4.3 硬件层面的内存屏障 ··· 212

4.5 JMM 详解 ··· 214

4.5.1 什么是 Java 内存模型 ·· 214

4.5.2 JMM 与 JMM 物理内存的区别 ··························· 216

4.5.3 JMM 的 8 个操作 ·· 218

4.5.4 JMM 如何解决有序性问题 ·································· 219

4.6 Happens-Before 规则 ··· 222

4.6.1 Happens-Before 规则介绍 ··································· 222

4.6.2 规则 1：顺序性规则 ·· 223

4.6.3 规则 2：volatile 规则 ··· 223

4.6.4 规则 3：传递性规则 ·· 225

4.6.5 规则 4：监视锁规则 ·· 226

4.6.6 规则 5：start() 规则 ··· 227

4.6.7 规则 6：join() 规则 ··· 227

4.7 volatile 语义中的内存屏障 ·· 228

4.7.1 volatile 写操作的内存屏障 ·································· 229

4.7.2 volatile 读操作的内存屏障 ·································· 229

4.7.3 对 volatile 变量的写入进行性能优化 ··················· 230

4.8 volatile 不具备原子性 ·· 232

4.8.1 volatile 变量的自增实例 ····································· 232

4.8.2 volatile 变量的复合操作不具备原子性的原理 ········· 233

第 5 章 JUC 显式锁的原理与实战 ·· 235

5.1 显式锁 ··· 235

5.1.1 显式锁 Lock 接口 ··· 236

5.1.2 可重入锁 ReentrantLock ····································· 237

5.1.3 使用显式锁的模板代码 ······································ 239

5.1.4 基于显式锁进行"等待−通知"方式的线程间通信 ······ 241

5.1.5 LockSupport ·· 244

5.1.6 显式锁的分类 ··· 247

5.2 悲观锁和乐观锁 ·· 249

5.2.1 悲观锁存在的问题 ··· 249

5.2.2 通过 CAS 实现乐观锁 ·· 249

5.2.3 不可重入的自旋锁 ·· 250

5.2.4 可重入的自旋锁 ·· 251

5.2.5 CAS 可能导致"总线风暴" ··· 252

5.2.6 CLH 自旋锁 ··· 254

5.3 公平锁与非公平锁 ··· 261

5.3.1 非公平锁实战 ··· 261

5.3.2 公平锁实战 ·· 262

5.4 可中断锁与不可中断锁 ·· 263

5.4.1 锁的可中断抢占 ·· 263

5.4.2 死锁的监测与中断 ·· 265

5.5 独占锁与共享锁 ·· 268

5.5.1 独占锁 ··· 268

5.5.2 共享锁 Semaphore ··· 268

5.5.3 共享锁 CountDownLatch ··· 271

5.6 读写锁 ··· 273

5.6.1 读写锁 ReentrantReadWriteLock ·· 273

5.6.2 锁的升级与降级 ··· 275

5.6.3 StampedLock ··· 276

第 6 章 AQS 抽象同步器核心原理 ·· 280

6.1 锁与队列的关系 ·· 280

6.2 AQS 的核心成员 ··· 282

6.2.1 状态标志位 ·· 282

6.2.2 队列节点类 ·· 283

6.2.3 FIFO 双向同步队列 ··· 284

6.2.4 JUC 显式锁与 AQS 的关系 ··· 285

6.2.5 ReentrantLock 与 AQS 的组合关系 ·· 285

6.3 AQS 中的模板模式 ·· 287

6.3.1 模板模式 ·· 288

6.3.2 一个模板模式的参考实现 ·· 289

6.3.3 AQS 的模板流程 ··· 291

6.3.4 AQS 中的钩子方法 ·· 291

6.4 通过 AQS 实现一把简单的独占锁 ·· 292

6.4.1 简单的独占锁的 UML 类图 ·· 293

6.4.2 简单的独占锁的实现 ·· 293

　　　　6.4.3　SimpleMockLock 测试用例 ···································· 295

　　6.5　AQS 锁抢占的原理 ··· 296

　　　　6.5.1　显式锁抢占的总体流程 ···································· 296

　　　　6.5.2　AQS 模板方法：acquire(arg) ····························· 297

　　　　6.5.3　钩子实现：tryAcquire(arg) ····························· 297

　　　　6.5.4　直接入队：addWaiter ································· 297

　　　　6.5.5　自旋入队：enq ····································· 298

　　　　6.5.6　自旋抢占：acquireQueued() ·························· 299

　　　　6.5.7　挂起预判：shouldParkAfterFailedAcquire ··············· 300

　　　　6.5.8　线程挂起：parkAndCheckInterrupt() ·················· 302

　　6.6　AQS 两个关键点：节点的入队和出队 ····················· 302

　　　　6.6.1　节点的自旋入队 ····································· 303

　　　　6.6.2　节点的出队 ·· 303

　　6.7　AQS 锁释放的原理 ··· 304

　　　　6.7.1　SimpleMockLock 独占锁的释放流程 ················ 304

　　　　6.7.2　AQS 模板方法：release() ····························· 305

　　　　6.7.3　钩子实现：tryRelease() ····························· 305

　　　　6.7.4　唤醒后驱：unparkSuccessor() ························ 306

　　6.8　ReentrantLock 的抢锁流程 ································· 306

　　　　6.8.1　ReentrantLock 非公平锁的抢占流程 ················ 307

　　　　6.8.2　非公平锁的同步器子类 ···························· 307

　　　　6.8.3　非公平抢占的钩子方法：tryAcquire(arg) ··············· 308

　　　　6.8.4　ReentrantLock 公平锁的抢占流程 ·················· 308

　　　　6.8.5　公平锁的同步器子类 ······························ 309

　　　　6.8.6　公平抢占的钩子方法：tryAcquire(arg) ··············· 309

　　　　6.8.7　是否有后驱节点的判断 ···························· 310

　　6.9　AQS 条件队列 ·· 310

　　　　6.9.1　Condition 基本原理 ································· 310

　　　　6.9.2　await()等待方法原理 ······························ 312

　　　　6.9.3　signal()唤醒方法原理 ····························· 313

　　　　6.9.4　节点入队的时机 ····································· 314

　　6.10　AQS 的实际应用 ··· 315

第 7 章　JUC 容器类 ··· 316

　　7.1　线程安全的同步容器类 ····································· 316

　　7.2　JUC 高并发容器 ·· 318

7.3 CopyOnWriteArrayList ·· 319

   7.3.1 CopyOnWriteArrayList 的使用 ··· 320

   7.3.2 CopyOnWriteArrayList 原理 ·· 321

   7.3.3 CopyOnWriteArrayList 读取操作 ··· 322

   7.3.4 CopyOnWriteArrayList 写入操作 ··· 323

   7.3.5 CopyOnWriteArrayList 的迭代器实现 ·· 323

7.4 BlockingQueue ··· 324

   7.4.1 BlockingQueue 的特点 ·· 324

   7.4.2 阻塞队列的常用方法 ·· 325

   7.4.3 常见的 BlockingQueue ·· 326

   7.4.4 ArrayBlockingQueue 的基本使用 ··· 328

   7.4.5 ArrayBlockingQueue 构造器和成员 ·· 330

   7.4.6 非阻塞式添加元素：add()、offer()方法的原理 ··· 332

   7.4.7 阻塞式添加元素：put()方法的原理 ·· 333

   7.4.8 非阻塞式删除元素：poll()方法的原理 ··· 335

   7.4.9 阻塞式删除元素：take()方法的原理 ··· 335

   7.4.10 peek()直接返回当前队列的队首元素 ··· 337

7.5 ConcurrentHashMap ··· 337

   7.5.1 HashMap 和 HashTable 的问题 ··· 337

   7.5.2 JDK 1.7 版本 ConcurrentHashMap 的结构 ··· 338

   7.5.3 JDK 1.7 版本 ConcurrentHashMap 的核心原理 ·· 339

   7.5.4 JDK 1.8 版本 ConcurrentHashMap 的结构 ··· 346

   7.5.5 JDK 1.8 版本 ConcurrentHashMap 的核心原理 ·· 347

   7.5.6 JDK 1.8 版本 ConcurrentHashMap 的核心源码 ·· 350

第 8 章 高并发设计模式 ··· 353

8.1 线程安全的单例模式 ·· 353

   8.1.1 从饿汉式单例到懒汉式单例 ·· 353

   8.1.2 使用内置锁保护懒汉式单例 ·· 354

   8.1.3 双重检查锁方式 ·· 355

   8.1.4 使用双重检查锁+volatile ·· 356

   8.1.5 使用静态内部类实例懒汉单例模式 ··· 357

8.2 Master-Worker 模式 ·· 357

   8.2.1 Master-Worker 模式的参考实现 ·· 358

   8.2.2 Netty 中的 Master-Worker 模式的实现 ··· 362

      8.2.3　Nginx 中的 Master-Worker 模式的实现 ················· 363

  8.3　ForkJoin 模式 ························· 364

      8.3.1　ForkJoin 模式的原理 ················· 364

      8.3.2　ForkJoin 框架 ················· 365

      8.3.3　ForkJoin 框架使用实战 ················· 366

      8.3.4　ForkJoin 框架的核心 API ················· 367

      8.3.5　工作窃取算法 ················· 370

      8.3.6　ForkJoin 框架的原理 ················· 371

  8.4　生产者－消费者模式 ················· 372

  8.5　Future 模式 ················· 373

第 9 章　异步回调模式 ························· 375

  9.1　从泡茶的案例说起 ················· 375

  9.2　join：异步阻塞之闷葫芦 ················· 376

      9.2.1　线程的合并流程 ················· 376

      9.2.2　调用 join()实现异步泡茶喝 ················· 376

      9.2.3　join()方法详解 ················· 377

  9.3　FutureTask：异步调用之重武器 ················· 378

      9.3.1　通过 FutureTask 获取异步执行结果的步骤 ················· 379

      9.3.2　使用 FutureTask 实现异步泡茶喝 ················· 379

  9.4　异步回调与异步阻塞调用 ················· 382

  9.5　Guava 的异步回调模式 ················· 383

      9.5.1　详解 FutureCallback ················· 383

      9.5.2　详解 ListenableFuture ················· 384

      9.5.3　ListenableFuture 异步任务 ················· 384

      9.5.4　使用 Guava 实现泡茶喝的实例 ················· 385

      9.5.5　Guava 异步回调和 Java 异步调用的区别 ················· 388

  9.6　Netty 的异步回调模式 ················· 389

      9.6.1　GenericFutureListener 接口详解 ················· 389

      9.6.2　Netty 的 Future 接口详解 ················· 389

      9.6.3　ChannelFuture 的使用 ················· 390

      9.6.4　Netty 的出站和入站异步回调 ················· 390

  9.7　异步回调模式小结 ················· 391

第 10 章　CompletableFuture 异步回调 ·· 392

10.1　CompletableFuture 详解 ·· 392

10.1.1　CompletableFuture 的 UML 类关系 ··································· 392

10.1.2　CompletionStage 接口 ··· 393

10.1.3　使用 runAsync 和 supplyAsync 创建子任务 ······················· 393

10.1.4　设置的子任务回调钩子 ··· 394

10.1.5　调用 handle()方法统一处理异常和结果 ···························· 396

10.1.6　线程池的使用 ·· 397

10.2　异步任务的串行执行 ··· 398

10.2.1　thenApply()方法 ··· 398

10.2.2　thenRun()方法 ··· 399

10.2.3　thenAccept()方法 ·· 399

10.2.4　thenCompose()方法 ·· 400

10.2.5　4 个任务串行方法的区别 ··· 401

10.3　异步任务的合并执行 ··· 402

10.3.1　thenCombine()方法 ··· 402

10.3.2　runAfterBoth()方法 ·· 404

10.3.3　thenAcceptBoth()方法 ·· 404

10.3.4　allOf()等待所有的任务结束 ·· 405

10.4　异步任务的选择执行 ··· 405

10.4.1　applyToEither()方法 ·· 406

10.4.2　runAfterEither()方法 ··· 407

10.4.3　acceptEither()方法 ··· 407

10.5　CompletableFuture 的综合案例 ·· 408

10.5.1　使用 CompletableFuture 实现泡茶喝实例 ···························· 408

10.5.2　使用 CompletableFuture 进行多个 RPC 调用 ························ 410

10.5.3　使用 RxJava 模拟 RPC 异步回调 ·······································411

第 1 章
多线程原理与实战

在学习多线程之前，先介绍笔者经历过的两个有意思的面试小故事。

1.1　两个技术面试故事

笔者作为核心架构师、技术主管经常组织技术面试，期间遇到过很多候选人，发生过很多有意思的小故事。

1. 面试故事之一

候选人是一位至少有着6年以上开发经验、毕业于某二本院校计算机专业、看上去非常老练的Java高级工程师，简称L君。L君所应聘的岗位是一个网络设备配置管理类项目的MDE（模块设计师、Java主程）。该项目的特点是：有着8年历史代码积累，反复地修修补补，项目代码量庞大，并且有着18%以上的重复代码率，模块之间的耦合度非常高。所以，该项目迫切需要进行架构解耦，想找一位有开发基础扎实、擅长进行模块解耦的MDE。

为了考察L君的编程水平，笔者先给L君上了一道正餐前的开胃菜，出了一个比较简单的题目：

程序开发时为什么要用多线程，单线程不是很好吗？多线程有什么意义？多线程会带来哪些问题，如何解决？

以上问题对于一个合格的Java工程师来说是个非常简单的。出人意料的是，这位有着6年以上开发经验的L君竟然没有答上来。L君的理由这个问题太理论、太基础，已经忘记其答案了。呜呼哀哉，这么简单的基础知识都忘记了。当然，L君也不好意思，只能快快离去了。

为什么答不上来呢？可能的原因从L君的简历可以探知一二：L君干了多年传统Web开发，在工作过程中，估计L君完全是埋头干活，每天只顾着完成领导（开发经理）分配的小任务，完成Web模块的CRUD（增删改查）工作，完全没有去系统地看书学习和理解Java的基础知识，连基础的东西都丢了。

2. 面试故事之二

候选人是从重庆一所"双一流大学"毕业了一年的初级Java工程师，简称Y君。在笔者面试前，Y君已经过了第一面，并且前面的同事甚至还反馈说Y君的技术不错。看上去Y君拿到Offer已经没有什么悬念了。在面试时，笔者考察多线程知识似乎已经成为习惯，在Y君自我介绍完之后，笔者一上来就出了一道古老的面试题：

什么是线程安全问题，"++"运算是不是线程安全的？

Y君的答案比前面L君的更出人意料。Y君直接说："我从来没有用过多线程，不知道线程安全问题的意义，也不清楚'++'运算是不是线程安全的。"笔者心里有底了：Y君和L君一样，又是一个埋头于Web模块CRUD的机械活，没有去认真学习和理解Java基础和原理。

"没用过多线程？难道你不知道JVM一启动，默认就开启了多个线程吗？"笔者反问和提醒Y君，可Y君依旧两眼茫然。尽管Y君在面试的临场反应和语言沟通能力以及学历都令人满意，但是笔者作为面试官只能非常无奈地撤回了差一点就给到Y君的Offer。为什么呢？Java多线程属于编程的基本功，如果一点都不了解，很难编写出高健壮和高安全的程序。

临走的时候，笔者建议Y君回去做一个小实验：对一个共享的变量使用10个线程，每个线程自增100万次。看看最终的结果是不是1000万。

3. 面试官总结

两个真真切切的面试故事已经讲完。实际上，笔者面试过的很多候选人都有一个共性问题：Java基础知识尤其是多线程、高并发知识非常欠缺。所以很遗憾，很多候选人无缘优质Offer。

总体而言，多线程是Java程序运行的基础性机制，对于高性能、高并发Java程序来说用好多线程尤为重要，所以多线程知识是每个Java工程师必知必会的基础性知识。

本章的目标是由浅入深，对Java多线程的核心原理和使用方法做一个非常详尽的介绍。

1.2 无处不在的进程和线程

线程从何而来呢？先从计算机的发展史讲起。从1946年2月14日世界上第一台计算机在美国宾夕法尼亚大学诞生到今天，计算和处理的模式早已从单用户单任务的串行处理模式发展到了多用户多任务的高并发处理模式。计算机处理任务的调度单位就是我们今天所讲的进程和线程。

进程和线程是操作系统中两个容易混淆的概念，实际上，它们的区分非常简单。在Windows操作系统中打开任务管理器，可以查看进程和线程的详细信息。本书为了方便演示，使用了一个专业的进程查看小软件——Process Explorer来查看系统中的进程和线程，具体如图1-1所示。

> 说明 Process Explorer是一个轻量级的进程管理器，是由Sysinternals出品的免费工具，大家可以从网上下载。

打开Process Explorer软件（或者Windows的任务管理器），首先看到的就是系统进程的列表，列出了操作系统中当前运行的所有进程(运行中的程序)。列表的每一行对于每个进程的详细信息，并且列出了所占用的系统资源，包括CPU、内存、磁盘、线程数等。

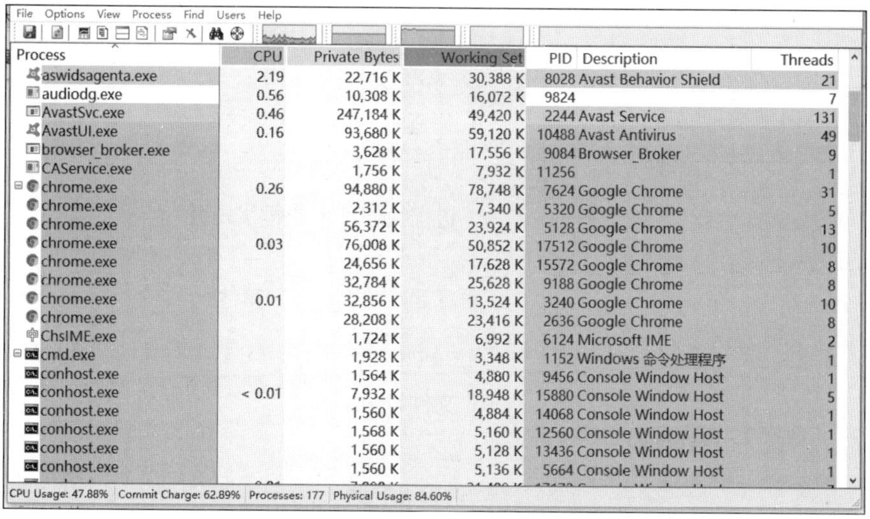

图 1-1　使用 Process Explorer 小工具查看系统中的进程和线程

在Windows操作系统中，进程被分为后台进程和应用进程两类。大部分后台进程在系统开始运行时被操作系统启动，完成操作系统的基础服务功能。大部分应用进程主要由用户启动，完成用户所需要的具体应用功能，比如听音乐、社交聊天、浏览网站等。

什么是进程呢？简单来说，进程是程序的一次启动执行。什么是程序呢？程序是存放在硬盘中的可执行文件，主要包括代码指令和数据。一个进程是一个程序的一次启动和执行，是操作系统将程序装入内存，给程序分配必要的系统资源，并且开始运行程序的指令。

进程与程序是什么关系呢？同一个程序可以多次启动，对应多个进程。比如，多次打开Chrome浏览器程序，在Process Explorer中可以看到多个Chrome浏览器进程。

1.2.1　进程的基本原理

在计算机中，CPU是核心的硬件资源，承担了所有的计算任务；内存资源承担了运行时数据的保存任务；外存资源（硬盘等）承担了数据外部永久存储的任务。其中，计算任务的调度、资源的分配由操作系统来统领。应用程序以进程的形式运行于操作系统之上，享受操作系统提供的服务。

进程的定义一直以来没有完美的标准。一般来说，一个进程由程序段、数据段和进程控制块三部分组成。进程的大致结构如图1-2所示。

程序段一般也被称为代码段。代码段是进程的程序指令在内存中的位置，包含需要执行的指令集合；数据段是进程的操作数据在内存中的位置，包含需要操作的数据集合；程序控制块（Program Control Block，PCB）包含进程的描述信息和控制信息，是进程存在的唯一标志。

PCB主要由4大部分组成：

1）进程的描述信息。主要包括：进程ID和进程名称，进程ID是唯一的，代表进程的身份；进程的状态，比如运行、就绪、阻塞；进程优先级，是进程调度的重要依据。

2）进程的调度信息。主要包括：程序起始地址，程序的第一行指令的内存地址，从这里开始程序的执行；通信信息，进程间通信时的消息队列。

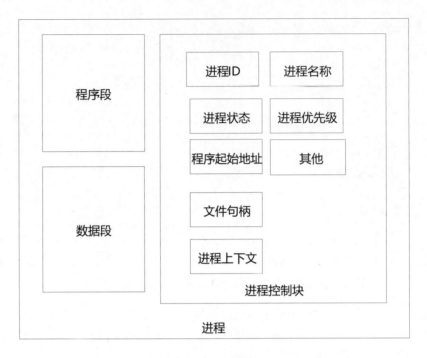

图 1-2　进程的大致结构

3）进程的资源信息。主要包括：内存信息，内存占用情况和内存管理所用的数据结构；I/O 设备信息，所用的I/O设备编号及相应数据结构；文件句柄，所打开文件的信息。

4）进程上下文。主要包括执行时各种CPU寄存器的值、当前的程序计数器（PC）的值以及各种栈的值等，即进程的环境。在操作系统切换进程时，当前进程被迫让出CPU，当前进程的上下文就保存在PCB结构中，供下次恢复运行时使用。

现代操作系统中，进程是并发执行的，任何进程都可以同其他进程一起进行。在进程内部，代码段和数据段有自己的独立地址空间，不同进程的地址空间是相互隔离的。

作为Java工程师来说，这里有一个问题：什么是Java程序的进程呢？

Java编写的程序都运行在Java虚拟机（JVM）中，每当使用Java命令启动一个Java应用程序时，就会启动一个JVM进程。在这个JVM进程内部，所有Java程序代码都是以线程来运行的。JVM找到程序的入口点main()方法，然后运行main()方法，这样就产生了一个线程，这个线程称为主线程。当main()方法结束后，主线程运行完成，JVM进程也随即退出。

1.2.2　线程的基本原理

早期的操作系统只有进程而没有线程。进程是程序执行和系统进行并发调度的最小单位。随着计算机的发展，CPU的性能越来越高，从早期的20MHz发展到了现在2GHz以上，从单核CPU发展到了多核CPU，性能提升了成千上万倍。为了充分发挥CPU的计算性能，提升CPU的硬件资源的利用率，同时弥补进程调度过于笨重产生的问题，进程内部演进出了并发调度的诉求，于是就发明了线程。

线程是指"进程代码段"的一次的顺序执行流程。线程是CPU调度的最小单位。一个进程可以有一个或多个线程，各个线程之间共享进程的内存空间、系统资源，进程仍然是操作系统资源分配的最小单位。

Java程序的进程执行过程就是标准的多线程的执行过程。每当使用Java命令执行一个class类时，实际上就是启动了一个JVM进程。理论上，在该进程的内部至少会启动两个线程，一个main线程，另一个是GC（垃圾回收）线程。实际上，执行一个Java程序后，通过Process Explorer来观察，线程数量远远不止两个，达到了18个之多。

一个标准的线程主要由三部分组成，即线程描述信息、程序计数器（Program Counter，PC）和栈内存，如图1-3所示。

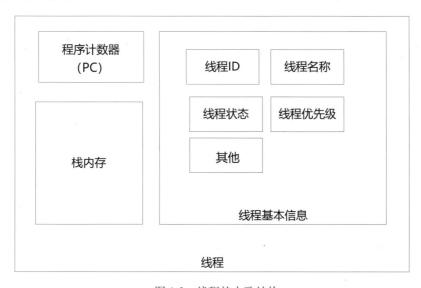

图 1-3　线程的大致结构

在线程的结构中，线程描述信息即线程的基本信息，主要包括：

1）线程ID（Thread ID，线程标识符）。线程的唯一标识，同一个进程内不同线程的ID不会重叠。

2）线程名称。主要是方便用户识别，用户可以指定线程的名字，如果没有指定，系统就会自动分配一个名称。

3）线程优先级。表示线程调度的优先级，优先级越高，获得CPU的执行机会就越大。

4）线程状态。表示当前线程的执行状态，为新建、就绪、运行、阻塞、结束等状态中的一种。

5）其他。例如是否为守护线程等，后面会详细介绍。

在线程的结构中，程序计数器很重要，它记录着线程下一条指令的代码段内存地址。

在线程的结构中，栈内存是代码段中局部变量的存储空间，为线程所独立拥有，在线程之间不共享。在JDK 1.8中，每个线程在创建时默认被分配1MB大小的栈内存。栈内存和堆内存不同，栈内存不受垃圾回收器管理。

下面是一段简单的演示代码，演示一个Java程序的线程信息：

```
package com.crazymakercircle.mutithread.basic.create;
import com.crazymakercircle.util.Print;
public class StackAreaDemo {
```

```java
public static void main(String args[]) throws InterruptedException {
    Print.cfo("当前线程名称: "+Thread.currentThread().getName());
    Print.cfo("当前线程ID: "+Thread.currentThread().getId());
    Print.cfo("当前线程状态: "+Thread.currentThread().getState());
    Print.cfo("当前线程优先级: "+Thread.currentThread().getPriority());
    int a = 1, b = 1;
    int c = a / b;
    anotherFun();
    Thread.sleep(10000000);
}
private static void anotherFun() {
    int a = 1, b = 1;
    int c = a / b;
    anotherFun2();
}
private static void anotherFun2() {
    int a = 1, b = 1;
    int c = a / b;
}
}
```

程序执行的结果如下:

```
[StackAreaDemo:main]:当前线程名称: main
[StackAreaDemo:main]:当前线程ID: 1
[StackAreaDemo:main]:当前线程状态: RUNNABLE
[StackAreaDemo:main]:当前线程优先级: 5
```

这里使用了java.lang包中的Thread.currentThread()静态方法,用于获取正在执行的当前线程。从结果可以看出,正在执行main()方法的当前线程的其描述信息如下:线程ID为1,名称为main,状态为RUNNABLE,线程的优先级为5。

在Java中,执行程序流程的重要单位是"方法",而栈内存的分配的单位是"栈帧"(或者叫"方法帧")。方法的每一次执行都需要为其分配一个栈帧(方法帧),栈帧主要保存该方法中的局部变量、方法的返回地址以及其他方法的相关信息。当线程的执行流程进入方法时,JVM就会为方法分配一个对应的栈帧压入栈内存;当线程的执行流程跳出方法时,JVM就从栈内存弹出该方法的栈帧,此时方法栈帧的内存空间就会被回收,栈帧中的变量就会被销毁。

以前面的StackAreaDemo示例代码为例,详细介绍一下main线程的栈内存。该示例中定义了三种方法:main()、anotherFun()和anotherFun2(),这三种方法都有相同的三个局部变量a、b、c。整体的执行流程如下:

1)当执行到main()方法时,JVM为main()方法分配一个栈帧,保存三个局部变量,然后将栈帧压入main线程的栈内存。接着,main()方法还没有执行完,执行流程进入anotherFun()方法。

2)执行流程进入anotherFun()之前JVM为其分配对应的栈帧,保存其三个局部变量,然后压入main线程的栈内存。

3)执行流程进入了anotherFun2()方法,老样子,JVM为anotherFun2()分配对应的栈帧,保存其三个局部变量,然后将帧压入main线程的栈内存。

进入到anotherFun2()后,main线程含有三个帧,其栈结构如图1-4所示。

三种方法的栈帧弹出的过程与压入的过程刚好相反。anotherFun2()方法执行完成后,其栈帧从main线程的栈内存首先弹出,执行流程回到anotherFun()方法。anotherFun()方法执行完成后,其栈帧从main线程的栈内存弹出之后,执行流程回到main()方法。main方法执行完成后,其栈帧最后弹出，此时main线程的栈内存已经全部弹空，没有剩余的栈帧。至此，main线程结束。

正是由于栈帧（方法帧）的操作是后进先出的模式，这也是标准的栈操作模式，所以存放方法帧的内存也被叫作栈内存。

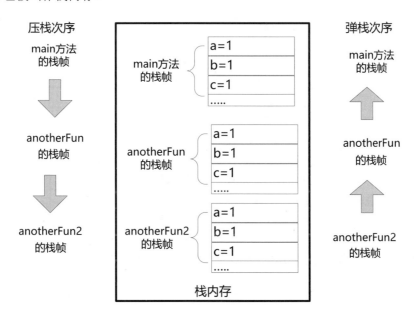

图 1-4　进入到 anotherFun2() 后 main 线程的栈结构

1.2.3　进程与线程的区别

下面总结一下进程与线程的区别，主要有以下几点：

1）线程是"进程代码段"的一次的顺序执行流程。一个进程由一个或多个线程组成；一个进程至少有一个线程。

2）线程是CPU调度的最小单位，进程是操作系统分配资源的最小单位。线程的划分尺度小于进程，使得多线程程序的并发性高。

3）线程是出于高并发的调度诉求从进程内部演进而来的。线程的出现既充分发挥CPU的计算性能，又弥补了进程调度过于笨重的问题。

4）进程之间是相互独立的，但进程内部各个线程之间并不完全独立。各个线程之间共享进程的方法区内存、堆内存、系统资源（文件句柄、系统信号等）。

5）切换速度不同，线程上下文切换比进程上下文切换要快得多。所以，有时线程也称为轻量级进程。

1.3　创建线程的 4 种方法

Java进程中每一个线程都对应着一个Thread实例。线程的描述信息在Thread的实例属性中得到保存，供JVM进行线程管理和调度时使用。

Thread类除定义了很多操作线程实例的成员方法之外，还有一系列的类的静态方法。比如1.2节用到的Thread.currentThread()静态方法就是其中之一，该方法的作用是取得当前CPU内核上正在运行的线程实例。

> **说明** 虽然一个进程有很多个线程，但是在一个CPU内核上，同一时刻只能有一个线程是正在执行的，该线程也被叫作当前线程。

Thread类是Java多线程编程的基础。Java中创建线程虽然有三种方式，但是三种方式都会涉及Thread类。

1.3.1　Thread 类详解

一个线程在Java中使用一个Thread实例来描述。Thread类是Java语言一个重要的基础类，位于java.lang包中。Thread类有不少非常重要的属性和方法，用于存储和操作线程的描述信息，该类的结构大致如图1-5所示。

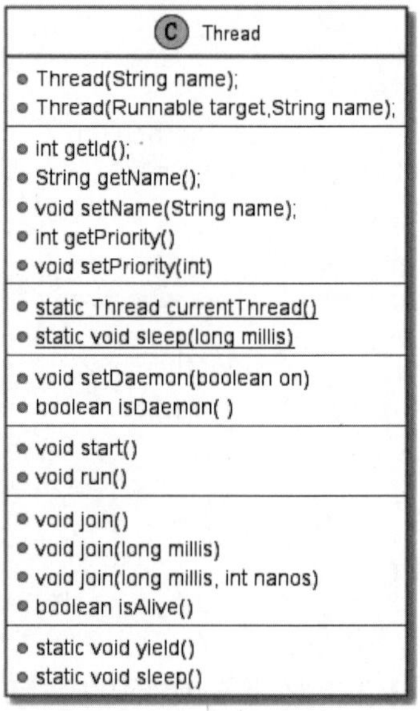

接下来，为大家逐一介绍Thread类中比较重要的属性和方法。

1. 线程 ID

属性：private long tid，此属性用于保存线程的ID。这是一个private类型属性，外部只能使用getId()方法进行访问线程的ID。

方法：public long getId()，获取线程ID，线程ID由JVM进行管理，在进程内唯一。比如，1.2节的实例中，所输出的main线程的ID为1。

图 1-5　Thread 类的结构图

2. 线程名称

属性：private String name，该属性保存一个Thread线程实例的名字。
方法一：public final String getName()，获取线程名称。
方法二：public final void setName(String name)，设置线程名称。
方法三：Thread(String threadName)，通过此构造方法给线程设置一个定制化的名字。

3. 线程优先级

属性：private int priority，保存一个Thread线程实例的优先级。
方法一：public final int getPriority()，获取线程优先级。
方法二：public final void setPriority(int priority)，设置线程优先级。

Java线程优先级的最大值为10，最小值为1，默认值为5。这三个优先级值为三个常量值，也是在Thread类中使用类常量定义，三个类常量如下：

```
public static final int MIN_PRIORITY = 1;
public static final int NORM_PRIORITY = 5;
public static final int MAX_PRIORITY = 10;
```

4. 是否为守护线程

属性：private boolean daemon = false，该属性保存Thread线程实例的守护状态，默认为false，表示是普通的用户线程，而不是守护线程。

方法：public final void setDaemon(boolean on)，将线程实例标记为守护线程或用户线程，如果参数值为true，那么将线程实例标记为守护线程。

说明

什么是守护线程呢？
守护线程是在进程运行时提供某种后台服务的线程，比如垃圾回收（GC）线程。有关守护线程的知识将在后文详细介绍。

---

5. 线程的状态

属性：private int threadStatus，该属性以整数的形式保存线程的状态。

方法：public Thread.State getState()，返回表示当前线程的执行状态，为新建、就绪、运行、阻塞、结束等状态中的一种。

Thread的内部静态枚举类State用于定义Java线程的所有状态，具体如下：

```
public static enum State {
    NEW,                 //新建
    RUNNABLE,            //就绪、运行
    BLOCKED,             //阻塞
    WAITING,             //等待
    TIMED_WAITING,       //计时等待
    TERMINATED;          //结束
}
```

在Java线程的状态中，就绪状态和运行状态在内部都用同一种状态RUNNABLE表示。就绪状态表示线程具备运行条件，正在等待获取CPU时间片；运行状态表示线程已经获取了CPU时间片，CPU正在执行线程代码逻辑。

6. 线程的启动和运行

方法一：public void start()，用来启动一个线程，当调用start()方法后，JVM才会开启一个新的线程来执行用户定义的线程代码逻辑，在这个过程中会为相应的线程分配需要的资源。

方法二：public void run()，作为线程代码逻辑的入口方法。run()方法不是由用户程序来调用的，当调用start()方法启动一个线程之后，只要线程获得了CPU执行时间，便进入run()方法去执行具体的用户线程代码。

总之，这两个方法是非常重要的方法，start()方法用于线程的启动，run()方法作为用户代码逻辑的执行入口。

7. 取得当前线程

方法：public static Thread currentThread()，该方法是一个非常重要的静态方法，用于获取当前线程的Thread实例对象。什么是当前线程呢？就是当前在CPU上执行的线程。在没有其他的途径获取当前线程的实例对象的时候，可以通过Thread.currentThread()静态方法获取。

8. 其他的属性和方法

Thread类中还有很多的重要属性和方法，本章后面会对Thread类进行深入的介绍，具体参见后面的内容。

1.3.2 创建一个空线程

第一个创建线程的方法是通过继承Thread类创建一个线程实例。这里为大家奉上一个非常简单的例子，让大家先体验一下如何通过Thread类的完成线程创建、启动和运行。

首先演示一下如何创建一个空线程。空线程在启动后不会执行任何用户代码逻辑。创建一个空线程的参考代码如下：

```java
package com.crazymakercircle.mutithread.basic.create;
import personal.nien.javabook.util.Print;
public class EmptyThreadDemo {
    public static void main(String args[]) throws InterruptedException {
        //使用Thread类创建和启动线程
        Thread thread = new Thread();
        Print.cfo("线程名称: "+thread.getName());
        Print.cfo("线程ID: "+thread.getId());
        Print.cfo("线程状态: "+thread.getState());
        Print.cfo("线程优先级: "+thread.getPriority());
        Print.cfo(getCurThreadName() + " 运行结束.");
        thread.start();
    }
}
```

代码非常简单，通过new Thread()创建一个线程实例，然后调用thread.start()的实例方法启动线程的执行，并且示例程序在start线程启动前输出了线程的一些描述信息：

```
[EmptyThreadDemo:main]:线程名称: Thread-0
[EmptyThreadDemo:main]:线程ID: 11
[EmptyThreadDemo:main]:线程状态: NEW
[EmptyThreadDemo:main]:线程优先级: 5
```

通过输出结果可以看到：新的线程的ID为11，线程名称为Thread-0。该线程名称是JVM默认设置的名称，和执行main()方法线程的名称为main一样，都是JVM默认的。

在thread线程信息输出完成后，程序调用thread.start()的实例方法启动新线程thread的执行。从上一小节大家知道，这时新线程的执行会调用Thread的run()实例方法，该方法作为用户业务代码逻辑的入口。查看一下Thread类源码，其run()方法的具体代码如下：

```java
public void run() {
    if(this.target != null) {
        this.target.run();
    }
}
```

这里的target属性是Thread类的一个实例属性，该属性是很重要的，在后面会用到和讲到。在Thread类中，target的属性值默认为空。在这个例子中，thread线程的target属性默认为null。所以在thread线程执行时，其run()方法其实什么也没有做，线程就执行完了。

总之，以上的简单例子向大家展示了通过Thread类如何新建和启动线程。例子中thread线程的run()方法也确实执行了，只是由于target目标为空，什么也没有做而已。

1.3.3　线程创建方法一：继承 Thread 类创建线程类

通过前面的空线程例子可以看出，新线程如果要并发执行自己的代码，需要做以下两件事情：

1）需要继承Thread类，创建一个新的线程类。

2）同时重写run()方法，将需要并发执行的业务代码编写在run()方法中。

下面的示例演示如何通过继承Thread类创建一个线程类，新的线程子类重写了Thread的run()方法，实现了用户业务代码的并发执行，具体如下：

```
package com.crazymakercircle.mutithread.basic.create;
import personal.nien.javabook.util.Print;
public class CreateDemo {
    public static final int MAX_TURN = 5;
    public static String getCurThreadName() {
        return Thread.currentThread().getName();
    }
    //线程的编号
    static int threadNo = 1;

    static class DemoThread extends Thread {  //①
        public DemoThread() {
            super("DemoThread-" + threadNo++); //②
        }

        public void run() {   //③
            for (int i = 1; i < MAX_TURN; i++) {
                Print.cfo(getName() + ", 轮次: " + i);
            }
            Print.cfo(getName() + " 运行结束.");
        }
    }

    public static void main(String args[]) throws InterruptedException {
        Thread thread = null;
        //方法一：使用Thread子类创建和启动线程
        for (int i = 0; i < 2; i++) {
            thread = new DemoThread();
            thread.start();
        }

        Print.cfo(getCurThreadName() + " 运行结束.");
    }
}
```

运行该实例，结果如下：

```
[CreateDemo:main]:main 运行结束.
[CreateDemo$DemoThread:run]:DemoThread-1, 轮次: 1
[CreateDemo$DemoThread:run]:DemoThread-1, 轮次: 2
[CreateDemo$DemoThread:run]:DemoThread-1, 轮次: 3
[CreateDemo$DemoThread:run]:DemoThread-1, 轮次: 4
[CreateDemo$DemoThread:run]:DemoThread-1 运行结束.
[CreateDemo$DemoThread:run]:DemoThread-2, 轮次: 1
[CreateDemo$DemoThread:run]:DemoThread-2, 轮次: 2
[CreateDemo$DemoThread:run]:DemoThread-2, 轮次: 3
[CreateDemo$DemoThread:run]:DemoThread-2, 轮次: 4
[CreateDemo$DemoThread:run]:DemoThread-2 运行结束.
```

例子中新建了一个静态内部类DemoThread，该内部类继承了Thread线程类。在DemoThread的构造函数中，通过super()调用了基类的Thread(String threadName)构造方法设置了线程的名称。

```
static class DemoThread extends Thread { //①
    public DemoThread() {
        super("DemoThread-" + threadNo++); //②
    }
    ...
}
```

这里为什么要将DemoThread设计成静态内部类呢？主要是为了方便访问外部类的成员属性和方法，和线程的使用没有任何关系。如果将DemoThread设计成外部类，最终的执行结果是一样的。

静态内部类DemoThread的关键点是重写了Thread类的run()方法，将需要并发执行的用户业务代码编写在继承的run()方法中。这里run()方法的代码非常简单，具体如下：

```
public void run() {   //③
    for (int i = 1; i < MAX_TURN; i++) {
        Print.cfo(getName() + ", 轮次: " + i);
    }
    Print.cfo(getName() + " 运行结束.");
}
```

在DemoThread的run()方法的代码中，主要是包括一个循环执行MAX_TURN轮的循环，每一轮输出一个循环轮次，且顺便通过调用基类的getName()方法取得线程对象的名称并输出。

1.3.4 线程创建方法二：实现 Runnable 接口创建线程目标类

通过继承Thread类并重写其run()方法只是创建Java线程的一种方式。是否可以不继承Thread类实现线程新建呢？答案是肯定的。

重温一下Thread类run()方法代码，里面其实有点玄机，代码如下：

```
package java.lang;
public class Thread implements Runnable {
    ...
    private Runnable target; //执行目标
    public void run() {
        if(this.target != null) {
            this.target.run();  //调用执行目标的run()方法
        }
    }
    public Thread(Runnable target) {  //包含执行目标的构造器
        init(null, target, "Thread-" + nextThreadNum(), 0);
    }
}
```

在Thread类的run()方法中，如果target（执行目标）不为空，就执行target属性的run()方法。而target属性是Thread类的一个实例属性，并且target属性的类型为Runnable。

Thread类target属性什么情况下非空呢？Thread类有一系列的构造器，其中有多个构造器可以为target属性赋值，这些构造器包括如下两个：

1）public Thread(Runnable target)

2）public Thread(Runnable target，String name)

使用这两个构造器传入target执行目标实例（Runnable实例），就可以直接通过Thread类的run()方法以默认方式实现，达到并发执行线程的目的。在这种场景下，可以不通过继承Thread类来实现线程类的创建。

在为Thread的构造器传入target实例前，先来看看Runnable接口是何方神圣。

1. Runnable 接口

Runnable是一个极为简单的接口，位于java.lang包中。接口中只有一个方法run()，具体的源代码如下：

```
package java.lang;
@FunctionalInterface
public interface Runnable {
    void run();
}
```

Runnable有且仅有一个抽象方法——void run()，代表被执行的用户业务逻辑的抽象，在使用的时候，将用户业务逻辑编写在Runnable实现类的run()的实现版本中。当Runnable实例传入Thread实例的target属性后，Runnable接口的run()的实现版本将被异步调用。

2. 通过实现 Runnable 接口创建线程类

创建线程的第二种方法就是实现Runnable接口，将需要异步执行的业务逻辑代码放在Runnable实现类的run()方法中，将Runnable实例作为target执行目标传入Thread实例。该方法的具体步骤如下：

1）定义一个新类实现Runnable接口。

2）实现Runnable接口中的run()抽象方法，将线程代码逻辑存放在该run()实现版本中。

3）通过Thread类创建线程对象，将Runnable实现类实例作为实际参数传递给Thread类的构造器，由Thread构造器将该Runnable实例赋值给自己的target执行目标属性。

4）调用Thread实例的start()方法启动线程。

5）线程启动之后，线程的run()将被JVM执行，该run()方法将调用到target属性的run()方法，从而完成Runnable实现类中业务代码逻辑的并发执行。

按照上面的5步，即可实现一个简单的并发执行的多线程演示实例，代码如下：

```
package com.crazymakercircle.mutithread.basic.create;
// 省略import
public class CreateDemo2
{
    public static final int MAX_TURN = 5;
    static int threadNo = 1;
    static class RunTarget implements Runnable  //①实现Runnable接口
    {
        public void run()  //②在这里编写业务逻辑
        {
            for (int j = 1; j < MAX_TURN; j++)
            {
                Print.cfo(ThreadUtil.getCurThreadName() + ", 轮次: " + j);
            }
            Print.cfo(getCurThreadName() + " 运行结束.");
        }
    }
}
```

```
public static void main(String args[]) throws InterruptedException
{
    Thread thread = null;
    for (int i = 0; i < 2; i++)
    {
        Runnable target = new RunTarget();
        //通过Thread类创建线程对象，将Runnable实例作为实际参数传入
        thread = new Thread(target, "RunnableThread" + threadNo++);
        thread.start();
    }
}
```

实例中静态内部类RunTarget执行目标类，不再是继承了Thread线程类，而是实现Runnable接口，需要异步并发执行的代码逻辑被编写在其run()方法中。

> **说明** 值得注意的是，run()实现版本中在获取当前线程的名称时，所用的方法是在外部类ThreadUtil中所定义的getCurThreadName()静态方法，而不是Thread类的getName()实例方法。原因是：这个RunTarget内部类和Thread类不再是继承关系，无法直接去调用Thread类的任何实例方法。

通过实现Runnable接口的方式创建的执行目标类，如果需要访问线程的任何属性和方法，必须通过Thread.currentThread()获取当前的线程对象，通过当前线程对象去间接访问。

```
public static String getCurThreadName() {
    return Thread.currentThread().getName();  // 获取线程名称
}
```

通过继承Thread类的方式创建的线程类，可以在子类中直接调用Thread父类的方法访问当前线程的名称、状态等信息。这也是使用Runnable实现异步执行与继承Thread方法实现异步执行的不同的地方。

完成了Runnable的实现类后，需要调用Thread类的构造器创建线程，并将Runnable实现类的实例作为实参传入。可以使用的构造函数包括如下三个：

1）public Thread(Runnable target)

2）public Thread(Runnable target，String name)

3）public Thread(ThreadGroup group, Runnable target)

若使用以上的第二个构造器构造线程时可以指定线程的名称，则实例如下：

```
thread = new Thread(new RunTarget(), "name" + threadNo++);
```

线程对象创建完成后，调用Thread线程实例的start()方法启动新线程的并发执行。这时，Runnable实例的run()方法会在新线程Thread的实例方法run()方法中被调用。

1.3.5 优雅创建 Runnable 线程目标类的两种方式

使用Runnable创建线程目标类除了直接实现Runnable接口之外，还有两种比较优雅的代码组织方式：

1）通过匿名类优雅创建Runnable线程目标类。

2）使用Lambda表达式优雅创建Runnable线程目标类。

1. 通过匿名类优雅创建 Runnable 线程目标类

在实现Runnable的编写target执行目标类时，如果target实现类是一次性类，可以使用匿名实例的形式。上一小节的执行目标类是一个静态内部类，现在改写成匿名实例的形式，代码如下：

```java
package com.crazymakercircle.mutithread.basic.create;
// 省略import
public class CreateDemo2 {
    public static final int MAX_TURN = 5;
    static int threadNo = 1;

    public static void main(String args[]) throws InterruptedException {
        Thread thread = null;
        //使用Runnable的匿名类创建和启动线程
        for (int i = 0; i < 2; i++) {
            thread = new Thread(new Runnable() { //①匿名实例
                @Override
                public void run() { //②异步执行的业务逻辑
                    for (int j = 1; j < MAX_TURN; j++) {
                        Print.cfo(getCurThreadName() + ", 轮次: " + j);
                    }
                    Print.cfo(getCurThreadName() + " 运行结束.");
                }
            }, "RunnableThread" + threadNo++);
            thread.start();
        }
        Print.cfo(getCurThreadName() + " 运行结束.");
    }
}
```

使用Runnable的匿名实例方式和编写普通的执行目标类相比，代码的区别很小。主要的区别体现在代码①处，其他的代码完成相同。在代码①处，通过编写了匿名类的实现代码直接创建了一个Runnable类型的匿名target执行目标对象。

2. 使用 Lambda 表达式优雅创建 Runnable 线程目标类

回顾一下Runnable接口，其源代码中还有一个小玄机，具体如下：

```java
@FunctionalInterface
public interface Runnable {
    void run();
}
```

源码的小玄机为：在Runnable接口上声明了一个@FunctionalInterface注解。该注解的作用是：标记Runnable接口是一个"函数式接口"。在Java中，"函数式接口"是有且仅有一个抽象方法的接口。反过来说，如果一个接口中包含两个或以上的抽象方法，就不能使用@FunctionalInterface注解，否则编译会报错。

> 🎮➕说明 @FunctionalInterface注解不是必需的，只要一个接口符合"函数式接口"的定义，使用时加不加@FunctionalInterface注解都没有影响，都可以当作"函数式接口"来使用。

Runnable接口是一个函数式接口，在接口实现时可以使用Lambda表达式提供匿名实现，编写出比较优雅的代码。上一小节的执行目标类是一个静态内部类，现在改写成 Lambda 表达式的形式，代码如下：

```
package com.crazymakercircle.mutithread.basic.create;
// 省略import
public class CreateDemo2 {
    public static final int MAX_TURN = 5;
    static int threadNo = 1;

    public static void main(String args[]) throws InterruptedException {
        Thread thread = null;
        //使用Lambda表达式形式创建和启动线程
        for (int i = 0; i < 2; i++) {
            thread = new Thread( ()-> {   //①Lambda表达式
                for (int j = 1; j < MAX_TURN; j++) {
                    Print.cfo(getCurThreadName() + ", 轮次: " + j);
                }
                Print.cfo(getCurThreadName() + " 运行结束.");
            }, "RunnableThread" + threadNo++);
            thread.start();
        }
        Print.cfo(getCurThreadName() + " 运行结束.");
    }
}
```

创建 Lambda 表达式版本的 target 执行目标实例的代码与创建 target 执行目标匿名实例的区别也很小，区别主要是在代码①处，其他的部分完成相同。在代码①处，通过 Lambda 表达式直接编写 Runnable 接口 run() 方法的实现代码，接口的名称（Runnable）、方法的名称 run() 全部被省略，仅剩下了 run() 方法的形参列表和方法体。

总体而言，经过对比可以发现：使用 Lambda 表达式创建 target 执行目标实例，代码已经做到极致的简化。

1.3.6 实现 Runnable 接口的方式创建线程目标类的优缺点

通过实现 Runnable 接口的方式创建线程目标类有以下缺点：

1）所创建的类并不是线程类，而是线程的 target 执行目标类，需要将其实例作为参数传入线程类的构造器，才能创建真正的线程。

2）如果访问当前线程的属性（甚至控制当前线程），不能直接访问 Thread 的实例方法，必须通过 Thread.currentThread() 获取当前线程实例，才能访问和控制当前线程。

通过实现 Runnable 接口的方式创建线程目标类有以下优点：

1）可以避免由于 Java 单继承带来的局限性。如果异步逻辑所在类已经继承了一个基类，就没有办法再继承 Thread 类。比如，当一个 Dog 类继承了 Pet 类，再要继承 Thread 类时就不行了。所以在已经存在继承关系的情况下，只能使用实现 Runnable 接口的方式。

2）逻辑和数据更好分离。通过实现 Runnable 接口的方法创建多线程更加适合同一个资源被多段业务逻辑并行处理的场景。在同一个资源被多个线程逻辑去异步、并行处理的场景中，通过实现 Runnable 接口的方式设计多个 target 执行目标类可以更加方便、清晰地将执行逻辑和数据存储分离，更好地体现了面向对象的设计思想。

1. "逻辑和数据更好地分离"演示实例

通过实现Runnable接口的方式创建线程目标类更加适合多个线程的代码逻辑去共享计算和处理同一个资源的场景。这个优点不是太好理解，接下来通过具体例子说明一下。

```java
package com.crazymakercircle.mutithread.basic.create;
// 省略import
public class SalesDemo
{
    public static final int MAX_AMOUNT = 5; //商品数量

    //商店商品类（销售线程类），一个商品一个销售线程，每个线程异步销售4次
    static class StoreGoods extends Thread
    {
        StoreGoods(String name)
        {
            super(name);
        }

        private int goodsAmount = MAX_AMOUNT;

        public void run()
        {
            for (int i = 0; i <= MAX_AMOUNT; i++)
            {
                if (this.goodsAmount > 0)
                {
                    Print.cfo(getCurThreadName() + " 卖出一件，还剩: "
                            + (--goodsAmount));
                    sleepMilliSeconds(10);
                }
            }
            Print.cfo(getCurThreadName() + " 运行结束.");
        }
    }

    //商场商品类型（target销售线程的目标类），一个商品最多销售4次，可以多人销售
    static class MallGoods implements Runnable
    {
        //多人销售可能导致数据出错，使用原子数据类型保障数据安全
        private AtomicInteger goodsAmount = new AtomicInteger(MAX_AMOUNT);

        public void run()
        {
            for (int i = 0; i <= MAX_AMOUNT; i++)
            {
                if (this.goodsAmount.get() > 0)
                {
                    Print.cfo(getCurThreadName() + " 卖出一件，还剩: "
                            + (goodsAmount.decrementAndGet()));
                    sleepMilliSeconds(10);
                }
            }
            Print.cfo(getCurThreadName() + " 运行结束.");
        }
    }

    public static void main(String args[]) throws InterruptedException
    {
        Print.hint("商店版本的销售");
        for (int i = 1; i <= 2; i++)
        {
```

```
            Thread thread = null;
            thread = new StoreGoods("店员-" + i);
            thread.start();
        }

        Thread.sleep(1000);
        Print.hint("商场版本的销售");
        MallGoods mallGoods = new MallGoods();
        for (int i = 1; i <= 2; i++)
        {
            Thread thread = null;
            thread = new Thread(mallGoods, "商场销售员-" + i);
            thread.start();
        }
        Print.cfo(getCurThreadName() + " 运行结束.");
    }
}
```

运行代码，输出的结果如下：

```
[main|Print.hint]: /--商店版本的销售--/
[SalesDemo$StoreGoods.run]: 店员-2 卖出一件，还剩: 4
[SalesDemo$StoreGoods.run]: 店员-1 卖出一件，还剩: 4
[SalesDemo$StoreGoods.run]: 店员-2 卖出一件，还剩: 3
[SalesDemo$StoreGoods.run]: 店员-1 卖出一件，还剩: 3
[SalesDemo$StoreGoods.run]: 店员-2 卖出一件，还剩: 2
[SalesDemo$StoreGoods.run]: 店员-1 卖出一件，还剩: 2
[SalesDemo$StoreGoods.run]: 店员-1 卖出一件，还剩: 1
[SalesDemo$StoreGoods.run]: 店员-2 卖出一件，还剩: 1
[SalesDemo$StoreGoods.run]: 店员-2 卖出一件，还剩: 0
[SalesDemo$StoreGoods.run]: 店员-1 卖出一件，还剩: 0
[SalesDemo$StoreGoods.run]: 店员-1 运行结束.
[SalesDemo$StoreGoods.run]: 店员-2 运行结束.
[main|Print.hint]: /--商场版本的销售--/
[SalesDemo.main]: main 运行结束.
[SalesDemo$MallGoods.run]: 商场销售员-1 卖出一件，还剩: 3
[SalesDemo$MallGoods.run]: 商场销售员-2 卖出一件，还剩: 4
[SalesDemo$MallGoods.run]: 商场销售员-1 卖出一件，还剩: 2
[SalesDemo$MallGoods.run]: 商场销售员-2 卖出一件，还剩: 1
[SalesDemo$MallGoods.run]: 商场销售员-1 卖出一件，还剩: 0
[SalesDemo$MallGoods.run]: 商场销售员-2 运行结束.
[SalesDemo$MallGoods.run]: 商场销售员-1 运行结束.
```

2. "逻辑和数据更好地分离"原理分析

在上面的例子中，静态内部类StoreGoods继承Thread类实现了一个异步销售类。在main()方法中创建销售线程时创建了2个商店商品的销售线程实例。

```
Print.hint("商店版本的销售");
for (int i = 1; i <= 2; i++)
{
    Thread thread = null;
    thread = new StoreGoods("店员-" + i); //商店商品的销售线程
    thread.start();
}
```

上面的代码新建了n个（这里为2个）线程，相当于n个不同的商店店员，每个商店店员负责一个数量，并且负责将自己的数量卖完。每个商店店员（线程）各卖各的，其剩余数量都是从4卖到0，没有关联。商店店员的售卖过程大致如图1-6所示。

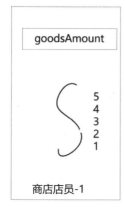

图 1-6　n 个商店店员的售卖过程

再来看另一个内部类MallGoods，通过实现Runnable接口实现多线程目标类。在main()方法中创建销售线程时创建了1个公用的MallGoods商品销售对象。

```
Print.hint("商场版本的销售");
MallGoods mallGoods = new MallGoods();                    //创建了1个公共的MallGoods对象
for (int i = 1; i <= 2; i++)
{
    Thread thread = null;
    thread = new Thread(mallGoods, "商场销售员-" + i);        //销售员线程
    thread.start();
}
```

以上代码新建了n个（这里为2个）线程，相当于商场招聘了n个不同的商场销售员。每个商场销售员一个线程，n个线程共享了一个Runnable类型的target执行目标实例——mallGoods实例。

这里的关键点是：n个商场销售员线程通过线程的target.run()方法共同访问mallGoods实例的同一个商品数量goodsAmount，剩余数量从4卖到0，大家一起售卖，卖一个少一个，卖完为止。其售卖过程大致如图1-7所示。

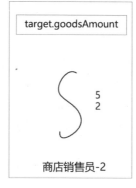

图 1-7　n 个商场销售对同一商品的售卖过程

通过对比可以看出：

1）通过继承Thread类实现多线程能更好地做到多个线程并发地完成各自的任务，访问各自的数据资源。

2）通过实现Runnable接口实现多线程能更好地做到多个线程并发地完成同一个任务，访问同一份数据资源。多个线程的代码逻辑可以方便地访问和处理同一个共享数据资源（如例子中的MallGoods.goodsAmount），这样可以将线程逻辑和业务数据进行有效的分离，更好地体现了面向对象的设计思想。

3）通过实现Runnable接口实现多线程时，如果数据资源存在多线程共享的情况，那么数据共享资源需要使用原子类型（而不是普通数据类型），或者需要进行线程的同步控制，以保证对共享数据操作时不会出现线程安全问题。

总之，在大多数情况下，偏向于用实现Runnable接口来实现线程执行目标类，这样能使得代码更加简洁明了。后面介绍线程池的时候会讲到，异步执行任务在大多数情况下是通过线程池去提交的，而很少通过创建一个新的线程去提交，所以更多的做法是，通过实现Runnable接口创建异步执行任务，而不是继承Thread去创建异步执行任务。

1.3.7 线程创建方法三：使用 Callable 和 FutureTask 创建线程

前面已经介绍了继承Thread类或者实现Runnable接口这两种方式来创建线程类，但是这两种方式都有一个共同的缺陷：不能获取异步执行的结果。

这是一个比较大的问题，很多场景都需要获取异步执行的结果，通过Runnable无法实现，因为其run()方法是不支持返回值的。

为了解决异步执行的结果问题，Java语言在1.5版本之后提供了一种新的多线程创建方法：通过Callable接口和FutureTask类相结合创建线程。

1. Callable 接口

Callable接口位于java.util.concurrent包中，查看它的Java源代码，如下：

```
package java.util.concurrent;
@FunctionalInterface
public interface Callable<V> {
    V call() throws Exception;
}
```

Callable接口是一个泛型接口，也是一个"函数式接口"。其唯一的抽象方法call()有返回值，返回值的类型为Callable接口的泛型形参类型。call()抽象方法还有一个Exception的异常声明，容许方法的实现版本的内部异常直接抛出，并且可以不予捕获。

Callable接口类似于Runnable。不同的是，Runnable的唯一抽象方法run()没有返回值，也没有受检异常的异常声明。比较而言，Callable接口的call()有返回值，并且声明了受检异常，其功能更强大一些。

问题：Callable实例能否和Runnable实例一样，作为Thread线程实例的target来使用呢？答案是不行。Thread的target属性的类型为Runnable，而Callable接口与Runnable接口之间没有任何继承关系，并且二者唯一的方法在名字上也不同。显而易见，Callable接口实例没有办法作为Thread线程实例的target来使用。既然如此，那么该如何使用Callable接口去创建线程呢？一个在Callable接口与Thread线程之间起到搭桥作用的重要接口马上就登场了。

2. RunnableFuture 接口

这个重要中间搭桥接口就是RunnableFuture接口，该接口与Runnable接口、Thread类紧密相关。与Callable接口一样，RunnableFuture接口也位于java.util.concurrent包中，使用时需要用import导入。

RunnableFuture是如何在Callable与Thread之间实现搭桥功能的呢？RunnableFuture接口实现了两个目标：一是可以作为Thread线程实例的target实例，二是可以获取异步执行的结果。它是如何做到一箭双雕的呢？请看RunnableFuture的接口的代码：

```
package java.util.concurrent;

public interface RunnableFuture<V> extends Runnable, Future<V> {
    void run();
}
```

通过源代码可以看出，RunnableFuture继承了Runnable接口，从而保证了其实例可以作为Thread线程实例的target目标；同时，RunnableFuture通过继承Future接口，保证了通过它可以获取未来的异步执行结果。

在这里，一个新的、从来没有介绍过的、非常重要的Future接口马上登场。

3. Future 接口

Future接口至少提供了三大功能：

1）能够取消异步执行中的任务。
2）判断异步任务是否执行完成。
3）获取异步任务完成后的执行结果。

Future接口的源代码如下：

```
package java.util.concurrent;
public interface Future<V> {
    boolean cancel(boolean mayInterruptRunning);        //取消异步执行
    boolean isCancelled();
    boolean isDone();                                   //判断异步任务是否执行完成
    //获取异步任务完成后的执行结果
    V get() throws InterruptedException, ExecutionException;
    //设置时限，获取异步任务完成后的执行结果
    V get(long timeout,TimeUnit unit) throws InterruptedException, ExecutionException,
        TimeoutException;
    ...
}
```

对Future接口的主要方法详细说明如下：

- V get()：获取异步任务执行的结果。注意，这个方法的调用是阻塞性的。如果异步任务没有执行完成，异步结果获取线程（调用线程）会一直被阻塞，一直阻塞到异步任务执行完成，其异步结果返回给调用线程。
- V get(Long timeout , TimeUnit unit)：设置时限，（调用线程）阻塞性地获取异步任务执行的结果。该方法的调用也是阻塞性的，但是结果获取线程（调用线程）会有一个阻塞时长限制，不会无限制地阻塞和等待，如果其阻塞时间超过设定的timeout时间，该方法将抛出异常，调用线程可捕获此异常。

- boolean isDone()：获取异步任务的执行状态。如果任务执行结束，就返回true。
- boolean isCancelled()：获取异步任务的取消状态。如果任务完成前被取消，就返回true。
- boolean cancel(boolean mayInterruptRunning)：取消异步任务的执行。

总体来说，Future是一个对异步任务进行交互、操作的接口。但是Future仅仅是一个接口，通过它没有办法直接完成对异步任务的操作，JDK提供了一个默认的实现类——FutureTask。

4. FutureTask 类

FutureTask类是Future接口的实现类，提供了对异步任务的操作的具体实现。但是，FutureTask类不仅仅实现了Future接口，还实现了Runnable接口，或者更加准确地说，FutureTask类实现了RunnableFuture接口。

前面讲到RunnableFuture接口很关键，既可以作为Thread线程实例的target目标，也可以获取并发任务执行的结果，是Thread与Callable之间一个非常重要的搭桥角色。但是，RunnableFuture只是一个接口，无法直接创建对象，如果需要创建对象，就需用到它的实现类——FutureTask。所以说，FutureTask类才是真正的在Thread与Callable之间搭桥的类。

FutureTask类的UML关系图大致如图1-8所示。

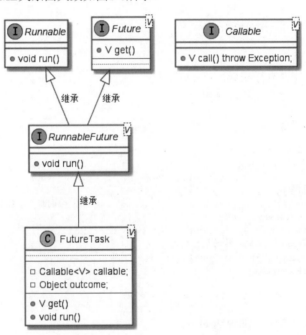

图 1-8　FutureTask 类的 UML 关系图

从 FutureTask 类的 UML 关系图可以看到：FutureTask 实现了 RunnableFuture 接口，而RunnableFuture接口继承了Runnable接口和Future接口，所以FutureTask既能当作一个Runnable类型的target执行目标直接被Thread执行，又能作为Future异步任务来获取Callable的计算结果。

FutureTask如何完成多线程的并发执行、任务结果的异步获取呢？FutureTask内部有一个Callable类型的成员——callable实例属性，具体如下：

```
private Callable<V> callable;
```

callable实例属性用来保存并发执行的Callable<V>类型的任务，并且callable实例属性需要在FutureTask实例构造时进行初始化。FutureTask类实现了Runnable接口，在其run()方法的实现版本中会执行callable成员的call()方法。

此外，FutureTask内部还有另一个非常重要的Object 类型的成员——outcome实例属性：

```
private Object outcome;
```

FutureTask的outcome实例属性用于保存callable成员call()方法的异步执行结果。在FutureTask类run()方法完成callable成员的call()方法的执行之后，其结果将被保存在outcome实例属性中，供FutureTask类的get()方法获取。

5. 使用 Callable 和 FutureTask 创建线程的具体步骤

通过FutureTask类和Callable接口的联合使用可以创建能获取异步执行结果的线程。具体步骤如下：

1）创建一个Callable接口的实现类，并实现其call()方法，编写好异步执行的具体逻辑，可以有返回值。

2）使用Callable实现类的实例构造一个FutureTask实例。

3）使用FutureTask实例作为Thread构造器的target入参，构造新的Thread线程实例。

4）调用Thread实例的start()方法启动新线程，启动新线程的run()方法并发执行。其内部的执行过程为：启动Thread实例的run()方法并发执行后，会执行FutureTask实例的run()方法，最终会并发执Callable实现类的call()方法。

5）调用FutureTask对象的get()方法阻塞性地获得并发线程的执行结果。

按照以上步骤，通过Callable接口和Future接口相结合去创建多线程，实例如下：

```
package com.crazymakercircle.mutithread.basic.create;
// 省略import
public class CreateDemo3 {

    public static final int MAX_TURN = 5;
    public static final int COMPUTE_TIMES = 100000000;

//①创建一个Callable接口的实现类
    static class ReturnableTask implements Callable<Long> {
        //②编写好异步执行的具体逻辑，可以有返回值
        public Long call() throws Exception{
            long startTime = System.currentTimeMillis();
            Print.cfo(getCurThreadName() + " 线程运行开始.");
            Thread.sleep(1000);

            for (int i = 0; i < COMPUTE_TIMES; i++) {
                int j = i * 10000;
            }
            long used = System.currentTimeMillis() - startTime;
            Print.cfo(getCurThreadName() + " 线程运行结束.");
            return used;
        }
    }

    public static void main(String args[]) throws InterruptedException {
        ReturnableTask task=new ReturnableTask();//③
        FutureTask<Long> futureTask = new FutureTask<Long>(task);//④
```

```
Thread thread = new Thread(futureTask, "returnableThread");//⑤
thread.start();//⑥
Thread.sleep(500);
Print.cfo(getCurThreadName() + " 让子弹飞一会儿.");
Print.cfo(getCurThreadName() + " 做一点自己的事情.");
for (int i = 0; i < COMPUTE_TIMES / 2; i++) {
    int j = i * 10000;
}

Print.cfo(getCurThreadName() + " 获取并发任务的执行结果.");
try {
    Print.cfo(thread.getName()+"线程占用时间: "
                            + futureTask.get());//⑦
} catch (InterruptedException e) {
    e.printStackTrace();
} catch (ExecutionException e) {
    e.printStackTrace();
}
Print.cfo(getCurThreadName() + " 运行结束.");
    }
}
```

执行实例程序，结果如下：

```
[CreateDemo3$ReturnableTask:call]:returnableThread 线程运行开始.
[CreateDemo3:main]:main 让子弹飞一会儿.
[CreateDemo3:main]:main 做一点自己的事情.
[CreateDemo3:main]:main 获取并发任务的执行结果.
[CreateDemo3$ReturnableTask:call]:returnableThread 线程运行结束.
[CreateDemo3:main]:returnableThread线程占用时间: 1008
[CreateDemo3:main]:main 运行结束.
```

在这个例子中有两个线程：一个是执行main()方法的主线程，叫作main线程；另一个是main线程通过thread.start()方法启动的业务线程，叫作returnableThread线程。该线程是一个包含了FutureTask任务作为target的Thread线程。

main线程通过thread.start()启动returnableThread线程之后，会继续自己的事情，returnableThread线程开始并发执行。

returnableThread线程首先开始执行的是 thread.run()方法，然后在其中会执行到其target（futureTask任务）的run()方法；接着在这个futureTask.run()方法中会执行futureTask的callable成员的call()方法，这里的callable成员（ReturnableTask实例）是通过FutureTask构造器在初始化时传递进来的、自定义的Callable实现类的实例。

main线程和returnableThread线程的执行流程大致如图1-9所示。

FutureTask的Callable成员的call()方法执行完成后，会将结果保存在FutureTask内部的outcome实例属性中。以上演示实例的Callable实现类中，这里call()方法中业务逻辑的返回结果是call()方法从进入到出来的执行时长：

```
long startTime = System.currentTimeMillis();
...
long used = System.currentTimeMillis() - startTime;
return used;
```

执行时长被返回之后，将被作为结果保存在futureTask内部的outcome实例属性中。至此，异步的returnableThread线程执行完毕。在main线程处理完自己的事情后（以上实例中是一个消磨时间的循环），通过futureTask的get实例方法获取异步执行的结果。这里有两种情况：

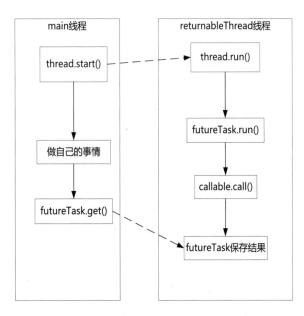

图 1-9　main 线程和 returnableThread 线程

1）futureTask的结果outcome不为空，callable.call()执行完成。在这种情况下，futureTast.get会直接取回outcome结果，返回给main线程（结果获取线程）。

2）futureTask的结果outcome为空，callable.call()还没有执行完。在这种情况下，main线程作为结果获取线程会被阻塞住，一直被阻塞到callable.call()执行完成。当执行完后，最终结果保存到outcome中，futureTask会唤醒main线程去提取callable.call()执行结果。

1.3.8　线程创建方法四：通过线程池创建线程

前面的示例中，所创建的Thread实例在执行完成之后都销毁了，这些线程实例都是不可复用的。实际上创建一个线程实例在时间成本、资源耗费上都很高的（稍后会介绍），在高并发的场景中，断然不能频繁进行线程实例的创建与销毁，而是需要对已经创建好的线程实例进行复用，这就涉及线程池的技术。Java中提供了一个静态工厂来创建不同的线程池，该静态工厂为Executors工厂类。

1. 线程池的创建与执行目标提交

通过Executors工厂类创建一个线程池，一个简单的示例如下：

```
//创建一个包含三个线程的线程池
private static ExecutorService pool = Executors.newFixedThreadPool(3);
```

以上示例通过工厂类Executors的newFixedThreadPool(int threads)方法创建了一个线程池，所创建的线程池的类型为ExecutorService。工厂类的newFixedThreadPool(int threads)方法用于创建包含一个固定数目的线程池，示例中的线程数量为3。

ExecutorService是Java提供的一个线程池接口，每次我们在异步执行target目标任务的时候，可以通过ExecutorService线程池实例去提交或者执行。ExecutorService实例负责对池中的线程进行管理和调度，并且可以有效控制最大并发线程数，提高系统资源的使用率，同时提供定时执行、定频执行、单线程、并发数控制等功能。

向ExecutorService线程池提交异步执行target目标任务的常用方法有：

```
//方法一：执行一个 Runnable类型的target执行目标实例，无返回
void execute(Runnable command);

//方法二：提交一个 Callable类型的target执行目标实例，返回一个Future异步任务实例
<T> Future<T> submit(Callable<T> task);

//方法三：提交一个 Runnable类型的target执行目标实例，返回一个Future异步任务实例
Future<?> submit(Runnable task);
```

2. 线程池的使用实战

使用Executors创建线程池，然后使用ExecutorService线程池执行或者提交target执行目标实例的示例代码，大致如下：

```java
package com.crazymakercircle.mutithread.basic.create;
//省略import
public class CreateDemo4
{
    public static final int MAX_TURN = 5;
    public static final int COMPUTE_TIMES = 100000000;

    //创建一个包含三个线程的线程池
    private static ExecutorService pool = Executors.newFixedThreadPool(3);

    static class DemoThread implements Runnable
    {
         @Override
        public void run()
        {
            for (int j = 1; j < MAX_TURN; j++)
            {
                Print.cfo(getCurThreadName() + "，轮次：" + j);
                sleepMilliSeconds(10);
            }
        }
    }

    static class ReturnableTask implements Callable<Long>
    {
        //返回并发执行的时间
        public Long call() throws Exception
        {
            long startTime = System.currentTimeMillis();
            Print.cfo(getCurThreadName() + " 线程运行开始.");
            for (int j = 1; j < MAX_TURN; j++)
            {
                Print.cfo(getCurThreadName() + "，轮次：" + j);
                sleepMilliSeconds(10);
            }
            long used = System.currentTimeMillis() - startTime;
            Print.cfo(getCurThreadName() + " 线程运行结束.");
            return used;
        }
    }

    public static void main(String[] args) {
        pool.execute(new DemoThread()); // 执行线程实例，无返回
```

```
        pool.execute(new Runnable()
        {
            @Override
            public void run()
            {
                for (int j = 1; j < MAX_TURN; j++)
                {
                    Print.cfo(getCurThreadName() + ", 轮次: " + j);
                    sleepMilliSeconds(10);
                }
            }
        });
        //提交Callable 执行目标实例, 有返回
        Future future = pool.submit(new ReturnableTask());
        Long result = (Long) future.get();
        Print.cfo("异步任务的执行结果为: " + result);
        sleepSeconds(Integer.MAX_VALUE);
    }
}
```

运行程序，输出的结果如下：

```
[CreateDemo4$DemoThread.run]: pool-1-thread-1, 轮次: 1
[CreateDemo4$1.run]: pool-1-thread-2, 轮次: 1
[CreateDemo4$1.run]: pool-1-thread-2, 轮次: 2
[CreateDemo4$DemoThread.run]: pool-1-thread-1, 轮次: 2
[CreateDemo4$DemoThread.run]: pool-1-thread-1, 轮次: 3
[CreateDemo4$1.run]: pool-1-thread-2, 轮次: 3
[CreateDemo4$DemoThread.run]: pool-1-thread-1, 轮次: 4
[CreateDemo4$1.run]: pool-1-thread-2, 轮次: 4
[CreateDemo4$ReturnableTask.call]: pool-1-thread-3 线程运行开始.
[CreateDemo4$ReturnableTask.call]: pool-1-thread-3, 轮次: 1
[CreateDemo4$ReturnableTask.call]: pool-1-thread-3, 轮次: 2
[CreateDemo4$ReturnableTask.call]: pool-1-thread-3, 轮次: 3
[CreateDemo4$ReturnableTask.call]: pool-1-thread-3, 轮次: 4
[CreateDemo4$ReturnableTask.call]: pool-1-thread-3 线程运行结束.
[CreateDemo4.main]: 异步任务的执行结果为: 45
```

大家可以对比和分析一下这些线程池中线程的名称和普通线程的线程名称有何不同。

ExecutorService线程池的execute(...)与submit(...)方法的区别如下。

（1）接收的参数不一样

Submit()可以接受两种入参：无返回值的Runnable类型的target执行目标实例和有返回值Callable类型的target执行目标实例。而execute()仅仅接收无返回值的target执行目标实例，或者无返回值的Thread实例。

（2）submit()有返回值，而execute()没有

submit()方法在提交异步target执行目标之后会返回Future异步任务实例，以对target的异步执行过程进行控制，比如取消执行、获取结果等。execute()没有任何返回，target执行目标实例在执行之后没有办法对其异步执行过程进行控制，只能任其执行，直到其执行结束。

> 🔹说明　本小节的案例仅供学习使用，实际生产环境禁止使用Executors创建线程池，线程池是一个很重要的Java知识点，后面会详细介绍。

1.4 线程的核心原理

现代操作系统（如Windows、Linux、Solaris）提供了强大的线程管理能力，Java不需要再进行自己独立的线程管理和调度，而是将线程调度工作委托给操作系统的调度进程去完成。在某些系统（比如Solaris操作系统）上，JVM甚至将每个Java线程一对一地对应到操作系统的本地线程，彻底将线程调度委托给操作系统。

1.4.1 线程的调度与时间片

由于CPU的计算频率非常高，每秒计算数十亿次，因此可以将CPU的时间从毫秒的维度进行分段，每一小段叫作一个CPU时间片。对于不同的操作系统、不同的CPU，线程的CPU时间片长度都不同。假定操作系统（比如Windows XP）线程的时间片长度为20毫秒，在一个2GHz的CPU上，一个时间片可以进行计算的次数是20亿/(1000/20)=4000万次，也就是说，一个时间片内的计算量是非常巨大的。

目前操作系统中主流的线程调度方式是：基于CPU时间片方式进行线程调度。线程只有得到CPU时间片才能执行指令，处于执行状态，没有得到时间片的线程处于就绪状态，等待系统分配下一个CPU时间片。由于时间片非常短，在各个线程之间快速地切换，因此表现出来的特征是很多个线程在"同时执行"或者"并发执行"。

线程的调度模型目前主要分为两种：分时调度模型和抢占式调度模型。

1）分时调度模型：系统平均分配CPU的时间片，所有线程轮流占用CPU。分时调度模型在时间片调度的分配上，所有线程"人人平等"。

图1-10就是一个分时调度的简单例子：三个线程轮流得到CPU时间片，一个线程执行时，另外两个线程处于就绪状态。

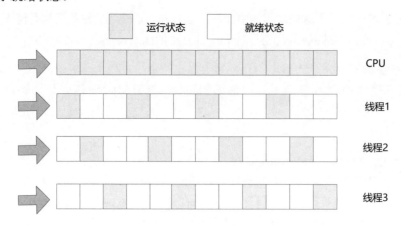

图 1-10　三个线程的分时调度模型示意图

2）抢占式调度模型：系统按照线程优先级分配CPU时间片。优先级高的线程，优先分配CPU时间片，如果所有就绪线程的优先级相同，那么会随机选择一个，优先级高的线程获取的CPU时间片相对多一些。

由于目前大部分操作系统都是使用抢占式调度模型进行线程调度，Java的线程管理和调度是委托给操作系统完成的，与之相对应，Java的线程调度也是使用抢占式调度模型，因此Java的线程都有优先级。

1.4.2　线程的优先级

在Thread类中有一个实例属性和两个实例方法，专门用于进行线程优先级相关的操作，与线程优先级相关的成员属性为：

```
private int priority; //该属性保存一个Thread实例的优先级，即1~10之间的值
```

与Thread类线程优先级相关的实例方法为：

方法1：public final int getPriority()，获取线程优先级。

方法2：public final void setPriority(int priority)，设置线程优先级。

Thread实例的priority属性默认是级别5，对应的类常量是NORM_PRIORITY。优先级最大值为10，最小值为1，Thread类中定义的三个优先级常量如下：

```
public static final int MIN_PRIORITY = 1;
public static final int NORM_PRIORITY = 5;
public static final int MAX_PRIORITY = 10;
```

Java中使用抢占式调度模型进行线程调度。priority实例属性的优先级越高，线程获得CPU时间片的机会越多，但也不是绝对的。举一个例子，顺便演示以上两个线程优先级实例方法的使用，具体如下：

```
package com.crazymakercircle.mutithread.basic.create2;
import personal.nien.javabook.util.Print;
public class PriorityDemo {
    public static final int SLEEP_GAP = 1000;
        static class PrioritySetThread extends Thread {
        static int threadNo = 1;
        public PrioritySetThread() {
            super("thread-" + threadNo);
            threadNo++;
        }

        public long opportunities=0;
        public void run() {
            for (int i = 0; ; i++) {
                opportunities++;
            }
        }
    }

    public static void main(String args[]) throws InterruptedException {

        PrioritySetThread[] threads=new PrioritySetThread[10];
        for (int i = 0; i < threads.length; i++) {
            threads[i]=new PrioritySetThread();
            //优先级的设置，1~10
            threads[i].setPriority(i+1);
        }

        for (int i = 0; i < threads.length; i++) {
            threads[i].start();//启动线程
```

```
        }
        Thread.sleep(SLEEP_GAP);                        //等待线程运行1秒

        for (int i = 0; i < threads.length; i++) {
            threads[i].stop();                          //停止线程
        }

        for (int i = 0; i < threads.length; i++) {
            Print.cfo(threads[i].getName()+
                "-优先级为-"+threads[i].getPriority()+    //获取优先级
                "-机会值为-"+threads[i].opportunities
                );
        }
    }
}
```

运行以上例子，结果如下：

```
[PriorityDemo:main]:thread-1;优先级为-1;机会值为-0
[PriorityDemo:main]:thread-2;优先级为-2;机会值为-580416
[PriorityDemo:main]:thread-3;优先级为-3;机会值为-0
[PriorityDemo:main]:thread-4;优先级为-4;机会值为-449545
[PriorityDemo:main]:thread-5;优先级为-5;机会值为-151777
[PriorityDemo:main]:thread-6;优先级为-6;机会值为-5206493
[PriorityDemo:main]:thread-7;优先级为-7;机会值为-1091936570
[PriorityDemo:main]:thread-8;优先级为-8;机会值为-1085458844
[PriorityDemo:main]:thread-9;优先级为-9;机会值为-1196934380
[PriorityDemo:main]:thread-10;优先级为-10;机会值为-1174667391
```

例子中创建了10个线程，放在一个线程数组中。10个线程的优先级各不相同，通过for循环进行设置，将优先级设置成从1~10：第1线程的优先级最低，其值为1，第10个线程的优先级最高，其值为10。

定制的PrioritySetThread线程的run()方法非常简单，其功能是对实例属性opportunities的值进行自增。

```
public long opportunities=0;
public void run() {
    for (int i = 0; ; i++) {
        opportunities++;
    }
}
```

在线程的run()方法中，设置了一个没有条件判断表达式的for循环，这是一个死循环，线程启动之后，永远也不会退出，直到线程被停止。那么，问题来了，如何停止这10个线程呢？这里使用的Thread类的stop()实例方法，该方法的作用是终止线程的执行。

```
for (int i = 0; i < threads.length; i++) {
    threads[i].stop();
}
```

Thread类的stop()实例方法是一个过时的方法，也是一个不安全的方法。这里的安全指的是系统资源（文件、网络连接等）的安全——stop()实例方法可能导致资源状态不一致，或者说资源出现问题时很难定位。在实际开发过程中，不建议使用stop()实例方法。本例非常简单，这里是因为演示需要，不会存在安全问题，所以使用stop()实例方法来终止线程的执行。

10个线程的运行时间合计1秒，1秒之后，所有的线程停止：

```
for (int i = 0; i < threads.length; i++) {
    threads[i].start();           //启动线程
}
Thread.sleep(SLEEP_GAP);          //等待1秒，10个线程的运行时间合计1秒
for (int i = 0; i < threads.length; i++) {
    threads[i].stop();            //停止线程
}
```

演示示例中10个线程停下来之后，某个线程的实例属性opportunities的值越大，就表明该线程获得的CPU时间片越多。分析案例的执行结果，可以看出以下结论：

1）整体而言，高优先级的线程获得的执行机会更多。在实例中可以看到：优先级在6级以上的线程和4级以下的线程执行机会明显偏多，整体对比非常明显。

2）执行机会的获取具有随机性，优先级高的不一定获得的机会多。比如，例子中的thread-10比thread-9优先级高，但是thread-10所获得的机会反而偏少。

1.4.3　线程的生命周期

Java中的线程的生命周期分为6种状态。Thread类有一个实例属性和一个实例方法专门用于保存和获取线程的状态。其中，用于保存线程Thread实例状态的实例属性为：

```
private int threadStatus;          //以整数的形式保存线程的状态。
```

Thread类用于获取线程状态的实例方法为：

```
public Thread.State getState();    //返回当前线程的执行状态，一个枚举类型值
```

Thread.State是一个内部枚举类，定义了6个枚举常量，分别代表Java线程的6种状态，具体如下：

```
public static enum State {
    NEW,                //新建
    RUNNABLE,           //可执行：包含操作系统的就绪、运行两种状态
    BLOCKED,            //阻塞
    WAITING,            //等待
    TIMED_WAITING,      //计时等待
    TERMINATED;         //终止
}
```

在Thread.State定义的6种状态中，有4种是比较常见的状态，它们是：NEW（新建）状态、RUNNABLE（可执行）状态、TERMINATED（终止）状态、TIMED_WAITING（限时等待）状态。

1. NEW 状态

Java源码对NEW状态的注释说明是：创建成功但是没有调用start()方法启动的Thread线程实例都处于NEW状态。

当然，并不是Thread线程实例的start()方法一经调用，其状态就从NEW状态到RUNNABLE状态，此时并不意味着线程立即获取CPU时间片并且立即执行，中间需要一系列的操作系统内部操作。

2. RUNNABLE 状态

前面讲到，当调用了Thread实例start()方法后，下一步如果线程获取CPU时间片开始执行，JVM将异步调用线程的run()方法执行其业务代码，那么在run()方法被异步调用之前，JVM做了哪些事情呢？

JVM的幕后工作和操作系统的线程调度有关。Java中的线程管理是通过JNI本地调用的方式，委托操作系统的线程管理API完成的。当Java线程的Thread实例的start()方法被调用后，操作系统中的对应线程进入的并不是运行状态，而是就绪状态，而Java线程并没有这个就绪状态。操作系统中线程的就绪状态是什么状态的呢？

JVM的线程状态与其幕后的操作系统线程状态之间的转换关系简化后如图1-11所示。

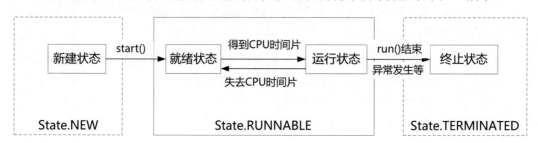

图 1-11　JVM 的线程状态与其幕后的操作系统线程状态的转换关系（简化版）

一个操作系统线程如果处于就绪状态，表示"万事俱备，只欠东风"，即该线程已经满足了执行条件，但是还不能执行。处于就绪状态的线程需要等待系统的调度，一旦就绪状态被系统选中，获得CPU时间片，线程就开始占用CPU，开始执行线程的代码，这时线程的操作系统状态发生了改变，进入了运行状态。

在操作系统中，处于运行状态的线程在CPU时间片用完之后，又回到就绪状态，等待CPU的下一次调度。就这样，操作系统线程在就绪状态和执行状态之间被系统反复地调度，这种情况会一直持续，直到线程的代码逻辑执行完成或者异常终止。这时线程的操作系统状态又发生了改变，进入了线程的最后状态——TERMINATED状态。

就绪状态和运行状态都是操作系统中的线程状态。在Java语言中，并没有细分这两种状态，而是将这两种状态合并成同一种状态——RUNNABLE状态。因此，在Thread.State枚举类中，没有定义线程的就绪状态和运行状态，只是定义了RUNNABLE状态。这就是Java线程状态和操作系统中的线程状态有所不同的地方。

总之，NEW状态的Thread实例调用了start()方法后，线程的状态将变成RUNNABLE状态。尽管如此，线程的run()方法不一定会马上被并发执行，需要在线程获取了CPU时间片之后，才会真正启动并发执行。

3. TERMINATED 状态

处于RUNNABLE状态的线程在run()方法执行完成之后就变成终止状态TERMINATED了。当然，如果在run()方法执行过程中发生了运行时异常而没有被捕获，run()方法将被异常终止，线程也会变成TERMINATED状态。

4. TIMED_WAITING 限时等待状态

线程处于一种特殊的等待状态，准确地说，线程处于限时等待状态。能让线程处于限时等待状态的操作大致有以下几种：

1）Thread.sleep(int n)：使得当前线程进入限时等待状态，等待时间为n毫秒。

2）Object.wait()：带时限的抢占对象的monitor锁。

3）Thread.join()：带时限的线程合并。

4）LockSupport.parkNanos()：让线程等待，时间以纳秒为单位。

5）LockSupport.parkUntil()：让线程等待，时间可以灵活设置。

1.4.4 一个线程状态的简单演示案例

为了演示线程的RUNNABLE状态，在下面的案例中设计了两个线程轮番计数的一个公共的静态变量turn。两个线程中都有一个同样的for循环，当线程占用时间片的时候，都对静态变量turn进行累加，直到turn的值达到上限值MAX_TURN。

案例代码如下：

```
package com.crazymakercircle.mutithread.basic.create3;
// 省略import
public class StatusDemo
{
    //每个线程执行的轮次
    public static final long MAX_TURN = 5;

    //线程编号
    static int threadSeqNumber = 0;

    //全局的静态线程列表
    static List<Thread> threadList = new ArrayList<>();

    //输出静态线程列表中，每个线程的状态
    private static void printThreadStatus()
    {
        for (Thread thread : threadList)
        {
            Print.tco(thread.getName() + " 状态为 " + thread.getState());
        }
    }

    //向全局的静态线程列表加入线程
    private static void addStatusThread(Thread thread)
    {
        threadList.add(thread);
    }

    static class StatusDemoThread extends Thread
    {
        public StatusDemoThread()
        {
            super("statusPrintThread" + (++threadSeqNumber));
            //将自己加入到全局的静态线程列表
            addStatusThread(this);
        }

        public void run()
        {
            Print.cfo(getName() + ", 状态为" + getState());
            for (int turn = 0; turn < MAX_TURN; turn++)
            {
                //线程睡眠
                sleepMilliSeconds(500);
                //输出所有线程的状态
                printThreadStatus();
            }
```

```
            Print.tco(getName() + "- 运行结束.");
        }
    }

    public static void main(String args[]) throws InterruptedException
    {
        //将main线程加入全局列表
        addStatusThread(Thread.currentThread());
        //新建三个线程，这些线程在构造器中会将自己加入全局列表
        Thread sThread1 = new StatusDemoThread();
        Print.cfo(sThread1.getName() + "- 状态为" + sThread1.getState());
        Thread sThread2 = new StatusDemoThread();
        Print.cfo(sThread2.getName() + "- 状态为" + sThread2.getState());
        Thread sThread3 = new StatusDemoThread();
        Print.cfo(sThread3.getName() + "- 状态为" + sThread3.getState());

        sThread1.start();              //启动第一个线程

        sleepMilliSeconds(500);        //等待500毫秒启动第二个线程
        sThread2.start();

        sleepMilliSeconds(500);        //等待1000毫秒启动第三个线程
        sThread3.start();

        sleepSeconds(100);             //睡眠100秒
    }
}
```

运行程序，输出的结果如下：

```
[StatusDemo.main]: statusPrintThread1- 状态为NEW
[StatusDemo.main]: statusPrintThread2- 状态为NEW
[StatusDemo.main]: statusPrintThread3- 状态为NEW
...
[statusPrintThread1]: main 状态为 TIMED_WAITING
[statusPrintThread1]: statusPrintThread1 状态为 RUNNABLE
[statusPrintThread1]: statusPrintThread2 状态为 TIMED_WAITING
[statusPrintThread1]: statusPrintThread3 状态为 TIMED_WAITING

[statusPrintThread2]: main 状态为 TIMED_WAITING
[statusPrintThread2]: statusPrintThread1 状态为 TIMED_WAITING
[statusPrintThread2]: statusPrintThread2 状态为 RUNNABLE
[statusPrintThread2]: statusPrintThread3 状态为 RUNNABLE

[statusPrintThread3]: main 状态为 TIMED_WAITING
[statusPrintThread3]: statusPrintThread1 状态为 TIMED_WAITING
[statusPrintThread3]: statusPrintThread2 状态为 RUNNABLE
[statusPrintThread3]: statusPrintThread3 状态为 RUNNABLE
[statusPrintThread1]: main 状态为 TIMED_WAITING
[statusPrintThread1]: statusPrintThread1 状态为 RUNNABLE
[statusPrintThread1]: statusPrintThread2 状态为 TIMED_WAITING
[statusPrintThread1]: statusPrintThread3 状态为 TIMED_WAITING
...
[statusPrintThread3]: statusPrintThread1 状态为 TERMINATED
[statusPrintThread3]: statusPrintThread2 状态为 TERMINATED
[statusPrintThread3]: statusPrintThread3 状态为 RUNNABLE
[statusPrintThread3]: statusPrintThread3- 运行结束.
```

通过以上结果可以看出：当线程新建之后，在没有启动之前其状态为NEW；调用其start()方法启动之后，其状态为RUNNABLE；当使用LockSupport.parkNanos(...)方法使得当前线程等待之后，线程的状态变成了TIMED_WAITING；等待结束之后，其状态又变成了RUNNABLE；线程执行完成之后，它的状态变成TERMINATED。

对于示例中用到的sleepMilliSeconds()方法，它的内部调用了LockSupport.parkNanos(...)方法使得当前线程限时等待，这是为了编程快捷而自定义的方法，其代码如下：

```
package com.crazymakercircle.util;
// 省略import
public class ThreadUtil
{
    public static void sleepMilliSeconds(int millisecond)
    {
        LockSupport.parkNanos(millisecond * 1000L * 1000L);
    }
    //省略其他方法
}
```

> 💠➕说明 以上代码中用到的LockSupport类是来自JDK中的锁辅助类，该类在后面的章节会详细介绍。

1.4.5 使用 Jstack 工具查看线程状态

有时，服务器CPU占用率会一直很高，甚至一直处于100%。如果CPU使用率居高不下，自然是有某些线程一直占用着CPU资源，如何查看CPU占用率较高的线程呢？或者说，如何查看到线程的状态呢？一种比较快捷的办法是使用Jstack工具。

Jstack工具是Java虚拟机自带的一种堆栈跟踪工具。Jstack用于生成或导出（DUMP）JVM虚拟机运行实例当前时刻的线程快照。线程快照是对当前JVM实例内每一个线程正在执行的方法堆栈的集合，生成或导出线程快照的主要目的是用于定位线程出现长时间运行、停顿或者阻塞的原因，如线程间死锁、死循环、请求外部资源导致的长时间等待等。线程出现停顿的时候通过Jstack来查看各个线程的调用堆栈，就可以知道没有响应的线程到底在后台做什么事情，或者等待什么资源。

Jstack命令的语法格式：

```
jstack <pid>   //pid表示Java进程id，可以用jps命令查看
```

一般情况下，通过Jstack输出的线程信息主要包括：JVM线程、用户线程等。其中JVM线程会在JVM启动时就存在，主要用于执行譬如垃圾回收、低内存的检测等后台任务，这些线程往往在JVM初始化的时候就存在。而用户线程则是在程序创建了新的线程时才会生成。这里要注意的是：

1）在实际运行中，往往一次DUMP的信息不足以确认问题。建议产生三次DUMP信息，如果每次DUMP都指向同一个问题，我们才确定问题的典型性。

2）不同的Java虚拟机的线程导出来的DUMP信息格式是不一样的，并且同一JVM的不同版本DUMP信息也有差别。

JVM线程往往在JVM初始化的时候就存在。在Java程序刚启动时，通过Jstack命令可以立即DUMP出来一些JVM后台线程。下面是一些JVM线程的例子：

```
"VM Thread" os_prio=2 tid=0x00000000150c8000 nid=0x3b8c runnable
"GC task thread#0 (ParallelGC)" os_prio=0 tid=0x0000000002a48000 nid=0x41f8 runnable
"GC task thread#1 (ParallelGC)" os_prio=0 tid=0x0000000002a49800 nid=0x3254 runnable
"GC task thread#2 (ParallelGC)" os_prio=0 tid=0x0000000002a4b000 nid=0x271c runnable
"GC task thread#3 (ParallelGC)" os_prio=0 tid=0x0000000002a4c800 nid=0x1578 runnable
```

```
"VM Periodic Task Thread" os_prio=2 tid=0x0000000016594000 nid=0x1d10 waiting on
condition
```

其中，GC task thread为垃圾回收线程，此类该线程会负责进行垃圾回收。通常JVM会启动多个GC线程，在GC线程的名称中，#后面的数字会累加，如GC task thread#1、GC task thread#2等。

其中，VM Periodic Task Thread线程是JVM周期性任务调度的线程，该线程在JVM内使用得比较频繁，比如定期的内存监控、JVM运行状况监控。

Jstack指令所输出的信息中包含以下重要信息：

1）tid：线程实例在JVM进程中的id。

2）nid：线程实例在操作系统中对应的底层线程的线程id。

3）prio：线程实例在JVM进程中的优先级。

4）os_prio：线程实例在操作系统中对应的底层线程的优先级。

5）线程状态：如runnable、waiting on condition等。

用户线程往往是执行业务逻辑的线程，是大家所关注的重点，也是最容易产生死锁的地方。接下来的内容会用Jstack命令来分析用户线程的WAITING、BLOCKED两种状态。

1.5　线程的基本操作

Java线程的常用操作基本上都定义在Thread类中，包括一些重要的静态方法和线程实例方法。

1.5.1　线程名称的设置和获取

在Thread类中可以通过构造器Thread(...)初始化设置线程名称，也可以通过setName(...)实例方法去设置线程名称，取得线程名称可以通过getName()方法完成。

关于线程名称有以下几个要点：

1）线程名称一般在启动线程前设置，但也允许为运行的线程设置名称。

2）允许两个Thread对象有相同的名称，但是应该避免。

3）如果程序没有为线程指定名称，系统会自动为线程设置名称。

一个简单的线程名称操作实例如下：

```java
package com.crazymakercircle.mutithread.basic.use;
//省略import
public class ThreadNameDemo
{
    private static final int MAX_TURN = 3;
    //异步执行目标类
    static class RunTarget implements Runnable               //实现Runnable接口
    {
        public void run()                                   //重新run()方法
        {
            for (int turn = 0; turn < MAX_TURN; turn++)
            {
                sleepMilliSeconds(500);                     //线程睡眠
```

```
            Print.tco("线程执行轮次:" + turn);
        }
    }
}

public static void main(String args[])
{
    RunTarget target = new RunTarget();              //实例化Runnable异步执行目标类
    new Thread(target).start();                      //系统自动设置线程名称
    new Thread(target).start();                      //系统自动命令线程名称
    new Thread(target).start();                      //系统自动命令线程名称
    new Thread(target, "手动命名线程-A").start();      //手动设置线程名称
    new Thread(target, "手动命名线程-B").start();      //手动设置线程名称
    sleepSeconds(Integer.MAX_VALUE);                 //主线程不能结束
}
};
```

运行程序，部分输出如下：

```
[Thread-0]: 线程执行轮次:0
[手动命名线程-B]: 线程执行轮次:0
[Thread-1]: 线程执行轮次:0
[Thread-2]: 线程执行轮次:0
[手动命名线程-A]: 线程执行轮次:0
[手动命名线程-A]: 线程执行轮次:1
...
```

从输出结果可以看到：如果线程名称没有手动设置，线程将使用“Thread-”加上自动编号的形式进行自动命名，如Thread-0、Thread-1等。

在以上代码中，并没有看到使用getName()去获取线程名称，获取线程名称并且输出到控制台的操作是在Print.tco()方法中完成的。这是一个自定义的辅助方法，帮助用户在输出信息时自动输出线程名称，省去了特意、单独地进行一次getName()实例方法的调用。Print.tco()方法的代码如下：

```
package com.crazymakercircle.util;
public class Print
{
    /**
     * 在正式输出的内容前，输出线程的名称
     * @param s 待输出的字符串
     */
    public static void tco(Object s)
    {
        String cft = "[" + Thread.currentThread().getName() + "]" + ": " + s;
        //提交线程池进行异步输出，使得输出过程不影响当前线程的执行
        //异步输出的好处：不会造成输出乱序，也不会造成当前线程阻塞
        ThreadUtil.execute(() ->
        {
            synchronized (System.out)
            {
                System.out.println(cft);
            }
        });
    }
    //省略不相关的代码
}
```

在以上代码中，调用了Thread.currentThread()静态方法获取当前正在执行的线程，简称为当前线程。准确地说，当前线程就是正在执行当前代码逻辑的Java线程。

> 说明 编程规范要求：创建线程或线程池时，需要指定有意义的线程名称，方便出错时回溯。

1.5.2 线程的 sleep 操作

sleep的作用是让目前正在执行的线程休眠，让CPU去执行其他的任务。从线程状态来说，就是从执行状态变成限时阻塞状态。sleep()方法定义在Thread类中，是一组静态方法，有两个重载版本：

```
//使目前正在执行的线程休眠millis毫秒
public static void sleep(long millis) throws InterruptException;

//使目前正在执行的线程休眠millis毫秒, nanos纳秒
public static void sleep(long millis, int nanos) throws InterruptException;
```

sleep()方法会有InterruptException受检异常抛出，如果调用了sleep()方法，就必须进行异常审查，捕获InterruptedException异常，或者再次通过方法声明存在InterruptedException异常。

举一个示例演示一下sleep()静态方法的使用，具体如下：

```java
package com.crazymakercircle.mutithread.basic.use;
//省略import
public class SleepDemo
{
    public static final int SLEEP_GAP = 5000;        //睡眠时长5秒
    public static final int MAX_TURN = 50;           //睡眠次数，稍微多点方便使用Jstack
    static class SleepThread extends Thread
    {
        static int threadSeqNumber = 1;

        public SleepThread()
        {
            super("sleepThread-" + threadSeqNumber);
            threadSeqNumber++;
        }

        public void run()
        {
            try
            {
                for (int i = 1; i < MAX_TURN; i++)
                {
                    Print.tco(getName() + ", 睡眠轮次：" + i);
                    // 线程睡眠一会
                    Thread.sleep(SLEEP_GAP);
                }
            } catch (InterruptedException e)
            {
                Print.tco(getName() + " 发生异常被中断.");
            }
            Print.tco(getName() + " 运行结束.");
        }
    }

    public static void main(String args[]) throws InterruptedException
    {
        for (int i = 0; i < 5; i++)
        {
```

```
        Thread thread = new SleepThread();
        thread.start();
    }
    Print.tco(getCurThreadName() + " 运行结束.");
    }
}
```

运行以上程序，然后通过Jstack命令可以去查看4个睡眠线程的状态，不过在此之前需要使用jps
指令查找出以上程序对应的JVM进程SleepDemo的进程ID，具体的命令使用过程以及其大致输出的
信息截取如下：

```
C:\Users\user>jps
8468 Jps
18024 SleepDemo

C:\Users\user>jstack 18024
//省略不相干的输出
"sleepThread-4" #17 prio=5 os_prio=0 tid=0x000000001fd21800 nid=0x462c waiting on
condition [0x0000000020cbf000]
    java.lang.Thread.State: TIMED_WAITING (sleeping)
        at java.lang.Thread.sleep(Native Method)
        at ...SleepDemo$SleepThread.run(SleepDemo.java:35)

"sleepThread-3" #16 prio=5 os_prio=0 tid=0x000000001fd1e800 nid=0x28a4 waiting on
condition [0x0000000020bbf000]
    java.lang.Thread.State: TIMED_WAITING (sleeping)
        at java.lang.Thread.sleep(Native Method)
        at ...SleepDemo$SleepThread.run(SleepDemo.java:35)

"sleepThread-2" #15 prio=5 os_prio=0 tid=0x000000001fd1e000 nid=0x1264 waiting on
condition [0x0000000020abf000]
    java.lang.Thread.State: TIMED_WAITING (sleeping)
        at java.lang.Thread.sleep(Native Method)
        at ...SleepDemo$SleepThread.run(SleepDemo.java:35)

"sleepThread-1" #14 prio=5 os_prio=0 tid=0x000000001fd29000 nid=0x1914 waiting on
condition [0x00000000209be000]
    java.lang.Thread.State: TIMED_WAITING (sleeping)
        at java.lang.Thread.sleep(Native Method)
        at ...SleepDemo$SleepThread.run(SleepDemo.java:35)
```

通过以上的Jstack指令输出，可以看到在进行线程DUMP的时间点，所创建的4个sleepThread
线程都处于TIMED_WAITING（sleeping）状态。

当线程睡眠时间满后，线程不一定会立即得到执行，因为此时CPU可能正在执行其他的任务，
线程首先是进入就绪状态，等待分配CPU时间片以便有机会执行。

1.5.3　线程的 interrupt 操作

Java语言提供了stop()方法终止正在运行的线程，但是Java将Thread的stop()方法设置为过时，
不建议大家使用。为什么呢？因为使用stop()方法是很危险的，就像突然关闭计算机电源，而不是
按正常程序关机。在程序中，我们是不能随便中断一个线程的，我们无法知道这个线程正运行在什
么状态，它可能持有某把锁，强行中断线程可能导致锁不能被释放的问题；或者线程可能在操作数
据库，强行中断线程可能导致数据不一致的问题。正是由于使用stop()方法来终止线程可能会产生
不可预料的结果，因此并不推荐调用stop()方法。

一个线程什么时候可以退出呢？当然只有线程自己才能知道。所以，这里介绍一下Thread的

interrupt()方法，此方法本质不是用来中断一个线程，而是将线程设置为中断状态。

当我们调用线程的interrupt()方法时，它有两个作用：

1）如果此线程处于阻塞状态（如调用了Object.wait()方法），就会立马退出阻塞，并抛出InterruptedException异常，线程就可以通过捕获InterruptedException来做一定的处理，然后让线程退出。更确切地说，如果线程被Object.wait()、Thread.join()和Thread.sleep()三种方法之一阻塞，此时调用该线程的interrupt()方法，该线程将抛出一个InterruptedException中断异常（该线程必须事先预备好处理此异常），从而过早终结被阻塞状态。

2）如果此线程正处于运行中，线程就不受任何影响，继续运行，仅仅是线程的中断标记被设置为true。所以，程序可以在适当的位置通过调用isInterrupted()方法来查看自己是否被中断，并执行退出操作。

说明 如果线程的interrupt()方法先被调用，然后线程开始调用阻塞方法进入阻塞状态，InterruptedException异常依旧会抛出。如果线程捕获InterruptedException异常后，继续调用阻塞方法，将不再触发InterruptedException异常。

下面是一个调用interrupt()方法的实例，代码如下：

```java
package com.crazymakercircle.mutithread.basic.use;
//省略import
public class InterruptDemo
{
    public static final int SLEEP_GAP = 5000;          //睡眠时长
    public static final int MAX_TURN = 50;             //睡眠次数
    static class SleepThread extends Thread
    {
        static int threadSeqNumber = 1;
        public SleepThread()
        {
            super("sleepThread-" + threadSeqNumber);
            threadSeqNumber++;
        }
        public void run()
        {
            try
            {
                Print.tco(getName() + " 进入睡眠.");
                // 线程睡眠一会儿
                Thread.sleep(SLEEP_GAP);
            } catch (InterruptedException e)
            {
                e.printStackTrace();
                Print.tco(getName() + " 发生被异常打断.");
                return;
            }
            Print.tco(getName() + " 运行结束.");
        }
    }
    public static void main(String args[]) throws InterruptedException
    {
        Thread thread1 = new SleepThread();
```

```
        thread1.start();
        Thread thread2 = new SleepThread();
        thread2.start();

        sleepSeconds(2);                    //主线程等待2秒
        thread1.interrupt();                //打断线程1

        sleepSeconds(5);                    //主线程等待5秒
        thread2.interrupt();                //打断线程2，此时线程2已经终止

        sleepSeconds(1);                    //主线程等待1秒
        Print.tco("程序运行结束.");
    }
}
```

运行程序，结果大致如下：

```
[sleepThread-2]: sleepThread-2 进入睡眠.
[sleepThread-1]: sleepThread-1 进入睡眠.
java.lang.InterruptedException: sleep interrupted
    at java.lang.Thread.sleep(Native Method)
    at ...InterruptDemo$SleepThread.run(InterruptDemo.java:33)
[sleepThread-1]: sleepThread-1 发生被异常打断.
[sleepThread-2]: sleepThread-2 运行结束.
[main]: 程序运行结束.
```

从结果可以看到，sleepThread-1线程在大致睡眠了2秒后，被主线程打断（或者中断）。被打断的sleepThread-1线程停止睡眠，并捕获到InterruptedException受检异常。程序在异常处理时直接返回了，其后面的执行逻辑被跳过。

从结果还可以看到，sleepThread-2线程在睡眠了7秒后，被主线程中断，但是在sleepThread-2线程被中断的时候，其执行已经结束了，所以thread2.interrupt()中断操作没有发生实质性的效果。

Thread.interrupt()方法并不像Thread.stop()方法那样中止一个正在运行的线程，其作用是设置线程的中断状态位（为true），至于线程是死亡、等待新的任务还是继续运行至下一步，就取决于这个程序本身。线程可以不时地检测这个中断标示位，以判断线程是否应该被中断（中断标示值是否为true）。总之，Thread.interrupt()方法只是改变中断状态，不会中断一个正在运行的线程，线程是否停止执行，需要用户程序去监视线程的isInterrupted()状态，并进行相应的处理。

下面的示例程序演示如何使用isInterrupted()实例方法监视线程的中断状态，如果发现线程被中断，就进行相应的处理，具体的代码如下：

```
package com.crazymakercircle.mutithread.basic.use;
//省略import
public class InterruptDemo
{

    //测试用例：获取异步调用的结果
    @Test
    public void testInterrupted2()
    {
        Thread thread = new Thread()
        {
            public void run()
            {
                Print.tco("线程启动了");
                //一直循环
                while (true)
                {
```

```
                Print.tco(isInterrupted());
                sleepMilliSeconds(5000);
                //如果线程被中断，退出死循环
                if (isInterrupted())
                {
                    Print.tco("线程结束了");
                    return;
                }
            }
        }
    };
    thread.start();
    sleepSeconds(2);           //等待2秒
    thread.interrupt();        //中断线程
    sleepSeconds(2);           //等待2秒
    thread.interrupt();
    }
}
```

运行程序，输出的结果如下：

```
[Thread-0]: 线程启动了
[Thread-0]: false
[Thread-0]: 线程结束了
```

1.5.4 线程的 join 操作

线程的合并是一个比较难以说清楚的概念，什么是线程的合并呢？举一个例子，假设有两个线程A和B，现在线程A在执行过程中对另一个线程B的执行有依赖，具体的依赖为：线程A需要线程B的执行流程合并到自己的执行流程中（至少表面如此），这就是线程合并，被动方线程B可以叫作被合并线程。这个例子中线程A合并线程B的伪代码大致为：

```
class ThreadA extends Thread
{
    void run()
    {
        Thread threadb = new Thread("thread-b");
        threadb.join();
    }
}
```

1. 线程的 join 操作的三个版本

Join()方法是Thread类的一个实例方法，有三个重载版本：

//重载版本1：此方法会把当前线程变为WAITING，直到被合并线程执行结束
public final void join() throws InterruptedException:

//重载版本2：此方法会把当前线程变为TIMED_WAITING，直到被合并线程结束，或者等待被合并线程执行millis的时间
public final synchronized void join(long millis) throws InterruptedException:

//重载版本3：此方法会把当前线程变为TIMED_WAITING，直到被合并线程结束，或者等待被合并线程执行millis+nanos的时间
public final synchronized void join(long millis, int nanos) throws InterruptedException:

调用join()方法的要点：

1）join()方法是实例方法，需要使用被合并线程的句柄（或者指针、变量）去调用，如

threadb.join()。执行threadb.join()这行代码的当前线程为合并线程（甲方），进入TIMED_WAITING等待状态，让出CPU。

2）如果设置了被合并线程的执行时间millis（或者millis+nanos），并不能保证当前线程一定会在millis时间后变为RUNNABLE。

3）如果主动方合并线程在等待时被中断，就会抛出InterruptedException受检异常。

> **说明** 调用join()方法的语句可以理解为合并点，合并的本质是：线程A需要在合并点等待，一直等到线程B执行完成，或者等待超时。

为了方便表达，本书将依赖的线程A叫作甲方线程，被依赖的线程B叫作乙方线程。简单理解线程合并就是甲方线程调用乙方线程的join()方法，在执行流程上将乙方线程合并到甲方线程。甲方线程等待乙方线程执行完成后，甲方线程再继续执行，如图1-12所示。

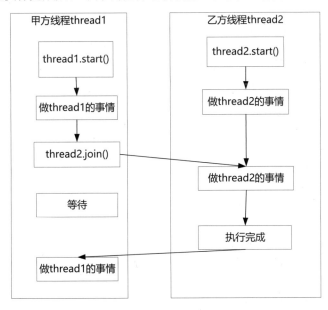

图 1-12　线程合并的示意图

如果乙方线程无限制长时间地执行，甲方线程可以进行限时等待：甲方线程等待乙方线程执行一定的时间后，如果乙方还没有完成，甲方线程再继续执行。

使用join()方法的优势是比较简单的，劣势是join()方法没有办法直接取得乙方线程的执行结果。

2. 线程的 join 操作的演示实例

```
package com.crazymakercircle.mutithread.basic.use;
//省略import
public class JoinDemo
{
    public static final int SLEEP_GAP = 5000;          //睡眠时长
    public static final int MAX_TURN = 50;             //睡眠次数

    static class SleepThread extends Thread
    {
        //省略SleepThread的代码，执行时睡眠5秒
```

```
        //具体代码与上一个小节的SleepThread内部类相同，也可以参考随书源码
    }
    public static void main(String args[])
    {
        Thread thread1 = new SleepThread();
        Print.tco("启动thread1.");
        thread1.start();
        try
        {
            thread1.join();                        //合并线程1，不限时
        } catch (InterruptedException e)
        {
            e.printStackTrace();
        }
        Print.tco("启动 thread2.");
        //启动第二条线程，并且进行限时合并，等待时间为1秒
        Thread thread2 = new SleepThread();
        thread2.start();
        try
        {
            thread2.join(1000);                     //限时合并，限时1秒
        } catch (InterruptedException e)
        {
            e.printStackTrace();
        }
        Print.tco("线程运行结束.");
    }
}
```

运行程序，执行的结果如下：

```
[main]: 启动 thread1.
[sleepThread-1]: sleepThread-1 进入睡眠.
[sleepThread-1]: sleepThread-1 运行结束.
[main]: 启动 thread2.
[sleepThread-2]: sleepThread-2 进入睡眠.
[sleepThread-2]: sleepThread-2 运行结束.
[main]: 线程运行结束.
```

3. join 线程的 WAITING 状态

线程的WAITING（等待）状态表示线程在等待被唤醒。处于WAITING状态的线程不会被分配CPU时间片。执行以下两个操作，当前线程将处于WAITING状态：

1）执行没有时限（timeout）参数的thread.join()调用：在线程合并场景中，若线程A调用B.join()去合入B线程，则在B执行期间线程A处于WAITING状态，一直等线程B执行完成。

2）执行没有时限参数的object.wait()调用：指一个拥有object对象锁的线程，进入到相应的代码临界区后，调用相应的object的wait()方法去等待其"对象锁"（Object Monitor）上的信号，若"对象锁"上没有信号，则当前线程处于WAITING状态，如图1-13所示。

通过Jstack指令DUMP出来上面JoinDemo演示实例执行过程中的线程信息，当main线程合入sleepThread-1线程的时候，sleepThread-1处于TIMED_WAITING状态（sleep操作导致），main线程也处于WAITING状态。Jstack指令的部分输出结果截取如下：

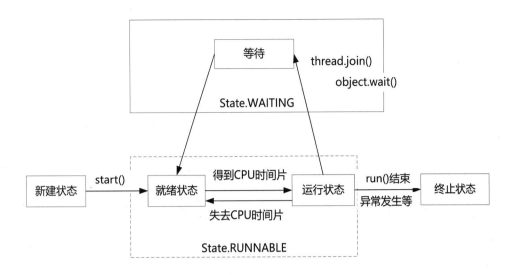

图 1-13　线程的 WAITING 状态

```
C:\Users\user>jps
13660 JoinDemo

C:\Users\user>Jstack  13660
//省略部分输出
"sleepThread-1" #14 prio=5 os_prio=0 tid=0x000000001fa69000 nid=0x35d8 waiting on
condition [0x000000002068f000]
    java.lang.Thread.State: TIMED_WAITING (sleeping)
        at java.lang.Thread.sleep(Native Method)
        at ...JoinDemo$SleepThread.run(JoinDemo.java:33)

"main" #1 prio=5 os_prio=0 tid=0x0000000003216000 nid=0x2914 in Object.wait()
[0x000000000305f000]
    java.lang.Thread.State: WAITING (on object monitor)
        at java.lang.Object.wait(Native Method)
        - waiting on <0x000000076b8a3128> (a ...JoinDemo$SleepThread)
        at java.lang.Thread.join(Thread.java:1245)
        - locked <0x000000076b8a3128> (a ...use.JoinDemo$SleepThread)
        at java.lang.Thread.join(Thread.java:1319)
        at ...JoinDemo.main(JoinDemo.java:53)
```

4. join 线程的 TIMED_WAITING 状态

线程的TIMED_WAITING状态表示在等待唤醒。处于TIMED_WAITING状态的线程不会被分配CPU时间片，它们要等待被唤醒，或者直到等待的时限到期。

在线程合入场景中，若线程A在调用B.join()操作时加入了时限参数，则在B执行期间线程A处于TIMED_WAITING状态。若B在等待时限内没有返回，则线程A结束等待TIMED_WAITING状态，恢复成RUNNABLE状态。

通过Jstack指令DUMP出来JoinDemo演示实例执行过程中的线程信息，在main线程合入sleepThread-2线程的时候，sleepThread-2处于TIMED_WAITING状态（sleep操作导致），main线程也处于TIMED_WAITING状态。Jstack指令的部分输出结果截取如下：

```
C:\Users\user>jps
11736 JoinDemo
```

```
C:\Users\user>Jstack  11736
//省略部分输出
"sleepThread-2" #16 prio=5 os_prio=0 tid=0x000000001f61c800 nid=0x318 waiting on
condition [0x000000002036f000]
    java.lang.Thread.State: TIMED_WAITING (sleeping)
        at java.lang.Thread.sleep(Native Method)
        at ...JoinDemo$SleepThread.run(JoinDemo.java:33)

"main" #1 prio=5 os_prio=0 tid=0x0000000002de6000 nid=0x2ec4 in Object.wait()
[0x0000000002cdf000]
    java.lang.Thread.State: TIMED_WAITING (on object monitor)
        at java.lang.Object.wait(Native Method)
        - waiting on <0x000000076bdfb838> (a ...JoinDemo$SleepThread)
        at java.lang.Thread.join(Thread.java:1253)
        - locked <0x000000076bdfb838> (a ...JoinDemo$SleepThread)
        at ...JoinDemo.main(JoinDemo.java:65)
```

1.5.5 线程的 yield 操作

线程的yield（让步）操作的作用是让目前正在执行的线程放弃当前的执行，让出CPU的执行权限，使得CPU去执行其他的线程。处于让步状态的JVM层面的线程状态仍然是RUNNABLE状态，但是该线程所对应的操作系统层面的线程从状态上来说会从执行状态变成就绪状态。线程在yield时，线程放弃和重占CPU的时间是不确定的，可能是刚刚放弃CPU，马上又获得CPU执行权限，重新开始执行。

yield()方法是Thread类提供的一个静态方法，它可以让当前正在执行的线程暂停，但它不会阻塞该线程，只是让线程转入就绪状态。yield只是让当前线程暂停一下，让系统的线程调度器重新调度一次，yield()方法只有一个版本：

```
package com.crazymakercircle.mutithread.basic.use;
//省略import
public class YieldDemo
{
    public static final int MAX_TURN = 100;                    //执行次数
    public static AtomicInteger index = new AtomicInteger(0);  //执行编号

    //记录线程的执行次数
    private static Map<String, AtomicInteger> metric = new HashMap<>();

    //输出线程的执行次数
    private static void printMetric()
    {
        Print.tco("metric = " + metric);
    }

    static class YieldThread extends Thread
    {
        static int threadSeqNumber = 1;
        public YieldThread()
        {
            super("sleepThread-" + threadSeqNumber);
            threadSeqNumber++;
                //将线程加入到执行次数统计map
            metric.put(this.getName(), new AtomicInteger(0));
        }

        public void run()
        {
            for (int i = 1; i < MAX_TURN && index.get() < MAX_TURN; i++)
```

```
        {
            Print.tco("线程优先级: " + getPriority());
            index.incrementAndGet();
            //统计一次
            metric.get(this.getName()).incrementAndGet();
            if (i % 2 == 0)
            {
                //让步: 出让执行的权限
                Thread.yield();
            }
        }
        //输出所有线程的执行次数
        printMetric();
        Print.tco(getName() + " 运行结束.");
    }
}

@Test
public void test()
{
    Thread thread1 = new YieldThread();
        //设置为最高的优先级
    thread1.setPriority(Thread.MAX_PRIORITY);
    Thread thread2 = new YieldThread();
        //设置为最低的优先级
    thread2.setPriority(Thread.MIN_PRIORITY);
    Print.tco("启动线程.");
    thread1.start();
    thread2.start();
    sleepSeconds(100);
}
}
```

执行以上代码，部分结果输出如下：

```
[main]: 启动线程.
[YieldThread-1]: 线程优先级: 10
[YieldThread-1]: 线程优先级: 10
[YieldThread-1]: 线程优先级: 10
[YieldThread-1]: 线程优先级: 10
[YieldThread-1]: 线程优先级: 10
[YieldThread-1]: 线程优先级: 10
[YieldThread-2]: 线程优先级: 1
[YieldThread-1]: 线程优先级: 10
[YieldThread-2]: 线程优先级: 1
[YieldThread-1]: 线程优先级: 10
[YieldThread-2]: 线程优先级: 1
...
[YieldThread-1]: metric = {YieldThread-2=36, YieldThread-1=64}
[YieldThread-1]: YieldThread-1 运行结束.
[YieldThread-2]: 线程优先级: 1
[YieldThread-2]: metric = {YieldThread-2=37, YieldThread-1=64}
[YieldThread-2]: YieldThread-2 运行结束.
```

在以上演示案例中，一共启动了两个让步演示线程，两个线程每执行两次操作就让出CPU。但是两个线程的优先级有区别，YieldThread-1的优先级为Thread.MAX_PRIORITY（值为10），YieldThread-2的优先级为Thread.MIN_PRIORITY（值为1），从输出的结果可以看出，优先级高的YieldThread-1执行的次数比优先级低的YieldThread-2在执行的次数多很多。得到的结论是：线程调用yield之后，操作系统在重新进行线程调度时偏向于将执行机会让给优先级较高的线程。

总结起来，Thread.yield()方法有以下特点：

1）yield仅能使一个线程从运行状态转到就绪状态，而不是阻塞状态。

2）yield不能保证使得当前正在运行的线程迅速转换到就绪状态。

3）即使完成了迅速切换，系统通过线程调度机制从所有就绪线程中挑选下一个执行线程时，就绪的线程有可能被选中，也有可能不被选中，其调度的过程受到其他因素（如优先级）的影响。

1.5.6　线程的 daemon 操作

Java中的线程分为两类：守护线程与用户线程。守护线程也称为后台线程，专门指在程序进程运行过程中，在后台提供某种通用服务的线程。比如，每启动一个JVM进程，都会在后台运行着一系列的GC（垃圾回收）线程，这些GC线程就是守护线程，提供幕后的垃圾回收服务。使用Jstack 指令DUMP某个JVM进程时，截取到的如下GC线程如下：

```
"GC task thread#0 (ParallelGC)" os_prio=0 tid=0x000000000322b800 nid=0x3db0 runnable
"GC task thread#1 (ParallelGC)" os_prio=0 tid=0x000000000322e000 nid=0x3ca8 runnable
"GC task thread#2 (ParallelGC)" os_prio=0 tid=0x000000000322f800 nid=0x1240 runnable
"GC task thread#3 (ParallelGC)" os_prio=0 tid=0x0000000003231000 nid=0x79c runnable
"GC task thread#4 (ParallelGC)" os_prio=0 tid=0x0000000003233800 nid=0x1770 runnable
"GC task thread#5 (ParallelGC)" os_prio=0 tid=0x0000000003234800 nid=0x3b1c runnable
"GC task thread#6 (ParallelGC)" os_prio=0 tid=0x0000000003238000 nid=0x2cc8 runnable
"GC task thread#7 (ParallelGC)" os_prio=0 tid=0x0000000003239000 nid=0x3008 runnable
// 省略其他的输出
```

举一个比较通俗的例子，守护线程在JVM相当于保姆的角色：只要JVM实例中尚存在任何一个用户线程没有结束，守护线程就能执行自己工作；只有当最后一个用户线程结束，守护线程随着JVM一同结束工作。

1. 守护线程的基本操作

在Thread类中，有一个实例属性和两个实例方法，专门用于进行守护线程相关的操作。

1）实例属性daemon：保存一个Thread线程实例的守护状态，默认为false，表示线程默认为用户线程。

```
private boolean daemon = false;
```

2）实例方法setDaemon(...)：此方法将线程标记为守护线程或者用户线程。setDaemon(true)将线程设置为守护线程，setDaemon(false)将线程设置为用户线程。

```
public final void setDaemon(boolean on);
```

3）实例方法isDaemon()：获取线程的守护状态，用于判断该线程是不是守护线程。

```
public final boolean isDaemon();
```

2. 守护线程的基本操作演示实例

举一个例子，演示守护线程的两个实例方法的使用，具体如下：

```
package com.crazymakercircle.mutithread.basic.use;
//省略import
public class DaemonDemo
```

```
{
    public static final int SLEEP_GAP = 500;        //每一轮的睡眠时长
    public static final int MAX_TURN = 4;            //用户线程执行轮次

    //守护线程实现类
    static class DaemonThread extends Thread
    {
        public DaemonThread()
        {
            super("daemonThread");
        }
        public void run()
        {
            Print.synTco("--daemon线程开始.");
            for (int i = 1; ; i++)                   //死循环
            {
                Print.synTco("--轮次: " + i);
                Print.synTco("--守护状态为:" + isDaemon());
                //线程睡眠一会儿, 500毫秒
                sleepMilliSeconds(SLEEP_GAP);
            }
        }
    }

    public static void main(String args[]) throws InterruptedException
    {

        Thread daemonThread = new DaemonThread();
        daemonThread.setDaemon(true);
        daemonThread.start();

        //创建一个用户线程, 执行4轮
        Thread userThread = new Thread(() ->
        {
            Print.synTco(">>用户线程开始.");
            for (int i = 1; i <= MAX_TURN; i++)
            {
                Print.synTco(">>轮次: " + i);
                Print.synTco(">>守护状态为:" + getCurThread().isDaemon());
                sleepMilliSeconds(SLEEP_GAP);
            }
            Print.synTco(">>用户线程结束.");
        }, "userThread");

        //启动用户线程
        userThread.start();

        Print.synTco(" 守护状态为:" + getCurThread().isDaemon());
        Print.synTco(" 运行结束.");
    }
}
```

运行程序, 大致的结果如下:

```
[daemonThread]: --daemon线程开始.
[daemonThread]: --轮次: 1--守护状态为:true
[main]:  守护状态为:false
[main]:  运行结束.
[userThread]: >>用户线程开始.
[userThread]: >>轮次: 1 -守护状态为:false
[daemonThread]: --轮次: 2--守护状态为:true
[userThread]: >>轮次: 2 -守护状态为:false
[daemonThread]: --轮次: 3--守护状态为:true
```

```
[userThread]: >>轮次: 3 -守护状态为:false
[daemonThread]: --轮次: 4--守护状态为:true
[userThread]: >>轮次: 4 -守护状态为:false
[daemonThread]: --轮次: 5--守护状态为:true
[userThread]: >>用户线程结束.
```

本例创建了两个线程：一个线程为守护线程，其名称为daemonThread，使用继承Thread的方式创建；另一个线程为用户线程，其名称为userThread，使用Lambda表达式新建了一个Runnable实例后，传入Thread构造器创建。

在守护线程daemonThread的run()方法中设置了一个for死循环（没有条件判断表达式的循环），启动之后，理论上永远也不会停止。程序中使用setDaemon(true)语句将daemonThread线程设置成守护线程。

在用户线程userThread的匿名run()方法中设置了一个能循环4轮的for循环。每一轮循环，输出当前的轮次和当前线程的守护状态等信息。程序中，userThread线程的daemon属性还是默认的false值，因此该线程为用户线程。

从例子的输出结果来看，main线程也是一条用户线程。main线程在创建和启动了daemonThread和userThread后，就提前结束了。虽然main线程结束了，但是两条线程还在继续执行，其中就有一个用户线程，所以进程还不能结束。当剩下的一个用户线程userThread的run()方法执行完成后，userThread线程执行结束。这时，所有的用户线程执行已经完成，JVM进程就随之退出了。

在JVM退出时，守护线程daemonThread远远没有结束，还在死循环的执行中。但是JVM不管这些，强行终止了所有守护线程的执行。

3. 守护线程与用户线程的关系

从是否为守护线程的角度，对Java线程进行分类，分为用户线程和守护线程。守护线程和用户线程的本质区别：二者与JVM虚拟机进程终止的方向不同。用户线程和JVM进程是主动关系，如果用户线程全部终止，JVM虚拟机进程也随之终止；守护线程和JVM进程是被动关系，如果JVM进程终止，所有的守护线程也随之终止，如图1-14所示。

图 1-14 守护线程与用户线程的关系

换个角度来理解，守护线程提供服务，是守护者，用户线程享受服务，是被守护者。只有全部的用户线程终止了，相当于没有了被守护者，守护线程也就没有工作可做了，也就可以全部终止了。当然，用户线程全部终止，JVM进程也就没有继续的必要了。反过来说，只要有一个用户线程没有终止，JVM进程也不会退出。

但是在终止维度上，守护线程和JVM进程没有主动关系。也就是说，哪怕是守护线程全部被终止，JVM虚拟机也不一定终止。

4. 守护线程的要点

使用守护线程时，有以下几点需要特别注意：

1）守护线程必须在启动前将其守护状态设置为true，启动之后不能再将用户线程设置为守护线程，否则JVM会抛出一个InterruptedException异常。

具体来说，如果线程为守护线程，就必须在线程实例的start()方法调用之前调用线程实例的setDaemon（true），设置其daemon实例属性值为true。

2）守护线程存在被JVM强行终止的风险，所以在守护线程中尽量不去访问系统资源，如文件句柄、数据库连接等。守护线程被强行终止时，可能会引发系统资源操作不负责任的中断，从而导致资源不可逆的损坏。

3）守护线程创建的线程也是守护线程。

在守护线程中创建的线程，新的线程都是守护线程。在创建之后，如果通过调用setDaemon(false)将新的线程显式地设置为用户线程，新的线程可以调整成用户线程。

5. 守护线程创建的线程也是守护线程

举一个非常简单的例子，演示一下在守护线程中创建的线程也是守护线程。代码如下：

```
package com.crazymakercircle.mutithread.basic.use;
//省略import
public class DaemonDemo2 {
    public static final int SLEEP_GAP = 500;      //每一轮的睡眠时长
    public static final int MAX_TURN = 4;         //线程执行轮次
    static class NormalThread extends Thread {
        static int threadNo = 1;
        public NormalThread() {
            super("normalThread-" + threadNo);
            threadNo++;
        }
        public void run() {
            for (int i = 0;  ; i++)
            {
                sleepMilliSeconds(SLEEP_GAP);
                Print.synTco(getName() + ", 守护状态为:" + isDaemon());
            }
        }
    }

    public static void main(String args[]) throws InterruptedException {
        Thread daemonThread = new Thread(() -> {
            for (int i = 0; i < 5; i++) {
                Thread normalThread = new NormalThread();
                //normalThread.setDaemon(false);
                normalThread.start();
            }
        }, "daemonThread");
        daemonThread.setDaemon(true);
        daemonThread.start();
        //这里一定不能让main线程立即结束，否则看不到结果
        sleepMilliSeconds(SLEEP_GAP);
        Print.synTco(getCurThreadName() + " 运行结束.");
    }
}
```

运行程序，输出的结果如下：

```
[normalThread-3]: normalThread-3, 守护状态为:true
[normalThread-4]: normalThread-4, 守护状态为:true
```

```
[main]: main 运行结束.
[normalThread-5]: normalThread-5, 守护状态为:true
[normalThread-2]: normalThread-2, 守护状态为:true
[normalThread-1]: normalThread-1, 守护状态为:true
```

本例中使用Lambda表达式方式创建一个daemonThread线程，这是一个守护线程。在这个守护线程的业务代码中又创建了5个普通线程。5个新线程启动前，虽然daemon状态没有被设置为true（预期是用户线程），但是从程序的结果中可以看出，实际上这5个线程daemon状态为true，都是守护线程。

在本例中，main线程加上Thread.sleep（SLEEP_GAP）语句让main线程等待一段时间再结束。这是非常必要的，为什么呢？ 因为另外的6个线程都是守护线程。只有main线程是唯一的一个用户线程，为了看到守护线程所输出的部分结果，一定不能让main线程提前结束。

如果要将守护线程所创建的线程调整为用户线程，可以通过setDaemon(false)显式地将这些线程设置为用户线程。上面的代码可以进行如下调整，将创建的5个新线程调整为用户线程：

```
Thread daemonThread = new Thread(() -> {
        for (int i = 0; i < 5; i++) {
            Thread normalThread = new NormalThread();
            //显式地将这些线程设置为用户线程
            normalThread.setDaemon(false);
            normalThread.start();
        }
    }, "daemonThread");
daemonThread.setDaemon(true);
daemonThread.start();
```

调整之后，再一次运行以上示例，大家可以去分析一下执行的结果。

1.5.7　线程状态总结

接下来，将线程的6种状态以及各种状态的进入条件做一个总结。

1. NEW 状态

通过new Thread(...)已经创建线程，但尚未调用start()启动线程，该线程处于NEW（新建）状态。虽然前面介绍了4种方式创建线程，但是其中的其他三种方式本质上都是通过new Thread()创建的线程，仅仅是创建了不同的target执行目标实例（如Runnable实例）。

2. RUNNABLE 状态

Java把Ready（就绪）和Running（执行）两种状态合并为一种状态：RUNNABLE（可执行）状态（或者可运行状态）。调用了线程的start()实例方法后，线程就处于就绪状态。此线程获取到CPU时间片后，开始执行run()方法中的业务代码，线程处于执行状态。

（1）就绪状态

就绪状态仅仅表示线程具备运行资格，如果没有被操作系统的调度程序选中，线程就永远是就绪状态；当前线程进入就绪状态的条件大致包括以下几种：

- 调用线程的start()方法，此线程进入就绪状态。
- 当前线程的执行时间片用完。

- 线程睡眠（sleep）操作结束。
- 对其他线程合入（join）操作结束。
- 等待用户输入结束。
- 线程争抢到对象锁（Object Monitor）。
- 当前线程调用了 yield() 方法出让 CPU 执行权限。

（2）执行状态

线程调度程序从就绪状态的线程中选择一个线程，被选中的线程状态将变成执行状态。这也是线程进入执行状态的唯一方式。

3. BLOCKED 状态

处于 BLOCKED（阻塞）状态的线程并不会占用 CPU 资源，以下情况会让线程进入阻塞状态：

（1）线程等待获取锁

等待获取一个锁，而该锁被其他线程持有，则该线程进入阻塞状态。当其他线程释放了该锁，并且线程调度器允许该线程持有该锁时，该线程退出阻塞状态。

（2）IO 阻塞

线程发起了一个阻塞式 IO 操作后，如果不具备 IO 操作的条件，线程就会进入阻塞状态。IO 包括磁盘 IO、网络 IO 等。IO 阻塞的一个简单例子：线程等待用户输入内容后继续执行。

> 🎮➕说明 网络 IO 阻塞的原理以及 Java 高性能 IO 编程的核心知识可参阅另一本书《Java 高并发核心编程 卷 1（加强版）：NIO、Netty、Redis、ZooKeeper》。

4. WAITING 状态

处于 WAITING（无限期等待）状态的线程不会被分配 CPU 时间片，需要被其他线程显式地唤醒，才会进入就绪状态。线程调用以下 3 种方法让自己进入无限等待状态：

- Object.wait() 方法，对应的唤醒方式为：Object.notify() / Object.notifyAll()。
- Thread.join() 方法，对应的唤醒方式为：被合入的线程执行完毕。
- LockSupport.park() 方法，对应的唤醒方式为：LockSupport.unpark(Thread)。

5. TIMED_WAITING 状态

处于 TIMED_WAITING（限时等待）状态的线程不会被分配 CPU 时间片，如果指定时间之内没有被唤醒，限时等待的线程会被系统自动唤醒，进入就绪状态。以下 3 种方法会让线程进入限时等待状态：

- Thread.sleep(time) 方法，对应的唤醒方式为：sleep 睡眠时间结束。
- Object.wait(time) 方法，对应的唤醒方式为：调用 Object.notify() / Object.notifyAll() 去主动唤醒，或者限时结束。
- LockSupport.parkNanos(time)/parkUntil(time) 方法，对应的唤醒方式为：线程调用配套的 LockSupport.unpark(Thread) 方法结束，或者线程停止（park）时限结束。

进入 BLOCKED 状态、WAITING 状态、TIMED_WAITING 状态的线程都会让出 CPU 的使用权；

另外，等待或者阻塞状态的线程被唤醒后，进入Ready状态，需要重新获取时间片才能接着运行。

6. TERMINATED 状态

线程结束任务之后，将会正常进入TERMINATED（死亡）状态；或者说在线程执行过程中发生了异常（而没有被处理），也会导致线程进入死亡状态。

1.6　线程池原理与实战

Java线程的创建非常昂贵，需要JVM和OS（操作系统）配合完成大量的工作：

1）必须为线程堆栈分配和初始化大量内存块，其中包含至少1MB的栈内存。

2）需要进行系统调用，以便在OS（操作系统）中创建和注册本地线程。

Java高并发应用频繁创建和销毁线程的操作将是非常低效的，而且是不被编程规范所允许的。如何降低Java线程的创建成本？必须使用到线程池。线程池主要解决了以下两个问题：

1）提升性能：线程池能独立负责线程的创建、维护和分配。在执行大量异步任务时，可以不需要自己创建线程，而是将任务交给线程池去调度。线程池能尽可能使用空闲的线程去执行异步任务，最大限度地对已经创建的线程进行复用，使得性能提升明显。

2）线程管理：每个Java线程池会保持一些基本的线程统计信息，例如完成的任务数量、空闲时间等，以便对线程进行有效管理，使得能对所接收到的异步任务进行高效调度。

> 🎮➕说明　在主要大厂的编程规范中，不允许在应用中自行显式地创建线程，线程必须通过线程池提供。由于创建和销毁线程上需要时间以及系统资源开销，使用线程池的好处是减少这些开销，解决资源不足的问题。

1.6.1　JUC 的线程池架构

在多线程编程中，任务都是一些抽象且离散的工作单元，而线程是使任务异步执行的基本机制。随着应用的扩张，线程和任务管理也变得非常复杂，为了简化这些复杂的线程管理模式，我们需要一个"管理者"来统一管理线程及任务分配，这就是线程池。

在JUC中有关线程池的类与接口的架构图大致如图1-15所示。

> 🎮➕说明　JUC就是java.util .concurrent工具包的简称，该工具包是从JDK 1.5开始加入JDK的，是用于完成高并发、处理多线程的一个工具包。

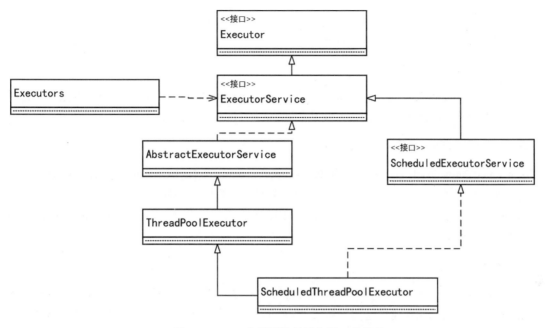

图 1-15　JUC 中线程池的类与接口的架构

1. Executor

Executor是Java异步目标任务的"执行者"接口,其目标是来执行目标任务。"执行者"Executor提供了execute()接口来执行已提交的Runnable执行目标实例。Executor作为执行者的角色,其目的是"任务提交者"与"任务执行者"分离开来的机制。它只包含一个函数式方法:

```
void execute(Runnable command)
```

2. ExecutorService

ExecutorService继承于Executor。它是Java异步目标任务的"执行者服务"接口,对外提供异步任务的接收服务,ExecutorService提供了"接收异步任务并转交给执行者"的方法,如submit系列方法、invoke系列方法等。具体如下:

```
//向线程池提交单个异步任务
<T> Future<T> submit(Callable<T> task);
//向线程池提交批量异步任务
<T> List<Future<T>> invokeAll(Collection<? extends Callable<T>> tasks)
        throws InterruptedException;
```

3. AbstractExecutorService

AbstractExecutorService是一个抽象类,它实现了ExecutorService接口。AbstractExecutorService存在的目的是为ExecutorService中的接口提供默认实现。

4. ThreadPoolExecutor

ThreadPoolExecutor就是大名鼎鼎的"线程池"实现类,它继承于AbstractExecutorService抽象类。

ThreadPoolExecutor是JUC线程池的核心实现类。线程的创建和终止需要很大的开销,线程池中预先提供了指定数量的可重用线程，所以使用线程池会节省系统资源，并且每个线程池都维护了一些基础的数据统计，方便线程的管理和监控。

5. ScheduledExecutorService

ScheduledExecutorService是一个接口，它继承于ExecutorService。它是一个可以完成"延时"和"周期性"任务的调度线程池接口，其功能和Timer/TimerTask类似。

6. ScheduledThreadPoolExecutor

ScheduledThreadPoolExecutor继承于ThreadPoolExecutor，它提供了ScheduledExecutorService线程池接口中"延时执行"和"周期执行"等抽象调度方法的具体实现。

ScheduledThreadPoolExecutor类似于Timer，但是在高并发程序中，ScheduledThreadPoolExecutor的性能要优于Timer。

7. Executors

Executors 是 个 静 态 工 厂 类， 它 通 过 静 态 工 厂 方 法 返 回 ExecutorService 、ScheduledExecutorService等线程池实例对象，这些静态工厂方法可以理解为一些快捷的创建线程池的方法。

1.6.2　Executors 的 4 种快捷创建线程池的方法

Java通过Executors工厂类提供4种快捷创建线程池的方法，具体如表1-1所示。

表 1-1　Executors 工厂类提供的四种快捷创建线程池方法

方 法 名	功能简介
newSingleThreadExecutor()	创建只有一个线程的线程池
newFixedThreadPool(int nThreads)	创建固定大小的线程池
newCachedThreadPool()	创建一个不限制线程数量的线程池，任何提交的任务都将立即执行，但是空闲线程会得到及时回收
newScheduledThreadPool()	创建一个可定期或者延时执行任务的线程池

1. newSingleThreadExecutor 创建"单线程化线程池"

该方法用于创建一个"单线程化线程池"，也就是只有一条线程的线程池，所创建的线程池用唯一的工作线程来执行任务，使用此方法创建的线程池能保证所有任务按照指定顺序（如FIFO）执行。

调用Executors.newSingleThreadExecutor()快捷工厂方法去创建一个"单线程化线程池"的测试用例，其代码如下：

```
package com.crazymakercircle.mutithread.basic.create3;
//省略import
public class CreateThreadPoolDemo
{
    public static final int SLEEP_GAP = 500;
     //异步任务的执行目标类
    static class TargetTask implements Runnable
    {
```

```java
static AtomicInteger taskNo = new AtomicInteger(1);
private String taskName;
public TargetTask()
{
    taskName = "task-" + taskNo.get();
    taskNo.incrementAndGet();
}
public void run()
{
    Print.tco("任务: " + taskName + " doing");
    //线程睡眠一会儿
    sleepMilliSeconds(SLEEP_GAP);
    Print.tco(taskName + " 运行结束.");
}
}

//测试用例: 只有一个线程的线程池
@Test
public void testSingleThreadExecutor()
{
    ExecutorService pool = Executors.newSingleThreadExecutor();
    for (int i = 0; i < 5; i++)
    {
        pool.execute(new TargetTask());
        pool.submit(new TargetTask());
    }
    sleepSeconds(1000);
    //关闭线程池
    pool.shutdown();
}
}
```

运行以上代码，部分结果截取如下：

```
[pool-1-thread-1]: 任务: task-1 doing
[pool-1-thread-1]: task-1 运行结束.
[pool-1-thread-1]: 任务: task-2 doing
...
[pool-1-thread-1]: 任务: task-10 doing
[pool-1-thread-1]: task-10 运行结束.
```

从以上输出中可以看出，该线程池有以下特点：

1）单线程化的线程池中的任务，是按照提交的次序顺序执行的。

2）池中的唯一线程的存活时间是无限的。

3）当池中的唯一线程正繁忙时，新提交的任务实例会进入内部的阻塞队列中，并且其阻塞队列是无界的。

总体来说，单线程化的线程池所适用的场景是：任务按照提交次序，一个任务接一个任务执行的场景。

以上用例在最后调用shutdown()方法用来关闭线程池。执行shutdown()方法后，线程池状态变为SHUTDOWN状态，此时线程池将拒绝新任务，不能再往线程池中添加新任务，否则会抛出RejectedExecutionException异常。此时，线程池不会立刻退出，直到添加到线程池中的任务都已经处理完成才会退出。还有一个与shutdown()类似的方法，叫作shutdownNow()，执行shutdownNow()方法后，线程池状态会立刻变成STOP，并试图停止所有正在执行的线程，不再处理还在阻塞队列中等待的任务，会返回那些未执行的任务。

2. newFixedThreadPool 创建"固定数量的线程池"

该方法用于创建一个"固定数量的线程池"，其唯一的参数用于设置池中线程的"固定数量"。调用Executors.newFixedThreadPool (int threads)快捷工厂方法创建"固定数量的线程池"的测试用例，其代码如下：

```java
package com.crazymakercircle.mutithread.basic.create3;
//省略import
public class CreateThreadPoolDemo
{
    public static final int SLEEP_GAP = 500;
    //异步任务的执行目标类
    static class TargetTask implements Runnable
    {
//为了节约篇幅，省略重复内容
    }
    //测试用例：只有3个线程固定大小的线程池
    @Test
    public void testNewFixedThreadPool()
    {
        ExecutorService pool = Executors.newFixedThreadPool(3);
        for (int i = 0; i < 5; i++)
        {
            pool.execute(new TargetTask());
            pool.submit(new TargetTask());
        }
        sleepSeconds(1000);
        //关闭线程池
        pool.shutdown();
    }
    //省略其他
}
```

执行以上测试用例，部分结果截取如下：

```
[pool-1-thread-3]: 任务: task-3 doing
[pool-1-thread-2]: 任务: task-2 doing
[pool-1-thread-1]: 任务: task-1 doing
[pool-1-thread-1]: task-1 运行结束.
[pool-1-thread-1]: 任务: task-4 doing
[pool-1-thread-2]: task-2 运行结束.
...
[pool-1-thread-3]: 任务: task-8 doing
[pool-1-thread-2]: 任务: task-9 doing
[pool-1-thread-1]: task-7 运行结束.
[pool-1-thread-1]: 任务: task-10 doing
[pool-1-thread-3]: task-8 运行结束.
[pool-1-thread-2]: task-9 运行结束.
[pool-1-thread-1]: task-10 运行结束.
```

在测试用例中，创建了一个线程数为3的"固定数量线程池"，然后向其中提交了10个任务。从输出结果可以看到，该线程池同时只能执行3个任务，剩余的任务会排队等待。

"固定数量的线程池"的特点大致如下：

1）如果线程数没有达到"固定数量"，每次提交一个任务池内就创建一个新线程，直到线程达到线程池固定的数量。

2）线程池的大小一旦达到"固定数量"就会保持不变，如果某个线程因为执行异常而结束，那么线程池会补充一个新线程。

3）在接收异步任务的执行目标实例时，如果池中的所有线程均在繁忙状态，新任务会进入阻塞队列中（无界的阻塞队列）。

"固定数量的线程池"的适用场景：需要任务长期执行的场景。"固定数量的线程池"的线程数能够比较稳定保证一个数，避免频繁回收线程和创建线程，故适用于处理CPU密集型的任务，在CPU被工作线程长时间使用的情况下，能确保尽可能少地分配线程。

"固定数量的线程池"的弊端：内部使用无界队列来存放排队任务，当大量任务超过线程池最大容量需要处理时，队列无线增大，使服务器资源迅速耗尽。

3. newCachedThreadPool 创建 "可缓存线程池"

该方法用于创建一个"可缓存线程池"，如果线程池内的某些线程无事可干成为空闲线程，"可缓存线程池"可灵活回收这些空闲线程。

使用Executors.newCachedThreadPool()快捷工厂方法去创建一个"可缓存线程池"的测试用例，其代码如下：

```
package com.crazymakercircle.mutithread.basic.create3;
//省略import
public class CreateThreadPoolDemo
{
    public static final int SLEEP_GAP = 500;
    //异步任务的执行目标类
    static class TargetTask implements Runnable
    {
//为了节约篇幅，省略重复内容
    }
    //测试用例："可缓存线程池"
    @Test
    public void testNewCacheThreadPool()
    {
        ExecutorService pool = Executors.newCachedThreadPool();
        for (int i = 0; i < 5; i++)
        {
            pool.execute(new TargetTask());
            pool.submit(new TargetTask());
        }
        sleepSeconds(1000);
        //关闭线程池
        pool.shutdown();
    }
    //省略其他
}
```

运行以上测试用例，结果如下：

```
[pool-1-thread-9]: 任务: task-9 doing
[pool-1-thread-2]: 任务: task-2 doing
[pool-1-thread-7]: 任务: task-7 doing
[pool-1-thread-5]: 任务: task-5 doing
[pool-1-thread-8]: 任务: task-8 doing
[pool-1-thread-3]: 任务: task-3 doing
[pool-1-thread-1]: 任务: task-1 doing
[pool-1-thread-4]: 任务: task-4 doing
[pool-1-thread-6]: 任务: task-6 doing
[pool-1-thread-10]: 任务: task-10 doing
[pool-1-thread-5]: task-5 运行结束.
```

```
[pool-1-thread-3]: task-3 运行结束.
[pool-1-thread-7]: task-7 运行结束.
[pool-1-thread-4]: task-4 运行结束.
[pool-1-thread-8]: task-8 运行结束.
[pool-1-thread-9]: task-9 运行结束.
[pool-1-thread-1]: task-1 运行结束.
[pool-1-thread-2]: task-2 运行结束.
[pool-1-thread-10]: task-10 运行结束.
[pool-1-thread-6]: task-6 运行结束.
```

"可缓存线程池"的特点大致如下：

1）在接收新的异步任务target执行目标实例时，如果池内所有线程繁忙，此线程池就会添加新线程来处理任务。

2）此线程池不会对线程池大小进行限制，线程池大小完全依赖于操作系统（或者说JVM）能够创建的最大线程大小。

3）如果部分线程空闲，也就是存量线程的数量超过了处理任务数量，就会回收空闲（60秒不执行任务）线程。

"可缓存线程池"的适用场景：需要快速处理突发性强、耗时较短的任务场景，如Netty的NIO处理场景、REST API接口的瞬时削峰场景。"可缓存线程池"的线程数量不固定，只要有空闲线程就会被回收；接收到的新异步任务执行目标，查看是否有线程处于空闲状态，如果没有就直接创建新的线程。

"可缓存线程池"的弊端：线程池没有最大线程数量限制，如果大量的异步任务执行目标实例同时提交，可能会因线程过多而导致资源耗尽。

4. newScheduledThreadPool 创建"可调度线程池"

该方法用于创建一个"可调度线程池"，即一个提供"延时"和"周期性"任务的调度功能的ScheduledExecutorService类型的线程池。Executors提供了多个创建"可调度线程池"工厂方法，部分如下：

```
//方法一：创建一个可调度线程池，池内仅含有一个线程
public static ScheduledExecutorService newSingleThreadScheduledExecutor();
//方法二：创建一个可调度线程池，池内含有N个线程，N的值为输入参数corePoolSize
public static ScheduledExecutorService newScheduledThreadPool(int corePoolSize) ;
```

newSingleThreadScheduledExecutor工厂方法所创建的仅含有一个线程的可调度线程池，适用于调度串行化任务，也就是一个任务接一个任务地串行化调度执行。使用Executors.newScheduledThreadPool(int corePoolSize)快捷工厂方法创建一个"可调度线程池"的测试用例，其代码如下：

```
package com.crazymakercircle.mutithread.basic.create3;
//省略import
public class CreateThreadPoolDemo
{
    public static final int SLEEP_GAP = 500;
    //异步任务的执行目标类
    static class TargetTask implements Runnable
    {
    //为了节约篇幅，省略重复内容
    }
```

```
//测试用例："可调度线程池"
@Test
public void testNewScheduledThreadPool()
{
    ScheduledExecutorService scheduled =
                    Executors.newScheduledThreadPool(2);
    for (int i = 0; i < 2; i++)
    {
        scheduled.scheduleAtFixedRate(new TargetTask(),
            0, 500, TimeUnit.MILLISECONDS);
        //以上的参数中：0表示首次执行任务的延迟时间，500表示每次执行任务的间隔时间
        //TimeUnit.MILLISECONDS执行的时间间隔数值，单位为毫秒
    }
    sleepSeconds(1000);
    //关闭线程池
    scheduled.shutdown();
}
//省略其他
}
```

运行程序，部分结果截取如下：

```
[pool-1-thread-2]: 任务: task-2 doing
[pool-1-thread-1]: 任务: task-1 doing
...
[pool-1-thread-1]: 任务: task-1 doing
[pool-1-thread-2]: 任务: task-2 doing
[pool-1-thread-1]: task-1 运行结束.
[pool-1-thread-2]: task-2 运行结束.
```

newScheduledThreadPool工厂方法可以创建一个执行"延时"和"周期性"任务可调度线程池，所创建的线程池为ScheduleExecutorService类型的实例。ScheduleExecutorService接口中有多个重要的接收被调目标任务方法，其中scheduleAtFixedRate和scheduleWithFixedDelay使用得比较多。

ScheduleExecutorService接收被调目标任务方法之一scheduleAtFixedRate方法的定义如下：

```
public ScheduledFuture<?> scheduleAtFixedRate(
        Runnable command,         //异步任务target执行目标实例
        long initialDelay,        //首次执行延时
        long period,              //两次开始执行最小间隔时间
        TimeUnit unit             //所设置的时间的计时单位，如TimeUnit.SECONDS常量
        );
```

ScheduleExecutorService接收被调目标任务方法之二scheduleWithFixedDelay方法的定义如下：

```
public ScheduledFuture<?> scheduleWithFixedDelay(
    Runnable command,         //异步任务target执行目标实例
    long initialDelay,        //首次执行延时
    long delay,               //前一次执行结束到下一次执行开始的间隔时间（间隔执行延迟时间）
    TimeUnit unit             //所设置的时间的计时单位，如TimeUnit.SECONDS常量
);
```

当被调任务的执行时间大于指定的间隔时间时，ScheduleExecutorService并不会在创建一个新的线程去并发执行这个任务，而是等待前一次调度执行完毕。

"可调度线程池"的适用场景：周期性执行任务的场景。Spring Boot中的任务调度器，底层借助了JUC的ScheduleExecutorService "可调度线程池"实现，并且可以通过@Configuration配置类型的Bean。对"可调度线程池"实例进行配置，下面是一个例子：

```
@Configuration
public class ScheduledConfig implements SchedulingConfigurer
```

```
{
    @Override
    public void configureTasks(ScheduledTaskRegistrar scheduledTaskRegistrar)
    {
        Method[] methods = BatchProperties.Job.class.getMethods();
        int defaultPoolSize = 4; //默认的线程数为4
        int corePoolSize = 0;
         //扫描配置了@Scheduled调度注解的方法
         //根据需要调度的方法数，配置线程池中的线程数
        if (methods != null && methods.length > 0)
        {
            for (Method method : methods)
            {
                Scheduled annotation = method.getAnnotation(Scheduled.class);
                if (annotation != null)
                {
                    corePoolSize++;
                }
            }
            if (defaultPoolSize > corePoolSize)
            {
                corePoolSize = defaultPoolSize;
            }
        }
        scheduledTaskRegistrar.setScheduler(
                Executors.newScheduledThreadPool(corePoolSize));
    }
}
```

以上是通过JUC的Executors中4个主要的快捷创建线程池方法。为何JUC要提供工厂方法呢？原因是使用ThreadPoolExecutor、ScheduledThreadPoolExecutor构造器去创建普通线程池、可调度线程池比较复杂，这些构造器会涉及大量的复杂参数。尽管Executors的工厂方法使用方便，但是在生产场景中被很多企业（尤其是大厂）的开发规范所禁用。

1.6.3 线程池的标准创建方式

大部分企业的开发规范都会禁止使用快捷线程池（具体原因稍后介绍），要求通过标准构造器ThreadPoolExecutor去构造工作线程池。Executors工厂类中创建线程池的快捷工厂方法实际上是调用ThreadPoolExecutor（定时任务使用ScheduledThreadPoolExecutor ）线程池的构造方法完成的。ThreadPoolExecutor构造方法有多个重载版本，其中一个比较重要的构造器如下：

```
//使用标准构造器构造一个普通的线程池
public ThreadPoolExecutor(
    int corePoolSize,                        // 核心线程数，即使线程空闲（Idle），也不会回收
    int maximumPoolSize,                     // 线程数的上限
    long keepAliveTime, TimeUnit unit,       // 线程最大空闲（Idle）时长
    BlockingQueue<Runnable> workQueue,       // 任务的排队队列
    ThreadFactory threadFactory,             // 新线程的产生方式
    RejectedExecutionHandler handler)        // 拒绝策略
```

很无奈，构造一个线程池竟然有7个参数，但是确实需要这么多参数。接下来对这些参数做一下具体介绍。

1. 核心和最大线程数量

参数corePoolSize用于设置核心（Core）线程池数量，参数maximumPoolSize用于设置最大线程

数量。线程池执行器将会根据corePoolSize和maximumPoolSize自动地维护线程池中的工作线程，大致的规则为：

1）当在线程池接收到的新任务，并且当前工作线程数少于corePoolSize时，即使其他工作线程处于空闲状态，也会创建一个新线程来处理该请求，直到线程数达到corePoolSize。

2）如果当前工作线程数多于corePoolSize数量，但小于maximumPoolSize数量，那么仅当任务排队队列已满时才会创建新线程。通过设置corePoolSize和maximumPoolSize相同，可以创建一个固定大小的线程池。

3）当maximumPoolSize被设置为无界值（如Integer.MAX_VALUE）时，线程池可以接收任意数量的并发任务。

4）corePoolSize和maximumPoolSize不仅能在线程池构造时设置，也可以调用setCorePoolSize()和setMaximumPoolSize()两个方法进行动态更改。

2. BlockingQueue

BlockingQueue（阻塞队列）的实例用于暂时接收到的异步任务，如果线程池的核心线程都在忙，那么所接收到的目标任务缓存在阻塞队列中。

3. keepAliveTime

线程构造器的keepAliveTime（空闲线程存活时间）参数用于设置池内线程最大Idle（空闲）时长或者说保活时长，如果超过这个时间，默认情况下Idle、非Core线程会被回收。

如果池在使用过程中提交任务的频率变高，也可以调用方法setKeepAliveTime（long，TimeUnit）进行线程存活时间的动态调整，可以将时长延长。如果需要防止Idle线程被终止，可以将Idle时间设置为无限大，具体如下：

```
setKeepAliveTime(Long.MAX_VALUE, TimeUnit.NANOSECONDS);
```

默认情况下，Idle超时策略仅适用于存在超过corePoolSize线程的情况。但是如果调用了allowCoreThreadTimeOut(boolean)方法，并且传入了参数true，则keepAliveTime参数所设置的Idle超时策略也将被应用于核心线程。

1.6.4　向线程池提交任务的两种方式

向线程池提交任务的两种方式，大致如下：

方式一：调用execute()方法，例如：

```
//Executor 接口中的方法
void execute(Runnable command);
```

方式二：调用submit()方法，例如：

```
//ExecutorService 接口中的方法
<T> Future<T> submit(Callable<T> task);
<T> Future<T> submit(Runnable task, T result);
Future<?> submit(Runnable task);
```

以上的submit和execute两类方法区别在哪里呢？大致有三点：

（1）二者所接受的参数不一样

execute()方法只能接收Runnable类型的参数，而submit()方法可以接收Callable、Runnable两种类型的参数。Callable类型的任务是可以返回执行结果的，而Runnable类型的任务不可以返回执行结果。

Callable是JDK 1.5加入的执行目标接口，作为Runnable的一种补充，允许有返回值，允许抛出异常。Runnable和Callable的主要区别为：Callable允许有返回值，Runnable不允许有返回值；Runnable不允许抛出异常，Callable允许抛出异常。

（2）submit()提交任务后会有返回值，而execute()没有

execute()方法主要用于启动任务的执行，而任务的执行结果和可能的异常调用者并不关心。而submit()方法也用于启动任务的执行，但是启动之后会返回Future对象，代表一个异步执行实例，可以通过该异步执行实例去获取结果。

（3）submit()方便Exception处理

execute()方法在启动任务的执行后，任务执行过程中可能发生的异常调用者并不关心。而通过submit()方法返回Future对象（异步执行实例），可以进行异步执行过程中的异常捕获。

接下来通过简单的案例，演示一下如何通过submit获取异步结果和处理异步任务执行过程中的异常。

1. 通过 submit()返回的 Future 对象获取结果

submit()方法自身并不会传递结果，而是返回一个Future异步执行实例，处理过程的结果被包装到Future实例中，调用者可以通过Future.get()方法获取异步执行的结果。通过submit返回的Future对象获取异步执行结果，演示代码如下：

```
package com.crazymakercircle.mutithread.basic.create3;
//省略import
public class CreateThreadPoolDemo
{
    //省略其他
    //测试用例：获取异步调用的结果
    @Test
    public void testSubmit2()
    {
        ScheduledExecutorService pool = Executors.newScheduledThreadPool(2);
        Future<Integer> future = pool.submit(new Callable<Integer>()
        {
            @Override
            public Integer call() throws Exception
            {
                //返回200~300之间的随机数
                return RandomUtil.randInRange(200, 300);
            }
        });

        try
        {
            Integer result = future.get();
            Print.tco("异步执行的结果是:" + result);
        } catch (InterruptedException e)
        {
            Print.tco("异步调用被中断");
            e.printStackTrace();
        } catch (ExecutionException e)
```

```
        {
            Print.tco("异步调用过程中，发生了异常");
            e.printStackTrace();
        }
        sleepSeconds(10);
        //关闭线程池
        pool.shutdown();
    }
}
```

运行以上程序，执行的结果如下：

```
[main]: 异步执行的结果是:220
```

2. 通过 submit() 返回的 Future 对象捕获异常

submit()方法自身并不会传递异常，处理过程中的异常都被包装到Future实例中，调用者在使用Future.get()方法获取执行结果时，可以捕获异步执行过程中抛出的受检异常和运行时异常，并进行对应的业务处理。演示代码如下：

```java
package com.crazymakercircle.mutithread.basic.create3;
//省略import
public class CreateThreadPoolDemo
{
    //异步任务的执行目标类
    static class TargetTask implements Runnable
    {
    //为了节约篇幅，省略重复内容
    }

    //异步的执行目标类：执行过程中将发生异常
    static class TargetTaskWithError extends TargetTask
    {
        public void run()
        {
            super.run();
            throw new RuntimeException("Error from " + taskName);
        }
    }
    //测试用例：提交和执行
    @Test
    public void testSubmit()
    {
        ScheduledExecutorService pool = Executors.newScheduledThreadPool(2);
        pool.execute(new TargetTaskWithError());
        /**
         * submit(Runnable x) 返回一个future
         */
        Future future = pool.submit(new TargetTaskWithError());

        try
        {
            //如果异常抛出，会在调用Future.get()时传递给调用者
            if (future.get() == null)
            {
                //如果Future的返回为null，那么任务完成
                Print.tco("任务完成");
            }

        } catch (Exception e)
        {
            Print.tco(e.getCause().getMessage());
```

```
        }
        sleepSeconds(10);
        //关闭线程池
        pool.shutdown();
    }
    //省略其他
}
```

运行以上用例，执行结果如下：

```
[pool-1-thread-2]: 任务: task-2 doing
[pool-1-thread-1]: 任务: task-1 doing
[pool-1-thread-2]: task-2 运行结束.
[pool-1-thread-1]: task-1 运行结束.
[main]: Error from task-2
```

在ThreadPoolExecutor类的实现中，内部核心的任务提交方法是execute()方法，虽然用户程序通过submit()也可以提交任务，但是实际上submit()方法中最终调用的还是execute()方法。

1.6.5　线程池的任务调度流程

线程池的任务调度流程（包含接收新任务和执行下一个任务）大致如下：

1）如果当前工作线程数量小于核心线程池数量，执行器总是优先创建一个任务线程，而不是从线程队列中获取一个空闲线程。

2）如果线程池中总的任务数量大于核心线程池数量，新接收的任务将被加入到阻塞队列中，一直到阻塞队列已满。在核心线程池数量已经用完、阻塞队列没有满的场景下，线程池不会为新任务创建一个新线程。

3）当完成一个任务的执行时，执行器总是优先从阻塞队列中获取下一个任务，并开始执行，一直到阻塞队列为空，其中所有的缓存任务被取光。

4）在核心线程池数量已经用完、阻塞队列也已经满了的场景下，如果线程池接收到新的任务，将会为新任务创建一个线程（非核心线程），并且立即开始执行新任务。

5）在核心线程都用完、阻塞队列已满的情况下，一直会创建新线程去执行新任务，直到池内的线程总数超出maximumPoolSize。如果线程池的线程总数超过maximumPoolSize，线程池就会拒绝接收任务，当新任务过来时，会为新任务执行拒绝策略。

总体的线程池的任务调度流程大致如图1-16所示。

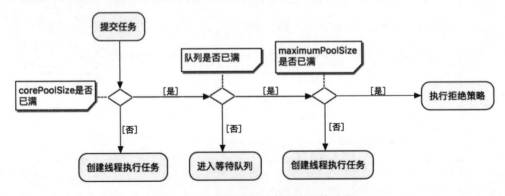

图 1-16　总体的线程池的任务调度流程

在创建线程池时，如果线程池的参数（如核心线程数量、最大线程数量、BlockingQueue等）配置不合理，就会出现任务不能被正常调度的问题。

下面是一个错误的线程池配置示例：

```java
package com.crazymakercircle.mutithread.basic.create3;
//省略import
public class CreateThreadPoolDemo
{
    @org.junit.Test
    public void testThreadPoolExecutor()
    {
        ThreadPoolExecutor executor = new ThreadPoolExecutor(
                1, //corePoolSize
                100, //maximumPoolSize
                100, //keepAliveTime空闲保活时长
                TimeUnit.SECONDS, //空闲保活时长的单位
                new LinkedBlockingDeque<>(100));//workQueue
        //提交5个任务
        for (int i = 0; i < 5; i++)
        {
            final int taskIndex = i;
            executor.execute(() ->
            {
                Print.tco("taskIndex = " + taskIndex);
                try
                {   //极端测试：无限制睡眠
                    Thread.sleep(Long.MAX_VALUE);
                } catch (InterruptedException e)
                {
                    e.printStackTrace();
                }
            });
        }
        while (true)
        {
            //每隔1秒，输出线程池的工作任务数量、总计的任务数量
            Print.tco("- activeCount:" + executor.getActiveCount()+
                    " - taskCount:" + executor.getTaskCount());
            sleepSeconds(1);
        }
    }

    //省略其他
}
```

运行程序，结果如下：

```
[main]: - activeCount:1 - taskCount:5
[pool-1-thread-1]: taskIndex = 0
[main]: - activeCount:1 - taskCount:5
[main]: - activeCount:1 - taskCount:5
[main]: - activeCount:1 - taskCount:5
[main]: - activeCount:1 - taskCount:5
[main]: - activeCount:1 - taskCount:5
[main]: - activeCount:1 - taskCount:5
...
```

以上示例创建了最大线程数量maximumPoolSize为100的线程池，仅仅向其中提交了5个任务。理论上，这5个任务都会被执行到，奇怪的是示例中只有1个任务在执行，其他的4个任务都在等待。

其他任务被加入到了阻塞队列中，需要等pool-1-thread-1线程执行完成第一个任务后，才能依次从阻塞队列取出执行。但是，实例中的第一个任务是一个永远也没有办法完成的任务，所以其他的4个任务只能永远在阻塞队列中等待着。由于参数配置得不合理，因此出现了以上的奇怪现象。

为什么会出现上面奇怪的现象呢？ 因为例子中的corePoolSize为1，阻塞队列的大小为100，按照线程创建的规则，需要等阻塞队列已满，才会为去创建新的线程。例子中加入了5个任务，阻塞队列大小为4（<100），所以线程池的调度器不会去创建新的线程，后面的4个任务只能等待。

以上示例的目的是传递两个知识点：

1）核心和最大线程数量、BlockingQueue队列等参数如果配置得不合理，可能会造成异步任务得不到预期的并发执行，造成严重的排队等待现象。

2）线程池的调度器创建线程的一条重要的规则是：在corePoolSize已满之后，还需要等阻塞队列已满，才会为去创建新的线程。

下面是一个有关线程池调度的面试真题，来自于疯狂创客圈社群：

一个线程池的核心线程数为10个，最大线程数为20个，阻塞队列的容量为30。现在提交45个任务，每个任务的耗时为500毫秒。

请问：这批任务执行完成总计需要多少时间？注：忽略线程创建、调度的耗时。

有关面试题的解决方案和答案这里不揭晓，大家可以来社群交流方案和结论。

1.6.6　ThreadFactory（线程工厂）

ThreadFactory是Java线程工厂接口，这是一个非常简单的接口，具体如下：

```
package java.util.concurrent;
public interface ThreadFactory {
    //唯一的方法：创建一个新线程
    Thread newThread(Runnable target);
}
```

在调用ThreadFactory的唯一方法newThread()创建新线程时，可以更改创建新线程的名称、线程组、优先级、守护进程状态等。如果newThread()返回值为null，表示线程工厂未能成功创建线程，线程池可能无法执行任何任务。

使用Executors创建新的线程池时，也可以基于ThreadFactory（线程工厂）创建，在创建新线程池时可以指定将使用ThreadFactory实例。只不过，如果没有指定的话，就会使用Executors.defaultThreadFactory默认实例。使用默认的线程工厂实例所创建的线程全部位于同一个ThreadGroup（线程组）中，具有相同的NORM_PRIORITY（优先级为5），而且都是非守护进程状态。

> **说明** 这里提到了两个工厂类，比较容易混淆，故作出说明。Executors为线程池工厂类，用于快捷创建线程池(Thread Pool)；ThreadFactory为线程工厂类，用于创建线程(Thread)。

基于自定义的ThreadFactory实例创建线程池，首先需要实现一个ThreadFactory类，实现其唯一的抽象方法newThread(Runnable)。下面的例子首先实现一个简单的线程工厂，然后基于该线程工厂快捷创建线程池，具体的代码如下：

```java
package com.crazymakercircle.mutithread.basic.create3;
//省略import
public class CreateThreadPoolDemo
{
    //一个简单的线程工厂
    static public class SimpleThreadFactory implements ThreadFactory
    {
        static AtomicInteger threadNo = new AtomicInteger(1);
        //实现其唯一的创建线程方法
        @Override
        public Thread newThread(Runnable target)
        {
            String threadName = "simpleThread-" + threadNo.get();
            Print.tco("创建一条线程, 名称为: " + threadName);
            threadNo.incrementAndGet();
            //设置线程名称和异步执行目标
            Thread thread = new Thread(target,threadName);
            //设置为守护线程
            thread.setDaemon(true);
            return thread;
        }
    }

    //线程工厂的测试用例
    @org.junit.Test
    public void testThreadFactory()
    {
        //使用自定义线程工厂, 快捷创建一个固定大小线程池
        ExecutorService pool =
                Executors.newFixedThreadPool(2,new  SimpleThreadFactory());
        for (int i = 0; i < 5; i++)
        {
            pool.submit(new TargetTask());
        }
        //等待10秒
        sleepSeconds(10);
        Print.tco("关闭线程池");
        pool.shutdown();
    }
    //省略其他
}
```

运行以上代码，其输出如下：

```
[main]: 创建一条线程, 名称为: simpleThread-1
[main]: 创建一条线程, 名称为: simpleThread-2
[simpleThread-1]: 任务: task-1 doing
[simpleThread-2]: 任务: task-2 doing
[simpleThread-1]: task-1 运行结束.
[simpleThread-1]: 任务: task-3 doing
[simpleThread-2]: task-2 运行结束.
[simpleThread-2]: 任务: task-4 doing
[simpleThread-2]: task-4 运行结束.
[simpleThread-1]: task-3 运行结束.
[simpleThread-2]: 任务: task-5 doing
[simpleThread-2]: task-5 运行结束.
[main]: 关闭线程池
```

从结果输出看到，新建池中的线程名称都不是默认的pool-1-thread-1形式，是线程工厂更改后的形式。

1.6.7 任务阻塞队列

Java中的阻塞队列（BlockingQueue）与普通队列相比有一个重要的特点：在阻塞队列为空时，会阻塞当前线程的元素获取操作。具体来说，在一个线程从一个空的阻塞队列中获取元素时线程会被阻塞，直到阻塞队列中有了元素；当队列中有元素后，被阻塞的线程会自动被唤醒（唤醒过程不需要用户程序干预）。

Java线程池使用BlockingQueue存放接收到的异步任务，BlockingQueue是JUC包的一个超级接口，比较常用的实现类有：

1）ArrayBlockingQueue：是一个数组实现的有界阻塞队列（有界队列），队列中的元素按FIFO排序。ArrayBlockingQueue在创建时必须设置大小，接收的任务超出corePoolSize数量时，任务被缓存到该阻塞队列中，任务缓存的数量只能为创建时设置的大小，若该阻塞队列满，则会为新的任务创建线程，直到线程池中的线程总数大于maximumPoolSize。

2）LinkedBlockingQueue：是一个基于链表实现的阻塞队列，按FIFO排序任务，可以设置容量（有界队列），不设置容量则默认使用Integer.Max_VALUE作为容量（无界队列）。该队列的吞吐量高于ArrayBlockingQueue。

如果不设置LinkedBlockingQueue的容量（无界队列），当接收的任务数量超出corePoolSize数量时，则新任务可以被无限制地缓存到该阻塞队列中，直到资源耗尽。有两个快捷创建线程池的工厂方法Executors.newSingleThreadExecutor和Executors.newFixedThreadPool使用了这个队列，并且都没有设置容量（无界队列）。

3）PriorityBlockingQueue：是具有优先级的无界队列。

4）DelayQueue：这是一个无界阻塞延迟队列，底层基于PriorityBlockingQueue实现，队列中每个元素都有过期时间，当从队列获取元素（元素出队）时，只有已经过期的元素才会出队，而队列头部的元素是最先过期的元素。快捷工厂方法Executors.newScheduledThreadPool所创建的线程池使用此队列。

5）SynchronousQueue（同步队列）：是一个不存储元素的阻塞队列，每个插入操作必须等到另一个线程的调用移除操作，否则插入操作一直处于阻塞状态，其吞吐量通常高于LinkedBlockingQueue。快捷工厂方法Executors.newCachedThreadPool所创建的线程池使用此队列。与前面的队列相比，这个队列比较特殊，它不会保存提交的任务，而是直接新建一个线程来执行新来的任务。

1.6.8 调度器的钩子方法

ThreadPoolExecutor线程池调度器为每个任务执行前后都提供了钩子方法。ThreadPoolExecutor类提供了三个钩子方法（空方法），这三个空方法一般用作被子类重写，具体如下：

```
//任务执行之前的钩子方法（前钩子）
protected void beforeExecute(Thread t, Runnable r)  { }
//任务执行之后的钩子方法（后钩子）
protected void afterExecute(Runnable r, Throwable t) { }
//线程池终止时的钩子方法（停止钩子）
protected void terminated() { }
```

（1）beforeExecute：异步任务执行之前的钩子方法

线程池工作线程在异步执行完成的目标实例（如Runnable实例）前调用此钩子方法。此方法仍然由执行任务的工作线程调用。默认实现不执行任何操作，但可以在子类中对其进行自定义。

此方法由执行目标实例的工作线程调用，可用于重新初始化ThreadLocal线程本地变量实例、更新日志记录、开始计时统计、更新上下文变量等。

（2）afterExecute：异步任务执行之后的钩子方法

线程池工作线程在异步执行目标实例后调用此钩子方法。此方法仍然由执行任务的工作线程调用。此钩子方法的默认实现不执行任何操作，可以在调度器子类中对其进行自定义。

此方法由执行目标实例的工作线程调用，可用于清除ThreadLocal线程本地变量、更新日志记录、收集统计信息、更新上下文变量等。

（3）terminated：线程池终止时的钩子方法

terminated钩子方法在Executor终止时调用，默认实现不执行任何操作。

> **说明** beforeExecute和afterExecute两个方法在每个任务执行前后被调用，如果钩子（回调方法）引发异常，内部工作线程可能失败并突然终止。

为线程池定制钩子方法的示例，具体代码如下：

```java
package com.crazymakercircle.mutithread.basic.create3;
//省略import
public class CreateThreadPoolDemo
{
    @org.junit.Test
    public void testHooks()
    {
        ExecutorService pool = new ThreadPoolExecutor(2, //coreSize
                4,         //最大线程数
                60,        //空闲保活时长
            TimeUnit.SECONDS,
                new LinkedBlockingQueue<>(2))          //等待队列
        {
        //继承：调度器终止钩子
          @Override
          protected void terminated()
          {
              Print.tco("调度器已经终止!");
          }

          //继承：执行前钩子
          @Override
          protected void beforeExecute(Thread t, Runnable target)
          {
              Print.tco( target +"前钩被执行");
              //记录开始执行时间
              startTime.set(System.currentTimeMillis());
              super.beforeExecute(t, target);
          }

          //继承：执行后钩子
          @Override
          protected void afterExecute(Runnable target, Throwable t)
          {
              super.afterExecute(target, t);
```

```
                            //计算执行时长
                            long time = (System.currentTimeMillis() - startTime.get()) ;
                            Print.tco( target + " 后钩被执行, 任务执行时长 (ms): " + time);
                            //清空本地变量
                            startTime.remove();
                        }
                    };

                    for (int i = 1; i <= 5; i++)
                    {
                        pool.execute(new TargetTask());
                    }
                    //等待10秒
                    sleepSeconds(10);
                    Print.tco("关闭线程池");
                    pool.shutdown();
                }
                //省略其他
            }
```

运行以上示例代码，输出的结果如下：

```
[pool-1-thread-3]: TargetTask{task-5}前钩被执行
[pool-1-thread-1]: TargetTask{task-1}前钩被执行
[pool-1-thread-2]: TargetTask{task-2}前钩被执行
[pool-1-thread-2]: 任务: task-2 doing
[pool-1-thread-1]: 任务: task-1 doing
[pool-1-thread-3]: 任务: task-5 doing
[pool-1-thread-3]: task-5 运行结束.
[pool-1-thread-2]: task-2 运行结束.
...
[pool-1-thread-3]: TargetTask{task-4} 后钩被执行, 任务执行时长 (ms): 515
[main]: 关闭线程池
[pool-1-thread-3]: 调度器已经终止!
```

示例代码在beforeExecute（前钩子）方法中通过startTime线程局部变量暂存了异步目标任务（如Runnable实例）的开始执行时间（起始时间）；在afterExecute（后钩子）方法中通过startTime线程局部变量获取了之前暂存的起始时间，然后计算与系统当前时间（结束时间）之间的时间差，从而得出异步目标任务的执行时长。

1.6.9　线程池的拒绝策略

在线程池的任务缓存队列为有界队列（有容量限制的队列）的时候，如果队列满了，提交任务到线程池的时候就会被拒绝。总体来说，任务被拒绝有两种情况：

1）线程池已经被关闭。

2）工作队列已满且maximumPoolSize已满。

无论以上哪种情况任务被拒绝，线程池都会调用RejectedExecutionHandler实例的rejectedExecution()方法。RejectedExecutionHandler是拒绝策略的接口，JUC为该接口提供了以下几种实现：

- AbortPolicy：拒绝策略。
- DiscardPolicy：抛弃策略。
- DiscardOldestPolicy：抛弃最老任务策略。
- CallerRunsPolicy：调用者执行策略。

- 自定义策略。

JUC线程池拒绝策略的接口与类之间的关系图如图1-17所示。

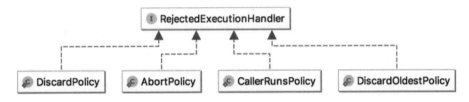

图 1-17　JUC 线程池拒绝策略类图

（1）AbortPolicy

使用该策略时，如果线程池队列满了，新任务就会被拒绝，并且抛出RejectedExecutionException异常。该策略是线程池的默认的拒绝策略。

（2）DiscardPolicy

该策略是AbortPolicy的Silent（安静）版本，如果线程池队列满了，新任务就会直接被丢掉，并且不会有任何异常抛出。

（3）DiscardOldestPolicy

抛弃最老任务策略，也就是说如果队列满了，就会将最早进入队列的任务抛弃，从队列中腾出空间，再尝试加入队列。因为队列是队尾进队头出，队头元素是最老的，所以每次都是移除对头元素后再尝试入队。

（4）CallerRunsPolicy

调用者执行策略。在新任务被添加到线程池时，如果添加失败，那么提交任务线程会自己去执行该任务，不会使用线程池中的线程去执行新任务。

在以上4种内置策略中，线程池默认的拒绝策略为AbortPolicy，如果提交的任务被拒绝，线程池抛出RejectedExecutionException异常，该异常是非受检异常（运行时异常），很容易忘记捕获。如果关心任务被拒绝的事件，需要在提交任务时捕获RejectedExecutionException异常。

（5）自定义策略

如果以上拒绝策略都不符合需求，那么可自定义一个拒绝策略，实现RejectedExecutionHandler接口的rejectedExecution方法即可。

下面给出一个自定义拒绝策略的例子，代码如下：

```
package com.crazymakercircle.mutithread.basic.create3;
//省略import
public class CreateThreadPoolDemo
{
    //一个简单的线程工厂
    static public class SimpleThreadFactory implements ThreadFactory
    {
    //为了节约篇幅，省略重复内容
    }
    //自定义拒绝策略
    public static class CustomIgnorePolicy implements RejectedExecutionHandler
    {
```

```java
    public void rejectedExecution(Runnable r, ThreadPoolExecutor e)
    {
        // 可做日志记录等
        Print.tco(r + " rejected; " + " - getTaskCount: " + e.getTaskCount());
    }
}

@org.junit.Test
public void testCustomIgnorePolicy()
{
    int corePoolSize = 2;          //核心线程数
    int maximumPoolSize = 4;       //最大线程数
    long keepAliveTime = 10;
    TimeUnit unit = TimeUnit.SECONDS;
    //最大排队任务数
    BlockingQueue<Runnable> workQueue = new ArrayBlockingQueue<>(2);
    //线程工厂
    ThreadFactory threadFactory = new SimpleThreadFactory();
    //拒绝和异常处理策略
    RejectedExecutionHandler policy = new CustomIgnorePolicy();
    ThreadPoolExecutor pool = new ThreadPoolExecutor(
            corePoolSize,
            maximumPoolSize,
            keepAliveTime, unit,
            workQueue,
            threadFactory,
            policy);

    // 预启动所有核心线程
    pool.prestartAllCoreThreads();
    for (int i = 1; i <= 10; i++)
    {
        pool.execute(new TargetTask());
    }
    //等待10秒
    sleepSeconds(10);
    Print.tco("关闭线程池");
    pool.shutdown();
}
//省略其他
}
```

运行以上代码，大致结果如下：

```
[main]: 创建一条线程，名称为: simpleThread-1
[main]: 创建一条线程，名称为: simpleThread-2
[main]: 创建一条线程，名称为: simpleThread-3
[simpleThread-1]: 任务: task-1 doing
[simpleThread-2]: 任务: task-2 doing
[main]: 创建一条线程，名称为: simpleThread-4
[simpleThread-3]: 任务: task-3 doing
[simpleThread-4]: 任务: task-6 doing
[main]: TargetTask{task-7} rejected;  - getTaskCount: 6
[main]: TargetTask{task-8} rejected;  - getTaskCount: 6
[main]: TargetTask{task-9} rejected;  - getTaskCount: 6
[main]: TargetTask{task-10} rejected;  - getTaskCount: 6
[simpleThread-1]: task-1 运行结束.
[simpleThread-2]: task-2 运行结束.
[simpleThread-1]: 任务: task-4 doing
[simpleThread-2]: 任务: task-5 doing
[simpleThread-2]: task-5 运行结束.
[simpleThread-4]: task-6 运行结束.
```

```
[simpleThread-3]: task-3 运行结束.
[simpleThread-1]: task-4 运行结束.
[main]: 关闭线程池
```

1.6.10　线程池的优雅关闭

一般情况下，线程池启动后建议手动关闭。在介绍线程池的优雅关闭之前，我们先了解一下线程池状态。线程池总共存在5种状态，定义在ThreadPoolExecutor类中，具体代码如下：

```
package java.util.concurrent;
//省略import
public class ThreadPoolExecutor extends AbstractExecutorService {
    // runState is stored in the high-order bits
    private static final int RUNNING    = -1 << COUNT_BITS;
    private static final int SHUTDOWN   =  0 << COUNT_BITS;
    private static final int STOP       =  1 << COUNT_BITS;
    private static final int TIDYING    =  2 << COUNT_BITS;
    private static final int TERMINATED =  3 << COUNT_BITS;
    //省略其他
}
```

线程池的5种状态具体如下：

1）RUNNING：线程池创建之后的初始状态，这种状态下可以执行任务。

2）SHUTDOWN：该状态下线程池不再接受新任务，但是会将工作队列中的任务执行完毕。

3）STOP：该状态下线程池不再接受新任务，也不会处理工作队列中的剩余任务，并且将会中断所有工作线程。

4）TIDYING：该状态下所有任务都已终止或者处理完成，将会执行terminated()钩子方法。

5）TERMINATED：执行完terminated()钩子方法之后的状态。

线程池的状态转换规则为：

1）线程池创建之后状态为RUNNING。

2）执行线程池的shutdown()实例方法，会使线程池状态从RUNNING转变为SHUTDOWN。

3）执行线程池的shutdownNow()实例方法，会使线程池状态从RUNNING转变为STOP。

4）当线程池处于SHUTDOWN状态，执行其shutdownNow()方法会将其状态转变为STOP。

5）等待线程池的所有工作线程停止，工作队列清空之后，线程池状态会从STOP转变为TIDYING。

6）执行完terminated()钩子方法之后，线程池状态从TIDYING转变为TERMINATED。

线程池的状态之间的转换规则如图1-18所示。

优雅地关闭线程池主要涉及的方法有3种：

1）shutdown：是JUC提供一个有序关闭线程池的方法，此方法会等待当前工作队列中的剩余任务全部执行完成之后才会执行关闭，但是此方法被调用之后线程池的状态转变为SHUTDOWN，线程池不会再接收新的任务。

2）shutdownNow：是JUC提供一个立即关闭线程池的方法，此方法会打断正在执行的工作线程，并且会清空当前工作队列中的剩余任务，返回的是尚未执行的任务。

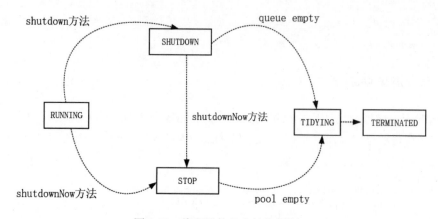

图 1-18 线程池的状态转换规则

3) awaitTermination: 等待线程池完成关闭。在调用线程池的shutdown()与shutdownNow()方法时，当前线程会立即返回，不会一直等待直到线程池完成关闭。如果需要等到线程池关闭完成，可以调用awaitTermination()方法。

1. shutdown()方法原理

shutdown()方法的源码大致如下：

```
public void shutdown()
{
    final ReentrantLock mainLock = this.mainLock;
    mainLock.lock();
    try
    {
        // 检查权限
        checkShutdownAccess();
        // 设置线程池状态
        advanceRunState(SHUTDOWN);
        // 中断空闲线程
        interruptIdleWorkers();
        // 钩子函数，主要用于清理一些资源
        onShutdown();
    } finally
    {
        mainLock.unlock();
    }
    tryTerminate();
}
```

shutdown()方法首先加锁，其次检查调用者是否具有执行线程池关闭的Java Security权限。接着shutdown()方法会将线程池状态变为SHUTDOWN，在这之后线程池不再接受提交的新任务。此时如果还继续往线程池提交任务，将会使用线程池拒绝策略响应，默认的拒绝策略将会使用ThreadPoolExecutor.AbortPolicy，接收新任务时会抛出RejectedExecutionException异常。

2. shutdownNow()方法的原理

shutdownNow()方法的源码大致如下：

```
public List<Runnable> shutdownNow()
{
```

```
        List<Runnable> tasks;
        final ReentrantLock mainLock = this.mainLock;
        mainLock.lock();
        try
        {
            // 检查状态
            checkShutdownAccess();
            // 将线程池状态变为 STOP
            advanceRunState(STOP);
            // 中断所有线程，包括工作线程以及空闲线程
            interruptWorkers();
            // 丢弃工作队列中剩余任务
            tasks = drainQueue();
        } finally
        {
            mainLock.unlock();
        }
        tryTerminate();
        return tasks;
    }
```

shutdownNow()方法将会把线程池状态设置为STOP，然后中断所有线程（包括工作线程以及空闲线程），最后清空工作队列，取出工作队列中所有未完成的任务返回给调用者。与有序的shutdown()方法相比，shutdownNow()方法比较粗暴，直接中断工作线程。不过这里需要注意的是，中断线程并不代表线程立刻结束，只是通过工作线程的interrupt()实例方法设置了中断状态，这里需要用户程序主动配合线程进行中断操作。

3. awaitTermination()方法的使用

调用了线程池shutdown()与shutdownNow()方法之后，用户程序都不会主动等待线程池关闭完成，如果需要等到线程池关闭完成，需要调用awaitTermination()进行主动等待。调用方法大致如下：

```
threadPool.shutdown();
try {
    //一直等待，直到线程池完成关闭
    while (!threadPool.awaitTermination(60,TimeUnit.SECONDS)){
        System.out.println("线程池任务还未执行结束");
    }
} catch (InterruptedException e) {
    e.printStackTrace();
}
```

如果线程池完成关闭，awaitTermination()方法将会返回true，否则当等待时间超过指定时间后将会返回false。如果需要调用awaitTermination()，建议不是永久等待，而是设置一定重试次数。下面的代码参考了阿里巴巴著名的分布式框架Dubbo中线程池关闭源码中的部分代码：

```
    if(!threadPool.isTerminated())
    {
        try
        {
            for (int i = 0; i < 1000; i++) //循环关闭1000次，每次等待10毫秒
            {
                if (threadPool.awaitTermination(10, TimeUnit.MILLISECONDS)
                {
                    break;
                }
                threadPool.shutdownNow();
```

```
        }
    } catch (InterruptedException e)
    {
        System.err.println(e.getMessage());
    } catch (Throwable e)
    {
        System.err.println(e.getMessage());
    }
}
```

4. 优雅地关闭线程池

大家可以结合shutdown()、shutdownNow()和awaitTermination()三个方法去优雅关闭一个线程池，大致分为以下几步：

1）执行shutdown()方法，拒绝新任务的提交，并等待所有任务有序地执行完毕。

2）执行awaitTermination（long timeout,TimeUnit unit）方法，指定超时时间，判断是否已经关闭所有任务，线程池关闭完成。

3）如果awaitTermination()方法返回false，或者被中断，就调用shutDownNow()方法立即关闭线程池所有任务。

4）补充执行awaitTermination（long timeout,TimeUnit unit）方法，判断线程池是否关闭完成。如果超时，就可以进入循环关闭，循环一定的次数（如1000次），不断关闭线程池，直到其关闭或者循环结束。

优雅地关闭线程池的参考代码具体如下：

```java
package com.crazymakercircle.util;
//省略import
public class ThreadUtil
{
    public static void shutdownThreadPoolGracefully(ExecutorService threadPool)
    {
        //若已经关闭则返回
        if (!(threadPool instanceof ExecutorService) || threadPool.isTerminated())
        {
            return;
        }
        try
        {
            threadPool.shutdown();    //拒绝接受新任务
        } catch (SecurityException e)
        {
            return;
        } catch (NullPointerException e)
        {
            return;
        }
        try
        {
            // 等待60秒，等待线程池中的任务完成执行
            if (!threadPool.awaitTermination(60, TimeUnit.SECONDS))
            {
                // 调用shutdownNow()方法取消正在执行的任务
                threadPool.shutdownNow();
                // 再次等待60秒，如果还未结束，可以再次尝试，或者直接放弃
                if (!threadPool.awaitTermination(60, TimeUnit.SECONDS))
```

```
                   {
                        System.err.println("线程池任务未正常执行结束");
                   }
               }
           } catch (InterruptedException ie)
           {
               // 捕获异常，重新调用shutdownNow()方法
               threadPool.shutdownNow();
           }
           //仍然没有关闭，循环关闭1000次，每次等待10毫秒
           if (!threadPool.isTerminated())
           {
               try
               {
                   for (int i = 0; i < 1000; i++)
                   {
                       if (threadPool.awaitTermination(10,TimeUnit.MILLISECONDS))
                       {
                           break;
                       }
                       threadPool.shutdownNow();
                   }
               } catch (InterruptedException e)
               {
                   System.err.println(e.getMessage());
               } catch (Throwable e)
               {
                   System.err.println(e.getMessage());
               }
           }
       }
       //省略不相关代码
   }
```

5. 注册 JVM 钩子函数自动关闭线程池

如果使用了线程池，可以在JVM注册一个钩子函数，在JVM进程关闭之前，由钩子函数自动将线程池优雅关闭，以确保资源正常释放。

下面的例子使用JVM钩子函数关闭了一个定义在随书源码的ThreadUtil辅助类中用于执行定时、顺序任务的线程池，具体代码如下：

```
package com.crazymakercircle.util;
//省略import
public class ThreadUtil
{
    //懒汉式单例创建线程池：用于执行定时、顺序任务
    static class SeqOrScheduledTargetThreadPoolLazyHolder
    {
        //线程池：用于定时任务、顺序排队执行任务
        static final ScheduledThreadPoolExecutor EXECUTOR =
                new ScheduledThreadPoolExecutor( 1,
                new CustomThreadFactory("seq"));

        static
        {
            //注册JVM关闭时的钩子函数
            Runtime.getRuntime().addShutdownHook(
                    new ShutdownHookThread("定时和顺序任务线程池",
                    new Callable<Void>()
```

```
                    {
                        @Override
                        public Void call() throws Exception
                        {
                            //优雅地关闭线程池
                            shutdownThreadPoolGracefully(EXECUTOR);
                            return null;
                        }
                    }));
            }
        }
        //省略不相关代码
    }
```

1.6.11　Executors 快捷创建线程池的潜在问题

在很多公司（如阿里、华为等）的编程规范中，非常明确地禁止使用Executors快捷创建线程池，为什么呢？这里从源码讲起，介绍使用Executors工厂方法快捷创建线程池将会面临的潜在问题。

1. 使用 Executors 创建"固定数量的线程池"的潜在问题

使用newFixedThreadPool工厂方法"固定数量的线程池"的源码如下：

```
public static ExecutorService newFixedThreadPool(int nThreads)
{
    return new ThreadPoolExecutor(
            nThreads,                              // 核心线程数
            nThreads,                              // 最大线程数
            0L,                                    // 线程最大空闲（Idle）时长
            TimeUnit.MILLISECONDS,                 // 时间单位：毫秒
            new LinkedBlockingQueue<Runnable>()    // 任务的排队队列，无界队列
    );
}
```

newFixedThreadPool工厂方法返回一个ThreadPoolExecutor实例，该线程池实例的corePoolSize数量为参数nThread，其maximumPoolSize数量也为参数nThread，其workQueue属性的值为LinkedBlockingQueue<Runnable>()无界阻塞队列。

使用Executors创建的"固定数量的线程池"的潜在问题主要存在于其workQueue上，其值为LinkedBlockingQueue（无界阻塞队列）。如果任务提交速度持续大于任务处理速度，就会造成队列中大量的任务等待。如果队列很大，很有可能导致JVM出现OOM（Out Of Memory）异常，即内存资源耗尽。

2. 使用 Executors 创建"单线程化线程池"的潜在问题

使用newSingleThreadExecutor工厂方法创建"单线程化线程池"的源码如下：

```
public static ExecutorService newSingleThreadExecutor()
{
    return new FinalizableDelegatedExecutorService
        (new ThreadPoolExecutor(
                1,                                     // 核心线程数
                1,                                     // 最大线程数
                0L,                                    // 线程最大空闲（Idle）时长
                TimeUnit.MILLISECONDS,                 // 时间单位：毫秒
                new LinkedBlockingQueue<Runnable>()    // 无界队列
        ));
}
```

以上代码首先通过调用工厂方法newFixedThreadPool(1)创建一个数量为1的"固定大小线程池"，然后使用FinalizableDelegatedExecutorService对该"固定大小线程池"进行包装，这一层包装的作用是防止线程池的corePoolSize被动态地修改。

为了演示"单线程化线程池"的corePoolSize始终保持为1而不能被修改，接下来首先使用newSingleThreadExecutor()工厂方法创建一个"单线程化线程池"，然后试图修改其corePoolSize属性，具体的代码如下：

```
@org.junit.Test
public void testNewFixedThreadPool2()
{
    //创建一个固定大小线程池
    ExecutorService fixedExecutorService = Executors.newFixedThreadPool(1);
    ThreadPoolExecutor threadPoolExecutor =
                (ThreadPoolExecutor) fixedExecutorService;
    Print.tco(threadPoolExecutor.getMaximumPoolSize());
    //设置核心线程数
    threadPoolExecutor.setCorePoolSize(8);

    //创建一个单线程化的线程池
    ExecutorService singleExecutorService = Executors.newSingleThreadExecutor();
    //转换成普通线程池, 会抛出运行时异常 java.lang.ClassCastException
    ((ThreadPoolExecutor) singleExecutorService).setCorePoolSize(8);
}
```

以上代码在运行时会抛出异常。观察所抛出的异常，可以知道FinalizableDelegatedExecutorService实例无法被转型为ThreadPoolExecutor类型，所以也就无法修改其corePoolSize属性，从而确保"单线程化线程池"在运行过程中corePoolSize不会被调整，其线程数始终唯一，做到了真正的Single。反过来说，如果没有被FinalizableDelegatedExecutorService包装，原始的ThreadPoolExecutor实例是可以动态调整corePoolSize属性的。

使用Executors创建的"单线程化线程池"与"固定大小线程池"一样，其潜在问题仍然存在与其workQueue属性上，该属性的值为LinkedBlockingQueue（无界阻塞队列）。如果任务提交速度持续大于任务处理速度，就会造成队列大量阻塞。如果队列很大，很有可能导致JVM的OOM异常，甚至造成内存资源耗尽。

3. 使用 Executors 创建"可缓存线程池"的潜在问题

使用newCachedThreadPool工厂方法"可缓存线程池"的源码如下：

```
public static ExecutorService newCachedThreadPool()
{
    return new ThreadPoolExecutor(
        0,                                      //核心线程数
        Integer.MAX_VALUE,                      //最大线程数
        60L,                                    //线程最大空闲（Idle）时长
        TimeUnit.MILLISECONDS,                  //时间单位: 毫秒
        new SynchronousQueue<Runnable>()        //任务的排队队列, 无界队列
    );
}
```

以上代码通过调用ThreadPoolExecutor标准构造器创建一个核心线程数为0、最大线程数不设限制的线程池。所以，理论上"可缓存线程池"可以拥有无数个工作线程，即线程数量几乎无限制。"可缓存线程池"的workQueue为SynchronousQueue同步队列，这个队列类似于一个接力棒，入队

与出队必须同时传递，正因为"可缓存线程池"可以无限制创建线程，不会有任务等待，所以才使用SynchronousQueue。

当"可缓存线程池"有新任务到来时，新任务会被插入到SynchronousQueue实例中，由于SynchronousQueue是同步队列，因此会在池中寻找可用线程来执行，若有可用线程则执行，若没有可用线程，则线程池会创建一个线程来执行该任务。

SynchronousQueue是一个比较特殊的阻塞队列实现类，SynchronousQueue没有容量，每一个插入操作都要等待对应的删除操作，反之每个删除操作都要等待对应的插入操作。也就是说，如果使用SynchronousQueue，提交的任务不会被真实地保存，而是将新任务交给空闲线程执行，如果没有空闲线程，就创建线程，如果线程数都已经大于最大线程数，就执行拒绝策略。使用这种队列需要将maximumPoolSize设置得非常大，从而使得新任务不会被拒绝。

使用Executors创建的"可缓存线程池"的潜在问题存在于其最大线程数量不设上限。由于其maximumPoolSize的值为Integer.MAX_VALUE（非常大），可以认为是无限创建线程的，如果任务提交较多，就会造成大量的线程被启动，很有可能造成OOM异常，甚至导致CPU线程资源耗尽。

4. 使用 Executors 创建"可调度线程池"的潜在问题

使用newScheduledThreadPool工厂方法"可调度线程池"的源码如下：

```
public static ScheduledExecutorService newScheduledThreadPool(int corePoolSize)
{
    return new ScheduledThreadPoolExecutor(corePoolSize);
}
```

Executors的newScheduledThreadPool工厂方法调用了ScheduledThreadPoolExecutor实现类的构造器，而ScheduledThreadPoolExecutor继承了ThreadPoolExecutor的普通线程池类，在其构造内部进一步调用了该父类的构造器，具体的代码如下：

```
public ScheduledThreadPoolExecutor(int corePoolSize)
{
    super(corePoolSize,                // 核心线程数
          Integer.MAX_VALUE,           // 最大线程数
          0,                           // 线程最大空闲（Idle）时长
          NANOSECONDS,                 // 时间单位
          new DelayedWorkQueue()       // 任务的排队队列
    );
}
```

以上代码创建一个ThreadPoolExecutor实例，其corePoolSize为传递来的参数，maximumPoolSize为Integer.MAX_VALUE，表示线程数不设上限，其workQueue为一个DelayedWorkQueue实例，这是一个按到期时间升序排序的阻塞队列。

使用Executors创建的"可调度线程池"的潜在问题存在于其最大线程数量不设上限。由于其线程数量不设限制，如果到期任务太多，就会导致CPU的线程资源耗尽。实际上，通过源码分析可以看出，"可调度线程池"的潜在问题首先还是无界工作队列（任务排队的队列）长度都为Integer.MAX_VALUE，可能会堆积大量的任务，从而导致OOM甚至耗尽内存资源的问题。

以上内容分别梳理了Executors四个工厂方法所创建的线程池将面临的潜在问题。总结起来，使用Executors去创建线程池主要的弊端如下：

（1）FixedThreadPool和SingleThreadPool

这两个工厂方法所创建的线程池,工作队列(任务排队的队列)长度都为Integer.MAX_VALUE,可能会堆积大量的任务，从而导致OOM（即耗尽内存资源）。

（2）CachedThreadPool和ScheduledThreadPool

这两个工厂方法所创建的线程池允许创建的线程数量为Integer.MAX_VALUE，可能会导致创建大量的线程，从而导致OOM问题。

网上众人和阿里编程规范，没有深入研读源码，被ScheduledThreadPool的最大线程数没有限制的参数所误导。通过源码分析发现，最大线程数参数maximumPoolSize对可调度线程池并未起作用，实际上，ScheduledThreadPool内部的线程数最多为核心线程数，关键的问题还是在于其工作队列上。该线程池的工作队列（任务排队的队列）长度都为Integer.MAX_VALUE，可能会堆积大量的任务，从而导致OOM问题。

虽然Executors工厂类提供了构造线程池的便捷方法，但是对于服务器程序而言，大家应该杜绝使用这些便捷方法，而是直接使用线程池ThreadPoolExecutor的构造器，从而有效避免由于使用无界队列可能导致的内存资源耗尽，或者由于对线程个数不做限制而导致的CPU资源耗尽等问题。

所以，大厂的编程规范都不允许使用Executors创建线程池，而是要求使用标准构造器ThreadPoolExecutor创建线程池。

1.7　确定线程池的线程数

使用线程池的好处主要有以下三点：

1）降低资源消耗：线程是稀缺资源，如果无限制地创建，不仅会消耗系统资源，还会降低系统的稳定性，通过重复利用已创建的线程可以降低线程创建和销毁造成的消耗。

2）提高响应速度：当任务到达时，可以不需要等待线程创建就能立即执行。

3）提高线程的可管理性：线程池提供了一种限制、管理资源的策略，维护一些基本的线程统计信息，如已完成任务的数量等。通过线程池可以对线程资源进行统一的分配、监控和调优。

虽然使用线程池的好处很多，但是如果其线程数配置得不合理，不仅可能达不到预期效果，反而可能降低应用的性能。

1.7.1　按照任务类型对线程池进行分类

使用标准构造器ThreadPoolExecutor创建线程池时，会涉及线程数的配置，而线程数的配置与异步任务类型是分不开的。这里将线程池的异步任务大致分为以下三类：

（1）IO密集型任务

此类任务主要是执行IO操作。由于执行IO操作的时间较长，导致CPU的利用率不高，这类任务CPU常处于空闲状态。Netty的IO读写操作为此类任务的典型例子。

（2）CPU密集型任务

此类任务主要是执行计算任务。由于响应时间很快，CPU一直在运行，这种任务CPU的利用率很高。

（3）混合型任务

此类任务既要执行逻辑计算，又要进行IO操作（如RPC调用、数据库访问）。相对来说，由于执行IO操作的耗时较长（一次网络往返往往在数百毫秒级别），这类任务的CPU利用率也不是太高。Web服务器的HTTP请求处理操作为此类任务的典型例子。

一般情况下，针对以上不同类型的异步任务需要创建不同类型的线程池，并进行针对性的参数配置。

1.7.2　为 IO 密集型任务确定线程数

由于IO密集型任务的CPU使用率较低，导致线程空余时间很多，因此通常需要开CPU核心数两倍的线程。当IO线程空闲时，可以启用其他线程继续使用CPU，以提高CPU的使用率。

Netty的IO处理任务就是典型的IO密集型任务。所以，Netty的Reactor（反应器）实现类（定制版的线程池）的IO处理线程数默认正好为CPU核数的两倍，以下是其相关的代码：

```
//多线程版本Reactor反应器组
public abstract class MultithreadEventLoopGroup extends
        MultithreadEventExecutorGroup implements EventLoopGroup {

    //IO事件处理线程数
    private static final int DEFAULT_EVENT_LOOP_THREADS;

    //IO事件处理线程数默认值为CPU核数的两倍
    static {
        DEFAULT_EVENT_LOOP_THREADS = Math.max(1,
                SystemPropertyUtil.getInt("io.netty.eventLoopThreads",
                Runtime.getRuntime().availableProcessors() * 2));
    }

    /**
     *构造器
     */
    protected MultithreadEventLoopGroup(int nThreads,
            ThreadFactory threadFactory, Object... args) {
        super(nThreads == 0?
                DEFAULT_EVENT_LOOP_THREADS : nThreads, threadFactory, args);
    }
    //省略其他
}
```

> 💠说明　Netty是基于Java实现的高性能传输框架，基于Reactor模式实现，是目前非常火热的高性能传输中间件，在大量的著名框架中被使用，也是Java工程师、架构师必知必会的基础框架。有关Netty的知识，请参考本书的上卷《Java高并发核心编程 卷1（加强版）：NIO、Netty、Redis、ZooKeeper》。

本书在随书源码的ThreadUtil类中为IO密集型任务创建了一个简单的参考线程池，具体代码如下：

```
package com.crazymakercircle.util;
//省略import
public class ThreadUtil
{
    //CPU核数
    private static final int CPU_COUNT = Runtime.getRuntime().availableProcessors();
    //IO处理线程数
    private static final int IO_MAX = Math.max(2, CPU_COUNT * 2);
    /**
     * 空闲保活时限，单位为秒
     */
    private static final int KEEP_ALIVE_SECONDS = 30;
    /**
     * 有界队列size
     */
    private static final int QUEUE_SIZE = 128;
    //懒汉式单例创建线程池：用于IO密集型任务
    private static class IoIntenseTargetThreadPoolLazyHolder
    {
        //线程池：用于IO密集型任务
        private static final ThreadPoolExecutor EXECUTOR = new ThreadPoolExecutor(
            IO_MAX,         //CPU核数*2
            IO_MAX,         //CPU核数*2
            KEEP_ALIVE_SECONDS,
            TimeUnit.SECONDS,
            new LinkedBlockingQueue(QUEUE_SIZE),
            new CustomThreadFactory("io"));

        static
        {
            EXECUTOR.allowCoreThreadTimeOut(true);
            //JVM关闭时的钩子函数
            Runtime.getRuntime().addShutdownHook(
                new ShutdownHookThread("IO密集型任务线程池",new Callable<Void>()
                {
                    @Override
                    public Void call() throws Exception
                    {
                        //优雅地关闭线程池
                        shutdownThreadPoolGracefully(EXECUTOR);
                        return null;
                    }
                }));
        }
    }
    //省略不相关代码
}
```

在以上的参考代码中，有以下几个要点需要进行特别说明：

1）为参考的IO线程池调用了allowCoreThreadTimeOut(...)方法，并且传入了参数true，keepAliveTime参数所设置的Idle超时策略也将被应用于核心线程，当池中的线程长时间空闲时，可以自行销毁。

2）使用有界队列缓冲任务而不是无界队列，如果128太小，可以根据具体需要进行增大，但是不能使用无界队列。

3）corePoolSize和maximumPoolSize不一致时，当corePoolSize满了而maximumPoolSize没满时即使可以创建线程，但是此时线程池默认不会创建线程，而是将任务加入阻塞队列，等待核心线程空闲，而如果核心线程不空闲，那么任务得不到执行（具体参见前面的例子）。如果corePoolSize和maximumPoolSize保持一致，使得在接收到新任务时，如果没有空闲工作线程，就优先创建新的线程去执行新任务，而不是将任务优先加入阻塞队列且等待现有工作线程空闲后再执行。

4）使用懒汉式单例模式创建线程池，如果代码没有用到此线程池，就不会立即创建。

5）使用JVM关闭时的钩子函数优雅地自动关闭线程池。

1.7.3 为 CPU 密集型任务确定线程数

CPU密集型任务也叫计算密集型任务，其特点是要进行大量计算而需要消耗CPU资源，比如计算圆周率、对视频进行高清解码等。CPU密集型任务虽然也可以并行完成，但是并行的任务越多，花在任务切换的时间就越多，CPU执行任务的效率就越低，所以要最高效地利用CPU，CPU密集型任务并行执行的数量应当等于CPU的核心数。

比如说4个核心的CPU，通过4个线程并行执行4个CPU密集型任务，此时的效率是最高的。但是如果线程数远远超出CPU核心数量，就需要频繁地切换线程，线程上下文切换时需要消耗时间，反而会使得任务效率下降。因此，对于CPU密集型的任务来说，线程数等于CPU数就行。

本书在随书源码的ThreadUtil类中为CPU密集型任务创建了一个简单的参考线程池，具体代码如下：

```
package com.crazymakercircle.util;
//省略import
public class ThreadUtil
{
    //CPU核数
    private static final int CPU_COUNT = Runtime.getRuntime().availableProcessors();

    private static final int MAXIMUM_POOL_SIZE = CPU_COUNT;

    //懒汉式单例创建线程池：用于CPU密集型任务
    private static class CpuIntenseTargetThreadPoolLazyHolder
    {
        //线程池：用于CPU密集型任务
        private static final ThreadPoolExecutor EXECUTOR = new ThreadPoolExecutor(
                MAXIMUM_POOL_SIZE,
                MAXIMUM_POOL_SIZE,
                KEEP_ALIVE_SECONDS,
                TimeUnit.SECONDS,
                new LinkedBlockingQueue(QUEUE_SIZE),
                new CustomThreadFactory("cpu"));

        static
        {
            EXECUTOR.allowCoreThreadTimeOut(true);
            //JVM关闭时的钩子函数
            Runtime.getRuntime().addShutdownHook(
                    new ShutdownHookThread("CPU密集型任务线程池", new Callable<Void>()
                    {
                        @Override
                        public Void call() throws Exception
                        {
                            //优雅关闭线程池
                            shutdownThreadPoolGracefully(EXECUTOR);
                            return null;
                        }
                    }));
```

```
        }
    }
    //省略不相关代码
}
```

1.7.4　为混合型任务确定线程数

混合型任务既要执行逻辑计算，又要进行大量非CPU耗时操作（如RPC调用、数据库访问、网络通信等），所以混合型任务CPU利用率不是太高，非CPU耗时往往是CPU耗时的数倍。比如在Web应用处理HTTP请求处理时，一次请求处理会包括DB操作、RPC操作、缓存操作等多种耗时操作。一般来说，一次Web请求的CPU计算耗时往往较少，大致在100~500毫秒，而其他耗时操作会占用500~1000毫秒，甚至更多的时间。

在为混合型任务创建线程池时，如何确定线程数呢？业界有一个比较成熟的估算公式，具体如下：

```
最佳线程数 = （（线程等待时间+线程CPU时间）/线程CPU时间 ） * CPU核数
```

经过简单的换算，以上公式可进一步转换为：

```
最佳线程数目 =（线程等待时间与线程CPU时间之比 + 1） * CPU核数
```

通过公式可以看出：等待时间所占比例越高，需要的线程就越多；CPU耗时所占比例越高，需要的线程就越少。下面举一个例子：比如在Web服务器处理HTTP请求时，假设平均线程CPU运行时间为100毫秒，而线程等待时间（比如包括DB操作、RPC操作、缓存操作等）为900毫秒，如果CPU核数为8，那么根据上面这个公式，估算如下：

```
（900ms+100ms）/100ms*8= 10*8 = 80
```

经过计算，以上案例中需要的线程数为80。很多小伙伴认为，线程数越高越好。那么，使用很多线程是否就一定比单线程高效呢？答案是否定的，比如大名鼎鼎的Redis就是单线程的，但它却非常高效，基本操作都能达到十万量级/秒。

> **说明**　为什么Redis使用单线程也如此之快，原因在于：Redis基本都是内存操作，在这种情况下单线程可以高效地利用CPU，多线程带来线程上下文切换的开销，单线程就没有这种开销。有关Redis的知识，可参考笔者的另一本书《Java高并发核心编程 卷1（加强版）：NIO、Netty、Redis、ZooKeeper》。

由于Redis基本都是内存操作，在这种情况下单线程可以高效地利用CPU，多线程反而不是太适用。多线程适用场景一般是：存在相当比例非CPU耗时操作，如IO、网络操作，需要尽量提高并行化比率以提升CPU的利用率。

以上公式的估算结果仅仅是理论最佳值，在生产环境中的使用也仅供参考。生产环境需要结合系统网络环境和硬件情况（CPU、内存、硬盘读写速度）不断尝试，获取一个符合实际的线程数值。

本书在随书源码的ThreadUtil类中为混合型任务创建了一个简单的参考线程池，具体代码如下：

```java
package com.crazymakercircle.util;
//省略import
public class ThreadUtil
{
    private static final int MIXED_MAX = 128;  //最大线程数
```

```
    private static final String MIXED_THREAD_AMOUNT = "mixed.thread.amount";

    //懒汉式单例创建线程池：用于混合型任务
    private static class MixedTargetThreadPoolLazyHolder
    {
        //首先从环境变量mixed.thread.amount中获取预先配置的线程数
        //如果没有对mixed.thread.amount进行配置，就使用常量MIXED_MAX作为线程数
        private static final int max =
                    (null != System.getProperty(MIXED_THREAD_AMOUNT)) ?
                Integer.parseInt(System.getProperty(MIXED_THREAD_AMOUNT))
                                                        : MIXED_MAX;
        //线程池：用于混合型任务
        private static final ThreadPoolExecutor EXECUTOR = new ThreadPoolExecutor(
            max,
            max,
            KEEP_ALIVE_SECONDS,
            TimeUnit.SECONDS,
            new LinkedBlockingQueue(QUEUE_SIZE),
            new CustomThreadFactory("mixed"));

        static
        {
            EXECUTOR.allowCoreThreadTimeOut(true);
            //JVM关闭时的钩子函数
            Runtime.getRuntime().addShutdownHook(
                new ShutdownHookThread("混合型任务线程池", new Callable<Void>()
                {
                    @Override
                    public Void call() throws Exception
                    {
                        //优雅地关闭线程池
                        shutdownThreadPoolGracefully(EXECUTOR);
                        return null;
                    }
                }));
        }
    }
    //省略不相关代码
}
```

在使用以上代码创建混合型线程池时，建议按照前面的最佳线程数估算公式提前预估好线程数（如80），然后设置在环境变量mixed.thread.amount中，测试用例如下：

```
package com.crazymakercircle.mutithread.basic.create3;
//省略import
public class CreateThreadPoolDemo
{
    @org.junit.Test
    public void testMixedThreadPool()
    {
        System.getProperties().put("mixed.thread", 600);
        // 获取自定义的混合线程池
        ExecutorService pool = ThreadUtil.getMixedTargetThreadPool();
        for (int i = 0; i < 1000; i++)
        {
            try
            {
                sleepMilliSeconds(10);
                pool.submit(new TargetTask());
            } catch (RejectedExecutionException e)
            {
```

```
                    //异常处理
                }
            }
            //等待10秒
            sleepSeconds(10);
            Print.tco("关闭线程池");
        }
        //省略其他
    }
```

1.8 ThreadLocal 原理与实战

在Java的多线程并发执行过程中，为了保证多个线程对变量的安全访问，可以将变量放到ThreadLocal类型的对象中，使变量在每个线程中都有独立值，不会出现一个线程读取变量时而被另一个线程修改的现象。ThreadLocal类通常被翻译为"线程本地变量"类或者"线程局部变量"类。

1.8.1 ThreadLocal 的基本使用

ThreadLocal是位于JDK的java.lang核心包中。如果程序创建了一个ThreadLocal实例，那么在访问这个变量的值时，每个线程都会拥有一个独立的、自己的本地值。"线程本地变量"可以看成专属于线程的变量，不受其他线程干扰，保存着线程的专属数据。当线程结束后，每个线程所拥有的那个本地值会被释放。在多线程并发操作"线程本地变量"的时候，线程各自操作的是自己的本地值，从而规避了线程安全问题。

ThreadLocal的英文字面翻译为"线程本地"，实际上ThreadLocal代表的是线程本地变量，可能将其命名为ThreadLocalVariable更加容易让人理解。

ThreadLocal如何做到为每个线程存有一份独立的本地值呢？一个ThreadLocal实例可以形象地理解为一个Map（早期版本的ThreadLocal是这样设计的）。当工作线程Thread实例向本地变量保持某个值时，会以"Key-Value对"（即键-值对）的形式保存在ThreadLocal内部的Map中，其中Key为线程Thread实例，Value为待保存的值。当工作线程Thread实例从ThreadLocal本地变量取值时，会以Thread实例为Key，获取其绑定的Value。一个ThreadLocal实例内部结构的形象展示大致如图1-19所示。

Java程序可以使用ThreadLocal的成员方法进行本地值操作，具体的成员方法如表1-2所示。

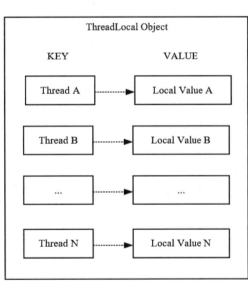

图 1-19   一个 ThreadLocal（早期版本）
实例内部结构的形象展示

表 1-2　ThreadLocal 的成员方法

方　　法	说　　明
set(T value)	设置当前线程在"线程本地变量"实例中绑定的本地值
T get()	获得当前线程在"线程本地变量"实例中绑定的本地值
remove()	移除当前线程在"线程本地变量"实例中绑定的本地值

　　下面的例子通过ThreadLocal的成员方法进行"线程本地变量"中线程本地值的设置、获取、移除，具体的代码如下：

```
package com.crazymakercircle.mutithread.basic.threadlocal;
//省略import
public class ThreadLocalTest
{
    @Data
    static class Foo
    {
        //实例总数
        static final AtomicInteger AMOUNT = new AtomicInteger(0);
        //对象的编号
        int index = 0;
        //对象的内容
        int bar = 10;
        //构造器
        public Foo()
        {
            index = AMOUNT.incrementAndGet();        //总数增加，并且给对象的编号
        }
        @Override
        public String toString()
        {
            return index + "@Foo{bar=" + bar + '}';
        }
    }

    //定义线程本地变量
    private static final ThreadLocal<Foo> LOCAL_FOO =  new ThreadLocal<Foo>();

    public static void main(String[] args) throws InterruptedException
    {
        //获取自定义的混合型线程池
        ThreadPoolExecutor threadPool = ThreadUtil.getMixedTargetThreadPool();
        //提交5个任务，将会用到5个线程
        for (int i = 0; i < 5; i++)
        {
            threadPool.execute(new Runnable()
            {
                @Override
                public void run()
                {
                    //获取"线程本地变量"中当前线程所绑定的值
                    if (LOCAL_FOO.get() == null)
                    {
                        //设置"线程本地变量"中当前线程所绑定的值
                        LOCAL_FOO.set(new Foo());
                    }
                    Print.tco("初始的本地值: " + LOCAL_FOO.get());
                    //每个线程执行10次
                    for (int i = 0; i < 10; i++)
```

```
        {
            Foo foo = LOCAL_FOO.get();
            foo.setBar(foo.getBar() + 1);      //值增1
            sleepMilliSeconds(10);
        }
        Print.tco("累加10次之后的本地值: " + LOCAL_FOO.get());

        //删除"线程本地变量"中当前线程所绑定的值
        LOCAL_FOO.remove();                    //这点对于线程池中的线程尤其重要
    }
    });
    }
    }
}
```

运行以上示例，其结果如下：

```
[apppool-1-mixed-3]: 初始的本地值: 3@Foo{bar=10}
[apppool-1-mixed-4]: 初始的本地值: 4@Foo{bar=10}
[apppool-1-mixed-5]: 初始的本地值: 5@Foo{bar=10}
[apppool-1-mixed-2]: 初始的本地值: 1@Foo{bar=10}
[apppool-1-mixed-1]: 初始的本地值: 2@Foo{bar=10}
[apppool-1-mixed-1]: 累加10次之后的本地值: 2@Foo{bar=20}
[apppool-1-mixed-3]: 累加10次之后的本地值: 3@Foo{bar=20}
[apppool-1-mixed-5]: 累加10次之后的本地值: 5@Foo{bar=20}
[apppool-1-mixed-2]: 累加10次之后的本地值: 1@Foo{bar=20}
[apppool-1-mixed-4]: 累加10次之后的本地值: 4@Foo{bar=20}
```

通过输出的结果可以看出，在"线程本地变量"（LOCAL_FOO）中，每一个线程都绑定了一个独立的值（Foo对象），这些值对象是线程的私有财产，可以理解为线程的本地值，每一次操作都是在自己的同一个本地值上进行的，从例子中线程本地值的index始终一致可以看出，每个线程操作的是同一个Foo对象。

如果线程尚未在本地变量（如LOCAL_FOO）中绑定一个值，直接通过get()方法去获取本地值会获取到一个空值，此时可以通过调用set()方法设置一个值作为初始值，具体的代码如下：

```
//获取"线程本地变量"中当前线程所绑定的值
 if (LOCAL_FOO.get() == null)
{
    //设置"线程本地变量"中当前线程所绑定的初始值
    LOCAL_FOO.set(new Foo());
}
```

在当前线程尚未绑定值时，如果希望能从线程本地变量获取到初始值，而且也不想采用以上的"判空后设值"这种相对烦琐的方式，可以调用ThreadLocal.withInitial(...)静态工厂方法，在定义ThreadLocal对象时设置一个获取初始值的回调函数，具体的代码如下：

```
ThreadLocal<Foo> LOCAL_FOO = ThreadLocal.withInitial(() -> new Foo());
```

以上代码并没有使用new ThreadLocal<Foo>()构造一个ThreadLocal对象，而是调用withInitial(...)工厂方法创建一个ThreadLocal对象，并传递了一个获取初始值的Lambda回调函数。在线程尚未绑定值而直接从"线程本地变量"获取值时，将会取得回调函数被调用之后所返回的值。

1.8.2   ThreadLocal 使用场景

ThreadLocal是解决线程安全问题一个较好方案，它通过为每个线程提供一个独立的本地值去解决并发访问的冲突问题。在很多情况下，使用ThreadLocal比直接使用同步机制（如synchronized）解决线程安全问题更简单、更方便，且结果程序拥有更高的并发性。

ThreadLocal使用场景大致可以分为以下两类：

（1）线程隔离

ThreadLocal的主要价值在于线程隔离，ThreadLocal中的数据只属于当前线程，其本地值对别的线程是不可见的，在多线程环境下，可以防止自己的变量被其他线程篡改。另外，由于各个线程之间的数据相互隔离，避免了同步加锁带来的性能损失，大大提升了并发性的性能。

ThreadLocal在线程隔离的常用案例为：可以每个线程绑定一个用户会话信息、数据库连接、HTTP请求等，这样一个线程的所有调用到的处理函数都可以非常方便地访问这些资源。

常见的ThreadLocal使用场景为数据库连接独享、Session数据管理等。

在"线程隔离"场景中，使用ThreadLocal的典型案例为：可以每个线程绑定一个数据库连接，使得这个数据库连接为线程所独享，从而避免数据库连接被混用而导致操作异常问题。

（2）跨函数传递数据

通常用于同一个线程内，跨类、跨方法传递数据时，如果不用ThreadLocal，那么相互之间的数据传递势必要靠返回值和参数，这样无形之中增加了这些类或者方法之间的耦合度。

由于ThreadLocal的特性，同一线程在某些地方进行设置，在随后的任意地方都可以获取到。线程执行过程中所执行到的函数都能读写ThreadLocal变量的线程本地值，从而可以方便地实现跨函数的数据传递。使用ThreadLocal保存函数之间需要传递的数据，在需要的地方直接获取，也能避免通过参数传递数据带来的高耦合。

在"跨函数传递数据"场景中使用ThreadLocal的典型案例为：可以为每个线程绑定一个Session（用户会话）信息，这样一个线程所有调用到的代码都可以非常方便地访问这个本地会话，而不需要通过参数传递。

接下来举例分析一下在以上两类场景中大家应该如何使用ThreadLocal。

1.8.3 使用 ThreadLocal 进行线程隔离

ThreadLocal在"线程隔离"应用场景的典型应用为"数据库连接独享"。下面的代码来自Hibernate，代码中通过ThreadLocal进行数据库连接（Session）的"线程本地化"存储，主要的代码如下：

```java
private static final ThreadLocal threadSession = new ThreadLocal();

public static Session getSession() throws InfrastructureException {
    Session s = (Session) threadSession.get();
    try {
        if (s == null) {
            s = getSessionFactory().openSession();
            threadSession.set(s);
        }
    } catch (HibernateException ex) {
        throw new InfrastructureException(ex);
    }
    return s;
}
```

Hibernate对数据库连接进行了封装，一个Session代表一个数据库连接。通过以上代码可以看到，在Hibernate的getSession()方法中，首先判断当前线程中有没有放进去session，如果还没有，那么通过sessionFactory().openSession()来创建一个Session，再将Session设置到ThreadLocal变量中，这个Session相当于线程的私有变量，而不是所有线程共用的，显然其他线程中是取不到这个Session。

一般来说，完成数据库操作之后程序会将Session关闭，从而节省数据库连接资源。如果Session的使用方式为共享而不是独占，在这种情况下，Session是多线程共享使用的，如果某个线程使用完成之后直接将Session关闭，其他线程在操作Session时就会报错。所以Hibernate通过ThreadLocal非常简单实现了数据库连接的安全使用。

1.8.4　使用 ThreadLocal 进行跨函数数据传递

ThreadLocal在"跨函数数据传递"应用场景的典型有很多：

1）用来传递请求过程中的用户ID。

2）用来传递请求过程中的用户会话（Session）。

3）用来传递HTTP的用户请求实例HttpRequest。

4）其他需要在函数之间频繁传递的数据。

以下代码来自于疯狂创客圈社群的微服务脚手架Crazy-SpringCloud工程，通过ThreadLocal在函数之间传递用户信息、会话信息等，并且封装成了一个独立的SessionHolder类，具体的代码如下：

```
package com.crazymaker.springcloud.common.context;
//省略import
public class SessionHolder
{
    // session id, 线程本地变量
    private static final ThreadLocal<String> sidLocal = new ThreadLocal<>("sidLocal");

    // 用户信息, 线程本地变量
    private static final ThreadLocal<UserDTO> sessionUserLocal =
                              new ThreadLocal<>("sessionUserLocal");

    // session, 线程本地变量
    private static final ThreadLocal<HttpSession> sessionLocal =
                              new ThreadLocal<>("sessionLocal");
//省略其他

    /**
     * 保存session在线程本地变量中
     */
    public static void setSession(HttpSession session)
    {
        sessionLocal.set(session);
    }

    /**
     * 取得绑定在线程本地变量中的session
     */
    public static HttpSession getSession()
    {
        HttpSession session = sessionLocal.get();
        Assert.notNull(session, "session 未设置");
        return session;
    }
    //省略其他
}
```

1.8.5　ThreadLocal 内部结构演进

在早期的JDK版本中，ThreadLocal的内部结构是一个Map，其中每一个线程实例作为Key，线程在"线程本地变量"中绑定的值为Value（本地值）。早期版本中的Map结构，其拥有者为ThreadLocal实例，每一个ThreadLocal实例拥有一个Map实例。

在大部分的应用中，实际上线程比较多，往往会配置数百个线程。反过来说，一个应用的线程局部变量又很少，可能就几个。

大家知道，HashMap在扩容时存在高成本、低性能问题。为什么呢？在HashMap的内部是一个槽位（slot）数组，这个数组也叫哈希表，存储的是Key的哈希值。当槽位数组中的元素个数超过容量（默认为16）×加载因子（默认为0.75）也是12的时候，槽位数组会进行扩容，扩容成32个槽位。对于每一个槽位，可以理解为一个桶（bucket），如果一个桶内元素超过8个，链表会转换成红黑树。无论是槽位数组扩容还是桶内链表转换成红黑树，这都是高成本、低性能的扩容工作。

ThreadLocal实例内部的Map结构叫作ThreadLocalMap，并没有直接采用HashMap对象，而是自定义的和HashMap类似的结构。与HashMap不同的是，ThreadLocalMap去掉了桶结构，如果发生哈希碰撞，将Key相同的Entry放在槽位后面相邻的空闲位置上。为了区分这两种处理碰撞的方案，把HashMap（数组加链表）的处理方式叫作链地址法，即发生碰撞就把Entry放在桶的链表中；把ThreadLocalMap的处理方式叫作开放地址法，即发生碰撞，就按照某种方法继续探测哈希表中的其他存储单元，直到找到空位置为止。

ThreadLocalMap与HashMap一样，槽位数组（哈希表）在扩容时存在高成本、低性能问题。其槽位数组初始的容量为16，当槽位数组中的元素个数超过容量（默认为16）×加载因子（默认为0.75）也是12的时候，槽位数组会进行扩容，扩容成32个槽位。这里需要创建一个新的数组，再进行Entry的哈希值的二次取模，在新数组找到新的位置后放入。

由于ThreadLocalMap扩容存在性能问题，因此在线程比较多、线程局部变量少的场景下是不是可以转换思路，将ThreadLocal实例变成Key，一个线程一个Map呢？这是可以的，而且免去了ThreadLocalMap高成本、低性能的扩容工作。

在JDK 8版本中，ThreadLocal的内部结构发生了演进，虽然还是使用了Map结构，但是Map结构的拥有者已经发生了变化，其拥有者为Thread（线程）实例，每一个Thread实例拥有一个Map实例。另外，Map结构的Key值也发生了变化：新的Key为ThreadLocal实例。

在JDK 8版本中，每一个Thread线程内部都有一个Map（ThreadLocalMap），如果我们给一个Thread创建多个ThreadLocal实例，然后放置本地数据，那么当前线程的ThreadLocalMap中就会有多个"Key-Value对"，其中ThreadLocal实例为Key，本地数据为Value。

在代码的层面来说，新版本的ThreadLocalMap还是由ThreadLocal类维护的，由ThreadLocal负责ThreadLocalMap实例的获取和创建，并从中设置本地值、获取本地值。所以ThreadLocalMap还寄存于ThreadLocal内部，并没有被迁移到Thread内部。

一个ThreadLocalMap（新版本）实例内部结构形象展示如图1-20所示。

每一个线程在获取本地值时，都会将ThreadLocal实例作为Key从自己拥有的ThreadLocalMap中获取值，别的线程无法访问自己的ThreadLocalMap实例，自己也无法访问别人的ThreadLocalMap实例，达到相互隔离，互不干扰。

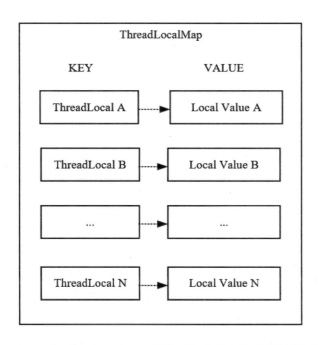

图 1-20　一个 ThreadLocalMap（新版本）实例内部结构的形象展示

与早期版本的ThreadLocalMap实现相比，新版本的主要变化为：

1）拥有者发生了变化：新版本的ThreadLocalMap拥有者为Thread，早期版本的ThreadLocalMap拥有者为ThreadLocal。

2）Key发生了变化：新版本的Key为ThreadLocal实例，早期版本的Key为Thread实例。

与早期版本的ThreadLocalMap实现相比，新版本的主要优势为：

1）每个ThreadLocalMap存储的"Key-Value对"数量变少。早期版本的"Key-Value对"数量与线程个数强关联，若线程数量多，则ThreadLocalMap存储"Key-Value对"数量也多。新版本的ThreadLocalMap的Key为ThreadLocal实例，多线程情况下ThreadLocal实例比线程数少。

2）早期版本ThreadLocalMap的拥有者为ThreadLocal，在Thread（线程）实例被销毁后，ThreadLocalMap还是存在的；新版本的ThreadLocalMap的拥有者为Thread，现在当Thread实例被销毁后，ThreadLocalMap也会随之被销毁，在一定程度上能减少内存的消耗。

如果追求极致，能不能对性能进一步优化呢？

通过上面的场景分析大家看到，一般来说一个应用有数百个线程，几个线程局部变量在这个场景下是否可以使用数组来替代HashMap呢？

比如：可以把线程内部的ThreadLocalMap结构换成数组，然后对线程局部变量进行编号，通过编号在数组中去访问局部变量的值。在这个场景下，无论是存放元素还是获取元素，直接使用数组比使用HashMap能获得更低的内存成本、更高的访问性能。

实际上，追求性能极致Netty就是这么优化的，Netty内部的存储FastThreadLocal的结构具体如图1-21所示。

有关FastThreadLocal的介绍，这里不作展开。

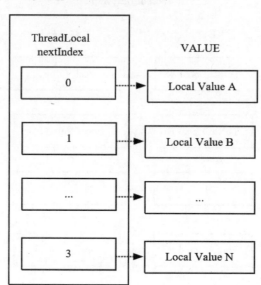

图 1-21 Netty 内部的存储 FastThreadLocal 的结构

1.8.6 ThreadLocal 源码分析

ThreadLocal源码提供的方法不多，主要有：set(T value)方法、get()方法、remove()方法和 initialValue()方法。

1. set(T value)方法

set(T value)方法用于设置"线程本地变量"在当前线程的ThreadLocalMap中对应的值，相当于设置线程本地值，其核心源码如下：

```java
public void set(T value) {
    //获取当前线程对象
    Thread t = Thread.currentThread();

    //获取当前线程的ThreadLocalMap 成员
    ThreadLocalMap map = getMap(t);

    //判断map是否存在
    if (map != null)
    {
            //value被绑定到threadLocal实例
        map.set(this, value);
    }
    else
    {
        // 如果当前线程没有ThreadLocalMap成员实例
        // 创建一个ThreadLocalMap实例，然后作为成员关联到t（thread实例）
        createMap(t, value);
    }
}

// 获取线程t的ThreadLocalMap成员
ThreadLocalMap getMap(Thread t) {
    return t.threadLocals;
```

```
    }

    // 线程t创建一个ThreadLocalMap成员
    // 并为新的Map成员设置第一个"Key-Value对"，Key为当前的ThreadLocal实例
    void createMap(Thread t, T firstValue) {
        t.threadLocals = new ThreadLocalMap(this, firstValue);
    }
```

通过以上的源码可以看出set(T value)方法的执行流程，大致如下：

1）获得当前线程，然后获得当前线程的ThreadLocalMap成员，暂存于map变量。

2）如果map不为空，就将Value设置到map中，当前的ThreadLocal作为key。

3）如果map为空，为该线程创建map，然后设置第一个"Key-Value对"，Key为当前的ThreadLocal
实例，Value为set方法的参数value值。

2. get()方法

get()方法用于获取"线程本地变量"在当前线程的ThreadLocalMap中对应的值，相当于获取线
程本地值，其核心源码如下：

```
public T get() {
    //获得当前线程对象
    Thread t = Thread.currentThread();
    //获得线程对象的ThreadLocalMap内部成员
    ThreadLocalMap map = getMap(t);

    //如果当前线程的内部map成员存在
    if (map != null) {
        //以当前ThreadLocal为Key，尝试获得条目
        ThreadLocalMap.Entry e = map.getEntry(this);
        //条目存在
        if (e != null) {
            T result = (T)e.value;
            return result;
        }
    }
    //如果当前线程对应map不存在
    //或者map存在，但是当前ThreadLocal实例没有对应的"Key-Value对"，返回初始值
    return setInitialValue();
}

//设置ThreadLocal关联的初始值并返回
private T setInitialValue() {
    //调用初始化钩子函数，获取初始值
    T value = initialValue();
    Thread t = Thread.currentThread();
    ThreadLocalMap map = getMap(t);
    if (map != null)
        map.set(this, value);
    else
        createMap(t, value);
    return value;
}
```

通过以上的源码可以看出T get()方法的执行流程，大致如下：

1）先尝试获得当前线程，然后获得当前线程的ThreadLocalMap成员，暂存于map变量。

2）如果获得的map不为空，那么以当前ThreadLocal实例为Key尝试获得map中的Entry（条目）。

3）如果Entry条目不为空，就返回Entry中的Value。

4）如果Entry为空，就通过调用initialValue初始化钩子函数获取"ThreadLocal"初始值，并设置在map中。如果map不存在，还会给当前线程创建新ThreadLocalMap成员，并绑定第一个"Key-Value对"。

3. remove()方法

remove()方法用于在当前线程的ThreadLocalMap中移除"线程本地变量"所对应的值，其核心源码如下：

```
public void remove() {
    ThreadLocalMap m = getMap(Thread.currentThread());
    if (m != null)
        m.remove(this);
}
```

4. initialValue()方法

当"线程本地变量"在当前线程的ThreadLocalMap中尚未绑定值时，initialValue()方法用于获取初始值。其源码如下：

```
protected T initialValue() {
    return null;
}
```

如果没有调用set()而直接调用get()，就会调用此方法，但是该方法只会被调用一次。默认情况下，initialValue()方法返回null，如果不想返回null，可以继承ThreadLocal以覆盖此方法。

真的需要继承ThreadLocal去重写initialValue()方法吗？其实没有必要。JDK已经为大家定义了一个ThreadLocal的内部SuppliedThreadLocal静态子类，并且提供了ThreadLocal.withInitial(...)静态工厂方法，方便大家在定义ThreadLocal实例时设置初始值回调函数。使用工厂方法构造ThreadLocal实例的代码如下：

```
ThreadLocal<Foo> LOCAL_FOO = ThreadLocal.withInitial(() -> new Foo());
```

JDK定义的ThreadLocal.withInitial(...)静态工厂方法及其内部子类SuppliedThreadLocal的源码如下：

```
//ThreadLocal工厂方法可以设置本地变量初始值钩子函数
public static <S> ThreadLocal<S> withInitial(Supplier<? extends S> supplier) {
    return new SuppliedThreadLocal<>(supplier);
}

//内部静态子类
//继承了ThreadLocal, 重写了initialValue()方法, 返回钩子函数的值作为初始值
static final class SuppliedThreadLocal<T> extends ThreadLocal<T> {
    //保存钩子函数
    private final Supplier<? extends T> supplier;
    //传入钩子函数
    SuppliedThreadLocal(Supplier<? extends T> supplier) {
        this.supplier = Objects.requireNonNull(supplier);
    }

    @Override
    protected T initialValue() {
        return supplier.get();  //返回钩子函数的值作为初始值
    }
}
```

1.8.7　ThreadLocalMap 源码分析

ThreadLocal的操作都是基于ThreadLocalMap展开的，而ThreadLocalMap是ThreadLocal的一个静态内部类，其实现了一套简单的Map结构（比HashMap简单）。

1. ThreadLocalMap 的主要成员变量

ThreadLocalMap的成员变量与HashMap的成员变量非常类似，其内部的主要成员如下所示：

```
public class ThreadLocal<T> {
    //省略其他
static class ThreadLocalMap {
        //Map的条目数组, 作为哈希表使用
    private Entry[] table;
     //Map的条目初始容量16
    private static final int INITIAL_CAPACITY = 16;
     //Map的条目数量
    private int size = 0;
     //扩容因子
    private int threshold;

     //Map的条目类型, 一个静态的内部类
    // Entry继承于WeakReference,Key为ThreadLocal实例
    static class Entry extends WeakReference<ThreadLocal<?>> {
        Object value; //条目的值
        Entry(ThreadLocal<?> k, Object v) {
            super(k);
            value = v;
        }
    }
    //省略其他
}
```

ThreadLocal源码中get()、set()、remove()方法都涉及ThreadLocalMap的方法调用，主要调用了ThreadLocalMap的如下几个方法：

1）set(ThreadLocal<?> key, Object value)：向Map实例设置"Key-Value对"。

2）getEntry(ThreadLocal)：从Map实例获取Key（ThreadLocal实例）所属的Entry。

3）remove(ThreadLocal)：根据Key（ThreadLocal实例）从Map实例移除所属的Entry。

作为参考，这里只对ThreadLocalMap的set(ThreadLocal<?> key, Object value) 方法的代码以注释的形式做一个简单的分析，具体如下：

```
    private void set(ThreadLocal<?> key, Object value) {
        Entry[] tab = table;
        int len = tab.length;

        //根据key的HashCode, 找到key在数组上的槽点i
        int i = key.threadLocalHashCode & (len-1);

        // 从槽点i开始向后循环搜索, 找空余槽点（空余位置）或者找现有槽点
        //如果没有现有槽点, 则必定有空余槽点, 因为没有空间时会扩容
        for (Entry e = tab[i];  e != null; e = tab[i = nextIndex(i, len)]) {
            ThreadLocal<?> k = e.get();
            //找到现有槽点: Key值为ThreadLocal实例
            if (k == key) {
                e.value = value;
                return;
```

```
        }
        //找到异常槽点：槽点被GC掉，重设Key值和Value值
        if (k == null) {
            replaceStaleEntry(key, value, i);
            return;
        }
    }
    //没有找到现有的槽点，增加新的Entry
    tab[i] = new Entry(key, value);
    //设置ThreadLocal数量
    int sz = ++size;

    //清理Key为null的无效Entry
    //没有可清理的Entry，并且现有条目数量大于扩容因子值，进行扩容
    if (!cleanSomeSlots(i, sz) && sz >= threshold)
        rehash();
}
```

2. Entry 的 Key 需要使用弱引用

Entry用于保存ThreadLocalMap的"Key-Value"条目，但是Entry使用了对Threadlocal实例进行包装之后的弱引用（WeakReference）作为Key，其代码如下：

```
// Entry继承了WeakReference，并使用WeakReference对Key进行包装
static class Entry extends WeakReference<ThreadLocal<?>> {
    Object value;        //值
    Entry(ThreadLocal<?> k, Object v) {
        super(k);        //使用WeakReference对Key值进行包装
        value = v;
    }
}
```

为什么Entry需要使用弱引用对Key进行包装，而不是直接使用Threadlocal实例作为Key呢？这个问题有点儿复杂，要分析清楚还有点难度。这里从一个简单的例子入手，假设有一个方法funcA()创建了一个"线程本地变量"，具体如下：

```
public void funcA()
{
    //创建一个线程本地变量
    ThreadLocal local = new ThreadLocal<Integer>();
    //设置值
    local.set(100);
    //获取值
    local.get();
    //函数末尾
}
```

当线程tn执行funcA()方法到其末尾时，线程tn相关的JVM栈内存以及内部ThreadLocalMap成员的结构大致如图1-22所示。

线程tn调用funcA()方法新建了一个ThreadLocal实例，使用local局部变量指向这个实例，并且此local是强引用；在调用local.set(100)之后，线程tn的ThreadLocalMap成员内部会新建一个Entry实例，其Key以弱引用包装的方式指向ThreadLocal实例。

当线程tn执行完funcA()方法后，funcA()的方法栈帧将被销毁，强引用local的值也就没有了，但此时线程的ThreadLocalMap中对应的Entry的Key引用还指向了ThreadLocal实例。如果Entry的Key引用是强引用，就会导致Key引用指向的ThreadLocal实例及其Value值都不能被GC回收，这将造成严重的内存泄漏，具体如图1-23所示。

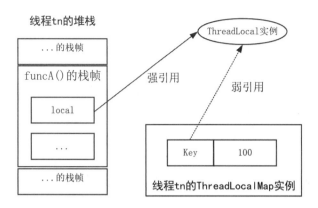

图 1-22　当线程 tn 执行 funcA() 方法末尾时内存结构

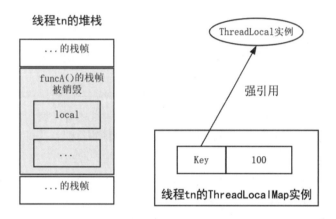

图 1-23　Entry 的 Key 为强引用将导致 ThreadLocal 实例不能回收

　　什么是弱引用呢？仅有弱引用（Weak Reference）指向的对象只能生存到下一次垃圾回收之前。换句话说，当GC发生时，无论内存够不够，仅有弱引用所指向的对象都会被回收。而拥有强引用指向的对象则不会被直接回收。

> **说明**　什么叫作内存泄漏？不再用到的内存没有及时释放（归还给系统），就叫作内存泄漏。对于持续运行的服务进程必须及时释放内存，否则内存占用量越来越高，轻则影响系统性能，重则导致进程崩溃。

　　由于ThreadLocalMap中Entry的Key使用了弱引用，在下次GC发生时，就可以使那些没有被其他强引用指向、仅被Entry的Key所指向的ThreadLocal实例能被顺利回收。并且，在Entry的Key引用被回收之后，其Entry的Key值变为null。后续当ThreadLocal的get()、set()或remove()被调用时，ThreadLocalMap的内部代码会清除这些Key为null的Entry，从而完成相应的内存释放。

　　总结一下，使用ThreadLocal会发生内存泄漏的前提条件如下：

　　1）线程长时间运行而没有被销毁。线程池中的Thread实例很容易满足此条件。

　　2）ThreadLocal引用被设置为null，且后续在同一Thread实例的执行期间，没有发生对其他ThreadLocal实例的get()、set()或remove()操作。只要存在一个针对任何ThreadLocal实例的get()、set()

或remove()操作，就会触发Thread实例拥有的ThreadLocalMap的Key为null的Entry清理工作，释放掉ThreadLocal弱引用为null的Entry。

综合以上两点可以看出：使用ThreadLocal出现内存泄漏还是比较容易的。但是一般公司对如何使用ThreadLocal都有编程规范要求，只要大家按照规范编写程序，也没有那么容易发生内存泄漏。

3. 编程规范推荐使用 static final 修饰 ThreadLocal 对象

编程规范有云：ThreadLocal实例作为ThreadLocalMap的Key，针对一个线程内所有操作是共享的，所以建议设置static修饰符，以便被所有的对象共享。由于静态变量会在类第一次被使用时装载，只会分配一次存储空间，此类的所有实例都会共享这个存储空间，所以使用static修饰ThreadLocal就会节约内存空间。另外，为了确保ThreadLocal实例的唯一性，除了使用static修饰之外，还会使用final进行加强修饰，以防止其在使用过程中发生动态变更。参考的实例如下：

```
//推荐使用static final线程本地变量
private static final ThreadLocal<Foo> LOCAL_FOO = new ThreadLocal<Foo>();
```

> **说明** 以上代码中，为什么ThreadLocal实例除了添加static final修饰之后，还经常加上了 private修饰呢？主要目的是缩小使用的范围，尽可能不让他人引用。

凡事都有两面性，使用static、final修饰ThreadLocal实例也会带来副作用，使得Thread实例内部的ThreadLocalMap中Entry的Key在Thread实例的生命期内将始终保持为非null，从而导致Key所在的Entry不会被自动清空，这就会让Entry中的Value指向的对象一直存在强引用，于是Value指向的对象在线程生命期内不会被释放，最终导致内存泄漏。所以，在使用完static、final修饰ThreadLocal实例，使用完后必须使用remove()进行手动释放。

如果使用线程池，可以定制线程池的afterExecute()方法（任务执行完成之后的钩子方法），在任务执行完成之后，调用ThreadLocal实例的remove()方法对其手动释放，从而使得其线程内部的Entry得到释放，参考的代码如下：

```
//线程本地变量,用于记录线程异步任务的开始执行时间
private static final ThreadLocal<Long> START_TIME= new ThreadLocal<>();
ExecutorService pool = new ThreadPoolExecutor(2,
    4, 60,
    TimeUnit.SECONDS, new LinkedBlockingQueue<>(2)) {
    //省略其他
    //异步任务执行完成之后的钩子方法
    @Override
    protected void afterExecute(Runnable target, Throwable t)
    {
        //省略其他
        //清空ThreadLocal实例的本地值
        START_TIME.remove();
    }
};
```

1.8.8 ThreadLocal 综合使用案例

由于ThreadLocal使用不当会导致严重的内存泄漏问题，所以为了更好地避免内存泄漏问题的发生，我们使用ThreadLocal时遵守以下两个原则：

1）尽量使用private static final修饰ThreadLocal实例。使用 private 与final修饰符主要是尽可能不让他人修改、变更ThreadLocal变量的引用，使用static修饰符主要为了确保ThreadLocal实例的全局唯一。

2）ThreadLocal使用完成之后务必调用remove()方法。这是简单、有效地避免ThreadLocal引发内存泄漏的方法。

下面用一个综合案例演示一下ThreadLocal的使用。此案例的功能为：记录执行过程中所调用的函数所需的执行时间（即执行耗时）。比如在实际Web开发过程中，一次客户端请求往往会涉及DB、缓存、RPC等多个调用，一旦出现性能问题，就需要记录一下各个点的耗时，从而判断性能的瓶颈所在。

下面的代码定义了三个方法serviceMethod()、daoMethod()和rpcMethod()，用于模拟实际的DB、RPC等耗时调用，具体的代码如下：

```
package com.crazymakercircle.mutithread.basic.threadlocal;
//省略import
public class ThreadLocalTest2
{
    /**
     * 模拟业务方法
     */
    public void serviceMethod()
    {
        //睡眠500毫秒，模拟执行所需的时间（耗时）
        sleepMilliSeconds(500);

        //记录从开始调用到当前这个点（"point-1"）的耗时
        SpeedLog.logPoint("point-1 service");

        //调用DAO方法：模拟dao业务方法
        daoMethod();

        //调用RPC方法：模拟RPC远程业务方法
        rpcMethod();
    }

    /**
     * 模拟dao业务方法
     */
    public void daoMethod()
    {
        //睡眠400毫秒，模拟执行所需的时间
        sleepMilliSeconds(400);

        //记录上一个点（"point-1"）到这里（"point-2"）的耗时
        SpeedLog.logPoint("point-2 dao");
    }

    /**
     * 模拟RPC远程业务方法
     */
    public void rpcMethod()
    {
        //睡眠400毫秒，模拟执行所需的时间
        sleepMilliSeconds(600);

        //记录上一个点（"point-2"）这里（"point-3"）的耗时
        SpeedLog.logPoint("point-3 rpc");
    }
```

```
        //省略不相关代码
    }
```

为了能灵活地记录各个执行埋点的耗时，这里定义了一个SpeedLog类。该类含有一个ThreadLocal类型的、初始值为一个Map<String, Long>实例的"线程本地变量"，名为TIME_RECORD_LOCAL。

如果要记录某个函数的调用耗时，就需要进行耗时埋点，具体的方法为logPoint(String point)。该方法会操作TIME_RECORD_LOCAL本地变量，在其中增加一次耗时记录：Key为耗时埋点的名称，Value（值）为当前时间和上一次记录时间的差值，也就是上一次埋点到本次埋点之间的调用耗时。

SpeedLog类的代码大致如下：

```java
package com.crazymakercircle.mutithread.basic.threadlocal;
//省略import
public class SpeedLog
{
    /**
     * 记录调用耗时的本地Map变量
     */
    private static final ThreadLocal<Map<String, Long>>
     TIME_RECORD_LOCAL =ThreadLocal.withInitial(SpeedLog::initialStartTime);

    /**
     * 记录调用耗时的本地Map变量的初始化方法
     */
    public static Map<String, Long> initialStartTime()
    {
        Map<String, Long> map = new HashMap<>();
        map.put("start", System.currentTimeMillis());
        map.put("last", System.currentTimeMillis());
        return map;
    }

    /**
     * 开始耗时记录
     */
    public static final void beginSpeedLog()
    {
        Print.fo("开始耗时记录");
        TIME_RECORD_LOCAL.get();
    }

    /**
     * 结束耗时记录
     */
    public static final void endSpeedLog()
    {
        TIME_RECORD_LOCAL.remove();
        Print.fo("结束耗时记录");
    }

    /**
     * 耗时埋点
     */
    public static final void logPoint(String point)
    {
        //获取上一次的时间
        Long last = TIME_RECORD_LOCAL.get().get("last");
        //计算上一次埋点到当前埋点的耗时
        Long cost = System.currentTimeMillis() - last;

        //保存上一次埋点到当前埋点的耗时
```

```
            TIME_RECORD_LOCAL.get().put(point + " cost:", cost);

            //保存当前时间, 供下一次埋点使用
            TIME_RECORD_LOCAL.get().put("last", System.currentTimeMillis());
        }
        //省略不相关代码
}
```

下面是一个测试用例, 演示一下在 serviceMethod()、daoMethod()、rpcMethod()三个模拟方法的调用过程中, 它们的耗时记录和输出, 具体的代码如下:

```
package com.crazymakercircle.mutithread.basic.threadlocal;
//省略import
public class ThreadLocalTest2
{

    /**
     * 测试用例: 线程方法调用的耗时
     */
    @org.junit.Test
    public void testSpeedLog() throws InterruptedException
    {
        Runnable runnable = () ->
        {
            //开始耗时记录, 保存当前时间
            SpeedLog.beginSpeedLog();
            //调用模拟业务方法
            serviceMethod();
            //打印耗时
            SpeedLog.printCost();
            //结束耗时记录
            SpeedLog.endSpeedLog();

        };
        new Thread(runnable).start();
        sleepSeconds(10);//等待10秒看结果
    }
    //省略不相关代码
}
```

运行以上用例, 三个模拟方法serviceMethod()、daoMethod()、rpcMethod()的耗时输出如下:

```
[SpeedLog.beginSpeedLog]: 开始耗时记录
[SpeedLog.printCost]: start =>1600347227334
[SpeedLog.printCost]: point-1 service cost: =>500
[SpeedLog.printCost]: point-2 dao cost: =>401
[SpeedLog.printCost]: point-3 rpc cost: =>600
[SpeedLog.printCost]: last =>1600347228835
[SpeedLog.endSpeedLog]: 结束耗时记录
```

以上案例中, 将ThreadLocal变量声明成为private static final的形式, 使得外部不能直接访问, 外部能访问的是将ThreadLocal变量封装之后的接口函数, 如beginSpeedLog()、logPoint(String point)、endSpeedLog()等。

总之, 使用ThreadLocal能实现每个线程都有一份变量的本地值, 其原因是由于每个线程都有自己独立的ThreadLocalMap空间, 本质上属于以空间换时间的设计思路, 该设计思路属于了另一种意义的"无锁编程"。

第 2 章
Java内置锁的核心原理

Java内置锁是一个互斥锁，这就是意味着最多只有一个线程能够获得该锁，当线程B尝试去获得线程A持有的内置锁时，线程B必须等待或者阻塞，直到线程A释放这个锁，如果线程A不释放这个锁，那么线程B将永远等待下去。

Java中每个对象都可以用作锁，这些锁被称为内置锁。线程进入同步代码块或方法时会自动获得该锁，在退出同步代码块或方法时会释放该锁。获得内置锁的唯一途径就是进入被这个锁保护的同步代码块或方法。

本章从线程安全问题开始讲起，为大家揭秘Java内置锁的核心原理。

2.1　线程安全问题

什么是线程安全呢？当多个线程并发访问某个Java对象（Object）时，无论系统如何调度这些线程，也不论这些线程如何交替操作，这个对象都能表现出一致的、正确的行为，那么对这个对象的操作是线程安全的。如果这个对象表现出不一致的、错误的行为，那么对这个对象的操作不是线程安全的，发生了线程的安全问题。

2.1.1　自增运算不是线程安全的

粗看上去，感觉这是一个不可思议的事情：对一个整数进行自增运算（++），怎么可能不是线程安全的呢？这可只有一个完整的操作，看上去是那么的不可分割。

在第1章开头讲到第二个面试故事中，临行时笔者给候选人Y君建议，回去做一个线程安全的自增小实验：使用10个线程，对一个共享的变量，每个线程自增100万次，看看最终的结果是不是1000万。完成这个小实验，就知道"++"运算是否是线程安全的了。

1. 线程安全小实验

为了讲清楚问题，这里先提供一下以上实验的代码：10个线程并行运行，对一个共享数据进行自增运算，每个线程自增运算1000次。具体的代码如下：

```
package com.crazymakercircle.plus;
//省略import
public class NotSafePlus
{

    private  Integer amount = 0;
    //自增
    public void selfPlus()
    {
        amount++;
    }
    public Integer getAmount()
    {
        return amount;
    }

}
```

以上的测试不安全的累加器NotSafePlus的测试用例，大致如下：

```
package com.crazymakercircle.plus;
//省略import
import static com.crazymakercircle.util.ThreadUtil.sleepMilliSeconds;
public class PlusTest
{
    final int MAX_TREAD = 10;
    final int MAX_TURN = 1000;

    /**
     * 测试用例：测试不安全的累加器
     */
    @org.junit.Test
    public void testNotSafePlus() throws InterruptedException
    {
        //倒数闩，需要倒数MAX_TREAD次
        CountDownLatch latch = new CountDownLatch(MAX_TREAD);
        NotSafePlus counter = new NotSafePlus();
        Runnable runnable = () ->
        {
            for (int i = 0; i < MAX_TURN; i++)
            {
                counter.selfPlus();
            }
            latch.countDown();          // 倒数闩减少一次
        };
        for (int i = 0; i < MAX_TREAD; i++)
        {
            new Thread(runnable).start();
        }
        latch.await();                  // 等待倒数闩的次数减少到0，所有的线程执行完成
        Print.tcfo("理论结果: " + MAX_TURN * MAX_TREAD);
        Print.tcfo("实际结果: " + counter.getAmount());
        Print.tcfo("差距是: " +
                (MAX_TURN * MAX_TREAD - counter.getAmount()));
    }
 }
```

运行程序，输出的结果是：

```
[main|PlusTest.testNotSafePlus]: 理论结果: 10000
[main|PlusTest.testNotSafePlus]: 实际结果: 7006
[main|PlusTest.testNotSafePlus]: 差距是: 2994
```

通过结果可以看出：总计自增10000次，结果少了2994次，差距在30%左右。当然，这只是一次结果，每一次运行，差距都是不同的，大家可以动手运行体验一下。总之，从结果可以看出，对NotSafePlus的amount成员的"++"运算在多线程并发执行场景下出现了不一致的、错误的行为，自增运算符"++"不是线程安全的。

以上代码中，为了获得10个线程的结果，主线程通过CountDownLatch（倒数闩）工具类进行了并发线程的等待。

> **说明** CountDownLatch（倒数闩）是一个非常实用的等待多线程并发的工具类。调用线程可以在倒数闩上进行等待，一直等待倒数闩的次数减少到0，才继续往下执行。每一个被等线程执行完成之后进行一次倒数。所有的被等线程执行完成之后，倒数闩的次数减少到0，调用线程可以往下执行，从而达到并发等待的效果。

在使用CountDownLatch时，先创建了一个CountDownLatch实例，设置其倒数的总数，例子中值为10，表示等待10个线程执行完成。主线程通过调用latch.await()在倒数闩实例上执行等待，等到latch实例的倒数到0时才能继续执行。

2. 原因分析：自增运算不是线程安全的

为什么自增运算不是线程安全的呢？实际上，一个自增运算符是一个复合操作，至少包括三个JVM指令："内存取值""寄存器增加1""存值到内存"。这三个指令在JVM内部是独立进行的，中间完全可能会出现多个线程并发进行。

比如在amount=100时，假设有三个线程同一时间读取amount值，读到的都是100，增加1后结果为101，三个线程都将结果存入到amount的内存，amount的结果是101，而不是103。

"内存取值""寄存器增加1""存值到内存"这三个JVM指令是不可以再分的，它们都具备原子性，是线程安全的，也叫原子操作。但是，两个或者两个以上的原子操作合在一起进行操作就不再具备原子性。比如先读后写，就有可能在读之后，其实这个变量被修改了，就出现了数据不一致的情况。

2.1.2　临界区资源与临界区代码段

Java工程师在进行代码开发时，常常倾向于认为代码会以线性的、串行的方式执行，容易忽视多个线程并行执行，从而导致意想不到的结果。

前面的线程安全小实验展示了在多个线程操作相同资源（如变量、数组或者对象）时就可能出现线程安全问题。一般来说，只在多个线程对这个资源进行写操作的时候才会出现问题，如果是简单的读操作，不改变资源的话，显然是不会出现问题的。

临界区资源表示一种可以被多个线程使用的公共资源或共享数据，但是每一次只能有一个线程使用它。一旦临界区资源被占用，想使用该资源的其他线程则必须等待。

在并发情况下，临界区资源是受保护的对象。临界区代码段（Critical Section）是每个线程中访问临界资源的那段代码，多个线程必须互斥地对临界区资源进行访问。线程进入临界区代码段之前，必须在进入区申请资源，申请成功之后进行临界区代码段，执行完成之后释放资源。临界区代码段的进入和退出具体如图2-1所示。

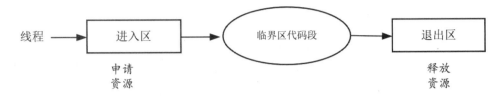

图 2-1　临界区代码段的进入和退出

竞态条件（Race Conditions）可能是由于在访问临界区代码段时没有互斥地访问而导致的特殊情况。如果多个线程在临界区代码段的并发执行结果可能因为代码的执行顺序不同而出现不同的结果，我们就说这时在临界区出现了竞态条件问题。

前面的线程安全小实验的代码中，amount为临界区资源，selfPlus()可以理解为临界区代码段，具体如下：

```
public class NotSafePlus
{
    private  Integer amount = 0;  //临界区资源

    //临界区代码段
    public void selfPlus()
    {
        amount++;
    }

}
```

当多个线程访问临界区selfPlus()方法时，就会出现竞态条件的问题。更标准地说，当两个或多个线程竞争同一个资源时，对资源的访问顺序就变得非常关键。

为了避免竞态条件的问题，我们必须保证临界区代码段操作必须具备排他性。这就意味着当一个线程进入Critical Section执行时，其他线程不能进入临界区代码段执行。

在Java中，我们可以使用synchronized关键字同步代码块，对临界区代码段进行排他性保护，示意代码如下：

```
synchronized(syncObject) {
    //critical section
}
```

在Java中，使用synchronized关键字还可以使用Lock显式锁实例，或者使用原子变量（Atomic Variables）对临界区代码段进行排他性保护。Lock显式锁、原子变量将在后续文章中介绍，接下来介绍synchronized关键字。

2.2　synchronized 关键字

在Java中，线程同步使用最多的方法是使用synchronized关键字。每个Java对象都隐含有一把锁，这里称为Java内置锁（或者对象锁、隐式锁）。使用synchronized（syncObject）调用相当于获取syncObject的内置锁，所以可以使用内置锁对临界区代码段进行排他性保护。

2.2.1　synchronized 同步方法

synchronized关键字是Java的保留字，当使用synchronized关键字修饰一个方法的时候，该方法被声明为同步方法，具体的例子如下：

```
//同步方法
public synchronized  void selfPlus()
{
    amount++;
}
```

关键字synchronized的位置处于同步方法的返回类型之前。回到前面的线程安全小实验，现在使用synchronized关键字对临界区代码段进行保护，代码如下：

```
package com.crazymakercircle.plus;
//省略import
public class SafePlus
{
    private Integer amount = 0;
    //临界区代码段，使用synchronized进行保护
    public synchronized void selfPlus()
    {
        amount++;
    }
}
```

再次运行测试用例程序，累加10000次之后，最终的结果不再有偏差，与预期的结果（10000）是相同的。

在方法声明中设置synchronized同步关键字，保证了其方法的代码执行流程是排他性的。任何时间只允许一条线程进入同步方法（临界区代码段），如果其他线程都需要执行同一个方法，那么只能等待和排队。

2.2.2　synchronized 同步块

对于小的临界区，我们直接在方法声明中设置synchronized同步关键字，可以避免竞态条件（Race Conditions）的问题。但是对于较大的临界区代码段，为了执行效率，最好将同步方法分为小的临界区代码段。通过下面这个例子来具体讲述：

```
public class TwoPlus {
    private int sum1 = 0;
    private int sum2 = 0;
    //同步方法
    public synchronized void plus(int val1, int val2){
        //临界区代码段
        this.sum1 += val1;
        this.sum2 += val2;
    }
}
```

在以上代码中，临界区代码段包含了对两个临界区资源的操作，这两个临界区资源分别为sum1、sum2。使用synchronized对plus(int val1, int val2)进行同步保护之后，进入临界区代码段的线程拥有

sum1、sum2 的操作权，并且是全部占用。一旦线程进入，当线程在操作 sum1 而没有操作 sum2 时，也将 sum2 的操作权白白占用，其他的线程由于没有进入临界区，只能看着 sum2 被闲置而不能去执行操作。

　　所以，将 synchronized 加在方法上，如果其保护的临界区代码段包含的临界区资源（要求是相互独立的）多于一个，会造成临界区资源的闲置等待，这就会影响临界区代码段的吞吐量。为了提升吞吐量，可以将 synchronized 关键字放在函数体内，同步一个代码块。synchronized 同步块的写法是：

```
synchronized(syncObject) //同步块而不是方法
{
    //临界区代码段的代码块
}
```

　　在 synchronized 同步块后边的括号中是一个 syncObject 对象，代表着进入临界区代码段需要获取 syncObject 对象的监视锁，或者说将 syncObject 对象监视锁作为临界区代码段的同步锁。由于每一个 Java 对象都有一把监视锁（Monitor），因此任何 Java 对象都能作为 synchronized 的同步锁。

　　单个线程在 synchronized 同步块后边同步锁后，方能进入临界区代码段；反过来说，当一条线程获得 syncObject 对象的监视锁后，其他线程就只能等待。

　　使用 synchronized 同步块对上面的 TwoPlus 类进行吞吐量的提升改造，具体的代码如下：

```
public class TwoPlus{

    private int sum1 = 0;
    private int sum2 = 0;
    private Integer sum1Lock = new Integer(1);        // 同步锁一
    private Integer sum2Lock = new Integer(2);        // 同步锁二

    public void plus(int val1, int val2){
        //同步块1
        synchronized(this.sum1Lock){
            this.sum1 += val1;
        }
        //同步块2
        synchronized(this.sum2Lock){
            this.sum2 += val2;
        }
    }
}
```

　　改造之后，对两个独立的临界区资源 sum1、sum2 的加法操作可以并发执行了，在某一个时刻，不同的线程可以对 sum1、sum2 的同时进行加法操作，提升了 plus() 方法的吞吐量。

　　在 TwoPlus 代码中，由于同步块1和同步块2保护着两个独立的临界区代码段，需要两把不同的 syncObject 对象锁，因此 TwoPlus 代码新加了 sum1Lock 和 sum2Lock 两个新的成员属性。这两个属性没有参与业务处理，TwoPlus 仅仅利用了 sum1Lock 和 sum2Lock 的内置锁功能。

　　synchronized 方法和 synchronized 同步块有什么区别呢？总体来说，synchronized 方法是一种粗粒度的并发控制，某一时刻只能有一个线程执行该 synchronized 方法；而 synchronized 代码块是一种细粒度的并发控制，处于 synchronized 块之外的其他代码是可以被多条线程并发访问的。在一个方法中，并不一定所有代码都是临界区代码段，可能只有几行代码会涉及线程同步问题。所以 synchronized 代码块比 synchronized 方法更加细粒度地控制了多条线程的同步访问。

　　synchronized 方法和 synchronized 代码块有什么联系呢？在 Java 的内部实现上，synchronized 方法实际上等同于用一个 synchronized 代码块，这个代码块包含了同步方法中的所有语句，然后在

synchronized代码块的括号中传入this关键字，使用this对象锁作为进入临界区的同步锁。

例如，下面两种实现多线程同步的plus方法版本编译成JVM内部字节码后结果是一样的。

版本一，使用synchronized代码块进行方法内部全部代码的保护，具体代码如下：

```
public void plus() {
    synchronized(this){  //对方法内部的全部代码进行保护
        amount++;
    }
}
```

版本二，synchronized方法进行方法内部全部代码的保护，具体代码如下：

```
public synchronized void plus() {
    amount++;
}
```

综上所述，synchronized方法的同步锁实质上使用了this对象锁，这样就免去了手工设置同步锁的工作。而使用synchronized代码块需要手工设置同步锁。

2.2.3 静态的同步方法

在Java世界里一切皆对象。Java有两种对象：Object实例对象和Class对象。每个类运行时的类型信息用Class对象表示，它包含与类名称、继承关系、字段、方法有关的信息。JVM将一个类加载入自己的方法区内存时，会为其创建一个Class对象，对于一个类来说其Class对象也是唯一的。

Class类没有公共的构造方法，Class对象是在类加载的时候由Java虚拟机调用类加载器中的defineClass方法自动构造的，因此不能显式地声明一个Class对象。

所有的类都是在第一次使用时被动态加载到JVM中（懒加载），其各个类都是在必需时才加载的。这一点与许多传统语言（如C++）都不同，JVM为动态加载机制配套了一个判定动态加载使能的行为，使得类加载器首先检查这个类的Class对象是否已经被加载。如果尚未加载，类加载器会根据类的全限定名查找.class文件，验证后加载到JVM的方法区内存，并构造其对应的Class对象。

普通的synchronized实例方法，其同步锁是当前对象this的监视锁。如果某个synchronized方法是static（静态）方法，而不是普通的对象实例方法，其同步锁又是什么呢？

下面展示一个使用synchronized关键字修饰static静态方法的例子，具体如下：

```
package com.crazymakercircle.plus;
//省略import
public class SafeStaticMethodPlus
{   //静态的临界区资源
    private static Integer amount = 0;
    //使用synchronized关键字修饰static 静态方法
    public static synchronized void selfPlus()
    {
        amount++;
    }
}
```

大家都知道，静态方法属于Class实例而不是单个Object实例，在静态方法内部是不可以访问Object实例的this引用（也叫指针、句柄）的。所以，修饰static静态方法synchronized关键字就没有办法获得Object实例的this对象的监视锁。

实际上，使用synchronized关键字修饰static静态方法时，synchronized的同步锁并不是普通Object对象的监视锁，而是类所对应的Class对象的监视锁。

为了以示区分，这里将Object对象的监视锁叫作对象锁，将Class对象的监视锁叫作类锁。当synchronized关键字修饰static静态方法时，同步锁为类锁；synchronized关键字修饰普通的成员方法（非静态方法）时，同步锁为对象锁。由于类的对象实例可以有很多，但是每个类只有一个Class实例，所以使用类锁作为synchronized的同步锁时会造成同一个JVM内的所有线程只能互斥进入临界区段。

```
//对JVM内的所有线程同步
public static synchronized void selfPlus()
{
    //临界区代码
}
```

所以，使用synchronized关键字修饰static静态方法时，一个JVM内所有争用线程共用一把锁，是非常粗粒度的同步机制。如果使用对象锁，并且JVM内的争用线程所争用的是不同的对象锁，将争用线程可以同步进入临界区，锁的粒度就变细；当然，如果JVM内的争用线程所争用的还是同一把对象锁，也只能互斥进入临界区段，同样是非常粗粒度的同步机制。

通过synchronized关键字所抢占的同步锁，什么时候释放呢？一种场景是synchronized块（代码块或者方法）正确执行完毕，监视锁自动释放；另一种场景是程序出现异常，非正常退出synchronized块，监视锁也会自动释放。所以，使用synchronized块时不必担心监视锁的释放问题。

2.3　生产者－消费者问题

生产者－消费者问题（Producer-Consumer Problem）也称有限缓冲问题（Bounded-Buffer Problem），是一个多线程同步问题的经典案例。

生产者－消费者问题描述了两类访问共享缓冲区的线程（即所谓的"生产者"和"消费者"）在实际运行时会发生的问题。生产者线程的主要功能是生成一定量的数据放到缓冲区中，然后重复此过程。消费者线程的主要功能是从缓冲区提取（或消耗）数据。

生产者－消费者问题关键是：

1）保证生产者不会在缓冲区满时加入数据，消费者也不会在缓冲区中为空时消耗数据。

2）保证在生产者加入过程、消费者消耗过程中，不会产生错误的数据和行为。

生产者－消费者问题不仅仅是一个多线程同步问题的经典案例，而且业内已经将解决该问题的方案，抽象成为了一种设计模式——"生产者－消费者"模式。"生产者－消费者"模式是一个经典的多线程设计模式，它为多线程间的协作提供了良好的解决方案。

2.3.1　生产者－消费者模式

在生产者－消费者模式中，通常由两类线程，即生产者线程（若干个）和消费者线程（若干个）。生产者线程向数据缓冲区（DataBuffer）加入数据，消费者线程则从DataBuffer消耗数据。生产者和消费者、内存缓冲区之间的关系结构图如图2-2所示。

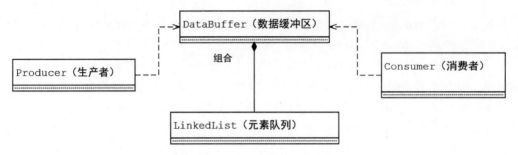

图 2-2　生产者－消费者模式结构图

生产者－消费者模式中，至少有以下关键点：

1）生产者与生产者之间、消费者与消费者之间，对数据缓冲区的操作是并发进行的。

2）数据缓冲区是有容量上限的。数据缓冲区满后，生产者不能再加入数据；DataBuffer空时，消费者不能再取出数据。

3）数据缓冲区是线程安全的。在并发操作数据区的过程中，不能出现数据不一致情况；或者在多个线程并发更改共享数据后，不会造成出现脏数据的情况。

4）生产者或者消费者线程在空闲时，需要尽可能阻塞而不是执行无效的空操作，尽量节约CPU资源。

2.3.2　一个线程不安全的实现版本

根据上面对生产者－消费者问题的描述先来实现一个非线程安全版本：包含了数据缓冲区（DataBuffer）类、生产者（Producer）类、消费者（Consumer）类。

1. 不是线程安全的数据缓冲区类

首先定义其数据缓冲区类，具体的代码如下：

```
package com.crazymakercircle.producerandcomsumer.store;
//省略import
//数据缓冲区（DataBuffer），不安全版本的类定义
class NotSafeDataBuffer<T>
{
    public static final int MAX_AMOUNT = 10;
    private List<T> dataList = new LinkedList<>();

    //保存数量
    private AtomicInteger amount = new AtomicInteger(0);

    //向数据区增加一个元素
    public void add(T element) throws Exception
    {
        if (amount.get() > MAX_AMOUNT)
        {
            Print.tcfo("队列已经满了！");
            return;
        }
        dataList.add(element);
        Print.tcfo(element + "");
        amount.incrementAndGet();

        //如果数据不一致，抛出异常
```

```
        if (amount.get() != dataList.size())
        {
            throw new Exception(amount + "!=" + dataList.size());
        }
    }

    //从数据区取出一个元素
    public T fetch() throws Exception
    {
        if (amount.get() <= 0)
        {
            Print.tcfo("队列已经空了！");
            return null;
        }
        T element = dataList.remove(0);
        Print.tcfo(element + "");
        amount.decrementAndGet();
        //如果数据不一致，抛出异常
        if (amount.get() != dataList.size())
        {
            throw new Exception(amount + "!=" + dataList.size());
        }
        return element;
    }
}
```

DataBuffer类型的实例属性dataList保存具体数据元素，实例属性amount保存元素的数量。DataBuffer类型有两个实例方法，实例方法add()用于向数据区增加元素，实例方法fetch()用于从数据区消耗元素。

在add()实例方法中，加入元素之前首先会对amount是否达到上限进行判断，如果数据区满了，则不能加入数据；在fetch()实例方法中，消耗元素前首先会对amount是否大于零进行判断，如果数据区空了，就不能取出数据。

2. 生产者、消费者的逻辑与动作解耦

生产者－消费者模式在本书中有多个不同版本的实现，这些版本的区别在于数据缓冲区（DataBuffer）类以及相应的生产、消费动作（Action）不同，而生产者类、消费者类的执行逻辑是相同的。"分离变与不变"是软件设计的一个基本原则。现在将生产者类、消费者类与具体的生产、消费Action解耦，从而使得生产者类、消费者类的代码在后续可以复用。

生产者、消费者逻辑与对应Action解耦后的类结构图如图2-3所示。

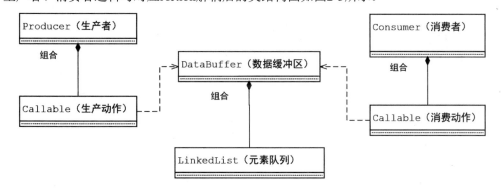

图 2-3　解耦后的生产者－消费者模式结构

"分离变与不变"原则的背后蕴藏着丰富的软件工程思想，例如信息的分装与隐藏、系统的模块化、使用分层构架等。其中，"变"是指易变的代码或者模块，"不变"就是指系统中不易变化的部分。在解耦后的生产者-消费者模式结构中，不变的部分为生产者（Producer）类、消费者（Consumer）类，后续可以直接复用，不需要修改代码；变化的部分为数据缓冲区（DataBuffer）类以及相应的生产和消费动作，后续不同的生产者-消费者实现版本，只要编写各自的DataBuffer和Action实现即可。

3. 通用的 Producer 类实现

通用Producer类组合了一个Callable类型的成员action实例，代表了生产数据所需要执行的实际动作，需要在构造Producer实例时传入。

通用生产者类的代码具体如下：

```java
package com.crazymakercircle.petstore.actor;
//省略import
/**
 * 通用的生产者
 */
public class Producer implements Runnable
{
    //生产的时间间隔，生产一次等待的时间，默认为200毫秒
    public static final int PRODUCE_GAP = 200;

    //总次数
    static final AtomicInteger TURN = new AtomicInteger(0);

    //生产者对象编号
    static final AtomicInteger PRODUCER_NO = new AtomicInteger(1);

    //生产者名称
    String name = null;

    //生产的动作
    Callable action = null;

    int gap = PRODUCE_GAP;

    public Producer(Callable action, int gap)
    {
        this.action = action;
        this.gap = gap;
        name = "生产者-" + PRODUCER_NO.incrementAndGet();

    }

    @Override
    public void run()
    {
        while (true)
        {
            try
            {
                //执行生产动作
                Object   out = action.call();
                //输出生产的结果
                if (null != out)
                {
                    Print.tcfo("第" + TURN.get() + "轮生产: " + out);
                }
```

```
            //每一轮生产之后，稍微等待一下
            sleepMilliSeconds(gap);

            //增加生产轮次
            TURN.incrementAndGet();

        } catch (Exception e)
        {
            e.printStackTrace();
        }
    }
  }
}
```

4. 通用的 Consumer 类实现

通用Consumer类也组合了一个Callable类型的成员action实例，代表了消费者所需要执行的实际消耗动作，需要在构造Consumer实例时传入。

通用Consumer类的代码具体如下：

```
package com.crazymakercircle.petstore.actor;
//省略import
/**
 * 通用的消费者的定义
 */
public class Consumer implements Runnable
{

    //消费的时间间隔，默认等待100毫秒
    public static final int CONSUME_GAP = 100;
    //消费总次数
    static final AtomicInteger TURN = new AtomicInteger(0);
    //消费者对象编号
    static final AtomicInteger CONSUMER_NO = new AtomicInteger(1);
    //消费者名称
    String name;
    //消费的动作
    Callable action = null;

    //消费一次等待的时间，默认为100毫秒
    int gap = CONSUME_GAP;

    public Consumer(Callable action, int gap)
    {
        this.action = action;
        this.gap = gap;
        name = "消费者-" + CONSUMER_NO.incrementAndGet();

    }

    @Override
    public void run()
    {
        while (true)
        {
            //增加消费次数
            TURN.incrementAndGet();
            try
            {
                //执行消费动作
                Object out = action.call();
                if (null != out)
```

```
                    {
                        Print.tcfo("第" + TURN.get() + "轮消费：" + out);
                    }
                    //每一轮消费之后，稍微等待一下
                    sleepMilliSeconds(gap);
                } catch (Exception e)
                {
                    e.printStackTrace();
                }
            }
        }
    }
```

5. 数据缓冲区实例、生产动作、消费动作的定义

在完成了数据缓冲区类的定义、生产者类定义、消费者类的定义之后，接下来定义一下数据缓冲区实例、生产动作和消费动作，具体的代码如下：

```java
package com.crazymakercircle.producerandcomsumer.store;
//省略import
public class NotSafePetStore
{
    //数据缓冲区静态实例
    private static NotSafeDataBuffer<IGoods> notSafeDataBuffer = new NotSafeDataBuffer();

    //生产者执行的动作
    static Callable<IGoods> produceAction = () ->
    {
        //首先生成一个随机的商品
        IGoods goods = Goods.produceOne();
        //将商品加上共享数据区
        try
        {
            notSafeDataBuffer.add(goods);
        } catch (Exception e)
        {
            e.printStackTrace();
        }
        return goods;
    };

    //消费者执行的动作
    static Callable<IGoods> consumerAction = () ->
    {
        // 从PetStore获取商品
        IGoods goods = null;
        try
        {
            goods = notSafeDataBuffer.fetch();
        } catch (Exception e)
        {
            e.printStackTrace();
        }
        return goods;
    };
    //省略其他
}
```

这里的缓冲区中的具体数据类型使用一个自定义的**IGoods**（商品）类，从而让整个生产者和消费者演示程序模拟出一个宠物商店的功能。

上面的实现版本NotSafePetStore.java中定义了三个重要的静态成员：

1）数据缓冲区静态实例。以元素类型为IGoods，定义了一个不安全的NotSafeDataBuffer数据缓冲区实例。

2）生产者Action静态实例。这是一个Callable<IGoods>类型的匿名对象，其具体的动作为：首先调用Goods.produceOne()产生一个随机的商品，然后通过调用notSafeDataBuffer.add()方法，将这个随机商品加入数据缓冲区实例中，完成生产者的动作。

3）消费者Action静态实例。这也是一个Callable<IGoods>类型的匿名对象，其具体的动作为：调用notSafeDataBuffer.fetch()方法从数据区取出一个商品，完成消费者的动作。

6. 组装出一个生产者－消费者模式的简单实现版本

利用以上NotSafePetStore类所定义的三个静态成员，可以快速组装出一个简单的生产者－消费者模式的Java实现版本，具体的代码如下：

```
package com.crazymakercircle.producerandcomsumer.store;
//省略import
public class NotSafePetStore
{
    public static void main(String[] args) throws InterruptedException
    {
        System.setErr(System.out);

        // 同时并发执行的线程数
        final int THREAD_TOTAL = 20;
        //线程池，用于多线程模拟测试
        ExecutorService threadPool =
                    Executors.newFixedThreadPool(THREAD_TOTAL);
        for (int i = 0; i < 5; i++)
        {
            //生产者实例每生产一个商品，间隔500毫秒
            threadPool.submit(new Producer(produceAction, 500));
            //消费者实例每消费一个商品，间隔1500毫秒
            threadPool.submit(new Consumer(consumerAction, 1500));
        }
    }
    //省略其他
}
```

在NotSafePetStore的main()方法中，利用for循环向线程池提交了5个生产者线程和5个消费者实例。每个生产者实例生产一个商品间隔500毫秒；消费者实例每消费一个商品间隔1500毫秒；也就是说，生产的速度大于消费的速度。

启动main()方法，程序开始并发执行，稍微等待一段时间，问题就出来了，部分结果截取如下：

```
java.lang.Exception: 4!=5
    at .......DataBuffer.add(DataBuffer.java:36)
    at .......NotSafePetStore.lambda$main$0(NotSafePetStore.java:38)
    at .......actor.ProducerTask.run(ProducerTask.java:54)
    at .......Executors$RunnableAdapter.call(Executors.java:511)
    at .......FutureTask.run$$$capture(FutureTask.java:266)
    at .......FutureTask.run(FutureTask.java)
    at .......ThreadPoolExecutor.runWorker(ThreadPoolExecutor.java:1142)
    at .......ThreadPoolExecutor$Worker.run(ThreadPoolExecutor.java:617)
    at java.lang.Thread.run(Thread.java:745)
[pool-1-thread-3|DataBuffer.add]: 商品{ID=5,名称=宠物粮食-1,价格=51.0}
```

```
java.lang.Exception: 1!=5
[pool-1-thread-3|ProducerTask.run]: 第7轮生产: 商品{ID=5,名称=宠物粮食-1,价格=51.0}
[pool-1-thread-9|ProducerTask.run]: 第8轮生产: 商品{ID=4,名称=宠物衣服-2,价格=75.0}
[pool-1-thread-5|ProducerTask.run]: 第9轮生产: 商品{ID=1,名称=宠物衣服-1,价格=58.0}
[pool-1-thread-7|DataBuffer.add]: 商品{ID=6,名称=宠物粮食-2,价格=83.0}
```

从以上异常可以看出，在向数据缓冲区进行元素的增加或者提取时，多个线程在并发执行对 amount、dataList 两个成员操作时次序已经混乱，导致了数据不一致和线程安全问题。

2.3.3　一个线程安全的实现版本

上一个版本生产者－消费者问题的实现中，由于线程安全问题，导致数据区的 amount 属性和 dataList 的长度在数据值上差别巨大。

解决线程安全问题很简单，为临界区代码加上 synchronized 关键字即可，主要修改的是涉及操作两个临界区资源 amount 和 dataList 的代码，具体为 DataBuffer 的 add() 和 fetch() 方法。

创建一个安全的数据缓存区类 SafeDataBuffer 类，在其 add() 和 fetch() 两个实例方法的 public 声明后面加上 synchronized 关键字即可。其他的代码行不动，与 NotSafeDataBuffer 的代码雷同。SafeDataBuffer 类的代码如下：

```java
package com.crazymakercircle.producerandcomsumer.store;
//省略import
//共享数据区，类定义
class SafeDataBuffer<T>
{
    public static final int MAX_AMOUNT = 10;
    private BlockingQueue<T> dataList = new LinkedBlockingQueue<>();

    //保存数量
    private AtomicInteger amount = new AtomicInteger(0);

    /**
     * 向数据区增加一个元素
     */
    public synchronized void add(T element) throws Exception
    {
        //省略其他相同的代码
        dataList.add(element);
        Print.tcfo(element + "");
        amount.incrementAndGet();
    }

    /**
     * 从数据区取出一个元素
     */
    public synchronized T fetch() throws Exception
    {
        T element = dataList.remove(0);
        //省略其他相同的代码
        return element;
    }
}
```

运行这个线程安全的生产者－消费者模式的实现版本，等待一段时间，惊喜出现了：之前出现的 amount 数量和 dataList 的长度不相等的受检异常没有再抛出；之前出现的数据不一致情况以及线程安全问题也被完全解除。

虽然线程安全问题顺利解决，但是以上的解决方式使用了SafeDataBuffer的实例的对象锁作为同步锁，这样一来，所有的生产、消费动作在执行过程中都需要抢占同一个同步锁，最终的结果是所有的生产、消费动作都被串行化了。

高效率的生产者－消费者模式，生产、消费动作是肯定不能串行执行，而是需要并行执行的，而且并行化程度越高越好。如何既保障没有线程安全问题，又能提高生产、消费动作的并行化程度，这就是本书后续的实现版本需要解决的问题。

如果需要开发出并行化程度更高的生产者－消费者模式实现版本，需要彻底地掌握和理解对象锁、synchronized等机制的内部原理，这就需要从Java对象的头部结构等基础知识讲起。

2.4　Java 对象结构与内置锁

Java内置锁的很多重要信息都存放在对象结构中。作为铺垫，在介绍Java内置锁之前，先为大家介绍一下Java对象结构。

2.4.1　Java 对象结构

不同的JVM的对象结构的实现不一样，这里以HotSpot JVM为例。

HotSpot JVM并没有将Java实例对象直接一对一的映射到本地（native）的C++对象，而是设计了一个oop-klass模型。什么是OOP呢？实际上，OOP（Ordinary Object Pointer，普通对象指针）是指"对象－类"二者中的对象，表示对象的实例信息，从名字看是一个指针，实际并不仅仅是一个内存地址，而是对内存地址的一个描述或者对内存中数据结构的一个描述。所以，JVM中的对象的类被定义为oopDesc，具体参见下面的代码。

为了区别于Java语言中的Object对象，JVM对象实例的C++类型为instanceOopDesc，其基类为oopDesc，代码如下：

```
class oopDesc {
  friend class VMStructs;
  private:
    volatile markOop  _mark;              //对象头
    union _metadata {
      wideKlassOop    _klass;             //普通指针
      narrowOop       _compressed_klass;  //压缩类指针
    } _metadata;
  private:
    //省略不相干的代码
}
class instanceOopDesc : public oopDesc {   //普通对象类型
    //省略不相干的代码
}
class arrayOopDesc : public oopDesc {      //数组对象类型
    //省略不相干的代码
}
```

每当在Java代码中创建一个对象时，JVM会创建一个instanceOopDesc实例来表示这个对象，此对象实例存放在堆区。类似地，每当在Java代码中创建一个数组时，JVM会创建一个arrayOopDesc实例来表示。所以，一个普通Java对象的底层为一个instanceOopDesc实例。

在oop-klass模型中什么是Klass呢？实际上，Klass指的是"对象－类"二者中的类。为了区别于Java语言的Class类，JVM中用Klass来描述类型，Klass包含元数据和方法信息，用来描述语言层的类型。

```
//用来描述语言层的类型
class Klass : public Metadata {
  //省略不相干的代码
  //指向java.lang.Class的 instance, mirroring this class即是这个类的影子类
  OopHandle _java_mirror;
}

//在虚拟机层面描述一个Java类
class InstanceKlass: public Klass {
  //省略不相干的代码
}
```

HotSpot为每一个已加载的Java类创建一个InstanceKlass对象，用来在JVM层表示Java元数据对象。但是这个InstanceKlass对象就是给JVM内部用的，并不直接暴露给Java层。实际上，给Java层用的类元数据对象为java.lang.Class类型的对象，或者说java.lang.Class类型的实例。

那么，一份类的元数据就出现了两个对象：一个Java层的java.lang.Class类型的实例；一个JVM层的InstanceKlass类型的实例。

根据前面的Java对象的底层介绍，一个普通Java对象的底层为一个instanceOopDesc实例。我们知道，Java层的java.lang.Class类型的实例也是一个普通对象，所以Class对象也就对应到一个instanceOopDesc实例。这个instanceOopDesc实例，被称为JVM层InstanceKlass实例的"Java镜像"，二者的关系如图2-4所示。

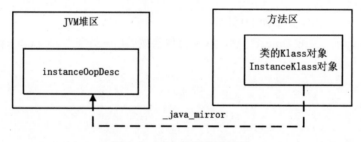

图 2-4　JVM 堆区和方法区

InstanceKlass实例可以导航到其"Java镜像"，具体的成员为_java_mirror（参考上面的代码），可以导航到instanceOopDesc实例，也就是java.lang.Class类型的实例。

大致了解oop-klass模型后，接下来就比较好介绍Java对象（Object实例）结构了，其实际上是C++中instanceOopDesc的结构。

总体而言，Java对象（Object实例）结构包括三部分：对象头、对象体和对齐字节。具体如图2-5所示。

1. Java 对象（Object 实例）的三个部分

（1）对象头

对象头包括三个字段，第一个字段叫作Mark Word（标记字），用于存储自身运行时的数据例如GC标志位、哈希码、锁状态等信息。

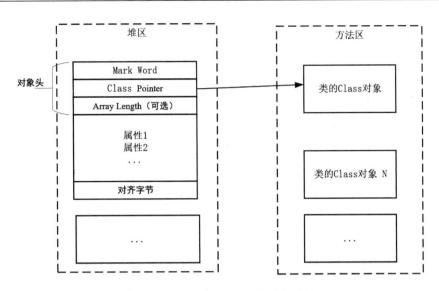

图 2-5　Java 对象（Object 实例）结构

第二个字段叫作Class Pointer（类对象指针），用于存放此对象的元数据（InstanceKlass）的地址。虚拟机通过此指针可以确定这个对象是哪个类的实例。

第三个字段叫作Array Length（数组长度）。如果对象是一个Java数组，那么此字段必须有，用于记录数组长度的数据；如果对象不是一个Java数组，那么此字段不存在，所以这是一个可选字段。

（2）对象体

对象体包含了对象的实例变量（成员变量），用于成员属性值，包括父类的成员属性值。这部分内存按4字节对齐。

（3）对齐字节

对齐字节也叫作填充对齐，其作用是用来保证Java对象在所占内存字节数为8的倍数（8N bytes）。HotSpot VM的内存管理要求对象起始地址必须是8字节的整数倍。对象头本身是8的倍数，当对象的实例变量数据不是8的倍数，需要填充数据来保证8字节的对齐。

2. 对象结构中的核心字段作用

接下来，对Object实例结构中几个重要的字段的作用做一下简要说明：

1）Mark Word（标记字）字段主要用来表示对象的线程锁状态，另外还可以用来配合GC、存放该对象的hashCode。

2）Class Pointer（类对象指针）字段是一个指向方法区中类元数据信息的指针，意味着该对象可随时知道自己是哪个Class的实例。

3）Array Length（数组长度）字段也占用32位（在32位JVM中）的字节，这是可选的，只有当本对象是一个数组对象时才会有这个部分。

4）对象体用于保存对象属性值，是对象的主体部分，占用的内存空间大小取决于对象的属性数量和类型。

5）对齐字节并不是必然存在的，也没有特别的含义，它仅仅起着占位符的作用。当对象实例数据部分没有对齐（8字节的整数倍）时，就需要通过对齐填充来补全。

3. 对象结构中的字段长度

Mark Word、Class Pointer、Array Length等字段的长度都与JVM的位数有关。Mark Word的长度为JVM的一个Word（字）大小，也就是说32位JVM的Mark Word为32位，64位JVM为64位。Class Pointer（类对象指针）字段的长度也为JVM的一个Word大小，即32位的JVM为32位，64位的JVM为64位。

所以，在32位JVM虚拟机中，Mark Word和Class Pointer这两部分都是32位的；在64位JVM虚拟机中，Mark Word和Class Pointer这两部分都是64位的。

对于对象指针而言，如果JVM中对象数量过多，使用64位的指针将浪费大量内存，通过简单统计，64位的JVM将会比32位的JVM多耗费50%的内存。为了节约内存可以使用选项+UseCompressedOops开启指针压缩。选项UseCompressedOops中的Oop部分为Ordinary object pointer（普通对象指针）的缩写。

如果开启UseCompressedOops选项，以下类型的指针将从64位压缩至32位：

- Class对象的属性指针（即静态变量）。
- Object对象的属性指针（即成员变量）。
- 普通对象数组的元素指针。

当然，也不是所有的指针都会压缩，一些特殊类型的指针不会压缩，比如指向PermGen（永久代）的Class对象指针（JDK 8中指向元空间的Class对象指针）、本地变量、堆栈元素、入参、返回值和NULL指针等。

> **说明** 在堆内存小于32GB的情况下，64位虚拟机的UseCompressedOops选项是默认开启的，该选项表示开启Oop对象的指针压缩，会将原来64位的Oop对象指针压缩为32位。

手动开启Oop对象指针压缩的Java指令为：

```
java -XX:+UseCompressedOops mainclass
```

手动关闭Oop对象指针压缩的Java指令为：

```
java -XX:-UseCompressedOops mainclass
```

如果对象是一个数组，那么对象头还需要有额外的空间用于存储数组的长度（Array Length字段）。Array Length字段的长度也随着JVM架构的不同而不同：在32位的JVM上，长度为32位；在64位JVM上，长度为64位。64位JVM如果开启了OOP对象的指针压缩，Array Length字段的长度也将由64位压缩至32位。

2.4.2 Mark Word 的结构信息

Java内置锁的涉及很多重要信息，这些都存放在对象结构中，并且存放于对象头的Mark Word字段中。Mark Word的位长度为JVM的一个Word大小，也就是说32位JVM的Mark Word为32位，64位JVM的Mark Word为64位。Mark Word的位长度不会受到OOP对象指针压缩选项的影响。

Java内置锁的状态总共有4种，级别由低到高依次为：无锁、偏向锁、轻量级锁和重量级锁。其实在JDK 1.6之前，Java内置锁还是一个重量级锁，是一个效率比较低下的锁，在JDK 1.6之后，

JVM为了提高锁的获取与释放效率，对synchronized的实现进行了优化，引入了偏向锁、轻量级锁的实现，从此以后Java内置锁的状态就有了4种（无锁、偏向锁、轻量级锁和重量级锁），并且4种状态会随着竞争的情况逐渐升级，而且是不可逆的过程，即不可降级，也就是说只能进行锁升级（从低级别到高级别）。

1. 不同锁状态下的 Mark Word 字段结构

Mark Word字段的结构与Java内置锁的状态强相关。为了让Mark Word字段存储更多的信息，JVM将Mark Word的最低两个位设置为Java内置锁状态位，不同锁状态下的32位Mark Word结构，如表2-1所示。

表 2-1　不同锁状态下 32 位 Mark Word 的结构信息

内置锁状态	25 位		4 位	1 位 biased 偏向标志位	2 位 lock 锁状态
	23 位	2 位			
无锁	对象的 hashCode（25 位）		分代年龄	0	01
偏向锁	线程 ID（23 位）	epoch（2 位）	分代年龄	1	01
轻量级锁	ptr_to_lock_record 指向方法栈帧中的锁记录指针（30 位）				00
重量级锁	ptr_to_heavyweight_monitor 指向重量级锁监视器的指针（30 位）				10
GC 标记	空（30 位）				11

64位的Mark Word与32位的Mark Word结构相似，具体如表2-2所示。

表 2-2　不同锁状态下 64 位 Mark Word 的结构信息

内置锁状态	57 位			4 位	1 位 biased	2 位 lock
无锁	unused（25 位）	对象的 hashCode（31 位）	unused（1 位）	分代年龄	0	01
偏向锁	线程 ID（54 位）	epoch（2 位）	unused（1 位）	分代年龄	1	01
轻量级锁	ptr_to_lock_record 指向方法栈帧中的锁记录指针（62 位）					00
重量级锁	ptr_to_heavyweight_monitor 指向重量级锁监视器的指针（62 位）					10
GC 标记	空（62 位）					11

2. 64 位 Mark Word 的构成

由于目前主流的JVM都是64位，使用64位的Mark Word，接下来对64位的Mark Word中各部分的内容做具体介绍。

1）lock：锁状态标记位，占两个二进制位，由于希望用尽可能少的二进制位表示尽可能多的信息，所以设置了lock标记。该标记的值不同，整个Mark Word表示的含义不同。

2）biased_lock：对象是否启用偏向锁标记，只占1个二进制位。为1时表示对象启用偏向锁，为0时表示对象没有偏向锁。

lock和biased_lock两个标记位组合在一起，共同表示Object实例处于什么样的锁状态。二者组合的含义具体如表2-3所示。

表 2-3 lock 和 biased_lock 组合起来表示锁状态

状　态	biased_lock	lock
无锁	0	01
偏向锁	1	01
轻量级锁	0	00
重量级锁	0	10
GC 标记	0	11

3）age：4位的Java对象分代年龄。在GC中，如果对象在Survivor区复制一次，年龄增加1。当对象达到设定的阈值时，将会晋升到老年代。默认情况下，并行GC的年龄阈值为15，并发GC的年龄阈值为6。由于age只有4位，因此最大值为15，这就是-XX:MaxTenuringThreshold选项最大值为15的原因。

4）identity_hashcode：31位的对象标识HashCode（哈希码）采用延迟加载技术，当调用Object.hashCode()方法或者System.identityHashCode()方法计算对象的HashCode后，其结果将被写到该对象头中。当对象被锁定时，该值会移动到Monitor（监视器）中。

5）thread：54位的线程ID值为持有偏向锁的线程ID。

6）epoch：偏向时间戳。

7）ptr_to_lock_record：占62位，在轻量级锁的状态下指向栈帧中锁记录的指针。

8）ptr_to_heavyweight_monitor：占62位，在重量级锁的状态下，指向对象监视器的指针。

32位的Mark Word与64位Mark Word结构相似，这里不再赘述。

2.4.3　使用 JOL 工具查看对象的布局

如何通过Java程序查看Object对象头的结构呢？OpenJDK提供的JOL（Java Object Layout）包是一个非常好的工具，可以帮我们在运行时计算某个对象的大小。

JOL是分析JVM中对象的结构布局的工具，该工具大量使用了Unsafe、JVMTI来解码内部布局情况，其分析结果相对比较精准的。要使用JOL工具，先引入Maven的依赖坐标：

```xml
<!--Java Object Layout -->
<dependency>
    <groupId>org.openjdk.jol</groupId>
    <artifactId>jol-core</artifactId>
    <version>0.11</version>
</dependency>
```

接下来，创建一个ObjectLock待分析类，然后使用JOL对其进行对象布局分析。

1. 准备进行对象布局分析的 ObjectLock 类

我们先创建一个等待进行对象布局分析的ObjectLock，其代码如下：

```java
package com.crazymakercircle.innerlock;
//省略import
public class ObjectLock
{
    private Integer amount = 0; //整型字段占用4字节

    public void increase()
```

```java
{
    synchronized (this)
    {
        amount++;
    }
}

/**
 * 输出十六进制、小端模式的hashCode
 */
public String hexHash()
{
    //对象的原始 hashCode, Java默认为大端模式
    int hashCode = this.hashCode();

    //转成小端模式的字节数组
    byte[] hashCode_LE = ByteUtil.int2Bytes_LE(hashCode);

    //转成十六进制形式的字符串
    return ByteUtil.byteToHex(hashCode_LE);
}

/**
 * 输出二进制、小端模式的hashCode
 */
public String binaryHash()
{
    //对象的原始hashCode, Java默认为大端模式
    int hashCode = this.hashCode();

    //转成小端模式的字节数组
    byte[] hashCode_LE = ByteUtil.int2Bytes_LE(hashCode);

    StringBuffer buffer=new StringBuffer();
    for (byte b:hashCode_LE)
    {
        //转成二进制形式的字符串
        buffer.append( ByteUtil.byte2BinaryString(b));
        buffer.append( " ");
    }
    return buffer.toString();
}

/**
 * 输出十六进制、小端模式的ThreadId
 */
public String hexThreadId()
{
    //当前线程的threadID, Java默认为大端模式
    long threadID = Thread.currentThread().getId();

    //转成小端模式的字节数组
    byte[] threadID_LE = ByteUtil.long2bytes_LE(threadID);

    //转成十六进制形式的字符串
    return ByteUtil.byteToHex(threadID_LE);
}

/**
 * 输出二进制、小端模式的ThreadId
 */
public String binaryThreadId()
{
    //当前线程的threadID, Java默认为大端模式
    long threadID = Thread.currentThread().getId();
```

```
    //转成小端模式的字节数组
    byte[] threadID_LE = ByteUtil.long2bytes_LE(threadID);

    StringBuffer buffer=new StringBuffer();
    for (byte b:threadID_LE)
    {
        //转成二进制形式的字符串
        buffer.append( ByteUtil.byte2BinaryString(b));
        buffer.append( " ");
    }
    return buffer.toString();
}

public void printSelf()
{
    // 输出十六进制、小端模式的hashCode
    Print.fo("lock hexHash= " + hexHash());

    // 输出二进制、小端模式的hashCode
    Print.fo("lock binaryHash= " + binaryHash());

    //通过JOL工具获取this的对象布局
    String printable = ClassLayout.parseInstance(this).toPrintable();

    //输出对象布局
    Print.fo("lock = " + printable);
}
//省略其他
}
```

由于在JVM中的数据使用大端模式存储和计算，而JOL工具使用小端模式进行输出，所以在以上的代码中，通过Java程序手工将hashCode从大端模式转换成小端模式。

2. 编写对象布局分析的用例代码

具体的测试用例代码如下：

```
package com.crazymakercircle.innerlock;
//省略import
public class InnerLockTest
{
    @org.junit.Test
    public void showNoLockObject() throws InterruptedException
    {
        //输出JVM的信息
        Print.fo(VM.current().details());

        //创建一个对象
        ObjectLock objectLock = new ObjectLock();
        Print.fo("object status: ");

        //输出对象的布局信息
        objectLock.printSelf();
    }
    //省略其他用例
}
```

运行以上用例，输出的结果如下：

```
[InnerLockTest.showNoLockObject]: object status:
[ObjectLock.printSelf]: lock hexHash= 25 2c 28 23
[ObjectLock.printSelf]: lock binaryHash= 00100101 00101100 00101000 00100011
[ObjectLock.printSelf]: lock = com.crazymakercircle.innerlock.ObjectLock object
internals:
```

```
OFFSET  SIZE  TYPE DESCRIPTION          VALUE
     0     4  (object header)    01 25 2c 28 (00000001 00100101 00101100 00101000)
(673981697)
     4     4  (object header)    23 00 00 00 (00100011 00000000 00000000 00000000) (35)
     8     4  (object header)    a4 00 01 f8 (10100100 00000000 00000001 11111000)
(-134152028)
    12     4  java.lang.Integer ObjectLock.amount    0
Instance size: 16 bytes
Space losses: 0 bytes internal + 0 bytes external = 0 bytes total
```

3. JOL 对象布局输出结果解读

从运行结果可以看出，当前JVM的运行环境为64位虚拟机。运行结果中输出了ObjectLock的对象布局，所输出的ObjectLock对象为16字节，其中对象头（Object Header）占12字节，剩下的4字节由amount属性（字段）占用。由于16字节为8字节的倍数，因此没有对齐填充字节（JVM规定对象头部分必须是8字节的倍数，否则需要对齐填充）。

不同的基础数据类型所占用的字节数，具体如表2-4所示。

表 2-4　Java 基础数据类型所占用的字节数

基础数据类型	boolean	byte	short	char	int	long	float	double
所占用的字节数	1	1	2	2	4	8	4	8

接下来分析一下输出结果中的对象哈希码。如果Java代码没有重写Object.hashCode()方法，那么默认通过 Native 方式调用 os::random() 方法产生哈希码，Java 代码也可以调用 System.identityHashCode(obj)为对象产生哈希码。

对象一旦生成了哈希码，JVM会将其记录在对象头的Mark Word中。当然，只有调用未重写的Object.hashCode()方法，或者调用System.IdentityHashCode(obj)方法时，其值才被记录到Mark Word中。如果调用的是重写的hashCode()方法，也不会记录到Mark Word中。

从以上用例的结果可以看出，对象的哈希码为"25 2c 28 23"，对象布局中的Mark Word所包含的哈希码也为"25 2c 28 23"，二者是一致的。由于Java内存中的哈希码采用的是大端模式，而JOL输出的对象布局中的哈希码采用的是小端模式，因此示例代码在输出哈希码之前先转成小端模式。

对象一旦生成了哈希码，它就无法进入偏向锁状态。也就是说，只要一个对象已经计算过哈希码，它就无法进入偏向锁状态；当一个对象当前正处于偏向锁状态，并且需要计算其哈希码的话，它的偏向锁会被撤销，并且锁会膨胀为重量级锁。

通过查看以上的输出结果，可以发现没有加锁的对象的状态是01（无锁状态），因为是小端模式，对象的锁状态处于对象布局的最前面的字节中。

2.4.4　大小端问题

有关字节序列的存放格式目前有两大阵营：第一大阵营是PowerPC系列CPU，采用大端模式存放数据；第二大阵营是X86系列CPU，采用小端模式存放数据。那么究竟什么是大端模式，什么又是小端模式呢？

1）大端模式是指数据的高字节保存在内存的低地址中，而数据的低字节保存在内存的高地址中。大端存放模式有点儿类似于把数据当作字符串顺序处理：地址由小向大增加，而数据从高位往低位放。

2）小端模式是指数据的高字节保存在内存的高地址中，而数据的低字节保存在内存的低地址中，这种存储模式将地址的高低和数据位权有效地结合起来，高地址部分权值高，低地址部分权值低，此模式和日常数字计算在方向上是一致的。

举一个例子，如果我们将十六进制数0X1234abcd写入以0x0000开始的内存地址中，两种模式的结果如表2-5所示。

表 2-5　十六进制数 0X1234abcd 使用两种模式存放的结果

Address	大端模式	小端模式
0x0000	0x12	0xcd
0x0001	0x34	0xab
0x0002	0xab	0x34
0x0003	0xcd	0x12

如果表2-5还不够直观，可以通过示意图来展示十六进制数0X1234abcd使用两种模式存放的结果。使用大端模式存放十六进制数0X1234abcd的效果如图2-6所示。

使用小端模式存放十六进制数0X1234abcd的效果如图2-7所示。

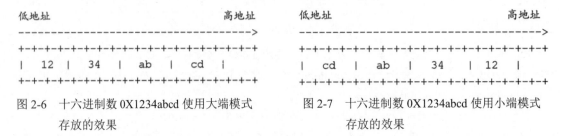

图 2-6　十六进制数 0X1234abcd 使用大端模式
　　　　 存放的效果

图 2-7　十六进制数 0X1234abcd 使用小端模式
　　　　 存放的效果

大端模式将高位存放在低地址，小端模式将高位存放在高地址。采用大端模式进行数据存放符合人类的正常思维，而采用小端模式进行数据存放利于计算机处理。小端模式的优点大致如下：

1）使用小端模式在数据类型转换时（尤其是指针转换）不需要考虑地址问题。内存的低地址处存放低字节，所以在强制转换数据时不需要调整字节的内容（比如：把int的4字节强制转换成short的2字节时，就直接把int数据存储的前两个字节给short就行，因为前两个字节刚好就是最低的两个字节，符合转换逻辑）。

2）小端模式将地址的高低和数据位权有效地结合起来，高地址部分权值高，低地址部分权值低，处理逻辑和我们的逻辑方法一致。CPU做数值运算时从内存中按顺序依次从低位到高位取数据进行运算，直到最后刷新最高位的符号位，这样的运算方式会更高效。

所以小端模式是处理器的主流字节存放模式。

由于所有网络协议也都是采用大端模式来传输数据的，因此有时也会把大端模式称之为"网络字节序"。当两台采用不同字节存放模式的主机通信时，在发送数据之前，都必须经过字节次序转换，转成"网络字节序"（大端模式）后再进行传输。

注意，一般操作系统都是小端模式，而通信协议是大端模式。JVM所采用字节存放模式，并不是小端模式，而是大端模式。

2.4.5　无锁、偏向锁、轻量级锁和重量级锁

在JDK 1.6版本之前，所有的Java内置锁都是重量级锁。重量级锁会造成CPU在用户态和核心态之间频繁切换，所以代价高、效率低。JDK 1.6版本为了减少获得锁和释放锁所带来的性能消耗，引入了"偏向锁"和"轻量级锁"实现。所以，在JDK 1.6版本里内置锁一共有4种状态：无锁状态、偏向锁状态、轻量级锁状态和重量级锁状态，这些状态随着竞争情况逐渐升级。内置锁可以升级但不能降级，意味着偏向锁升级成轻量级锁后不能降级成偏向锁。这种能升级却不能降级的策略，其目的是为了提高获得锁和释放锁的效率。

1. 无锁状态

Java对象刚创建时还没有任何线程来竞争，说明该对象处于无锁状态（无线程竞争它）这偏向锁标识位是0、锁状态01。无锁状态下对象的Mark Word如图2-8所示。

无锁对象的 Mark Word

图 2-8　无锁状态下对象的 Mark Word

2. 偏向锁状态

偏向锁是指一段同步代码一直被同一个线程所访问，那么该线程会自动获取锁，降低获取锁的代价。如果内置锁处于偏向状态，当有一个线程来竞争锁时，先用偏向锁，表示内置锁偏爱这个线程，这个线程要执行该锁关联的同步代码时，不需要再做任何检查和切换。偏向锁在竞争不激烈的情况下效率非常高。

偏向锁状态的Mark Word会记录内置锁自己偏爱的线程ID，内置锁会将该线程当作自己的熟人。偏向锁状态下对象的Mark Word具体如图2-9所示。

偏向锁 Mark Word

图 2-9　偏向锁状态下对象的 Mark Word

3. 轻量级锁状态

当有两个线程开始竞争这个锁对象时，情况发生变化了，不再是偏向（独占）锁了，锁会升级为轻量级锁，两个线程公平竞争，哪个线程先占有锁对象，锁对象的Mark Word就指向哪个线程的栈帧中的锁记录。轻量级锁状态下对象的Mark Word如图2-10所示。

当锁处于偏向锁又被另一个线程所企图抢占时，偏向锁就会升级为轻量级锁。企图抢占的线程会通过自旋的形式尝试获取锁，不会阻塞抢锁线程，以便提高性能。

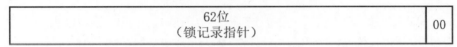

图2-10　轻量级锁状态下对象的 Mark Word

自旋原理非常简单，如果持有锁的线程能在很短时间内释放锁资源，那么那些等待竞争锁的线程就不需要做内核态和用户态之间的切换进入阻塞挂起状态，它们只需要等一等（自旋），等持有锁的线程释放锁后即可立即获取锁，这样就避免用户线程和内核切换的消耗。

但是，线程自旋是需要消耗 CPU 的，如果一直获取不到锁，那线程也不能一直占用CPU自旋做无用功，所以需要设定一个自旋等待的最大时间。JVM对于自旋周期的选择，JDK 1.6之后引入了适应性自旋锁，适应性自旋锁意味着自旋的时间不是固定的，而是由前一次在同一个锁上的自旋时间以及锁的拥有者的状态来决定的。线程如果自旋成功了，下次自旋的次数就会更多，如果自旋失败了，自旋的次数就会减少。

如果持有锁的线程执行的时间超过自旋等待的最大时间仍没有释放锁，就会导致其他争用锁的线程在最大等待时间内还是获取不到锁，自旋不会一直持续下去，这时争用线程会停止自旋进入阻塞状态，该锁膨胀为重量级锁。

4. 重量级锁状态

重量级锁会让其他申请的线程之间进入阻塞，性能降低。重量级锁也就叫同步锁，这个锁对象Mark Word再次发生变化，会指向一个监视器对象，该监视器对象用集合的形式来登记和管理排队的线程。重量级锁状态下对象的Mark Word具体如图2-11所示。

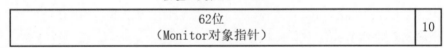

图2-11　重量级锁状态下对象的 Mark Word

2.5　偏向锁的原理与实战

偏向锁主要解决无竞争下的锁性能问题，所谓的偏向就是偏心，即锁会偏向于当前已经占有锁的线程。

2.5.1　偏向锁的核心原理

在实际场景中，如果一个同步块（或方法）没有多个线程竞争，而且总是由同一个线程多次重入获取锁，如果每次还有阻塞线程，唤醒CPU从用户态转核心态，那么对于CPU是一种资源的浪费，为了解决这类问题，就引入了偏向锁的概念。

偏向锁的核心原理是：如果不存在线程竞争的一个线程获得了锁，那么锁就进入偏向状态，此时 Mark Word 的结构变为偏向锁结构，锁对象的锁标志位（lock）被改为 01，偏向标志位（biased_lock）被改为 1，然后线程的 ID 记录在锁对象的 Mark Word 中（使用 CAS 操作完成）。以后该线程获取锁的时候判断一下线程 ID 和标志位，就可以直接进入同步块，连 CAS 操作都不需要，这样就省去了大量有关锁申请的操作，从而也就提升了程序的性能。

偏向锁的核心思想是，如果一个线程获得了锁，那么锁就进入偏向模式，此时 Mark Word 的结构也变为偏向锁结构。当这个线程再次请求锁时，无需再作任何同步操作，即获取锁的过程，这样就省去了大量有关锁申请的操作，从而也就提升了程序的性能。经过研究发现，在大多数情况下，锁不仅不存在多线程竞争，而且总是由同一线程多次获得锁，因此，在大多数情况下偏向锁是能提升性能的。

> ⚙➕说明 从 JDK 1.6 开始，虽然 JVM 默认开启偏向锁，但是默认延时 4 秒开启。也就是说，程序刚启动创建的对象是不会开启偏向锁的，4 秒后创建的对象才会开启偏向锁的。

偏向锁的主要作用是消除无竞争情况下的系统底层的同步操作，进一步提升程序性能，所以在没有锁竞争的场合，偏向锁有很好的优化效果。但是，一旦有第二个线程需要竞争锁，那么偏向模式立即结束，进入轻量级锁的状态。

假如在大部分情况同步块是没有竞争的，那么可以通过偏向来提高性能。即在无竞争时，之前获得锁的线程再次获得锁时会判断偏向锁的线程 ID 是否指向自己，如果是，那么该线程将不用再次获得锁，直接就可以进入同步块；如果未指向当前线程，当前线程会采用 CAS 操作将 Mark Word 中线程 ID 设置为当前线程 ID，如果 CAS 操作成功，那么获取偏向锁成功，去执行同步代码块，如果 CAS 操作失败，那么表示有竞争，抢锁线程被挂起，撤销占锁线程的偏向锁，然后将偏向锁膨胀为轻量级锁。

偏向锁的缺点：如果锁对象时常被多条线程竞争，偏向锁就是多余的，并且其撤销的过程会带来一些性能开销。

2.5.2 偏向锁的演示案例

这里使用前面定义的 ObjectLock 进行偏向锁的演示，并使用 JOL 工具输出对象的结构布局。

1. 偏向锁演示案例的代码

偏向锁演示案例的代码如下：

```
package com.crazymakercircle.innerlock;
//省略import
public class InnerLockTest
{
    //偏向锁的案例演示
    @org.junit.Test
    public void showBiasedLock() throws InterruptedException
    {
        Print.tcfo(VM.current().details());
        //JVM延迟偏向锁
        sleepMilliSeconds(5000);
        ObjectLock counter = new ObjectLock();
```

```
        Print.tcfo("抢占锁前, lock 的状态: ");
        lock.printObjectStruct();

        sleepMilliSeconds(5000);
        CountDownLatch latch = new CountDownLatch(1);
        Runnable runnable = () ->
        {
            for (int i = 0; i < MAX_TURN; i++)
            {
                synchronized (lock)
                {
                    lock.increase();
                    if (i == MAX_TURN / 2)
                    {
                        Print.tcfo("占有锁, lock的状态: ");
                        lock.printObjectStruct();
                    }
                }
                //每一次循环等待10毫秒
                sleepMilliSeconds(10);
            }
            latch.countDown();
        };
        new Thread(runnable, "biased-demo-thread").start();
        //等待加锁线程执行完成
        latch.await();
        sleepMilliSeconds(5000);
        Print.tcfo("释放锁后, lock 的状态: ");
        lock.printObjectStruct();
    }
    //省略不相关代码
}
```

2. 偏向锁演示案例运行过程说明

运行以上案例，其数据的结果比较长，而且比较复杂，所以接下来对其运行结果进行分段说明。运行演示案例之后，在看到第一行输出结果之前，程序要等待5秒，其对应的代码为：

```
//JVM延迟偏向锁
sleepMilliSeconds(5000);
ObjectLock lock = new ObjectLock();
Print.tcfo("抢占锁前, lock的状态: ");
lock.printObjectStruct();
```

为什么要等待5秒呢？因为JVM在启动的时候会延迟启用偏向锁机制。JVM默认就把偏向锁延迟了4000毫秒，这就解释了为什么演示案例要等待5秒才能看到对象锁的偏向状态。

为什么偏向锁会延迟？因为JVM启动时会进行一系列的复杂活动，比如装载配置、系统类初始化等。在这个过程中会使用大量synchronized关键字对对象加锁，且大多数锁都存在多线程竞争，并不是偏向锁。为了减少初始化时间，JVM默认延时加载偏向锁。

当然，可以关闭偏向锁延迟开启，直接通过修改JVM的启动选项来禁止偏向锁延迟，其具体的启动选项如下：

```
-XX:+UseBiasedLocking -XX:BiasedLockingStartupDelay=0
```

具体使用的方式为：

```
java -XX:+UseBiasedLocking -XX:BiasedLockingStartupDelay=0 mainclass
```

程序启动之后，首先等待5秒，演示程序会首先输出ObjectLock的对象结构，具体如下：

```
[main|InnerLockTest.showBiasedLock]: # Running 64-bit HotSpot VM.
# Using compressed oop with 3-bit shift.
# Using compressed klass with 3-bit shift.
# Objects are 8 bytes aligned.
# Field sizes by type: 4, 1, 1, 2, 2, 4, 4, 8, 8 [bytes]
# Array element sizes: 4, 1, 1, 2, 2, 4, 4, 8, 8 [bytes]
[main|InnerLockTest.showBiasedLock]: 抢占锁前，lock 的状态:
[ObjectLock.printObjectStruct]: lock = com.crazymakercircle.innerlock.ObjectLock
object internals:
 OFFSET  SIZE   TYPE DESCRIPTION          VALUE
      0     4    (object header)          05 00 00 00 (00000101 00000000 00000000 00000000) (5)
      4     4    (object header)          00 00 00 00 (00000000 00000000 00000000 00000000) (0)
      8     4    (object header)          a4 00 01 f8 (10100100 00000000 00000001 11111000)
(-134152028)
     12     4    java.lang.Integer ObjectLock.amount                0
```

通过ObjectLock的对象结构可以发现：biased_lock（偏向锁）状态已经启用，值为1；lock（锁状态）的值为01。lock和biased_lock组合在一起为101，表明当前的ObjectLock实例处于偏向锁状态。

ObjectLock实例的对象头中内容"a4 00 01 f8"为其Class Pointer（类对象指针），这里的长度为32位，是由于开启了指针压缩所导致。从输出的结果也能看出，对oop（普通对象）、klass（类对象）指针都进行了压缩，具体如下：

```
[main|InnerLockTest.showBiasedLock]: # Running 64-bit HotSpot VM.
# Using compressed oop with 3-bit shift.
# Using compressed klass with 3-bit shift.
```

> **说明**　在以上输出中，类对象的名称使用了klass而不是class，主要是为了避开使用class（作为关键字在定义类时使用）导致的误解。

在输出ObjectLock实例的结构之后，程序会再等待5秒，然后启动一个线程占用偏向锁，此时的第二轮输出如下：

```
[biased-demo-thread|InnerLockTest.lambda$showBiasedLock$0]: 占有锁，lock 的状态:
[ObjectLock.printObjectStruct]: lock = com.crazymakercircle.innerlock.ObjectLock
object internals:
 OFFSET  SIZE   TYPE DESCRIPTION          VALUE
      0     4    (object header)          05 80 2b 20 (00000101 10000000 00101011 00100000)
(539721733)
      4     4    (object header)          00 00 00 00 (00000000 00000000 00000000 00000000) (0)
      8     4    (object header)          a4 00 01 f8 (10100100 00000000 00000001 11111000)
(-134152028)
     12     4    java.lang.Integer ObjectLock.amount                501
Instance size: 16 bytes
Space losses: 0 bytes internal + 0 bytes external = 0 bytes total
```

此处输出可以看到ObjectLock实例的Mark Word中已经记录了其偏向的线程ID，不过由于此线程ID不是Java中的Thread实例的ID，因此没有办法直接在Java程序中比对。偏向锁的线程ID（54位）和时间戳（epoch）合计为56位，其具体内容为"80 2b 20 00 00 00 00"。

偏向锁的加锁过程：新线程只需要判断内置锁对象的Mark Word中的线程ID是不是自己的ID，如果是就直接使用这个锁，而不用作CAS交换；如果不是，比如在第一次获得此锁时内置锁的线程ID为空，就使用CAS交换，新线程将自己的线程ID交换到内置锁的Mark Word中，如果交换成功，就加锁成功。

在演示案例的循环抢锁中，每执行一轮抢占，JVM内部都会比较内置锁的偏向线程ID与当前线程ID，如果匹配，就表明当前线程已经获得了偏向锁，当前线程可以快速进入临界区。所以，偏向锁的效率是非常高的。总之，偏向锁是针对一个线程而言的，线程获得锁之后就不会再有解锁等操作了，这样可以省略很多开销。

在偏向锁释放之后，ObjectLock实例的对象结构依然如下：

```
[main|InnerLockTest.showBiasedLock]: 释放锁后, lock 的状态:
[ObjectLock.printObjectStruct]: lock = com.crazymakercircle.innerlock.ObjectLock
object internals:
 OFFSET  SIZE   TYPE DESCRIPTION          VALUE
      0     4    (object header)          05 80 2b 20 (00000101 10000000 00101011 00100000)
(539721733)
      4     4    (object header)          00 00 00 00 (00000000 00000000 00000000 00000000) (0)
      8     4    (object header)          a4 00 01 f8 (10100100 00000000 00000001 11111000)
(-134152028)
     12     4    java.lang.Integer ObjectLock.amount              1000
Instance size: 16 bytes
```

以上结果说明：虽然抢锁的线程已经结束，但是ObjectLock实例的对象结构仍然记录了其之前的偏向线程ID，其锁状态还是偏向锁状态101。

2.5.3 偏向锁的膨胀和撤销

假如有多个线程来竞争偏向锁，此对象锁已经有所偏向，其他的线程发现偏向锁并不是偏向自己，就说明存在了竞争，尝试撤销偏向锁（很可能引入安全点），然后膨胀到轻量级锁。

1. 偏向锁的撤销

撤销偏向锁的条件：

1）多个线程竞争偏向锁。

2）调用偏向锁对象obj.的obj.hashCode()方法或者System.identityHashCode()方法计算对象的H哈希码之后，偏向锁将被撤销。

为什么计算对象的哈希码时会撤销对象的偏向锁呢？因为偏向锁没有存储Mark Word备份信息的地方。换句话说，因为对于一个对象其哈希码只会生成一次并保存在Mark Word中，偏向锁对象的Mark Word已经保存了线程ID，没有地方再保存哈希码时，所以只能撤销偏向锁，将Mark Word用于存放对象的哈希码。

> **说明** 轻量级锁会在帧栈的Lock Record（锁记录）中记录哈希码，重量级锁会在监视器中记录哈希码，起到了对哈希码备份的作用。而偏向锁没有地方备份哈希码，所以只能撤销偏向锁。调用哈希码计算将会使对象再也无法偏向，因为在Mark Word中已经放置了哈希码，偏向锁没有办法放置Thread ID了。调用哈希码计算后，当锁对象可偏向时，Mark Word将变成未锁定状态，并只能升级成轻量级锁；当对象正处于偏向锁时，调用哈希码将使偏向锁撤销后强制升级成重量锁。

偏向锁撤销的开销花费还是挺大的，其大概的过程如下：

1）JVM需要等待一个全局安全点（global safe point），当JVM到达全局安全点后，所有的用户线程都是暂停的，当然，此时持有偏向锁的用户线程也被暂停了。

2）遍历线程的栈帧，检查是否存在锁记录。如果存在锁记录，就需要清空锁记录，使其变成无锁状态，并修复锁记录指向的 Mark Word，清除其线程 ID。

3）将当前锁升级（或碰撞）成轻量级锁。少数场景直接升级为重量级锁。

4）唤醒当前线程。

所以，如果某些临界区存在两个及两个以上的线程竞争，那么偏向锁反而会降低性能。在这种情况下，可以在启动 JVM 时就把偏向锁的默认功能关闭。

2. 偏向锁的膨胀

如果偏向锁被占据，一旦有第二个线程争抢这个对象，因为偏向锁不会主动释放，所以第二个线程可以看到内置锁偏向状态，这时表明在这个对象锁上已经存在竞争了。JVM 检查原来持有该对象锁的占有线程是否依然存活，如果挂了，就可以将对象变为无锁状态，然后进行重新偏向，偏向为抢锁线程。

如果 JVM 检查到原来的线程依然存活，就表明原来的线程还在使用偏执锁，发生锁竞争，撤销原来的偏向锁，将偏向锁膨胀（INFLATING）为轻量级锁。

3. 偏向锁的好处

经验表明，其实大部分情况下进入一个同步代码块的线程都会是同一个线程。这也是为什么 JDK 会引入偏向锁出现的原因。所以，总体来说，使用偏向锁带来的好处还是大于偏向锁撤销和膨胀的所带来的代价。

2.5.4　全局安全点原理和偏向锁撤销的性能问题

JVM 包含了一些虚拟机后台线程（包含 VMThread、GC 线程、系统接收外部请求的线程等）以及用户定义线程（含线程池中的线程），它们分工协作非常巧妙地构建出了 JVM 的系统生态。

这里要介绍的是 VMThread，在所有的虚拟机后台线程中，VMThread 线程的角色是一个超级线程，可以理解为 JVM 里面的线程母体或者所有线程的大总管。根据 Hotspot 源码 vmThread.hpp 里面的注释，VMThread 是一个单例的对象（最原始的线程），所有其他的线程都由这个超级线程产生或触发。

VMThread 本身就是一个线程，负责执行一个自旋的 VMThread::loop() 函数（定义在 VMThread.cpp 中），该 loop 函数从 VMOperationQueue 操作列队中按照优先级取出当前需要执行的操作对象（vm_operation），并且调用 VM_Operation->evaluate 方法去执行该操作类型本身的业务逻辑。而 VMOperationQueue 操作列队，本身是 VMThread 的结构体的一个成员，所有的需要 VMThread 线程执行的操作（vm_operation）都会被保存到这个列队中。从一定的程度上说，操作队列 VMOperationQueue 有点类似于 MPSC（多生产者单消费者）模式的队列。

VMThread 线程负责完成一些基础性的 VM 工作，比如，VMThread 线程可以协调其它线程达到全局安全点。

什么是全局安全点？总体来说，JVM 的全局安全点是指当线程运行到这类位置时，堆对象状态是确定一致的，JVM 可以安全地进行一些全局性的操作，如 GC、偏向锁解除等。在到达全局安全点后，JVM 中的所有工作的用户线程都会被挂起，只有垃圾收集的 native 线程会持续不断地跑。也就是说，全局安全点会触发 JVM 的 STW（Stop The World）停顿。所有的用户线程都会被暂停，没有任何响应，有点像卡死的感觉，才称为STW停顿。

什么场景需要全局安全点呢？比如，大家非常熟悉的垃圾回收器，不论是CMS还是G1都需要全局安全点。只有到了全局安全点后，JVM才能保障GC线程对堆中对象具有独占式的访问权限，才能保证GC线程对JVM堆中的存活对象不出现多标或者漏标问题。所以，垃圾回收过程中需要全局安全点。

所有的垃圾收集器的都存在STW停顿，Serial、Parallel、CMS收集器均存在不同程度的STW，即使是G1收集器也不例外。正是由于GC操作需要全局安全点，这就导致STW停顿，但是GC操作并不是导致全局安全点从而发生STW停顿的唯一场景。

那么，有哪些场景需要让JVM进入到全局安全点呢？主要的场景如下：

- 垃圾回收。
- 偏向锁解除（Biased lock revocation）。
- 由于代码优化所引起的指令重排。
- 类重新定义（Class redefinition），如hot swap热部署、AOP的代码植入。
- Dump一个或者全部线程（threadDump）。
- Dump堆（heapDump）。

JVM如何进入到全局安全点？或者说，JVM进入全局安全点需要哪些工作呢？大概有以下3点：

1）JVM设置一个global safe point标志位，各用户线程主动去检查这个标志位，发现全局安全点标志位为true时，就将自己挂起。

2）各用户线程都有自己的安全点，当用户线程到达安全点后，都会去检查全局安全点标志位，如果发现标志位为true，就安全地将自己挂起。

3）JVM中所有的用户线程都到达安全点之后，此时所有的用户线程都已经挂起，JVM处于STW停顿状态，JVM也达到一个全局安全点。

> **说明** 可以简单地把用户线程的安全点理解为局部安全点，而把JVM中所有的用户线程都到达局部安全点之后，JVM所处的状态称为全局安全点。

现在的问题是：用户线程的安全点又是什么呢？

Java是一个典型的两段式编程语言：Java编译器将项目源码编译为字节码（ByteCode），再由JVM运行字节码。JVM主要有两种运行字节码的方式：

1）解释执行方式：由解释器去解释执行所有字节码。

2）JIT方式（Just in time，即时编译）：也就是在运行时，JVM即时地将ByteCode转化为CPU可以识别的机器码指令。JIT方式的核心目的在于提高Java程序的性能，改变"Java解释执行比C/C++慢很多"这一尴尬情况。

对于JIT方式，JVM会寻找时机（或者说在特定位置）在插入安全点代码，比如，在方法返回后、调用结束后、跳出循环后等。安全点代码的大致逻辑：主动检查JVM设置全局安全点标志位，如果标志为true，那么当前线程中断挂起，如果标志位没有被设置，那么继续执行。

出于性能考虑，JIT方式插入的安全点的位置不能太多，太多会影响性能。但是，本着"不能让应用线程跑太久一直不进入安全点"的原则，被插入安全点的位置也不能太少，如果太少，就会让线程一直无法进入安全点。在插入的安全点太少的情况下，如果部分线程一直无法进入安全点，那么等待JVM全局安全点的线程（如GC线程）会一直等待，并且其他的已经进入安全点线程也会被挂起等待，大家都在等待全局安全点的到来，结果JVM就相当于被冻结了。所以，JVM会寻找一种最优的安全点代码插入策略来实现功能和性能的平衡。

对于解释执行方式，JVM会设置一个2字节的dispatch tables，JVM会把全局安全点的请求放置在dispatch tables中。解释器执行时经常去检查这个dispatch tables，当有全局安全点请求时，就会让当前线程去进行安全点检查。安全点代码的逻辑和JIT场景大致相同：主动检查JVM设置全局安全点标志位，如果标志为true，那么当前线程中断挂起，如果标志位没有被设置，那么继续执行。

总之，在HotSpot虚拟机中，每个用户线程在安全点上都会检测一个全局安全点标志位来决定自己是否暂停执行。

- 对于JIT编译后的代码，JIT会在代码特定的位置（通常在方法的返回处和跳出循环后）插入安全点检查代码。
- 对于解释执行的代码，JVM会设置一个2字节的dispatch tables放置全局安全点的请求。解释器执行时会经常去检查这个dispatch tables，当有全局安全点请求时，就会让线程去进行安全点检查。

通过上面的分析，大家应该都清楚地知道，偏向锁的撤销操作需要依赖JVM的全局安全点，从而会带来STW停顿。如果偏向锁撤销操作发生频繁，会招来频繁的STW，从而导致严重的性能问题。

所以，对于高并发应用来说，一般建议关闭偏向锁。具体的方式：可以在启动命令中加上以下JVM参数：

```
-XX:-UseBiasedLocking
```

关闭偏向锁之后，Java内置锁默认会进入轻量级锁状态。

2.6　轻量级锁的原理与实战

引入轻量级锁的主要目的是在多线程竞争不激烈的情况下，通过CAS机制竞争锁减少重量级锁产生的性能损耗。重量级锁使用了操作系统底层的互斥锁（Mutex Lock），会导致线程在用户态和核心态之间频繁切换，从而带来较大的性能损耗。

2.6.1　轻量级锁的核心原理

轻量锁存在的目的是尽可能不用动用操作系统层面的互斥锁，因为其性能会比较差。线程的阻塞和唤醒需要CPU从用户态转为核心态，频繁地阻塞和唤醒对CPU来说是一件负担很重的工作。同时我们可以发现，很多对象锁的锁定状态只会持续很短的一段时间，例如整数的自加操作，在很短的时间内阻塞并唤醒线程显然不值得，为此引入了轻量级锁。轻量级锁是一种自旋锁，因为JVM本身就是一个应用，所以希望在应用层面上通过自旋解决线程同步问题。

轻量级锁的执行过程：在抢锁线程进入临界区之前，如果内置锁（临界区的同步对象）没有被锁定，JVM首先将在抢锁线程的栈帧中建立一个锁记录（Lock Record），用于存储对象目前Mark

Word的拷贝，这时的线程堆栈与内置锁对象头大致如图2-12所示。

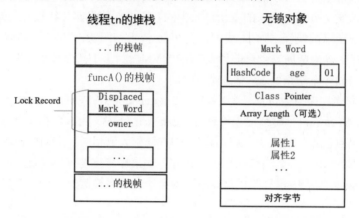

图 2-12 抢锁线程进入临界区之前的线程堆栈与内置锁对象头示意图

抢锁线程首先处理好栈帧中的轻量级锁的锁记录，然后就是最为核心的一步CAS自旋。抢锁线程通过CAS自旋操作，尝试将内置锁对象头的Mark Word的ptr_to_lock_record（锁记录指针）更新为抢锁线程栈帧中锁记录的地址，如果这个更新执行成功了，这个线程就拥有了了这个对象锁。然后JVM将Mard Word中的lock标记位改为00（轻量级锁标志），即表示该对象处于轻量级锁状态。

Mark Word值被CAS更新之后，包含锁对象信息（如哈希表等）的旧值会被返回，这时需要抢锁线程找一个地方将旧的Mark Word值暂存起来。所以，抢锁线程在通过CAS自旋更新完Mark Word之后，还会做两个善后工作：

1）将含有锁对象信息（如哈希表等）的旧Mard Word值保存在抢锁线程Lock Record的Displaced Mark Word（可以理解为放错地方的Mark Word）字段中，这一步起到备份的作用，以便锁释放之后，将旧的Mark Word值恢复到锁对象头部。

2）抢锁线程将栈帧中的锁记录的owner指针指向锁对象。

在轻量级锁抢占成功之后，Lock Record和对象头的状态具体如图2-13所示。

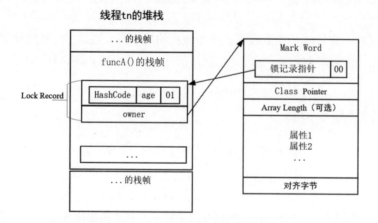

图 2-13 抢锁成功之后的线程堆栈与内置锁对象头示意图

锁记录是线程私有的，每个线程有自己的一份锁记录，在创建完锁记录后，会将内置锁对象的Mark Word拷贝到锁记录的Displaced Mark Word字段。这是为什么呢？因为内置锁对象的Mark Word的结构会有所变化，Mark Word将会出现一个指向锁记录的指针，而不再存着无锁状态下的锁对象哈希码等信息，所以必须将这些信息暂存起来，供后面在锁释放时使用。

2.6.2　轻量级锁的案例演示

这里使用前面定义的ObjectLock进行轻量级锁的演示，并且使用JOL工具输出对象的结构布局。

1. 轻量级锁的演示案例

轻量级锁演示案例的代码如下：

```
package com.crazymakercircle.innerlock;
//省略import
public class InnerLockTest
{
    //偏向锁的案例演示
     @org.junit.Test
     public void showLightweightLock() throws InterruptedException
     {
        Print.tcfo(VM.current().details());
        //JVM延迟偏向锁
        sleepMilliSeconds(5000);

        ObjectLock lock = new ObjectLock();

        Print.tcfo("抢占锁前, lock的状态: ");
        lock.printObjectStruct();

        sleepMilliSeconds(5000);
        CountDownLatch latch = new CountDownLatch(2);
        Runnable runnable = () ->
        {
            for (int i = 0; i < MAX_TURN; i++)
            {
                synchronized (lock)
                {
                    lock.increase();
                    if (i == 1)
                    {
                        Print.tcfo("第一个线程占有锁, lock的状态: ");
                        lock.printObjectStruct();
                    }
                }
            }
            //循环完毕
            latch.countDown();

            //线程虽然释放锁, 但是一直存在死循环
            for (int j = 0; ; j++)
            {
                //每一次循环等待1毫秒
                sleepMilliSeconds(1);
            }
        };
        new Thread(runnable).start();

        sleepMilliSeconds(1000); //等待1秒

        Runnable lightweightRunnable = () ->
```

```
        {
            for (int i = 0; i < MAX_TURN; i++)
            {
                synchronized (lock)
                {
                    lock.increase();
                    if (i == MAX_TURN / 2)
                    {
                        Print.tcfo("第二个线程占有锁，lock 的状态：");
                        lock.printObjectStruct();
                    }
                    //每一次循环等待1毫秒
                    sleepMilliSeconds(1);
                }
            }
            //循环完毕
            latch.countDown();
        };
        new Thread(lightweightRunnable).start();
        //等待加锁线程执行完成
        latch.await();
        sleepMilliSeconds(2000);  //等待2秒
        Print.tcfo("释放锁后，lock 的状态：");
        lock.printObjectStruct();
    } //省略不相关代码
}
```

2. 演示案例运行结果说明

运行以上案例，其数据的结果比较长，而且比较复杂，所以接下来对其运行结果进行分段说明。
程序启动运行5秒之后，ObjectLock实例的锁状态为偏向锁，具体如下：

```
[main|InnerLockTest.showLightweightLock]：抢占锁前，lock 的状态：
[ObjectLock.printObjectStruct]: lock = com.crazymakercircle.innerlock.ObjectLock
object internals:
 OFFSET  SIZE  TYPE DESCRIPTION    VALUE
      0     4  (object header)     05 00 00 00 (00000101 00000000 00000000 00000000) (5)
      4     4  (object header)     00 00 00 00 (00000000 00000000 00000000 00000000) (0)
      8     4  (object header)     a4 00 01 f8 (10100100 00000000 00000001 11111000)
(-134152028)
     12     4  java.lang.Integer ObjectLock.amount         0
Instance size: 16 bytes
Space losses: 0 bytes internal + 0 bytes external = 0 bytes total
```

现在执行第一个抢锁线程，在抢占完成之后，ObjectLock实例的锁状态还是为偏向锁，只不过
是ObjectLock实例的Mark Word记录了第一个抢占线程的ID。这一步的输出与上一个小节相同，这
里不再赘述。

接着开始第二个抢锁线程，在第二个线程抢锁成功之后，ObjectLock实例的锁状态为轻量级锁，
具体如下：

```
[Thread-1|InnerLockTest.lambda$showLightweightLock$2]：第二个线程占有锁，lock的状态：
[ObjectLock.printObjectStruct]: lock = com.crazymakercircle.innerlock.ObjectLock
object internals:
 OFFSET  SIZE  TYPE DESCRIPTION    VALUE
      0     4  (object header)     88 ef d9 21 (10001000 11101111 11011001 00100001)
(567930760)
      4     4  (object header)     00 00 00 00 (00000000 00000000 00000000 00000000) (0)
```

```
         8     4   (object header)   a4 00 01 f8 (10100100 00000000 00000001 11111000)
(-134152028)
        12     4   java.lang.Integer ObjectLock.amount              1501
Instance size: 16 bytes
Space losses: 0 bytes internal + 0 bytes external = 0 bytes total
```

ObjectLock实例Mard Word的lock标记位改为00（轻量级锁标志），其ptr_to_lock_record（锁记录指针）更新为抢锁线程栈帧中Lock Record的地址，此时的锁为轻量级锁。

轻量级锁被释放之后，ObjectLock实例变成无锁状态，其lock标记位改为01（无锁标志），具体的输出结果如下：

```
[ObjectLock.printObjectStruct]: lock = com.crazymakercircle.innerlock.ObjectLock
object internals:
 OFFSET  SIZE   TYPE DESCRIPTION              VALUE
      0     4   (object header)   01 00 00 00 (00000001 00000000 00000000 00000000) (1)
      4     4   (object header)   00 00 00 00 (00000000 00000000 00000000 00000000) (0)
      8     4   (object header)   a4 00 01 f8 (10100100 00000000 00000001 11111000)
(-134152028)
     12     4   java.lang.Integer ObjectLock.amount              2000
Instance size: 16 bytes
```

2.6.3　轻量级锁的分类

轻量级锁主要有两种：普通自旋锁和自适应自旋锁。

1. 普通自旋锁

所谓普通自旋锁，就是指当有线程来竞争锁时，抢锁线程会在原地循环等待，而不是被阻塞，直到那个占有锁的线程释放锁之后，这个抢锁线程才可以获得锁。

> 🎮➕说明　锁在原地循环等待的时候是会消耗CPU的，就相当于在执行一个什么也不干的空循环。所以轻量级锁适用于那些临界区代码耗时很短的场景，这样线程在原地等待很短的时间就能够获得锁了。

默认情况下，自旋的次数为10次，用户可以通过-XX:PreBlockSpin选项来进行更改。

2. 自适应自旋锁

所谓自适应自旋锁，就是等待线程空循环的自旋次数并非是固定的，而是会动态地根据实际情况来改变自旋等待的次数，自旋次数由前一次在同一个锁上的自旋时间及锁的拥有者的状态来决定。自适应自旋锁的大概原理是：

1）如果抢锁线程在同一个锁对象上之前成功获得过锁，那么JVM就会认为这次自旋也很有可能再次成功，因此允许自旋等待持续相对更长的时间。

2）如果对于某个锁，抢锁线程在很少成功获得过，那么JVM将可能减少自旋时间甚至省略自旋过程，以避免浪费处理器资源。

自适应自旋解决的是"锁竞争时间不确定"的问题。自适应自旋假定不同线程持有同一个锁对象的时间基本相当，竞争程度趋于稳定。总的思想是：根据上一次自旋的时间与结果调整下一次自旋的时间。

> 🎮➕说明 JDK 1.6的轻量级锁使用的是普通自旋锁，且需要使用-XX:+UseSpinning选项手工开启。JDK 1.7后，轻量级锁使用自适应自旋锁，JVM启动时自动开启，且自旋时间由JVM自动控制。

轻量级锁也被称为非阻塞同步、乐观锁，因为这个过程并没有把线程阻塞挂起，而是让线程空循环等待。

2.6.4　轻量级锁的膨胀

轻量级锁的问题在哪里呢？虽然大部分临界区代码的执行时间都是很短的，但是也会存在执行得很慢的临界区代码。临界区代码执行耗时较长，在其执行期间其他线程都在原地自旋等待，会空消耗CPU。因此，如果竞争这个同步锁的线程很多，就会有多个线程在原地等待继续空循环消耗CPU（空自旋），这会带来很大的性能损耗。

轻量级锁本意是为了减少多线程进入操作系统底层的互斥锁（Mutex Lock）的概率，并不是要替代操作系统互斥锁。所以，在争用激烈的场景下，轻量级锁会膨胀为基于操作系统内核互斥锁实现的重量级锁。

2.7　重量级锁的原理与实战

在JVM中，每个对象都关联一个监视器，这里的对象包含了Object实例和Class实例。监视器是一个同步工具，相当于一个许可证，拿到许可证的线程即可以进入临界区进行操作，没有拿到则需要阻塞等待。重量级锁通过监视器的方式保障了任何时间只允许一个线程通过受到监视器保护的临界区代码。

2.7.1　重量级锁的核心原理

JVM中每个对象都会有一个监视器，监视器和对象一起创建、销毁。监视器相当于一个用来监视这些线程进入的特殊房间，其义务是保证（同一时间）只有一个线程可以访问被保护的临界区代码块。

本质上，监视器是一种同步工具，也可以说是一种同步机制，主要特点是：

1）同步。监视器所保护的临界区代码是互斥地执行的。一个监视器是一个运行许可，任一个线程进入临界区代码都需要获得这个许可，离开时把许可归还。

2）协作。监视器提供Signal机制，允许正持有许可的线程暂时放弃许可进入阻塞等待状态，等待其他线程发送Signal去唤醒；其他拥有许可的线程可以发送Signal，唤醒正在阻塞等待的线程，让它可以重新获得许可并启动执行。

在 Hotspot 虚拟机中，监视器是由 C++ 类 ObjectMonitor 实现的，ObjectMonitor 类定义在 ObjectMonitor.hpp文件中，其构造器代码大致如下：

```
//Monitor结构体
ObjectMonitor::ObjectMonitor() {
```

```
_header      = NULL;
_count       = 0;
_waiters     = 0,
//线程的重入次数
_recursions  = 0;
_object      = NULL;
//标识拥有该monitor的线程
_owner       = NULL;
//等待线程组成的双向循环链表
_WaitSet     = NULL;
_WaitSetLock = 0 ;
_Responsible = NULL ;
_succ        = NULL ;
//多线程竞争锁进入时的单向链表
cxq          = NULL ;
FreeNext     = NULL ;
//_owner从该双向循环链表中唤醒线程节点
_EntryList   = NULL ;
_SpinFreq    = 0 ;
_SpinClock   = 0 ;
OwnerIsThread = 0 ;
}
```

ObjectMonitor的Owner（_owner）、WaitSet（_WaitSet）、Cxq（_cxq）、EntryList（_EntryList）这几个属性比较关键。ObjectMonitor的WaitSet、Cxq、EntryList这三个队列存放抢夺重量级锁的线程，而ObjectMonitor的Owner所指向的线程即为获得锁的线程。

WaitSet、Cxq、EntryList三个队列的说明如下：

1）Cxq：竞争队列（Contention Queue），所有请求锁的线程首先被放在这个竞争队列中。

2）EntryList：Cxq中那些有资格成为候选资源的线程被移动到EntryList中。

3）WaitSet：某个拥有ObjectMonitor的线程在调用Object.wait()方法之后将被阻塞，然后该线程将被放置在WaitSet链表中。

ObjectMonitor的内部抢锁过程如图2-14所示。

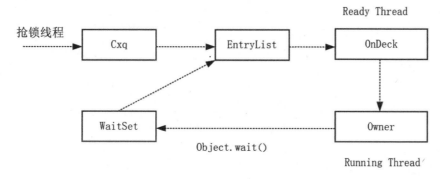

图 2-14　ObjectMonitor 的内部抢锁过程

1. Cxq

Cxq并不是一个真正的队列，只是一个虚拟队列，原因在于Cxq是由Node及其next指针逻辑构成，并不存在一个队列的数据结构。每次新加入Node会在Cxq的队头进行，通过CAS改变第一个节点的指针为新增节点，同时设置新增节点的next指向后续节点；从Cxq取得元素时，会从队尾获取。显然，Cxq结构是一个无锁结构。

因为只有Owner线程才能从队尾取元素，即线程出列操作无争用，当然也就避免了CAS的ABA问题。

> 说明 有关无锁结构以及ABA问题的具体知识可参见下一章的内容。

在线程进入Cxq前，抢锁线程会先尝试通过CAS自旋获取锁，如果获取不到，就进入Cxq队列，这明显对于已经进入Cxq队列的线程是不公平的。所以，synchronized同步块所使用的重量级锁是不公平锁。

2. EntryList

EntryList与Cxq在逻辑上都属于等待队列。Cxq会被线程并发访问，为了降低对Cxq队尾的争用，而建立EntryList。在Owner线程释放锁时，JVM会从Cxq中迁移线程到EntryList，并会指定EntryList中的某个线程（一般为Head）为OnDeck Thread（Ready Thread）。EntryList中的线程作为候选竞争线程而存在。

3. OnDeck Thread 与 Owner Thread

JVM不直接把锁传递给Owner Thread，而是把锁竞争的权利交给OnDeck Thread，OnDeck需要重新竞争锁。这样虽然牺牲了一些公平性，但是能极大地提升系统的吞吐量，在JVM中，也把这种选择行为称之为"竞争切换"。

OnDeck Thread获取到锁资源后会变为Owner Thread。无法获得锁的OnDeck Thread则会依然留在EntryList中，考虑到公平性，OnDeck Thread在EntryList中的位置不发生变化（依然在队头）。

在OnDeck Thread成为Owner的过程中，还有一个不公平的事情，就是后来的新抢锁线程可能直接通过CAS自旋成为Owner而抢到锁。

4. WaitSet

如果Owner线程被Object.wait()方法阻塞，就转移到WaitSet队列中，直到某个时刻通过Object.notify()或者Object.notifyAll()唤醒，在线程会重新进入EntryList中。

2.7.2　重量级锁的开销

处于ContentionList、EntryList、WaitSet中的线程都处于阻塞状态，线程的阻塞或者唤醒都需要操作系统来帮忙，Linux内核下采用pthread_mutex_lock系统调用实现，进程需要从用户态切换到内核态。

Linux系统的体系架构分为用户态（或者用户空间）和内核态（或者内核空间），具体如图2-15所示。

Linux系统的内核是一组特殊的软件程序，负责控制计算机的硬件资源，例如协调CPU资源、分配内存资源，并且提供稳定的环境供应用程序运行。应用程序的活动空间为用户空间，应用程序的执行必须依托于内

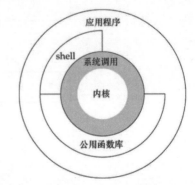

图 2-15　Linux 进程的用户态与内核态

核提供的资源，包括CPU资源、存储资源、I/O资源等。

用户态与内核态有各自专用的内存空间、专用的寄存器等，进程从用户态切换至内核态需要传递给许多变量、参数给内核，内核也需要保护好用户态在切换时的一些寄存器值、变量等，以便内核态调用结束后切换回用户态继续工作。

用户态的进程能够访问的资源受到了极大的控制，而运行在内核态的进程可以"为所欲为"。一个进程可以运行在用户态，也可以运行在内核态，那么它们之间肯定存在用户态和内核态切换的过程。进程从用户态到内核态切换主要包括以下三种方式：

1）硬件中断。硬件中断也称为外设中断，当外设完成用户请求时，会向CPU发送中断信号。

2）系统调用。其实系统调用本身就是中断，只不过是软件中断，与硬件中断不同。

3）异常。如果当前进程运行在用户态，这时发生了异常事件（例如缺页异常），就会触发切换。

用户态是应用程序运行的空间，为了能访问到内核管理的资源（例如CPU、内存、I/O），可以通过内核态所提供的访问接口实现，这些接口就叫系统调用。pthread_mutex_lock系统调用是内核态为用户态进程提供的Linux内核态下互斥锁的访问机制，所以使用pthread_mutex_lock系统调用时，进程需要从用户态切换到内核态，而这种切换是需要消耗很多时间的，有可能比用户执行代码的时间还要长。

由于JVM轻量级锁使用CAS进行自旋抢锁，这些CAS操作都处于用户态下，进程不存在用户态和内核态之间的运行切换，因此JVM轻量级锁开销较小。而JVM重量级锁使用了Linux内核态下的互斥锁（Mutex），这是重量级锁开销很大的原因。

2.7.3　重量级锁的演示案例

这里使用前面定义的ObjectLock进行重量级锁的演示，并且使用JOL工具输出对象的结构布局。

1. 重量级锁的演示案例

重量级锁演示案例的代码如下：

```
package com.crazymakercircle.innerlock;
//省略import
public class InnerLockTest
{
    @org.junit.Test
    public void showHeavyweightLock() throws InterruptedException
    {
        Print.tcfo(VM.current().details());
        //JVM延迟偏向锁
        sleepMilliSeconds(5000);
        ObjectLock counter = new ObjectLock();
        Print.tcfo("抢占锁前, lock的状态: ");
        lock.printObjectStruct();

        sleepMilliSeconds(5000);
        CountDownLatch latch = new CountDownLatch(3);
        Runnable runnable = () ->
        {
            for (int i = 0; i < MAX_TURN; i++)
```

```java
        {
            synchronized (lock)
            {
                lock.increase();
                if (i == 0)
                {
                    Print.tcfo("第一个线程占有锁, lock的状态: ");
                    lock.printObjectStruct();
                }
            }
        }
        //循环完毕
        latch.countDown();

        //线程虽然释放锁, 但是一直存在
        for (int j = 0; ; j++)
        {
            //每一次循环等待1毫秒
            sleepMilliSeconds(1);
        }
    };
    new Thread(runnable).start();

    sleepMilliSeconds(1000);                    //等待1秒
    Runnable lightweightRunnable = () ->
    {
        for (int i = 0; i < MAX_TURN; i++)
        {
            synchronized (lock)
            {
                lock.increase();
                if (i == 0)
                {
                    Print.tcfo("占有锁, lock 的状态: ");
                    lock.printObjectStruct();
                }
                //每一次循环等待1毫秒
                sleepMilliSeconds(1);
            }
        }
        //循环完毕
        latch.countDown();
    };
    //启动两个线程, 开始激烈地抢锁
    new Thread(lightweightRunnable,"抢锁线程1").start();
    sleepMilliSeconds(100);                         //等待100毫秒
    new Thread(lightweightRunnable,"抢锁线程2").start();

    //等待加锁线程执行完成
    latch.await();
    sleepMilliSeconds(2000);                         //等待2秒
    Print.tcfo("释放锁后, lock 的状态: ");
    lock.printObjectStruct();
}
```

2. 重量级锁演示案例运行结果说明

运行以上案例, 其数据的结果比较长, 而且比较复杂, 所以接下来对其运行结果进行分段说明。在程序启动运行5秒之后, ObjectLock的锁状态为偏向锁, 在程序运行的第二个阶段有一个线程占有锁, 此时的ObjectLock实例的锁状态仍然为偏向锁, 具体如下:

```
[Thread-0|InnerLockTest.lambda$showHeavyweightLock$3]: 第一个线程占有锁，lock的状态：
[ObjectLock.printObjectStruct]: lock = ObjectLock object internals:
 OFFSET  SIZE   TYPE DESCRIPTION        VALUE
      0     4   (object header)    05 c0 7c 1f (00000101 11000000 01111100 00011111)
(528269317)
      4     4   (object header)    00 00 00 00 (00000000 00000000 00000000 00000000) (0)
      8     4   (object header)    a4 00 01 f8 (10100100 00000000 00000001 11111000)
(-134152028)
     12     4   java.lang.Integer ObjectLock.amount       1
Instance size: 16 bytes
Space losses: 0 bytes internal + 0 bytes external = 0 bytes total
```

在程序运行的第三个阶段开启了两个线程去抢占锁，第一个抢锁线程的输出如下：

```
[抢锁线程1|InnerLockTest.lambda$showHeavyweightLock$4]: 占有锁，counter的状态：
[ObjectLock.printObjectStruct]: lock = ObjectLock object internals:
 OFFSET  SIZE   TYPE DESCRIPTION        VALUE
      0     4   (object header)    b8 f1 8d 21 (10111000 11110001 10001101 00100001)
(562950584)
      4     4   (object header)    00 00 00 00 (00000000 00000000 00000000 00000000) (0)
      8     4   (object header)    a4 00 01 f8 (10100100 00000000 00000001 11111000)
(-134152028)
     12     4   java.lang.Integer ObjectLock.amount       1001
Instance size: 16 bytes
Space losses: 0 bytes internal + 0 bytes external = 0 bytes total
```

通过以上输出可以看出，此时ObjectLock实例的锁状态已经膨胀为轻量级锁，其lock标记为00。第二个抢锁线程比第一个抢锁线程晚启动100毫秒，其输出如下：

```
[抢锁线程2|InnerLockTest.lambda$showHeavyweightLock$4]: 占有锁，counter 的状态：
[ObjectLock.printObjectStruct]: lock = ObjectLock object internals:
 OFFSET  SIZE   TYPE DESCRIPTION        VALUE
      0     4   (object header)    ca 52 43 20 (11001010 01010010 01000011 00100000)
(541283018)
      4     4   (object header)    00 00 00 00 (00000000 00000000 00000000 00000000) (0)
      8     4   (object header)    a4 00 01 f8 (10100100 00000000 00000001 11111000)
(-134152028)
     12     4   java.lang.Integer ObjectLock.amount                      1064
Instance size: 16 bytes
Space losses: 0 bytes internal + 0 bytes external = 0 bytes total
```

通过以上输出可以看出，此时ObjectLock实例的锁状态已经从轻量级锁膨胀为重量级锁，其lock标记为10，说明此时存在激烈的锁争用。

2.8　偏向锁、轻量级锁与重量级锁的对比

总结一下synchronized的执行过程，大致如下：

1）线程抢锁时，JVM首先检测内置锁对象Mark Word中biased_lock（偏向锁标识）是否设置成1，lock（锁标志位）是否为01，如果都满足，确认内置锁对象为可偏向状态。

2）在内置锁对象确认为可偏向状态之后，JVM检查Mark Word中线程ID是否为抢锁线程ID，如果是，就表示抢锁线程处于偏向锁状态，抢锁线程快速获得锁，开始执行临界区代码。

3）如果Mark Word中线程ID并未指向抢锁线程，就通过CAS操作竞争锁。如果竞争成功，就将Mark Word中线程ID设置为抢锁线程，偏向标志位设置为1，锁标志位设置为01，然后执行临界

区代码，此时内置锁对象处于偏向锁状态。

4）如果CAS操作竞争失败，就说明发生了竞争，撤销偏向锁，进而升级为轻量级锁。

5）JVM使用CAS将锁对象的Mark Word替换为抢锁线程的锁记录指针，如果成功，抢锁线程就获得锁。如果替换失败，就表示其他线程竞争锁，JVM尝试使用CAS自旋替换抢锁线程的锁记录指针，如果自旋成功（抢锁成功），那么锁对象依然处于轻量级锁状态。

6）如果JVM的CAS替换锁记录指针自旋失败，轻量级锁膨胀为重量级锁，后面等待锁的线程也要进入阻塞状态。

总体来说，偏向锁是在没有发生锁争用的情况下使用；一旦有了第二个线程的争用锁，偏向锁就会升级为轻量级锁；如果锁争用很激烈，轻量级锁的CAS自旋到达阈值后，轻量级锁就会升级为重量级锁。三种内置锁的对比如表2-6所示。

表2-6　三种内置锁的对比

锁	优　　点	缺　　点	适用场景
偏向锁	加锁和解锁不需要额外的消耗,和执行非同步方法比仅存在纳秒级的差距	如果线程间存在锁竞争，会带来额外的锁撤销的消耗	适用于只有一个线程访问临界区场景
轻量级锁	竞争的线程不会阻塞，提高了程序的响应速度	抢不到锁竞争的线程使用 CAS 自旋等待，会消耗 CPU	锁占用时间很短，吞吐量高
重量级锁	线程竞争不使用自旋，不会消耗 CPU	线程阻塞，响应时间缓慢	锁占用时间较长,吞吐量低

2.9　线程间通信

线程是操作系统调度的最小单位，有自己的栈空间，可以按照既定的代码逐步执行，但是如果每个线程间都孤立地运行，就会造资源浪费。

所以在现实中，如果需要多个线程按照指定的规则共同完成一件任务，那么这些线程之间就需要互相协调，这个过程被称为线程的通信。

2.9.1　线程间通信定义

线程的通信可以被定义为：当多个线程共同操作共享的资源时，线程间通过某种方式互相告知自己的状态，以避免无效的资源争夺。

线程间线程通信的方式可以有很多种：等待－通知、共享内存、管道流。每种方式有不同的方法来实现，这里首先介绍的是等待－通知的通信方式。

"等待－通知"通信方式是Java中使用普遍的线程间通信方式，其经典的案例就是"生产者－消费者"模式。

2.9.2　低效的线程轮询

首先回到前面生产者－消费者安全版本的数据缓冲区类SafeDataBuffer。其存在一个隐蔽、但是又很耗性能的问题：消费者每一轮消费，不管数据区是否为空，都需要进行数据区的询问和判断。
其轮询代码如下：

```java
public synchronized IGoods get() throws Exception {
    IGoods goods = null;
    if (amount <= 0) {
        Print.tcfo("队列已经空了！");
        //数据区为空，直接返回
        return null;
    }
    ...
}
```

当数据区空时（amount <= 0），消费者无法取出数据，但是仍然做一个无用的数据区询问工
作，白白耗费了CPU的时间片。

对于生产者来说，也存在类似的无效轮询问题。当数据区满时，生产者无法加入数据，这时
候生产者执行add(T element)方法也白白耗费了CPU的时间片。其中的轮询代码具体如下：

```java
public synchronized void add(T element) throws Exception
{
    if (amount.get() > MAX_AMOUNT)
    {
        Print.tcfo("队列已经满了！");
        return;
    }
...
}
```

如何在生产者或者消费者空闲时节约CPU时间片，免去巨大的CPU资源浪费呢？一个非常有
效的办法是：使用“等待－通知”方式进行生产者与消费者之间的线程通信。

具体来说，在数据区满（amount.get() > MAX_AMOUNT）时，可以让生产者等待，等到下次
数据区中可以加入数据时，给生产者发通知，让生产者唤醒。

同样，在数据区空（amount <= 0）时，可以让消费者等待，等到下次数据区中可以取出数据
时，消费者才能被唤醒。

那么，由谁去唤醒等待状态的生产者呢？可以在消费者取出一个数据后，由消费者去唤醒等
待的生产者。

同样，由谁去唤醒等待状态的消费者呢？可以在生产者加入一个数据后，由生产者去唤醒等
待的消费者。

Java语言中“等待－通知”方式的线程间的通信使用对象的wait()、notify()两类方法来实现。
每个Java对象都有wait()、notify()两类实例方法，并且wait()、notify()方法和对象的监视器是紧密相
关的。

⚙➕说明　wait()、notify()两类方法在数量上不止两个。wait()、notify()两类方法不属于Thread
类，而是属于Java对象实例（Object实例或者Class实例）。

2.9.3 wait 方法、notify 方法的原理

Java对象中的wait()、notify()两类方法就如同信号开关，用来进行等待方和通知方之间的交互。

1. 对象的 wait()方法

对象的wait()方法的主要作用是让当前线程阻塞并等待被唤醒。wait()方法与对象监视器紧密相关，使用wait()方法时也一定需要放在同步块中。wait()方法的调用方法如下：

```
synchronized(locko)
{
    //同步保护的代码块
    locko.wait();
    ...
}
```

Object类中的wait方法有三个版本：

（1）void wait()

这是一个基础版本，当前线程调用了同步对象locko的wait实例方法后，将导致当前的线程等待，当前线程进入locko的监视器WaitSet，等待被其他线程唤醒。

（2）void wait(long timeout)

这是一个限时等待版本，导致当前的线程等待，等待被其他线程唤醒，或者指定的时间timeout用完，线程不再等待。

（3）void wait(long timeout, int nanos)

这是一个高精度限时等待版本，其主要作用是更精确地控制等待时间。参数nanos是一个附加的纳秒级别等待时间，从而实现更加高精度的等待时间控制。

说明 1秒 =1000 毫秒 = 1000 000微秒 = 1000 000 000纳秒。

---

2. wait 方法的核心原理

对象的wait方法的核心原理大致如下：

1）当线程调用了locko（某个同步锁对象）的wait()方法后，JVM会将当前线程加入locko监视器的WaitSet（等待集），等待被其他线程唤醒。

2）当前线程会释放locko对象监视器的Owner权利，让其他线程可以抢夺locko对象的监视器。

3）让当前线程等待，其状态变成WAITING。

在线程调用了同步对象locko的wait()方法之后，同步对象locko的监视器内部状态大致如图2-16所示。

3. 对象的 notify()方法

对象的notify()方法的主要作用是唤醒在等待的线程。notify()方法与对象监视器紧密相关，使用notify()方法时也需要放在同步块中。notify()方法的调用方法如下：

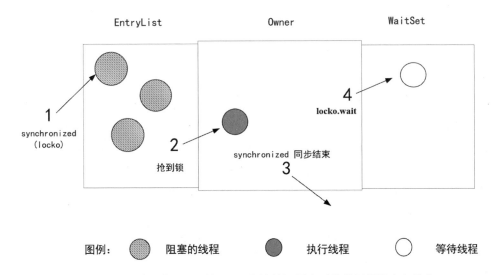

图 2-16　同步对象 locko 的 wait()方法被调用之后其监视器的内部状态

```
synchronized(locko)
{
    //同步保护的代码块
    locko.notify();
    ...
}
```

notify()方法有两个版本：

版本一： void notify()

notify()方法的主要作用如下：locko.notify()调用后，唤醒locko监视器等待集中的第一个等待线程；被唤醒的线程进入EntryList，其状态从WAITING等待状态变成BLOCKED。

版本二： void notifyAll()

locko.notifyAll()被调用后，唤醒locko监视器等待集中的全部等待线程；所有被唤醒的线程进入EntryList，线程状态从WAITING等待状态变成BLOCKED。

4. notify()方法的核心原理

对象的notify()或者notifyAll()方法的核心原理大致如下：

1）当线程调用了locko（某个同步锁对象）的notify()方法后，JVM会唤醒locko监视器WaitSet中的第一个等待线程。

2）当线程调用了locko的notifyAll()方法后，JVM会唤醒locko监视器WaitSet中的所有等待线程。

3）等待线程被唤醒后，会从监视器的WaitSet移动到EntryList，线程具备了排队抢夺监视器Owner权利的资格，其状态从WAITING变成BLOCKED。

4）EntryList中的线程抢夺到监视器Owner权利之后，线程的状态从BLOCKED变成Runnable，具备重新执行的资格。

在线程调用了同步对象locko的wait()或者notifyAll()方法之后，同步对象locko的监视器内部状态大致如图2-17所示。

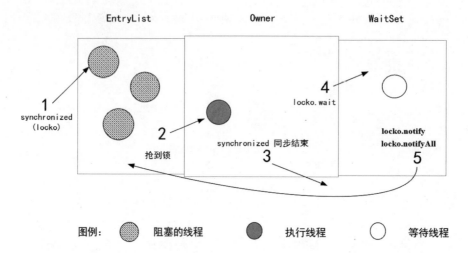

图 2-17　同步对象 locko 的 wait()或者 notifyAll()方法被调之后监视器的内部状态

2.9.4　"等待—通知"通信模式演示案例

Java的"等待—通知"机制是指：一个线程A调用了同步对象的wait()方法进入等待状态，而另一线程B调用了同步对象的notify()或者notifyAll()方法通知等待线程，当线程A收到通知后，重新进入就绪状态，准备开始执行。

线程间的通信需要借助同步对象（Object）的监视器来完成，Object对象的wait()、notify()方法就如开关信号，用于完成等待方和通知方之间的通信。

下面的演示案例定义了一个独立的同步对象locko，然后借助其wait()、notify()方法完成了两个线程WaitThread、NotifyThread之间的通信，具体代码如下：

```java
package com.crazymakercircle.mutithread.basic.use;
//省略import
public class WaitNotifyDemo
{
    static Object locko = new Object();

    //等待线程的异步目标任务
    static class WaitTarget implements Runnable
    {
        public void run()
        {
            //加锁
            synchronized (locko)
            {
                try
                {
                    //启动等待
                    Print.tco("启动等待");
                    //等待被通知，同时释放locko监视器的Owner权限
                    locko.wait();
                    //收到通知后，线程会进入locko监视器的EntryList
                } catch (InterruptedException e)
                {
                    e.printStackTrace();
                }

                //获取到监视器的Owner权利
                Print.tco("收到通知，当前线程继续执行");
```

```
            }
        }
    }

    //通知线程的异步目标任务
    static class NotifyTarget implements Runnable
    {
        public void run()
        {
            //加锁
            synchronized (locko)
            {
                //从屏幕读取输入，目的是阻塞通知线程，方便使用jstack查看线程状态
                Print.consoleInput();
                //获取lock锁，然后进行发送
                // 此时不会立即释放locko的Monitor的Owner，需要执行完毕
                locko.notifyAll();
                Print.tco("发出通知了，但是线程还没有立马释放锁");
            }
        }
    }

    public static void main(String[] args) throws InterruptedException
    {
        //创建等待线程
        Thread waitThread = new Thread(new WaitTarget(), "WaitThread");
        //启动等待线程
        waitThread.start();
        sleepSeconds(1);
        //创建通知线程
        Thread notifyThread = new Thread(new NotifyTarget(), "NotifyThread");
        //启动通知线程
        notifyThread.start();
    }
}
```

在案例程序执行过程中，WaitThread首先调用locko.wait()等待被通知并且进入阻塞状态，释放locko的Owner权利，然后NotifyThread可以获取locko的Owner权利，进入临界区执行。NotifyThread的临界区代码首先从屏幕读取用于输入，目的是阻塞NotifyThread线程，方便使用jstack查看线程状态。

运行以上程序，在屏幕中输入任意内容之前，结合使用jps与jstack两个指令查看线程的状态，具体如下：

```
c:/user/username> jps
11828 NailgunRunner
25192 WaitNotifyDemo
26712 Jps
c:/user/username> jstack 25192
...
"WaitThread" #14 prio=5 os_prio=0 tid=0x000000001f742800 nid=0x5b40 in Object.wait()
[0x00000000203fe000]
    java.lang.Thread.State: WAITING (on object monitor)
        at java.lang.Object.wait(Native Method)
        - waiting on <0x000000076b89f028> (a java.lang.Object)
        at java.lang.Object.wait(Object.java:502)
        at ...WaitNotifyDemo$WaitTarget.run(WaitNotifyDemo.java:26)
        - locked <0x000000076b89f028> (a java.lang.Object)
        at java.lang.Thread.run(Thread.java:745)
    ...
"NotifyThread" #17 prio=5 os_prio=0 tid=0x000000001f87f800 nid=0x5088 runnable
[0x00000000205fe000]
    java.lang.Thread.State: RUNNABLE
        at java.io.FileInputStream.readBytes(Native Method)
```

```
        at java.io.FileInputStream.read(FileInputStream.java:255)
        - locked <0x000000076b89f028> (a java.lang.Object)
          ...
          at java.lang.Thread.run(Thread.java:745)
```

此时通过jps指令查看到WaitNotifyDemo进程的Id为25192，然后使用jstack 25192指令看WaitThread、NotifyThread两个线程的状态：WaitThread的状态为WAITING，NotifyThread的状态为RUNNABLE。

为什么WaitThread的状态为WAITING呢？此时WaitThread处于locko的Monitor的WaitSet（等待集）中，等待被唤醒。

在屏幕中输入任意内容之前，以上代码继续执行，其结果大致如下：

```
[WaitThread]: flag为false, 不满足条件, 启动等待
Please Enter sth:
go
[NotifyThread]: 设置flag为true, 发出通知了, 但是线程还没有立马释放锁
[WaitThread]: 条件满足, 当前线程从wait状态返回继续执行了
```

通过实例的演示目前已经知道：WaitThread线程调用locko.wait后会一直处于WAITING状态，不会在占用CPU的时间片，也不会占用同步对象locko的监视器，直到等待其他线程使用locko.notify方法发出通知。

2.9.5　生产者—消费者之间的线程间通信

为了避免空轮询导致CPU时间片浪费，提高生产者—消费者实现版本的性能，接下来演示使用"等待—通知"的方式在生产者与消费者之间进行线程间通信。

使用"等待—通知"机制通信的生产者—消费者实现版本

此实现版本大致需要定义以下三个同步对象：

1）LOCK_OBJECT：用于临界区同步，临界区资源为数据缓冲区的dataList变量和amount变量。

2）NOT_FULL：用于数据缓冲区的未满条件等待和通知。生产者在添加元素前，需要判断数据区是否已满，如果是，生产者进入NOT_FULL的同步区去等待被通知，只要消费者消耗一个元素，数据区就是未满的，进入NOT_FULL的同步区发送通知。

3）NOT_EMPTY：用于数据缓冲区的非空条件等待和通知。消费者在消耗元素前需要判断数据区是否已空,如果是,消费者进入NOT_EMPTY的同步区等待被通知,只要生产者添加一个元素,数据区就是非空的,生产者会进入NOT_EMPTY的同步区发送通知。

使用"等待—通知"机制通信的生产者—消费者实现版本，其代码大致如下：

```
package com.crazymakercircle.producerandcomsumer.store;
//省略import
public class CommunicatePetStore
{
    public static final int MAX_AMOUNT = 10; //数据缓冲区最大长度

    //数据缓冲区，类定义
    static class DataBuffer<T>
    {
        //保存数据
```

```java
    private List<T> dataList = new LinkedList<>();
    //数据缓冲区长度
    private Integer amount = 0;

    private final Object LOCK_OBJECT = new Object();
    private final Object NOT_FULL = new Object();
    private final Object NOT_EMPTY = new Object();

    // 向数据区增加一个元素
    public void add(T element) throws Exception
    {
        while (amount > MAX_AMOUNT)
        {
            synchronized (NOT_FULL)
            {
                Print.tcfo("队列已经满了！");
                //等待未满通知
                NOT_FULL.wait();
            }
        }
        synchronized (LOCK_OBJECT)
        {
            dataList.add(element);
            amount++;
        }
        synchronized (NOT_EMPTY)
        {
            //发送未空通知
            NOT_EMPTY.notify();
        }
    }

    /**
     * 从数据区取出一个商品
     */
    public T fetch() throws Exception
    {
        while (amount <= 0)
        {
            synchronized (NOT_EMPTY)
            {
                Print.tcfo("队列已经空了！");
                //等待未空通知
                NOT_EMPTY.wait();
            }
        }

        T element = null;
        synchronized (LOCK_OBJECT)
        {
            element = dataList.remove(0);
            amount--;
        }

        synchronized (NOT_FULL)
        {
            //发送未满通知
            NOT_FULL.notify();
        }
        return element;
    }
}

public static void main(String[] args) throws InterruptedException
```

```
{
    Print.cfo("当前进程的ID是" + JvmUtil.getProcessID());
    System.setErr(System.out);
    //共享数据区，实例对象
    DataBuffer<IGoods> dataBuffer = new DataBuffer<>();

    //生产者执行的动作
    Callable<IGoods> produceAction = () ->
    {
        //首先生成一个随机的商品
        IGoods goods = Goods.produceOne();
        //将商品加上共享数据区
        dataBuffer.add(goods);
        return goods;
    };
    //消费者执行的动作
    Callable<IGoods> consumerAction = () ->
    {
        // 从PetStore获取商品
        IGoods goods = null;
        goods = dataBuffer.fetch();
        return goods;
    };
    // 同时并发执行的线程数
    final int THREAD_TOTAL = 20;
    //线程池，用于多线程模拟测试
    ExecutorService threadPool = Executors.newFixedThreadPool(THREAD_TOTAL);

    //假定共11条线程，其中有10个消费者，但是只有1个生产者
    final int CONSUMER_TOTAL = 11;
    final int PRODUCE_TOTAL = 1;

    for (int i = 0; i < PRODUCE_TOTAL; i++)
    {
        //生产者线程每生产一个商品，间隔50毫秒
        threadPool.submit(new Producer(produceAction, 50));
    }
    for (int i = 0; i < CONSUMER_TOTAL; i++)
    {
        //消费者线程每消费一个商品，间隔100毫秒
        threadPool.submit(new Consumer(consumerAction, 100));
    }
}
}
```

2.9.6　需要在 synchronized 同步块的内部使用 wait 和 notify

　　在调用同步对象的wait()和notify()系列方法时，"当前线程"必须拥有该对象的同步锁，也就是说，wait()和notify()系列方法需要在同步块中使用，否则JVM会抛出类似如下的异常：

```
java.lang.IllegalMonitorStateException
    at java.lang.Object.notify(Native Method)
    at ......$DataBuffer.add(CommunicatePetStore.java:58)
    at ......lambda$main$0(CommunicatePetStore.java:103)
    at ......actor.ProducerTask.run(ProducerTask.java:54)
    at ......Executors$RunnableAdapter.call(Executors.java:511)
    at ......FutureTask.run$$$capture(FutureTask.java:266)
    at java.util.concurrent.FutureTask.run(FutureTask.java)
    at ......runWorker(ThreadPoolExecutor.java:1142)
    at ......$Worker.run(ThreadPoolExecutor.java:617)
    at java.lang.Thread.run(Thread.java:745)
```

　　为什么 wait() 和 notify() 不在 synchronized 同步块使用会抛出异常呢？这需要从 wait() 和 notify() 原理说起。

　　wait() 方法的原理：首先 JVM 会释放当前线程的对象锁监视器的 Owner 资格；其次 JVM 会把当前线程移入监视器的 WaitSet 队列，而这些操作都和对象锁监视器是相关的。

　　所以，wait() 方法必须在 synchronized 同步块的内部使用。在当前线程执行 wait() 方法前，必须通过 synchronized() 方法成为对象锁的监视器的 Owner。

　　notify() 方法的原理：JVM 从对象锁的监视器的 WaitSet 队列移动一个线程到其 EntryList 队列，这些操作都与对象锁的监视器有关。

　　所以，notify() 方法也必须在 synchronized 同步块的内部使用。在执行 notify() 方法前，当前线程也必须通过 synchronized() 方法成为对象锁的监视器的 Owner。

　　下面介绍"等待－通知"模式的线程间通信要点。

　　调用 wait() 和 notify() 系列方法进行线程通信的要点如下：

　　1）调用某个同步对象 locko 的 wait() 和 notify() 类型方法前，必须要取得这个锁对象的监视锁，所以，wait() 和 notify() 类型方法必须放在 synchronized(locko) 同步块中，如果没有获得监视锁，JVM 就会报 IllegalMonitorStateException 异常。

　　2）使用 wait() 方法时使用 while 进行条件判断：如果是在某种条件下进行等待，对条件的判断不能使用 if 语句做一次性判断，而是使用 while 循环进行反复判断。只有这样才能在线程被唤醒后继续检查 wait 的条件，并在条件没有满足的情况下继续等待。

　　下面的代码使用 while 循环进行条件判断是正确的：

```
public T fetch() throws Exception
{
    while (amount <= 0)
    {
        synchronized (NOT_EMPTY)
        {
            Print.tcfo("队列已经空了！");
            //等待未空通知
            NOT_EMPTY.wait();
        }
    }
    //省略其他
}
```

　　下面的代码使用 if 进行条件判断是不正确的：

```
public T fetch() throws Exception
{
    if(amount <= 0)
    {
        synchronized (NOT_EMPTY)
        {
            Print.tcfo("队列已经空了！");
            //等待未空通知
            NOT_EMPTY.wait();
        }
    }
    //省略其他
}
```

第 3 章
CAS原理与JUC原子类

由于JVM的synchronized重量级锁涉及操作系统（如Linux）内核态下的互斥锁的使用，其线程阻塞和唤醒都涉及进程在用户态和到内核态的频繁切换，导致重量级锁开销大、性能低。而JVM的synchronized轻量级锁使用CAS（Compare And Swap，比较并交换）进行自旋抢锁，CAS是CPU指令级的原子操作并处于用户态下，所以JVM轻量级锁开销较小。

本章首先为大家着重介绍一下CAS原理和弊端，然后介绍一下基于CAS实现的JUC原子类。

3.1 什么是 CAS

JDK 5所增加的JUC（java.util.concurrent）并发包对操作系统的底层CAS原子操作进行了封装，为上层Java程序提供了CAS操作的API。

3.1.1 Unsafe 类中的 CAS 方法

Unsafe是位于sun.misc包下的一个类，主要提供一些用于执行低级别、不安全的底层操作，如直接访问系统内存资源、自主管理内存资源等，Unsafe大量的方法都是原生（native）方法，基于C++语言实现，这些方法在提升Java运行效率、增强Java语言底层资源操作能力方面起到了很大的作用。

Unsafe类的全限定名为sun.misc.Unsafe，从名字中我们可以看出这个类对普通程序员来说是"危险"的，一般的应用开发都不会涉及此类，Java官方也不建议直接在应用程序中使用。

> 说明 为什么此类取名为Unsafe呢？由于使用Unsafe类可以像C语言一样使用指针操作内存空间，这无疑增加了指针相关问题、内存泄漏问题的出现概率。总之，在程序中过度使用Unsafe类会使得程序出错的概率变大，使得安全的语言Java变得不再"安全"，因此对Unsafe的使用一定要慎重。

　　操作系统层面的CAS是一条CPU的原子指令（cmpxchg指令），正是由于该指令具备了原子性，因此使用CAS操作数据时不会造成数据不一致的问题，Unsafe提供的CAS方法直接通过native方式（封装C++代码）调用了底层的CPU指令cmpxchg。

　　完成Java应用层的CAS操作主要涉及的Unsafe方法调用，具体如下：

　　1）获取Unsafe实例。

　　2）调用Unsafe提供的CAS方法，这些方法主要封装了底层CPU的CAS原子操作。

　　3）调用Unsafe提供的字段偏移量方法，这些方法用于获取对象中的字段（属性）偏移量，此偏移量值需要作为参数提供给CAS操作。

1. 获取 Unsafe 实例

　　Unsafe类是一个final修饰的不允许继承的最终类，而且其构造函数是private类型的方法，具体的源码如下：

```
public final class Unsafe {
    private static final Unsafe theUnsafe;
    public static final int INVALID_FIELD_OFFSET = -1;

    private static native void registerNatives();
    // 构造函数是private的，不允许外部实例化
    private Unsafe() {
    }
    ...
}
```

　　因此，我们无法在外部对Unsafe进行实例化，那么怎么获取Unsafe的实例呢？可以通过反射的方式自定义的获取Unsafe实例的辅助方法，代码如下：

```
package com.crazymakercircle.util;
//省略import
public class JvmUtil
{
    //自定义的获取Unsafe实例的辅助方法
    public static Unsafe getUnsafe()
    {
        try
        {
            Field theUnsafe = Unsafe.class.getDeclaredField("theUnsafe");
            theUnsafe.setAccessible(true);
            return (Unsafe) theUnsafe.get(null);
        } catch (Exception e)
        {
            throw new AssertionError(e);
        }
    }
    //省略不相关代码
}
```

2. 调用 Unsafe 提供的 CAS 方法

　　Unsafe提供的CAS方法主要如下：

```
/**
 *  定义在Unsafe类中的三个"比较并交换"原子方法
 * @param o              需要操作的字段所处的对象
```

```
 * @param offset      需要操作的字段的偏移量（相对的，相对于对象头）
 * @param expected    期望值（旧的值）
 * @param update      更新值（新的值）
 * @return            true 更新成功  | false 更新失败
 */
public final native boolean compareAndSwapObject(Object o, long offset,Object expected,
        Object update);

public final native boolean compareAndSwapInt(Object o, long offset,int expected,
        int update);

public final native boolean compareAndSwapLong(Object o, long offset, long expected,
        long update);
```

Unsafe提供的CAS方法包含4个操作数——字段所处的对象、字段内存位置、预期原值及新值。在执行Unsafe的CAS方法时，这些方法首先将内存位置的值与预期值（旧的值）比较，如果相匹配，那么处理器会自动将该内存位置的值更新为新值，并返回true；如果不匹配，处理器不做任何操作，并返回false。

Unsafe的CAS操作会将第一个参数（对象的指针、地址）与第二个参数（字段偏移量）组合在一起，计算出最终的内存操作地址。

3. 调用 Unsafe 提供的偏移量相关

Unsafe提供的获取字段（属性）偏移量的相关操作主要如下：

```
/**
 *  定义在Unsafe类中的几个获取字段偏移量的方法
 * @param o          需要操作字段的反射
 * @return           字段的偏移量
 */
public native long staticFieldOffset(Field field);

public native long objectFieldOffset(Field field);
```

staticFieldOffset方法用于获取静态属性Field在Class对象中的偏移量，在CAS操作静态属性时会用到这个偏移量。objectFieldOffset()方法用于获取非静态Field（非静态属性）在Object实例中的偏移量，在CAS操作对象的非静态属性时会用到这个偏移量。

一个获取非静态Field（非静态属性）在Object实例中的偏移量的示例代码如下：

```
static
{
    try
    {
        //获取反射的Field对象
        OptimisticLockingPlus.class.getDeclaredField("value");
        //取得内存偏移
        valueOffset = unsafe.objectFieldOffset();
    } catch (Exception ex)
    {
        throw new Error(ex);
    }
}
```

3.1.2 使用 CAS 进行无锁编程

CAS是一种无锁算法，该算法关键依赖两个值——期望值（就值）和新值，底层CPU利用原子操作判断内存原值与期望值是否相等，如果相等就给内存地址赋新值，否则不做任何操作。

使用CAS进行无锁编程的步骤大致如下：

1）获得字段的期望值（oldValue）。

2）计算出需要替换的新值（newValue）。

3）通过CAS将新值（newValue）放在字段的内存地址上，如果CAS失败就重复第1）步到第2）步，直到CAS成功，这种重复俗称CAS自旋。

使用CAS进行无锁编程的伪代码如下：

```
do
{
    获得字段的期望值（oldValue）；
    计算出需要替换的新值（newValue）；
} while (!CAS(内存地址, oldValue, newValue))
```

下面用一个简单的例子对以上伪代码进行举例说明。

假如某个内存地址（某对象的属性）的值为100，现在有两个线程（线程A和线程B）使用CAS无锁编程对该内存地址进行更新，线程A欲将其值更新为200，线程B欲将其值更新为300，具体如图3-1所示。

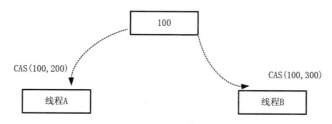

图 3-1　两个线程 A、B 需要对同一个内存地址进行更新

线程是并发执行的，谁都有可能先执行。但是CAS是原子操作，对同一个内存地址的CAS操作在同一时刻只能执行一个。因此，在这个例子中，要么线程A先执行，要么线程B先执行。假设线程A的CAS（100, 200）执行在前，由于内存地址的旧值100与该CAS的期望值100相等，所以线程A会操作成功，内存地址的值被更新为200。

线程A执行CAS（100, 200）成功之后，内存地址的值如图3-2所示。

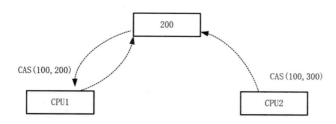

图 3-2　线程 A 执行 CAS（100, 200）成功之后内存地址的值

接下来执行线程B的CAS（100, 300）操作，此时内存地址的值为200，不等于CAS的期望值100，线程B操作失败。线程B只能自旋，开始新的循环，这一轮循环首先获取到内存地址的值200，然后进行CAS（200, 300）操作，这一次内存地址的值与CAS的预期值（oldValue）相等，线程B操作成功。

当CAS内存地址的值与预期值比较时，如果相等，就证明内存地址的值没有被修改，可以替换成新值，然后继续往下运行；如果不相等，就说明内存地址的值已经被修改，放弃替换操作，然后重新自旋。当并发修改的线程少，冲突出现的机会少时，自旋的次数也会很少，CAS性能会很高；当并发修改的线程多，冲突出现的机会多时，自旋的次数也会很多，CAS性能会大大降低。所以，提升CAS无锁编程效率的关键在于减少冲突的机会。

3.1.3 使用无锁编程实现轻量级安全自增

在第1章开头讲到第二个面试故事中，临行时笔者给候选人Y君建议回去做一个线程安全的自增小实验：使用10个线程，对一个共享的变量，每个线程自增100万次，看看最终的结果是不是1000万。

在第2章学习synchronized关键字时提供了一个线程安全的自增实现版本。由于在争用激烈的场景下，synchronized内置锁会膨胀为重量级锁，因此第2章的实现版本实际上是一个低性能的实现版本。

这里使用CAS无锁编程算法实现一个轻量级的安全自增实现版本：总计10个线程并行运行，每条线程通过CAS自旋对一个共享数据进行自增运算，并且每个线程需要成功自增运算1000次。

基于CAS无锁编程的安全自增实现版本的具体代码如下：

```
package com.crazymakercircle.cas;
//省略import
public class TestCompareAndSwap
{
    // 基于CAS无锁实现的安全自增
    static class OptimisticLockingPlus
    {
      //并发数量
     private static final int THREAD_COUNT = 10;

      //内部值，使用volatile保证线程可见性
      private volatile int value;//值

      //不安全类
      private static final Unsafe unsafe = getUnsafe();;

      //value 的内存偏移（相对与对象头部的偏移，不是绝对偏移）
      private static final long valueOffset;

      //统计失败的次数
      private static final AtomicLong failure = new AtomicLong(0);

      static
      {
          try
          {
            //取得value属性的内存偏移
            valueOffset = unsafe.objectFieldOffset(
                OptimisticLockingPlus.class.getDeclaredField("value"));

            Print.tco("valueOffset:=" + valueOffset);
          } catch (Exception ex)
          {
              throw new Error(ex);
          }
      }
      //通过CAS原子操作，进行"比较并交换"
      public final boolean unSafeCompareAndSet(int oldValue, int newValue)
      {
          //原子操作：使用unsafe的"比较并交换"方法进行value属性的交换
```

```
            return unsafe.compareAndSwapInt( this, valueOffset,oldValue ,newValue );
        }

        //使用无锁编程实现安全的自增方法
        public void selfPlus()
        {
            int oldValue = value;
            //通过CAS原子操作，如果操作失败就自旋，直到操作成功
            do
            {
             // 获取旧值
              oldValue = value;
               //统计无效的自旋次数
               if (i++ > 1)
               {
                  //记录失败的次数
                   failure.incrementAndGet();
               }

            } while (!unSafeCompareAndSet(oldValue, oldValue + 1));
        }

        //测试用例入口方法
        public static void main(String[] args) throws InterruptedException
        {
            final OptimisticLockingPlus cas = new OptimisticLockingPlus();
            //倒数闩，需要倒数THREAD_COUNT次
            CountDownLatch latch = new CountDownLatch(THREAD_COUNT);
            for (int i = 0; i < THREAD_COUNT; i++)
            {
                // 提交10个任务
                ThreadUtil.getMixedTargetThreadPool().submit(() ->
                {
                    //每个任务累加1000次
                    for (int j = 0; j < 1000; j++)
                    {
                        cas.selfPlus();
                    }
                    latch.countDown();              // 执行完一个任务，倒数闩减少一次
                });
            }
            latch.await();                          // 主线程等待倒数闩倒数完毕
            Print.tco("累加之和: " + cas.value);
            Print.tco("失败次数: " + cas.failure.get());
        }
    }
}
```

运行以上的示例程序，输出的结果如下：

```
[main]: valueOffset:=12
[main]: 累加之和: 10000
[main]: 失败次数: 707
```

从上面的输出结果可以看出，使用Unsafe.objectFieldOffset(...)方法所获取到的value属性的偏移量为12。为什么value属性的偏移量值为12呢？接下来为大家进行一下详细地分析。

3.1.4　字段偏移量的计算

使用Unsafe.objectFieldOffset(...)方法获取到的Object字段（也叫Object成员属性）的偏移量值，

是字段相对于Object头部的偏移量，是一个相对的内存地址值，不是绝对的内存地址值。

首先回顾一下3.1.3节用到的OptimisticLockingPlus类，该类所包含的字段如下：

```
// 模拟CAS算法
static class OptimisticLockingPlus
{   //静态常量：线程数
    private static final int THREAD_COUNT = 10;

    //成员属性：包装的值
    volatile private int value;

    //静态常量：JDK不安全类的实例
    private static final Unsafe unsafe = JvmUtil.getUnsafe();

    //静态常量：value 成员的相对偏移（相对于对象头）
    private static final long valueOffset;

    //静态常量：CAS的失败次数
    private static final AtomicLong failure = new AtomicLong(0);
    //省略其他不相干代码
}
```

虽然OptimisticLockingPlus类有5个字段，但是其中有4个是静态字段，属于类的成员而不是对象的成员，真正属于对象的字段只有其中的value字段。所以，一个OptimisticLockingPlus类对象的大致结构如图3-3所示。

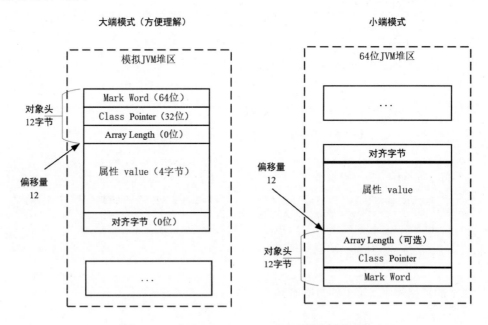

图 3-3　一个 OptimisticLockingPlus 类的对象结构

通过图3-3可以看出，在64位的JVM堆区中一个OptimisticLockingPlus对象的Object Header（头部）占用了12字节，其中Mark Word占用了8字节（64位），压缩过的Klass Pointer占用了4字节。接在Object Header之后的就是成员属性value的内存区域，所以value属性相对于Object Header的偏移量为12。

另外，也可以通过JOL工具查看OptimisticLockingPlus成员属性value的内存相对偏移，具体代码如下：

```
package com.crazymakercircle.cas;
//省略import
public class TestCompareAndSwap
{
    @Test
    public void printObjectStruct()
    {
        //创建一个对象
        OptimisticLockingPlus object=new OptimisticLockingPlus();
        //给成员赋值
        object.value=100;
        //通过JOL工具输出内存布局
        String printable = ClassLayout.parseInstance(object).toPrintable();
        Print.fo("object = " + printable);
    }
    //省略不相关代码
}
```

运行程序，输出的几个如下：

```
[TestCompareAndSwap.printObjectStruct]: object internals:
 OFFSET  SIZE   TYPE DESCRIPTION        VALUE
      0     4   (object header)        01 00 00 00 (00000001 00000000 00000000 00000000) (1)
      4     4   (object header)        00 00 00 00 (00000000 00000000 00000000 00000000) (0)
      8     4   (object header)        50 08 01 f8 (01010000 00001000 00000001 11111000)
(-134150064)
     12     4   int OptimisticLockingPlus.value      100
Instance size: 16 bytes
Space losses: 0 bytes internal + 0 bytes external = 0 bytes total
```

从以上JOL输出的结果可以看出，一个TestCompareAndSwap对象的Object Header占用了12字节，而value属性的内存位置紧挨在Object Header之后，所以value属性的相对偏移量值为12。

3.2　JUC 原子类

在多线程并发执行时，诸如"++"或"--"类的运算不具备原子性，不是线程安全的操作。通常情况下，大家会使用synchronized将这些线程不安全的操作变成同步操作，但是这样会降低并发程序的性能。所以，JDK为这些类型不安全的操作提供了一些原子类，与synchronized同步机制相比，JDK原子类基于CAS轻量级原子操作实现，使得程序运行效率变得更高。

3.2.1　JUC 中的 Atomic 原子操作包

Atomic操作翻译成中文是指一个不可中断的操作，即使在多个线程一起执行Atomic类型操作的时候，一个操作一旦开始，就不会被其他线程中断。所谓Atomic类，指的是具有原子操作特征的类。

JUC 并发包中原子类的位置

JUC并发包中原子类都存放在java.util.concurrent.atomic类路径下，具体如图3-4所示。

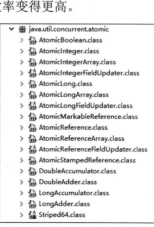

图 3-4　JUC 中的 Atomic 原子操作包中的类

根据操作的目标数据类型，可以将JUC包中的原子类分为4类：基本原子类、数组原子类、原子引用类和字段更新原子类。

（1）基本原子类

基本原子类的功能是通过原子方式更新Java基础类型变量的值。基本原子类主要包括以下三个：

- AtomicInteger：整型原子类。
- AtomicLong：长整型原子类。
- AtomicBoolean：布尔型原子类。

（2）数组原子类

数组原子类的功能是通过原子方式更新数组中的某个元素的值。数组原子类主要包括了以下三个：

- AtomicIntegerArray：整型数组原子类。
- AtomicLongArray：长整型数组原子类。
- AtomicReferenceArray：引用类型数组原子类。

（3）引用原子类

引用原子类主要包括以下三个：

- AtomicReference：引用类型原子类。
- AtomicMarkableReference：带有更新标记位的原子引用类型。
- AtomicStampedReference：带有更新版本号的原子引用类型。

AtomicMarkableReference类将boolean标记与引用关联起来，可以解决使用AtomicBoolean进行原子方式的更新时可能出现的ABA问题。

AtomicStampedReference类将整数值与引用关联起来，可以解决使用AtomicInteger进行原子方式的更新时可能出现的ABA问题。

（4）字段更新原子类

字段更新原子类主要包括以下三个：

- AtomicIntegerFieldUpdater：原子更新整型字段的更新器。
- AtomicLongFieldUpdater：原子更新长整型字段的更新器。
- AtomicReferenceFieldUpdater：原子更新引用类型里的字段。

首先介绍基础原子类。由于AtomicInteger、AtomicLong、AtomicBoolean三个基础原子类所提供的方法几乎相同，因此这里以AtomicInteger为例来介绍。

3.2.2　基础原子类 AtomicInteger

基础原子类AtomicInteger常用的方法主要如下：

```
public final int get()                          //获取当前的值
public final int getAndSet(int newValue)        //获取当前的值，然后设置新的值
public final int getAndIncrement()              //获取当前的值，然后自增
```

```
public final int getAndDecrement()                //获取当前的值，然后自减
public final int getAndAdd(int delta)             //获取当前的值，并加上预期的值
boolean compareAndSet(int expect, int update)     //通过CAS方式设置整数值
```

下面是一个基础原子类AtomicInteger的使用示例，具体代码如下：

```
package com.crazymakercircle.cas;
//省略import
public class AtomicTest
{
    @Test
    public  void atomicIntegerTest()
    {
        int tempvalue = 0;
        //定义一个整数原子类实例，赋值到变量 i
        AtomicInteger i = new AtomicInteger(0);

        //取值，然后设置一个新值
        tempvalue = i.getAndSet(3);
        //输出tempvalue:0; i:3
        Print.fo("tempvalue:" + tempvalue + "; i:" + i.get());

        //取值，然后自增
        tempvalue = i.getAndIncrement();
        //输出tempvalue:3; i:4
        Print.fo("tempvalue:" + tempvalue + "; i:" + i.get());

        //取值，然后增加5
        tempvalue = i.getAndAdd(5);
        //输出tempvalue:4; i:9
        Print.fo("tempvalue:" + tempvalue + "; i:" + i.get());

        //CAS交换
        boolean flag = i.compareAndSet(9, 100);
        //输出flag:true; i:100
        Print.fo("flag:" + flag + "; i:" + i.get());
    }
}
```

一个基础原子类的综合示例

在多线程环境下，如果涉及基本数据类型的并发操作，不建议采用synchronized重量级锁进行线程同步，而是建议优先使用基础原子类保障并发操作的线程安全性。

接下来通过一个使用原子类进行安全自增的综合示例展示一下基础原子类的使用，具体代码如下：

```
package com.crazymakercircle.cas;
//省略import
public class AtomicTest
{
    @Test
    public static void main(String[] args) throws InterruptedException
    {
        CountDownLatch latch = new CountDownLatch(THREAD_COUNT);
        //定义一个整数原子类实例，赋值到变量 i
        AtomicInteger atomicInteger = new AtomicInteger(0);

        for (int i = 0; i < THREAD_COUNT; i++)
        {
            // 创建10个线程，模拟多线程环境
            ThreadUtil.getMixedTargetThreadPool().submit(() ->
            {
```

```
                    for (int j = 0; j < 1000; j++)
                    {
                        atomicInteger.getAndIncrement();
                    }
                    latch.countDown();
                });
            }
            latch.await();
            Print.tco("累加之和: " + atomicInteger.get());
        }
    //省略不相关代码
}
```

运行以上程序，结果如下：

```
[main]: 累加之和: 10000
```

运行以上演示示例，通过结果可以看出：10个线程每个线程累加1000次结果为10000，该结果与预期结果相同。所以，对基础原子类实例的并发操作是线程安全的。

3.2.3　数组原子类 AtomicIntegerArray

使用原子的方式更新数组中的某个元素：

- AtomicIntegerArray：整型数组原子类。
- AtomicLongArray：长整型数组原子类。
- AtomicReferenceArray：引用类型数组原子类。

上面三个类提供的方法几乎相同，所以我们这里以AtomicIntegerArray为例来介绍。
AtomicIntegerArray类常用方法如下：

```
//获取 index=i 位置元素的值
public final int get(int i)

//返回index=i位置的当前的值，并将其设置为新值: newValue
public final int getAndSet(int i, int newValue)

//获取index=i位置元素的值，并让该位置的元素自增
public final int getAndIncrement(int i)

//获取index=i位置元素的值，并让该位置的元素自减
public final int getAndDecrement(int i)

//获取index=i位置元素的值，并加上预期的值
public final int getAndAdd(int delta)

//如果输入的数值等于预期值，就以原子方式将位置i的元素值设置为输入值（update）
boolean compareAndSet(int expect, int update)

//最终将位置i的元素设置为newValue
//lazySet方法可能导致其他线程在之后的一小段时间内还是可以读到旧的值
public final void lazySet(int i, int newValue)
```

下面是一个数组原子类AtomicIntegerArray的使用示例，具体代码如下：

```
package com.crazymakercircle.cas;
//省略import
public class AtomicTest
```

```
{
    @Test
    public  void testAtomicIntegerArray () {
        int tempvalue = 0;
        //原始的数组
        int[] array = { 1, 2, 3, 4, 5, 6 };

        //包装为原子数组
        AtomicIntegerArray i = new AtomicIntegerArray(array);
        //获取第0个元素，然后设置为2
        tempvalue = i.getAndSet(0, 2);
        //输出  tempvalue:1;  i:[2, 2, 3, 4, 5, 6]
        Print.fo("tempvalue:" + tempvalue + ";  i:" + i);

        //获取第0个元素，然后自增
        tempvalue = i.getAndIncrement(0);
        //输出tempvalue:2;  i:[3, 2, 3, 4, 5, 6]
        Print.fo("tempvalue:" + tempvalue + ";  i:" + i);

        //获取第0个元素，然后增加一个delta 5
        tempvalue = i.getAndAdd(0, 5);
        //输出tempvalue:3;  i:[8, 2, 3, 4, 5, 6]
        Print.fo("tempvalue:" + tempvalue + ";  i:" + i);
    }
}
```

运行以上程序，结果如下：

```
[AtomicTest]: tempvalue:1;  i:[2, 2, 3, 4, 5, 6]
[AtomicTest]: tempvalue:2;  i:[3, 2, 3, 4, 5, 6]
[AtomicTest]: tempvalue:3;  i:[8, 2, 3, 4, 5, 6]
```

3.2.4 AtomicInteger 线程安全原理

基础原子类（以AtomicInteger为例）主要通过CAS自旋+volatile相结合的方案实现，既保障了变量操作的线程安全性，又避免了synchronized重量级锁的高开销，使得Java程序的执行效率大为提升。

> **说明** CAS用于保障变量操作的原子性，volatile关键字用于保障变量的可见性，二者常常结合使用。至于什么是变量的线程可见性，具体请参见第4章。

下面以AtomicInteger源码为例分析一下原子类的CAS自旋 + volatile相结合的实现方案。AtomicInteger源码的具体代码如下：

```
public class AtomicInteger extends Number implements java.io.Serializable {

    //Unsafe类实例
    private static final Unsafe unsafe = Unsafe.getUnsafe();

    //内部value值，使用volatile保证线程可见性
    private volatile int value;

    //value属性值的地址偏移量
    private static final long valueOffset;

    static {
      try {
        //计算value属性值的地址偏移量
        valueOffset = unsafe.objectFieldOffset(
```

```
                    AtomicInteger.class.getDeclaredField("value"));
    } catch (Exception ex) { throw new Error(ex); }
}

//初始化
public AtomicInteger(int initialValue) {
    value = initialValue;
}

//获取当前value值
public final int get() {
    return value;
}

//方法：返回旧值并赋新值
public final int getAndSet(int newValue) {
    for (;;) {                          //自旋
        int current = get();            //获取旧值

        //以CAS方式赋值，直到成功返回
        if (compareAndSet(current, newValue)) return current;
    }
}

//方法：封装底层的CAS操作，对比expect（期望值）与value，若不同则返回false
//若expect与value相同，则将新值赋给value，并返回true
public final boolean compareAndSet(int expect, int update) {
    return unsafe.compareAndSwapInt(this, valueOffset, expect, update);
}

//方法：安全自增i++
public final int getAndIncrement() {
    for (;;) {                          //自旋
        int current = get();
        int next = current + 1;
        if (compareAndSet(current, next))
            return current;
    }
}

//方法：自定义增量数
public final int getAndAdd(int delta) {
    for (;;) {                          //自旋
        int current = get();
        int next = current + delta;
        if (compareAndSet(current, next))
            return current;
    }
}

//方法：类似++I，返回自增后的值
public final int incrementAndGet() {
    for (;;) {                          //自旋
        int current = get();
        int next = current + 1;
        if (compareAndSet(current, next))
            return next;
    }
}

//方法：返回加上delta后的值
public final int addAndGet(int delta) {
    for (;;) {                          //自旋
        int current = get();
```

```
        int next = current + delta;
        if (compareAndSet(current, next))
            return next;
    }
}
//省略其他源码
}
```

AtomicInteger源码中的主要方法都是通过CAS自旋实现的。CAS自旋的主要操作为：

如果一次CAS操作失败，获取最新的value值后，再次进行CAS操作，直到成功。

另外，AtomicInteger所包装的内部value成员是一个使用关键字volatile修饰的内部成员。关键字volatile的原理比较复杂，简单地说，该关键字可以保证任何线程在任何时刻总能拿到该变量的最新值，其目的在于保障变量值的线程可见性。

3.3　对象操作的原子性

基础的原子类型只能保证一个变量的原子操作，当需要对多个变量进行操作时，CAS无法保证原子性操作，这时可以用AtomicReference（原子引用类型）保证对象引用的原子性。

简单来说，如果需要同时保障对多个变量操作的原子性，就可以把多个变量放在一个对象中进行操作。

与对象操作的原子性有关的原子类型，除了引用类型原子类之外，还包括属性更新原子类。

3.3.1　引用类型原子类

引用类型原子类包括以下：

- AtomicReference：基础的引用原子类。
- AtomicStampedReference：带印戳的引用原子类。
- AtomicMarkableReference：带修改标志的引用原子类。

上面三个类提供的方法几乎相同，所以这里以AtomicReference为例子来介绍。

下面为大家介绍一个简单的AtomicReference类的使用示例，首先定义一个普通的POJO对象，代码如下：

```
package com.crazymakercircle.im.common.bean;
//省略import
public class User implements Serializable
{

    String uid;                    //用户ID
    String nickName;               //昵称
    public volatile  int age;      //年龄

    public User(String uid, String nickName)
    {
        this.uid = uid;
        this.nickName = nickName;
    }

    @Override
    public String toString()
```

```
    {
        return "User{" +
                "uid='" + getUid() + '\'' +
                ", nickName='" + getNickName() + '\'' +
                ", platform=" + getPlatform() +
                '}';
    }
```

接下来介绍如何使用AtomicReference对User的引用进行原子性修改，代码如下：

```
package com.crazymakercircle.cas;
//省略import
public class AtomicTest
{
    @Test
    public void testAtomicReference()
    {
        //包装的原子对象
        AtomicReference<User> userRef = new AtomicReference<User>();
        //待包装的User对象
        User user = new User("1", "张三");
        //为原子对象设置值
        userRef.set(user);
        Print.tco("userRef is:" + userRef.get());

        //要使用CAS替换的User对象
        User updateUser = new User("2", "李四");
        //使用CAS替换
        boolean success = userRef.compareAndSet(user, updateUser);
        Print.tco(" cas result is:" + success);
        Print.tco(" after cas,userRef is:" + userRef.get());
    }
    //省略其他代码
}
```

运行以上示例，输出结果如下：

```
[main]: userRef is:User{uid='1', nickName='张三'}
[main]:  cas result is:true
[main]:  after cas,userRef is:User{uid='2', nickName='李四'}
```

以上代码首先创建了一个User对象，然后把User对象包装到一个AtomicReference类型的引用 userRef中，如果要修改userRef的包装值，就需要调用compareAndSet()方法才能完成。该方法就是通过CAS操作userRef，从而保证操作的原子性。

> **说明** 使用原子引用类型AtomicReference包装了User对象之后，只能保障User引用的原子操作，对被包装的User对象的字段值修改时不能保证原子性，这点要切记。

3.3.2 属性更新原子类

如果需要保障对象某个字段（或者属性）更新操作的原子性，需要用到属性更新原子类。属性更新原子类有以下三个：

- AtomicIntegerFieldUpdater：保障整型字段的更新操作的原子性。
- AtomicLongFieldUpdater：保障长整型字段的更新操作的原子性。
- AtomicReferenceFieldUpdater：保障引用字段的更新操作的原子性。

由于上面三个类提供的方法几乎相同，所以我们这里以AtomicIntegerFieldUpdater为例来介绍。使用属性更新原子类保障属性安全更新的流程大致需要两步：

- 第一步，更新的对象属性必须使用public volatile修饰符。
- 第二步，因为对象的属性修改类型原子类都是抽象类，所以每次使用都必须使用静态方法newUpdater()创建一个更新器，并且需要设置想要更新的类和属性。

下面为大家介绍一个简单的AtomicIntegerFieldUpdater类的使用示例，原子性更新User对象的age属性，代码如下：

```
@Test
public void testAtomicIntegerFieldUpdater()
{
    //使用静态方法newUpdater()创建一个更新器updater
    AtomicIntegerFieldUpdater<User> updater=
            AtomicIntegerFieldUpdater.newUpdater(User.class, "age");
    User user = new User("1", "张三");

    //使用属性更新器的getAndIncrement、getAndAdd增加user的age值

    Print.tco(updater.getAndIncrement(user));        // 1
    Print.tco(updater.getAndAdd(user, 100));         // 101

    //使用属性更新器的get获取user的age值
    Print.tco(updater.get(user));                    // 101
}
```

运行以上代码，结果如下：

```
[main]: 0
[main]: 1
[main]: 101
```

3.4　ABA 问题

由于CAS原子操作性能高，因此其在JUC包中被广泛应用，只不过如果使用得不合理，CAS原子操作会存在ABA问题。

3.4.1　了解 ABA 问题

什么是ABA问题？举一个例子来说明。比如一个线程A从内存位置M中取出V1，另一个线程B也取出V1。现在假设线程B进行了一些操作之后将M位置的数据V1变成了V2，然后又在一些操作之后将V2变成V1。之后，线程A进行CAS操作，但是线程A发现M位置的数据仍然是V1，最后线程A操作成功。尽管线程A的CAS操作成功，但是不代表这个过程是没有问题的，线程A操作的数据V1可能已经不是之前的V1，而是被线程B替换过的V1，这就是ABA问题。

如果上面的例子令人迷糊，下面介绍一个更加翔实的、易懂的例子。

现有一个LIFO（后进先出）堆栈，该堆栈使用单向链表实现，元素的插入和删除都发生在单向链表的头部。这里假设该堆栈初始的结构如图3-5所示。

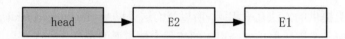

图 3-5　一个假设的堆栈（基于单向链表实现）的初始结构

　　假设线程A和线程B是两个在堆栈上进行并发操作的线程，其中线程A计划从head位置通过CAS进行元素E2的弹出操作。

　　在线程A刚好启动CAS的执行，但是没有开始之前，线程B抢在前面从head位置中弹出元素E2、E1，并压入了一个新元素E3，再压入了E2，线程B完成操作之后，栈帧的head位置的数据仍然是E2。

　　这时切换到线程A执行，通过CAS操作发现head位置仍然是E2，线程A操作成功，元素E2的弹出操作，堆栈的head位置变成E1。尽管线程A的CAS操作成功，但存在一个大的问题。具体问题是什么呢？　接下来一步一步进行分析。

　　以上线程A和线程B在堆栈上的弹出和压入操作的示意图如图3-6所示。

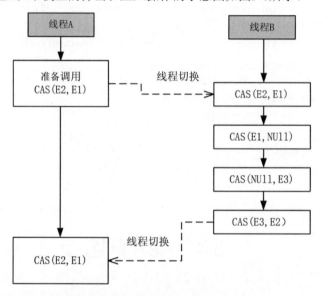

图 3-6　线程 A 和线程 B 在堆栈上的弹出和压入操作

　　线程A和线程B在堆栈上的弹出和压入操作具体步骤如下：

　　1）已知的栈顶为E2，这时线程A已经知道E2.next为E1，然后希望用CAS（E2，E1）将栈顶E2替换为E1，从而将E2从堆栈弹出，操作完成后，堆栈里边的元素如图3-7所示。

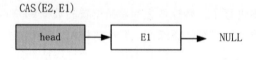

图 3-7　线程 A 使用 CAS（E2,E1）将 E2 弹出后的预期效果

　　2）但是在线程A开始执行CAS（E2，E1）前，CPU的时间片被线程B抢夺。线程B从head位置中弹出元素E2、E1，然后压入了元素E3、E2，最终线程B又将head位置的数据变成E2。线程B操作完成后，堆栈里边的元素如图3-8所示。

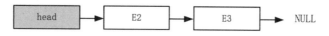

图 3-8　线程 B 完成一系列执行后的堆栈结果

3）接下来，线程A重新获得CPU时间片，开始执行CAS（E2, E1）操作。CAS检测发现栈顶仍为E2，所以CAS（E2, E1）操作能成功，将栈顶变为E1。由于E1.next为NULL，此时的堆栈只有1个元素，堆栈里边的元素如图3-9所示。

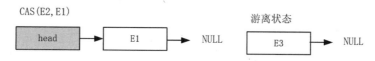

图 3-9　线程 A 执行 CAS（E2, E1）后的堆栈结果

在线程A执行完成后，线程B之前压入的E3元素处于游离状态，不再存在于堆栈中，平白无故被丢掉了，这就是ABA问题引发的不正常状态。

3.4.2　ABA 问题解决方案

很多乐观锁的实现版本都是使用版本号（Version）方式来解决ABA问题。乐观锁每次在执行数据的修改操作时都会带上一个版本号，版本号和数据的版本号一致就可以执行修改操作并对版本号执行加1操作，否则执行失败。因为每次操作的版本号都会随之增加，所以不会出现ABA问题，因为版本号只会增加不会减少。

3.4.3　使用 AtomicStampedReference 解决 ABA 问题

参考乐观锁的版本号，JDK提供了一个类似AtomicStampedReference类来解决ABA问题。AtomicStampReference在CAS的基础上增加了一个Stamp（印戳或标记），使用这个印戳可以用来觉察数据是否发生变化，给数据带上了一种实效性的检验。

AtomicStampReference的compareAndSet()方法首先检查当前的对象引用值是否等于预期引用，并且当前印戳标志是否等于预期标志，如果全部相等，就以原子方式将引用值和印戳标志的值更新为给定的更新值。

AtomicStampReference的构造器有两个参数，具体如下：

```
//构造器，V表示要引用的原始数据，initialStamp表示最初的版本印戳（版本号）
AtomicStampedReference(V initialRef, int initialStamp)
```

AtomicStampReference的常用的几个方法如下：

```
//获取被封装的数据
public V getRerference();
```

```
//获取被封装的数据的版本印戳
public int getStamp();
```

AtomicStampedReference的CAS操作的定义如下：

```
public boolean compareAndSet( V  expectedReference,        //预期引用值
                              V  newReference,             //更新后的引用值
                              int expectedStamp,           //预期印戳标志值
                              int newStamp)                //更新后的印戳标志值
```

compareAndSet方法的第一个参数是原CAS中的原参数，第二个参数是要替换后的新参数，第三个参数是原来CAS数据旧的版本号，第四个参数表示替换后的版本号。

进行CAS操作时，若当前引用值等于预期引用值，并且当前印戳值等于预期印戳值，则以原子方式将引用值和印戳值更新为给定的更新值。

下面是一个简单的AtomicStampedReference使用示例，通过两个线程分别带上印戳更新同一个atomicStampedRef实例的值，第一个线程会更新成功，而第二个线程更新失败，具体代码如下：

```java
package com.crazymakercircle.cas;
//省略import
public class AtomicTest
{

    @Test
    public void testAtomicStampedReference()
    {

        CountDownLatch latch = new CountDownLatch(2);

        AtomicStampedReference<Integer> atomicStampedRef =
                new AtomicStampedReference<Integer>(1, 0);

        ThreadUtil.getMixedTargetThreadPool().submit(new Runnable()
        {
            @Override
            public void run()
            {
                boolean success = false;
                int stamp = atomicStampedRef.getStamp();
                Print.tco("before sleep 500: value="
                        + atomicStampedRef.getReference()
                        + " stamp=" + atomicStampedRef.getStamp());

                //等待500毫秒
                sleepMilliSeconds(500);
                success = atomicStampedRef.compareAndSet(1, 10, stamp, stamp + 1);

                Print.tco("after sleep 500 cas 1: success=" + success
                        + " value=" + atomicStampedRef.getReference()
                        + " stamp=" + atomicStampedRef.getStamp());

                //增加印戳值，然后更新，如果印戳被其他线程改了，则会更新失败
                stamp++;
                success = atomicStampedRef.compareAndSet(10, 1, stamp, stamp+1);
                Print.tco("after sleep 500 cas 2: success=" + success
                        + " value=" + atomicStampedRef.getReference()
                        + " stamp=" + atomicStampedRef.getStamp());

                latch.countDown();
            }
        });
        ThreadUtil.getMixedTargetThreadPool().submit(new Runnable()
        {
            @Override
            public void run()
            {
                boolean success = false;
                int stamp = atomicStampedRef.getStamp();
                // stamp = 0
                Print.tco("before sleep 1000: value="
                        + atomicStampedRef.getReference()
                        + " stamp=" + atomicStampedRef.getStamp());
                //等待1000毫秒
                sleepMilliSeconds(1000);
```

```
            Print.tco("after sleep 1000: stamp = " + atomicStampedRef.getStamp());
            //stamp =1，这个值实际已经被修改了
            success = atomicStampedRef.compareAndSet( 1, 20, stamp, stamp++);
            Print.tco("after cas 3 1000: success=" + success
                        + " value=" + atomicStampedRef.getReference()
                        + " stamp=" + atomicStampedRef.getStamp());
            latch.countDown();
        }
    });
    latch.await();
}
...
}
```

运行以上示例，输出结果如下：

```
[apppool-1-mixed-2]: before sleep 1000: value=1 stamp=0
[apppool-1-mixed-1]: before sleep 500: value=1 stamp=0
[apppool-1-mixed-1]: after sleep 500 cas 1: success=true value=10 stamp=1
[apppool-1-mixed-1]: after  sleep 500 cas 2: success=true value=1 stamp=2
[apppool-1-mixed-2]: after sleep 1000: stamp = 2
[apppool-1-mixed-2]: after cas 3 1000: success=false value=1 stamp=2
```

3.4.4　使用 AtomicMarkableReference 解决 ABA 问题

AtomicMarkableReference是AtomicStampedReference的简化版，不关心修改过几次，仅仅关心是否修改过。因此，其标记属性mark是boolean类型，而不是数字类型，标记属性mark仅记录值是否修改过。

AtomicMarkableReference适用于只要知道对象是否被修改过的场景，而不适用于对象被反复修改的场景。

下面是一个简单的AtomicMarkableReference使用示例，通过两个线程分别更新同一个atomicRef的值，第一个线程会更新成功，而第二个线程更新失败，具体代码如下：

```
package com.crazymakercircle.cas;
//省略import
public class AtomicTest
{
  @Test
    public void testAtomicMarkableReference() throws InterruptedException
    {
        CountDownLatch latch = new CountDownLatch(2);

        AtomicMarkableReference<Integer> atomicRef =
                new AtomicMarkableReference<Integer>(1, false);

        ThreadUtil.getMixedTargetThreadPool().submit(new Runnable()
        {
            @Override
            public void run()
            {
                boolean success = false;
                int value = atomicRef.getReference();
                boolean mark = getMark(atomicRef);
                Print.tco("before sleep 500: value=" + value + " mark=" + mark);

                //等待500毫秒
                sleepMilliSeconds(500);
                success = atomicRef.compareAndSet(1, 10, mark, !mark);
```

```
                    Print.tco("after sleep 500 cas 1: success=" + success
                            + " value=" + atomicRef.getReference()
                            + " mark=" + getMark(atomicRef));

                    latch.countDown();
                }
            });

            ThreadUtil.getMixedTargetThreadPool().submit(new Runnable()
            {
                @Override
                public void run()
                {
                    boolean success = false;
                    int value = atomicRef.getReference();
                    boolean mark = getMark(atomicRef);
                    Print.tco("before sleep 1000: value="
                                + atomicRef.getReference()
                                + " mark=" + mark);

                    //等待1000毫秒
                    sleepMilliSeconds(1000);
                    Print.tco("after sleep 1000: mark = " + getMark(atomicRef));
                    success = atomicRef.compareAndSet(1, 20, mark,!mark);
                    Print.tco("after cas 3 1000: success=" + success
                                + " value=" + atomicRef.getReference()
                                + " mark=" + getMark(atomicRef));

                    latch.countDown();
                }
            });
            latch.await();

    }

    //取得修改标志值
    private boolean getMark(AtomicMarkableReference<Integer> atomicRef)
    {
        boolean[] markHolder = {false};
        int value = atomicRef.get(markHolder);
        return markHolder[0];
    }
    //省略其他
}
```

运行以上示例，输出结果如下：

```
[apppool-1-mixed-1]: before sleep 500: value=1 mark=false
[apppool-1-mixed-2]: before sleep 1000: value=1 mark=false
[apppool-1-mixed-1]: after sleep 500 cas 1: success=true value=10 mark=true
[apppool-1-mixed-2]: after sleep 1000: mark = true
[apppool-1-mixed-2]: after cas 3 1000: success=false value=10 mark=true
```

3.5 提升高并发场景下 CAS 操作的性能

在争用激烈的场景下，会导致大量的CAS空自旋。比如，在大量的线程同时并发修改一个AtomicInteger时，可能有很多线程会不停地自旋，甚至有的线程会进入一个无限重复的循环中。大量的CAS空自旋会浪费大量的CPU资源，大大降低了程序的性能。

> 🔧 **说明**　除了存在CAS空自旋之外，在SMP架构的CPU平台上，大量的CAS操作还可能导致"总线风暴"，具体可参见第5章的内容。

在高并发场景下如何提升CAS操作性能呢？可以使用LongAdder替代AtomicInteger。

3.5.1　以空间换时间：LongAdder

Java 8提供一个新的类LongAdder，以空间换时间的方式提升高并发场景下CAS操作性能。

LongAdder核心思想就是热点分离，与ConcurrentHashMap的设计思想类似：将value值分离成一个数组，当多线程访问时，通过Hash算法将线程映射到数组的一个元素进行操作；而获取最终的value结果时，则将数组的元素求和。

最终，通过LongAdder将内部操作对象从单个value值"演变"成一系列的数组元素，从而减小了内部竞争的粒度。LongAdder的演变如图3-10所示。

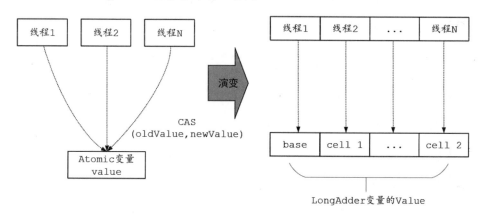

图 3-10　LongAdder 的操作对象由单个 value 值 "演变" 成了数组

下面是一个LongAdder和AtomicLong的对比实验，使用10个线程每个线程累加1000次，具体代码如下：

```
package com.crazymakercircle.cas;
//省略import
public class LongAdderVSAtomicLongTest
{
    // 每条线程的执行轮数
    final int TURNS = 100000000;

    //对比测试用例一：使用AtomicLong完成10个线程累加1000次
    @org.junit.Test
    public void testAtomicLong()
    {
        // 并发任务数
        final int TASK_AMOUNT = 10;

        //线程池，获取CPU密集型任务线程池
        ExecutorService pool = ThreadUtil.getCpuIntenseTargetThreadPool();

        //定义一个原子对象
        AtomicLong atomicLong = new AtomicLong(0);
        // 线程同步倒数闩
```

```java
CountDownLatch countDownLatch = new CountDownLatch(TASK_AMOUNT);
long start = System.currentTimeMillis();
for (int i = 0; i < TASK_AMOUNT; i++)
{
    pool.submit(() ->
    {
        try
        {
            for (int j = 0; j < TURNS; j++)
            {
                atomicLong.incrementAndGet();
            }
            // Print.tcfo("本线程累加完成");
        } catch (Exception e)
        {
            e.printStackTrace();
        }
        //倒数闩，倒数一次
        countDownLatch.countDown();
    });
}

try
{
    //等待倒数闩完成所有的倒数操作
    countDownLatch.await();
} catch (InterruptedException e)
{
    e.printStackTrace();
}
float time = (System.currentTimeMillis() - start) / 1000F;
//输出统计结果
Print.tcfo("运行的时长为: " + time);
Print.tcfo("累加结果为: " + atomicLong.get());
}
//对比测试用例二：使用LongAdder完成10个线程累加1000次
@org.junit.Test
public void testLongAdder()
{
    // 并发任务数
    final int TASK_AMOUNT = 10;

    //线程池，获取CPU密集型任务线程池
    ExecutorService pool = ThreadUtil.getCpuIntenseTargetThreadPool();

    //定义一个LongAdder 对象
    LongAdder longAdder = new LongAdder();

    // 线程同步倒数闩
    CountDownLatch countDownLatch = new CountDownLatch(TASK_AMOUNT);
    long start = System.currentTimeMillis();
    for (int i = 0; i < TASK_AMOUNT; i++)
    {
        pool.submit(() ->
        {
            try
            {
                for (int j = 0; j < TURNS; j++)
                {
                    longAdder.add(1);
                }
            } catch (Exception e)
```

```
                {
                    e.printStackTrace();
                }
                //倒数闩，倒数一次
                countDownLatch.countDown();
            });
        }
        try
        {
            //等待倒数闩完成所有的倒数操作
            countDownLatch.await();
        } catch (InterruptedException e)
        {
            e.printStackTrace();
        }
        float time = (System.currentTimeMillis() - start) / 1000F;
        //输出统计结果
        Print.tcfo("运行的时长为: " + time);
        Print.tcfo("累加结果为: " + longAdder.longValue());
    }
}
```

运行以上testLongAdder()测试用例，执行结果如下：

```
[main|LongAdderVSAtomicLongTest.testLongAdder]: 运行的时长为: 2.346
[main|LongAdderVSAtomicLongTest.testLongAdder]: 累加结果为: 1000000000
```

为了进行速度的对比，可以多次运行以上的用例，每一次运行可以修改TASK_AMOUNT（次数常量）的值。测试5次，TASK_AMOUNT值从1000到1 000 000 000，对比出来的速度倍数值如表3-1所示。

表3-1　LongAdder和AtomicLong的对比实验

类　　型	1000*10	100000*10	10000000*10	100000000*10	1000000000*10
testAtomicLong	0.083	0.11	0.375	17.852	198.434
testLongAdder	0.126	0.105	0.362	2.346	22.867
倍　　数	65.87%	104.76%	103.59%	760.95%	867.77%

通过对比实验可以看到：当只有10个线程总计累加10000次的时候，AtomicLong的性能更好。随着累加次数的增加，CAS操作的次数急剧增多，AtomicLong的性能急剧下降。从对比实验的结果可以看出，在CAS争用最为激烈的场景下，LongAdder的性能是AtomicLong性能的8倍。

3.5.2　LongAdder 的原理

AtomicLong使用内部变量value保存着实际的long值，所有的操作都是针对该value变量进行。也就是说，在高并发环境下，value变量其实是一个热点，也就是N个线程竞争一个热点。重试线程越多，就意味着CAS的失败概率越高，从而进入恶性CAS空自旋状态。

LongAdder的基本思路就是分散热点，将value值分散到一个数组中，不同线程会命中到数组的不同槽（元素）中，各个线程只对自己槽中的那个值进行CAS操作。这样热点就被分散了，冲突的概率就小很多。

使用LongAdder，即使线程数再多也不担心，各个线程会分配到多个元素上去更新，增加元素个数就可以降低 value的"热度"，AtomicLong中的恶性CAS空自旋就解决了。

如果要获得完整的LongAdder存储的值，只要将各个槽中的变量值累加，返回最终的累加之后的值即可。

LongAdder的实现思路与ConcurrentHashMap中分段锁基本原理非常相似，本质上都是不同的线程在不同的单元上进行操作，这样减少了线程竞争，提高了并发效率。

LongAdder的设计体现了空间换时间的思想，不过在实际高并发场景下，数组元素所消耗的空间可以忽略不计。

1. LongAdder 实例的内部结构

一个LongAdder实例的内部结构，具体如图3-11所示。

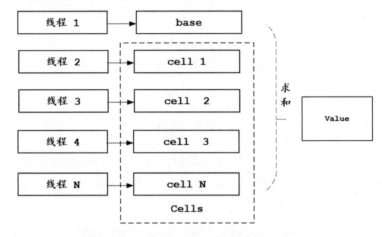

图 3-11　一个 LongAdder 实例的内部结构

LongAdder的内部成员包含一个base值和一个cells数组。在最初无竞争时，只操作base的值；当线程执行CAS失败后，才初始cells数组，并为线程分配所对应的元素。

LongAdder中没有类似于AtomicLong中的getAndIncrement()或者incrementAndGet()这样的原子操作，所以只能通过increment()方法和longValue()方法的组合来实现更新和获取的操作。

2. 基类 Striped64 内部三个重要的成员

LongAdder继承于Striped64类，base值和cells数组都在Striped64类定义。基类Striped64内部三个重要的成员如下：

```
/**
 * 成员一：存放Cell的哈希表，大小为2的幂
 */
transient volatile Cell[] cells;
/**
 * 成员二：基础值
 * 1. 在没有竞争时会更新这个值
 * 2. 在cells初始化时，cells不可用，也会尝试将通过cas操作值累加到base
 */
transient volatile long base;

/**
 * 自旋锁，通过CAS操作加锁，为0表示cells数组没有处于创建、扩容阶段
 * 为1用于表示正在创建或者扩展Cell数组，不能进行新Cell元素的设置操作
```

```
*/
transient volatile int cellsBusy;
```

Striped64内部包含一个base和一个Cell[]类型的cells数组，cells数组又叫哈希表。在没有竞争的情况下，要累加的数通过CAS累加到base上；如果有竞争的话，会将要累加的数累加到Cells数组中的某个cell元素里面。所以Striped64的整体值value为 base+∑[0~n]cells。

Striped64的整体值value的获取函数如下：

```java
public long longValue() {
    //longValue()方法调用了sum()，累加所有cell的值
    return sum();
}

/**
 * 将多个cell数组中的值加起来的和就类似于AtomicLong中的value
 */
public long sum() {
    Cell[] as = cells;
    Cell a;
    long sum = base;
    if (as != null) {
        //累加所有cell的值
        for (int i = 0; i < as.length; ++i) {
            if ((a = as[i]) != null)
                sum += a.value;
        }
    }
    return sum;
}
```

Striped64的设计核心思路就是通过内部的分散计算来避免竞争，以空间换时间。LongAdder的base类似于AtomicInteger里面的value，在没有竞争的情况下，cells数组为null，这时只使用base做累加；而一旦发生竞争，cells数组就上场了。

cells数组第一次初始化长度为2，以后每次扩容都是变为原来的两倍，直到cells数组的长度大于等于当前服务器CPU的核数。为什么呢？同一时刻，能持有CPU时间片而去并发操作同一个内存地址的最大线程数最多也就是CPU的核数。

当存在线程争用时，每个线程被映射到cells[threadLocalRandomProbe & cells.length]位置的Cell元素，该线程对value所做的累加操作就执行在对应的Cell元素的值上，最终相当于将线程绑定到了cells中的某个cell对象上。

3. LongAdder 类的 add()方法

作为示例，这里分析一下LongAdder类的add()方法，具体的源码如下：

```java
/**
 * 自增1
 */
public void increment() {
    add(1L);
}

/**
 * 自减1
 */
public void decrement() {
    add(-1L);
```

```
        }
    public void add(long x) {
        Cell[] as; long b, v; int m; Cell a;
        if ((as = cells) != null ||                              //CASE 1
                    !casBase(b = base, b + x)) {                 //CASE 2
            if (as == null || (m = as.length - 1) < 0 ||          //CASE 3
                (a = as[getProbe() & m]) == null ||               //CASE 4
                !(uncontended = a.cas(v = a.value, v + x)))       //CASE 5
                longAccumulate(x, null, uncontended);
        }
    }
```

首先介绍一下代码中的外层if块的两个条件语句CASE 1、CASE 2：

- 条件语句CASE 1：cells数组不为null，说明存在争用；在不存在争用的时候，cells数组一定为null，一旦对base的cas操作失败，才会初始化cells数组。
- 条件语句CASE 2：如果cells数组为null，表示之前不存在争用，并且此次casBase执行成功，则表示基于base成员累加成功，add方法直接返回；如果casBase方法执行失败，说明产生了第一次争用冲突，需要对cells数组初始化，此时即将进入内层if块。

casBase方法很简单，就是通过UNSAFE类的CAS设置成员变量base的值为base+x（要累加的值），casBase方法的代码如下：

```
/**
 * 使用CAS来更新base值
 */
final boolean casBase(long cmp, long val) {
    return UNSAFE.compareAndSwapLong(this, BASE, cmp, val);
}
```

如果add(long x)方法的CASE 1、CASE 2两种条件满足一个，就继续执行内层if语句块，通过Cell元素进行累加，而不是通过base属性进行累加。

接下来介绍add(long x)方法的内层if语句块的三个条件语句CASE 3、CASE 4、CASE 5：

- 条件语句CASE 3：as == null || (m = as.length - 1)<0代表cells没有初始化。
- 条件语句CASE 4：指当前线程的哈希值在cells数组映射位置的Cell对象为空，意思是还没有其他线程在同一个位置做过累加操作。
- 条件语句CASE 5：指当前线程的哈希值在cells数组映射位置的Cell对象不为空，然后在该Cell对象上进行CAS操作，设置其值为v+x（x为该Cell需要累加的值），但是CAS操作失败，表示存在争用。

如果以上三个条件语句CASE 3、CASE 4、CASE 5有一个为真，就进入longAccumulate方法。

4. LongAdder 类中的 longAccumulate()方法

longAccumulate()是Striped64中重要的方法，实现不同的线程更新各自Cell中的值，其实现逻辑类似于分段锁，具体的代码如下：

```
final void longAccumulate(long x, LongBinaryOperator fn, boolean wasUncontended) {
    int h;
    if ((h = getProbe()) == 0) {
        ThreadLocalRandom.current(); // force initialization
        h = getProbe();
```

```
            wasUncontended = true;
    }

    //扩容意向，collide=true可以扩容，collide=false不可扩容
    boolean collide = false;
    //自旋，一直到操作成功
    for (;;) {
        //as 表示cells引用
        //a 表示当前线程命中的cell
        //n 表示cells数组长度
        //v 表示期望值
        Cell[] as; Cell a; int n; long v;

     //CASE 1：表示cells已经初始化了，当前线程应该将数据写入到对应的cell中
     //这个大的if分支有三个小分支
        if ((as = cells) != null && (n = as.length) > 0) {

            //CASE 1.1:true表示下标位置的cell为null，需要创建new Cell
            if ((a = as[(n - 1) & h]) == null) {
                if (cellsBusy == 0) {             // cells数组没有处于创建、扩容阶段
                    Cell r = new Cell(x);          // Optimistically create
                    if (cellsBusy == 0 && casCellsBusy()) {
                        boolean created = false;
                        try {                      // Recheck under lock
                            Cell[] rs; int m, j;
                            if ((rs = cells) != null &&
                                (m = rs.length) > 0 &&
                                rs[j = (m - 1) & h] == null) {
                                rs[j] = r;
                                created = true;
                            }
                        } finally {
                            cellsBusy = 0;
                        }
                        if (created)
                            break;
                        continue;                  // Slot is now non-empty
                    }
                }
                collide = false;
            }

            // CASE 1.2：当前线程竞争修改失败，wasUncontended为false
            else if (!wasUncontended)             // CAS already known to fail
                wasUncontended = true;             // Continue after rehash

            //CASE 1.3：当前线程rehash过哈希值，CAS更新Cell
            else if (a.cas(v = a.value, ((fn == null) ? v + x : fn.applyAsLong(v, x))))
                break;

            //CASE 1.4:调整扩容意向，然后进入下一轮循环
            else if (n >= NCPU || cells != as)
                collide = false;                   // 达到最大值，或者as值过期

            //CASE 1.5:设置扩容意向为true，但是不一定真的发生扩容
            if (!collide)
                collide = true;

            //CASE 1.6:真正扩容的逻辑
            else if (cellsBusy == 0 && casCellsBusy()) {
                try {
                    if (cells == as) {             // Expand table unless stale
                        Cell[] rs = new Cell[n << 1];
```

```
                        for (int i = 0; i < n; ++i)
                            rs[i] = as[i];
                        cells = rs;
                    }
                } finally {
                    cellsBusy = 0;                      //释放锁
                }
                collide = false;
                continue;                               // Retry with expanded table
            }
            h = advanceProbe(h);                        //重置（rehash）当前线程哈希值
        }
        //CASE 2: cells还未初始化（as 为null），并且cellsBusy加锁成功
        else if (cellsBusy == 0 && cells == as && casCellsBusy()) {
            boolean init = false;
            try {                                       // Initialize table
                if (cells == as) {
                    Cell[] rs = new Cell[2];
                    rs[h & 1] = new Cell(x);
                    cells = rs;
                    init = true;
                }
            } finally {
                cellsBusy = 0;
            }
            if (init)
                break;
        }
        //CASE 3: 当前线程cellsBusy加锁失败，表示其他线程正在初始化cells
        //所以当前线程将值累加到base，注意add(...)方法调用此方法时fn为null
        else if (casBase(v = base, ((fn == null) ? v + x :
                   fn.applyAsLong(v, x))))
                break;                                  // 在base操作成功时跳出自旋
    }
}
```

longAccumulate的自旋过程中，有三个大的if分支：

- CASE 1：表示cells已经初始化了，当前线程应该将数据写入到对应的Cell中。
- CASE 2：cells还未初始化（as为null），本分支计划初始化cells，在此之前开始执行cellsBusy加锁，并且要求cellsBusy加锁成功。
- CASE 3：如果cellsBusy加锁失败，表示其他线程正在初始化cells，所以当前线程将值累加到base上。

CASE 1表示当前线程应该将数据写入到对应的cell中，又分为以下几种细分情况：

- CASE 1.1：表示当前线程对应的下标位置的Cell为null，需要创建新Cell。
- CASE 1.2：wasUncontended是add(...)方法传递进来的参数如果为false，就表示cells已经被初始化，并且线程对应位置的Cell元素也已经被初始化，但是当前线程对Cell元素的竞争修改失败。如果add方法中条件语句CASE 5通过CAS设置cells[m%cells.length]位置的Cell对象的value值设置为v+x失败了，说明已经发生竞争，就将wasUncontended设置为false。如果wasUncontended为false，就需要重新计算prob的值，自旋操作进入下一轮循环。
- CASE 1.3：无论执行CASE1分支的哪个子条件，都会在末尾执行h = advanceProb()语句去rehash出一个新哈希值，然后会命中新的cell，如果新命中的Cell不为空，在此分支进行CAS

更新，将Cell的值更新为a.value+x，如果更新成功就跳出自旋操作；否则还得继续自旋。

- CASE 1.4：调整cells数组的扩容意向，然后进入下一轮循环。如果n >= NCPU条件成立，表示cells数组大小已经大于等于CPU核算，扩容意向改为false，表示不扩容了；如果该条件不成立，说明cells数组还可以扩容，尽管如此，如果cells != as为true，表示其他线程已经扩容过了，也会将扩容意向改为false，表示当前循环不扩容了。当前线程调到CASE1分支的末尾执行rehash操作重新计算prob的值，然后进入下一轮循环。
- CASE 1.5：如果!collide = true满足，就表示扩容意向不满足，设置扩容意向为true，但是不一定真的发生扩容；然后进入CASE1分支末尾重新计算prob的值，接着进入下一轮循环。
- CASE 1.6：执行真正扩容的逻辑。其条件一cellsBusy == 0为true表示当前cellsBusy的值为0（无锁状态），当前线程可以去竞争这把锁；其条件二casCellsBusy()表示当前线程获取锁成功，CAS操作cellsBusy改为0成功，可以执行扩容逻辑。

> **说明**　通过longAccumulate方法的实现逻辑可以看出，Doug Lea的编程功力是如此的深刻。

5. LongAdder 类的 casCellsBusy()方法

casCellsBusy方法的代码很简单，就是将cellsBusy成员的值改为1，表示目前的cells数组在初始化或扩容中，具体的代码如下：

```
final boolean casCellsBusy() {
    return UNSAFE.compareAndSwapInt(this, CELLSBUSY, 0, 1);
}
```

casCellsBusy()方法相当于锁的功能：当线程需要cells数组初始化或扩容时，需要调用casCellsBusy()方法，通过CAS方式将cellsBusy成员的值改为1，如果修改失败，表示其他的线程正在进行数组初始化或扩容的操作。只有CAS操作成功，cellsBusy成员的值被改为1，当前线程才能执行cells数组初始化或扩容的操作。在cells数组初始化或扩容的操作执行完成之后，cellsBusy成员的值被改为0，这时不需要进行CAS修改，直接修改即可，因为不存在争用。

当cellsBusy成员值为1时，表示cells数组正被某个线程执行初始化或扩容操作，其他线程不能进行以下操作：

1）对cells数组执行初始化。
2）对cells数组执行扩容。
3）如果cells数组中某个元素为null，就为该元素创建新的Cell对象。因为数组的结构正在修改，所以其他线程不能创建新的Cell对象。

3.6　CAS 在 JDK 中的广泛应用

CAS的优势主要有两点：

1）属于无锁编程，线程不存在阻塞和唤醒这些重量级的操作。
2）进程不存在用户态和内核态之间的运行切换，进程不需要承担频繁切换的开销。

下面主要总结一下CAS操作的弊端和规避措施。

3.6.1　CAS 操作的弊端和规避措施

1. CAS 操作的弊端

CAS操作的弊端主要有以下4点。

（1）ABA问题

使用CAS操作内存数据时，当数据发生过变化也能更新成功，如操作序列A==>B==>A时，最后一个CAS的预期数据A实际已经发生过更改，但也能更新成功，这就产生了ABA问题。

ABA问题的解决思路就是使用版本号。在变量前面追加上版本号，每次变量更新的时候将版本号加1，那么操作序列A==>B==>A的就会变成A1==>B2==>A3，如果将A1当作A3的预期数据，就会操作失败。

JDK提供了两个类AtomicStampedReference和AtomicMarkableReference来解决ABA问题。比较常用的是AtomicStampedReference类，该类的compareAndSet方法的作用是首先检查当前引用是否等于预期引用，以及当前印戳是否等于预期印戳，如果全部相等，就以原子方式将引用和印戳的值一同设置为新的值。

（2）只能保证一个共享变量之间的原子性操作

当对一个共享变量执行操作时，我们可以使用循环CAS的方式来保证原子操作，但是对多个共享变量操作时，CAS无法保证操作的原子性。

一个比较简单的规避方法为：把多个共享变量合并成一个共享变量来操作。

JDK提供了AtomicReference类来保证引用对象之间的原子性，可以把多个变量放在一个AtomicReference实例后再进行CAS操作。比如有两个共享变量i＝1、j=2，可以将二者合并成一个对象，然后用CAS来操作该合并对象的AtomicReference引用。

（3）无效CAS会带来开销问题

自旋CAS如果长时间不成功（不成功就一直循环执行，直到成功为止），就会给CPU带来非常大的执行开销。

（4）在部分CPU平台上存在"总线风暴"问题

CAS操作和volatile一样也需要CPU进行通过MESI协议各个内核的"Cache一致性"，会通过CPU的BUS（总线）发送大量MESI协议相关的消息，产生"Cache一致性流量"。因为总线被设计为固定的"通信能力"，如果Cache一致性流量过大，总线将成为瓶颈，这就是所谓的"总线风暴"。

2. 提升 CAS 性能

提升CAS性能有效方式之一是以空间换时间，分散竞争热点。较为常见的方案为：

1）分散操作热点，使用LongAdder替代基础原子类AtomicLong，LongAdder将单个CAS热点（value值）分散到一个cells数组中。

2）使用队列削峰，将发生CAS争用的线程加入一个队列中排队，降低CAS争用的激烈程度。JUC中非常重要的基础类AQS（抽象队列同步器）就是这么做的。

提升CAS性能有效方式之二是使用线程本地变量，从根本上避免竞争。

3.6.2　CAS 操作在 JDK 中的应用

CAS在java.util.concurrent.atomic包中的原子类、Java AQS及其显式锁、CurrentHashMap等重要并发容器类的实现都有非常广泛的应用。

在java.util.concurrent.atomic包的原子类（如AtomicXXX中）都使用了CAS保障对数字成员进行操作的原子性。

java.util.concurrent的大多数类（包括显式锁、并发容器）都是基于AQS和AtomicXXX实现的，其中AQS通过CAS保障其内部双向队列队头、队尾操作的原子性。

第 4 章
可见性与有序性原理

原子性、可见性和有序性是并发编程所面临的三大问题。Java通过CAS操作已解决了并发编程中的原子性问题，本章为大家介绍Java如何解决剩余的另外两个问题——可见性和有序性。

4.1　CPU 物理缓存结构

由于CPU的运算速度比主存（物理内存）的存取速度快很多，为了提高处理速度，现代CPU不直接和主存进行通信，而是在CPU和主存之间设计了多层的高速Cache（高速缓存），越靠近CPU的缓存越快，容量也越小。

CPU物理缓存结构，具体如图4-1所示。

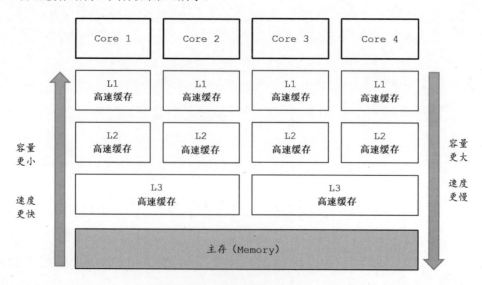

图 4-1　CPU 物理缓存结构

图中的CPU缓存分为三个级别L1、L2、L3，越靠近CPU内核（含寄存器）的缓存速度越快、容量越小，反之则速度越慢、容量越大。

按照数据读取顺序和与CPU结合的紧密程度，CPU高速缓存有L1和L2高速缓存（即一级高速缓存和二级高速缓存），部分高端CPU还具有L3高速缓存（即三级高速缓存）。每一级高速缓存中所储存的数据都是下一级高速缓存的一部分，越靠近CPU的高速缓存越快，容量也越小。所以L1高速缓存容量很小，但存取速度很快，并且紧挨着在使用它的CPU内核。L2容量大一些，存取速度也慢一些，并且仍然只能被一个单核CPU使用。L3在现代多核CPU中更普遍，容量更大、存取速度更慢一些，能被同一个CPU芯片板上的所有CPU内核共享。最后，系统还拥有一块主存（即主内存），由系统中的所有CPU共享。拥有L3高速缓存的CPU，存取数据时的命中率能够达到95%，只有不到5%的数据需要从主存中存取。

图4-1中的L1高速缓存和L2高速缓存都只能被一个CPU单核使用，L3高速缓存可以被同一个插槽上的CPU内核共享，主存由全部插槽上的所有CPU核共享。

CPU读取数据时，先从L1高速缓存中读取，如果没有命中，再到L2、L3高速缓存中读取，假如这些高速缓存都没有命中，它就会到主存中读取所需要的数据。

高速缓存大大缩小了高速CPU与低速主存之间的差距。以三层高速缓存架构为例：

- L1高速缓存最接近CPU，容量最小（如32KB、64KB等），存取速度最高，每个内核上都有一个L1高速缓存。
- L2高速缓存容量更大（如256KB），速度更低，在一般情况下，每个内核上都有一个独立的L2高速缓存。
- L3高速缓存最接近主存，容量最大（如12MB），速度最低，由在同一个CPU芯片板上的不同内核共享。

知名Java专家Martin和Mike在QCon Presentation演讲中给出了一些高速缓存未命中情况下的时间消耗参考数据，如表4-1所示。

表 4-1　高速缓存未命中的时间消耗参考数据

从 CPU 到	大约需要的 CPU 周期	大约需要的时间/纳秒
主存		约 60~80
QPI 总线传输（套接字之间，图中未画出来）		约 20
L3 高速缓存	约 40~45	约 15
L2 高速缓存	约 10	约 3
L1 高速缓存	约 3~4	约 1
寄存器	1	

CPU通过高速缓存进行数据读取有以下优势：

1）写缓冲区可以保证指令流水线持续运行，可以避免由于处理器停顿下来等待向主存写入数据而产生的延迟。

2）通过以批处理的方式刷新写缓冲区，以及合并写缓冲区中对同一主存地址的多次写，减少对内存总线的占用。

4.2 并发编程的三大问题

由于需要尽可能释放CPU的能力，CPU上不断增加内核和缓存。内核也是越加越多，从之前的单核演变成8核、32核甚至更多。缓存也不止1层，可能是2层、3层甚至更多。随着CPU内核和缓存的增加，导致了并发编程的可见性和有序性问题。

本节简单介绍一下并发编程的三大问题：原子性问题、可见性问题和有序性问题。

4.2.1 原子性问题

所谓原子操作，就是"不可中断的一个或一系列操作"，是指不会被线程调度机制打断的操作。这种操作一旦开始，就一直运行到结束，中间不会有任何线程的切换。

下面来看一小段程序：

```
class CounterSample
{
    int sum = 0;

    public void increase() {
        sum++;            //①
    }
}
```

很多读者认为，sum++是单一操作，所以是原子性的。本书前面我们用实验证明了sum++不是原子操作。接下来，我们使用javap命令解析出以上代码的汇编指令信息，从汇编指令的角度来看看++操作的细分操作。

> 🎮 说明　javap是JDK提供的一个命令行工具，javap能对给定的class文件提供的字节代码进行反编译。通过它可以对照源代码和字码，从而了解很多编译器内部的工作，对更深入地理解如何提高程序执行的效率等问题有极大的帮助。命令选项-c表示对代码进行反汇编。

使用javap命令解析出CounterSample的汇编代码，具体的命令如下：

```
F:\...\target\classes\...\visiable>javap -c .\CounterSample.class
Compiled from "CounterSample.java"
class com.crazymakercircle.visiable.CounterSample {
  int sum;

  com.crazymakercircle.visiable.CounterSample();
    Code:
       0: aload_0
       1: invokespecial #1            // Method java/lang/Object."<init>":()V
       4: aload_0
       5: iconst_0
       6: putfield      #2            // Field sum:I
       9: return

  public void increase();
    Code:
       0: aload_0
       1: dup
```

```
2: getfield    #2           // Field sum:I    ①
5: iconst_1                                   ②
6: iadd                                       ③
7: putfield    #2           // Field sum:I    ④
10: return
}
```

解释一下上面的4个关键性的汇编指令：

① 获取当前sum变量的值，并且放入栈顶。

② 将常量1放入栈顶。

③ 将当前栈顶中两个值（sum的值和1）相加，并把结果放入栈顶。

④ 把栈顶的结果再赋值给sum变量。

通过以上4个关键性的汇编指令可以看出，在汇编代码的层面，++操作实质上是4个操作。这4个操作之间是可以发生线程切换的，或者说是可以被其他线程打断的。所以，++操作不是原子操作，在并行场景会发生原子性问题。

4.2.2　可见性问题

一个线程对共享变量的修改，另一个线程能够立刻可见，我们称为该共享变量具备内存可见性。

谈到内存可见性，要先引出JMM（Java Memory Model，Java内存模型）的概念。JMM规定，将所有的变量都存放在公共主内存中，当线程使用变量时会把主存中的变量复制到自己的工作空间（或者叫作私有内存）中，线程对变量的读写操作，是自己工作内存中的变量副本。

如果两个线程同时操作一个共享变量，就可能发生可见性问题。举一个例子：

1）主内存中有变量sum，初始值为0。

2）线程A计划将sum加1，先将sum=0复制到自己的私有内存中，然后更新sum的值，线程A操作完成之后其私有内存中sum值为1，然而线程A将更新后的sum值回刷到主存的时间是不固定的。

3）在线程A没有回刷sum到主存前，刚好线程B同样从主存中读取sum，此时值为0，和线程A一样的操作，最后期盼的sum=2目标没有达成，最终的sum=1。

线程B没有将sum变成2的原因是：线程A的修改还在其工作内存中，对线程B不可见，因为线程A的修改还没有刷入主存。这就发生了典型的内存可见性问题。

线程A和线程B并发操作sum发生内存可见性问题的过程如图4-2所示。

要想解决多线程的内存可见性问题，所有线程都必须将共享变量刷新到主内存，一种简单的方案是：使用Java提供的关键字volatile修饰共享变量。

> 说明　为什么Java局部变量、方法参数不存在内存可见性问题？在Java中，所有的局部变量、方法定义参数不会在线程之间共享，所以也就不会有内存可见性的问题。所有的Object实例、Class实例和数组元素都存储在JVM堆内存中，堆内存在线程之间共享，所以存在可见性问题。

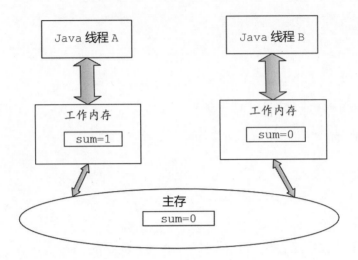

图 4-2　线程 A 和线程 B 并发操作 sum 发生内存可见性问题

4.2.3　有序性问题

所谓的程序的有序性，是指程序执行的顺序按照代码的先后顺序执行。如果程序执行的顺序与代码的先后顺序不同，并导致了错误的结果，即发生了有序性问题。

举一个简单的例子，看下面这段代码：

```
package com.crazymakercircle.visiable;
//省略import
public class InstructionReorder {
    private volatile static int x = 0, y = 0;
    private  static int a = 0, b = 0;

    public static void main(String[] args) throws InterruptedException {
        int i = 0;
        for (;;) {
            i++;
            x = 0;
            y = 0;
            a = 0;
            b = 0;
            Thread one = new Thread(new Runnable() {
                public void run() {
                    a = 1;    //①
                    x = b;    //②
                }
            });

            Thread other = new Thread(new Runnable() {
                public void run() {
                    b = 1;  //③
                    y = a;  //④
                }
            });
            one.start();
            other.start();
            one.join();
            other.join();
            String result = "第" + i + "次 (" + x + "," + y + ") ";
```

```
        if (x == 0 && y == 0) {
            System.err.println(result);
        }
    }
}
```

以上程序的代码很简单，两个线程交替给a、b、x、y赋值。

由于并发执行的无序性，赋值之后的x、y的值可能为(1,0)、(0,1)或(1,1)。为什么呢？因为线程one可以在线程two开始之前就执行完了，也可能线程two在线程one开始之前就执行完了，甚至有可能二者的指令是同时或交替执行的。

当最终x、y的值为(0, 1)、(1, 0)时，线程one和线程two的执行顺序如图4-3所示。

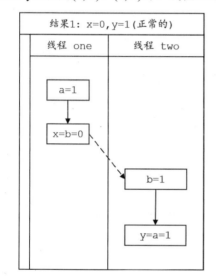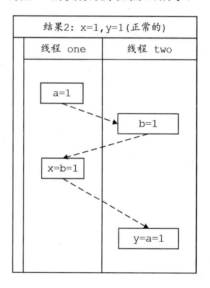

图 4-3　线程 one 和线程 two 的两种正常的执行顺序

然而，执行以上代码，出乎意料的事情发生了：这段代码的执行结果也可能是(0, 0)。以上代码特意将结果(0, 0)进行过滤和输出，部分结果如下：

```
第195412次 (0,0)
第252445次 (0,0)
第279149次 (0,0)
第351772次 (0,0)
第400364次 (0,0)
```

对于以上程序来说，(0, 0)结果是错误的，意味着已经发生了并发的有序性问题。为什么会出现(0,0)的结果呢？可能在程序的执行过程中发生了指令重排序（Reordering）。

下面解释一下什么是指令重排序。一般来说，CPU为了提高程序运行效率，可能会对输入代码进行优化，它不保证程序中各个语句的执行先后顺序同代码中的顺序一致，但是它会保证程序最终执行结果和代码顺序执行的结果是一致的。

重排序也是单核时代非常优秀的优化手段，有足够多的措施保证其在单核下的正确性。在多核时代，如果工作线程之间不共享数据或仅共享不可变数据，重排序也是性能优化的利器。然而，如果工作线程之间共享了可变数据，由于两种重排序的结果都不是固定的，因此会导致工作线程似乎表现出了随机行为。

因为得到(0, 0)结果的语句执行过程，对于线程one来说，可能a=1和x=b这两个语句的赋值操作的顺序被颠倒了，对于线程two来说，可能b=1和y=a这两个语句的赋值操作的顺序被颠倒了，从而出现了(x, y)值为(0, 0)的错误结果。线程one和线程two发生错误结果时的执行顺序如图4-4所示的右边部分结果4所示。

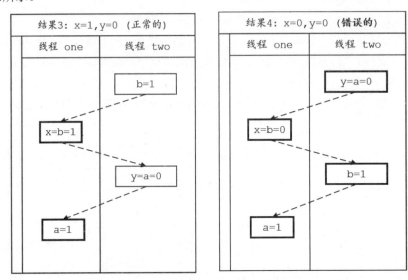

图 4-4　线程 one 和线程 two 的剩余两种执行顺序（含错误顺序）

从上面的说明可知，指令重排序并不会影响单个线程的执行，但是会影响到线程并发执行的正确性。

> 💠➕说明　事实上，输出了乱序的结果，并不代表一定发生了指令重排序，内存可见性问题也会导致这样的输出。但是，指令重排序也是导致乱序的原因之一。

总之，要想并发程序正确地执行，必须要保证原子性、可见性以及有序性。只要有一个没有得到保证，就有可能会导致程序运行不正确。

4.3　硬件层的 MESI 协议原理

为了缓解内存与CPU的速度差问题，现代计算机会在CPU上增加缓存，每个CPU内核都只有自己的L1和L2高速缓存，CPU芯片上的CPU内核之间共享一个L3高速缓存。

每个CPU的处理过程为：先将计算需要用到的数据缓存在CPU高速缓存中，在CPU进行计算时，直接从高速缓存中读取数据并且在计算完成之后写入高速缓存。在整个运算过程完成后，再把高速缓存中的数据同步到主存。

由于每个线程可能会运行在不同的CPU内核中，因此每个线程拥有自己的高速缓存。同一份数据可能会被缓存到多个CPU内核中，在不同CPU内核中运行的线程看到同一个变量的缓存值就会不一样，就会存在内存的可见性问题。

硬件层的MESI协议，是用于解决内存的可见性问题的一种手段，接下来为大家介绍MESI协议原理和具体内容。

4.3.1　总线锁和缓存锁

为了解决内存的可见性问题，CPU主要提供了两种解决办法：总线锁和缓存锁。

1. 总线锁

操作系统提供了总线锁定的机制。前端总线（也叫CPU总线）是所有CPU与芯片组连接的主干道，负责CPU与外界所有部件的通信，包括高速缓存、内存、北桥，其控制总线向各个部件发送控制信号、通过地址总线发送地址信号指定其要访问的部件、通过数据总线双向传输。

在CPU内核1要执行i++操作的时候，将在总线上发出一个LOCK#信号锁定缓存（具体来说是变量所在的缓存行），这样其他CPU内核就不能操作缓存了，从而阻塞了其他CPU内核，使该CPU内核1可以独享此共享内存。

每当CPU去访问L3中的数据时，都会通过线程总线来进行读取。总线锁的意思是在线程总线中加入一把锁，例如，当不同的CPU内核访问同一个缓存行时，只允许一个CPU内核进行读取，如图4-5所示，a、b存储于L3高速缓存中，当CPU内核1对a进行访问时，会在总线上发送一个LOCK#信号，CPU内核2想对b进行查询，但是总线被锁住，得等CPU内核1访问完，CPU内核2才能访问b。

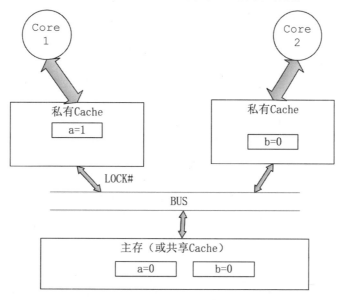

图 4-5　通过线程总线进行数据的读取

在多CPU的系统中，当其中一个CPU要对共享主存进行操作时，在总线上发出一个LOCK#信号，这个信号使得其他处理器无法通过总线来访问共享内存中的数据，总线锁定把CPU和内存之间的通信锁住了，这使得锁定期间，其他CPU不能操作其他主存地址的数据，总线锁定的开销比较大，这种机制显然是不合适的。

总线锁的缺陷是：某一个CPU访问主存时，总线锁把CPU和主存的通信给锁住了，其他CPU不能操作其他内存地址的数据，使得效率低下，开销较大。

总线锁的粒度太大了，最好的方法就是控制锁的保护粒度，只需要保证对于被多个CPU缓存的同一份数据一致即可。为了解决更高性能的解决缓存一致性问题，CPU减少了锁的保护粒度，引入了缓存锁（如缓存一致性机制），后来的CPU都提供了缓存一致性机制，Intel 486之后的CPU就提供了这种优化。

2. 缓存锁

相比总线锁，缓存锁降低了锁的粒度。为了达到数据访问的一致，需要各个CPU在访问缓存时遵循一些协议，在存取数据时根据协议来操作，常见的协议有MSI、MESI、MOSI等。最常见的就是MESI协议。

就整体而言，缓存一致性机制就是当某CPU对高速缓存中的数据进行操作之后，通知其他CPU放弃存储在它们内部的缓存数据，或者从主内存中重新读取，用MESI描述的原理如图4-6所示。

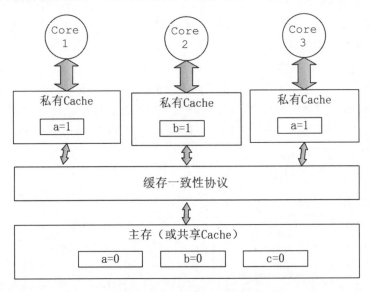

图 4-6　MESI 描述的原理

为了提高处理速度，CPU不直接和主存进行通信，而是先将系统主存的数据读到内部高速缓存（L1、L2或其他）后再进行操作，但操作完不知道何时会写到内存。如果对声明了volatile的变量进行写操作，JVM就会向处理器发送一条Lock前缀的指令，将这个变量所在缓存行的数据写回到系统主存。

但是，即使写回到系统主存，如果其他CPU高速缓存的值还是旧的，再执行计算操作也会有问题。所以，在多CPU的系统中，为了保证各个CPU的高速缓存数据的一致性，会实现缓存一致性协议，每个CPU通过嗅探在总线上传播的数据来检查自己高速缓存中的值是否过期，当CPU发现自己缓存行对应的内存地址被修改时，就会将当前CPU的缓存行设置成无效状态，当CPU对这个数据进行修改操作时，会重新从系统主存中把数据读到CPU的高速缓存中。

因为高速缓存的内容是部分主存内容的副本，所以应该与主存内容保持一致。而CPU对高速缓存副本如何与主存内容保持一致有几种写入方式供选择，主要的写入方式有以下两种：

1）Write-Through（直写）模式：在数据更新时，同时写入到低一级的高速缓存和主存。此模式的优点是操作简单，因为所有的数据都会更新到主存，所以其他CPU读取主存时都是最新值。此模式的缺点是数据写入速度较慢，因为数据修改之后需要同时写入低一级的高速缓存和主存。

2）Write-Back（回写）模式：数据的更新并不会立即反映到主存，而是只写入高速缓存。只在数据被替换出高速缓存或者变成共享（S）状态时，如果发现数据有变动，才会将最新的数据更新到主存。

Write-Back模式的优点是数据写入速度快，因为发生数据变动时不需要写入主存，所以这种模式占用总线少，大多数CPU的高速缓存采用这种模式。此模式的缺点为：实现一致性协议比较复杂，因为最新值可能存放在私有高速缓存中，而不是存放在共享的高速缓存或主存中。

主要的缓存一致性协议有MSI协议和MESI协议等。

4.3.2　MSI 协议

多核CPU都有自己的专有高速缓存（一般为L1、L2），以及同一个CPU芯片板上不同CPU内核之间共享的高速缓存（一般为L3）。不同CPU内核的高速缓存中难免会加载同样的数据，那么如何保证数据的一致性呢？这就需要用到缓存一致性协议。

缓存一致性协议的基础版本为MSI协议，也叫作写入失效协议。如果同时有多个CPU要写入，总线会进行串行化，同一时刻只会有一个CPU获得访问权。比如CPU c1、c2对变量m进行读写，采用缓存回写模式，总线操作如表4-2所示。

表4-2　CPU与总线操作

CPU 操作	总线操作	c1 缓存内容	c2 缓存内容	主存 m 所在地址的内容
				0
c1 读取 m	高速缓存没有 m，从主存中读取	0		0
c2 读取 m	高速缓存没有 m，从主存中读取	0	0	0
c1 写入 1 到 m	通知 c2，使其高速缓存中的 m 值失效	1		0
c2 读取 m 的值	高速缓存没有 m，从 c1 的高速缓存中读取（采用回写模式，并且更新到主存中）	1	1	1

表4-2中c2第二次读取m时，c1会将m的最新值返回给c2，并且更新主存中m的值，c1和c2的m值会变成共享状态。

4.3.3　MESI 协议及 RFO 请求

目前主流缓存一致性协议为MESI写入失效协议，而MESI是MES协议的扩展。在MESI协议中，每个缓存行（Cache line）有4种状态，即M、E、S和I（全名是Modified、Exclusive、Share、Invalid），可用2位表示。

🔧说明　缓存行是高速缓存操作的基本单位，在Intel的CPU上一般是64字节。

MESI协议是以缓存行的4种状态的首字母缩写来命名的。该协议要求在每个缓存行上维护两个状态位，使得每个数据单位可能处于M、E、S和I这4种状态之一。

（1）M：被修改（Modified）

该缓存行的数据只在本CPU的私有高速缓存中进行了缓存，而其他CPU中没有，是被修改过的脏数据（Dirty)，即与主存中的数据不一致，且没有更新到主存中。该缓存行中的数据需要在未来的某个时间点（也就是其他CPU读取主存中这些被修改的数据之前）写回到主存。当被写回主存之后，该缓存行的状态会变成独享（Exclusive）状态。

简单来说：处于Modified状态的缓存行数据，只有在本CPU中有缓存，且其数据与主存中的数据不一致，数据被修改过。

（2）E：独享的（Exclusive）

该缓存行的数据只在本CPU的私有高速缓存中进行了缓存，而其他CPU中没有，缓存行的数据是未被修改过的（Clean），并且与主存中的数据一致。该状态下的缓存行在任何时刻被其他CPU读取之后，其状态变成共享状态。在本CPU修改了缓存行中的数据后，该缓存行的状态可以变成Modified状态。

简单来说，处于Exclusive状态的缓存行数据只在本CPU中有缓存，且其数据与主存中一致，没有被修改过。

（3）S：共享的（Shared）

该缓存行的数据可能在本CPU以及其他CPU的私有高速缓存中进行了缓存，并且各CPU私有高速缓存中的数据与主存数据一致，当有一个CPU修改该缓存行时，其他CPU中该缓存行将被作废，变成无效状态。

简单来说，处于Shared状态的缓存行的数据在多个CPU中都有缓存，且与主存一致。

（4）I：无效的（Invalid）

该缓存行是无效的，可能有其他CPU修改了该缓存行。

任意一个CPU内核的私有缓存行与其他CPU内核的私有缓存行的相容关系如表4-3所示。

表4-3 缓存行的相容关系

	M	E	S	I
M	×	×	×	√
E	×	×	×	√
S	×	×	√	√
I	√	√	√	√

这里介绍一个状态变化的简单例子。假设有一个变量a=1已经加载到CPU的Core 1、Core 2、Core 3的私有高速缓存中，准确地说，应该是包括变量a的缓存行被加载到高速缓存中，此时各内核中该缓存行的状态为S，具体如图4-7所示。

如果Core 1将变量a的值改为2，那么在Core 1的高速缓存中，该缓存行的状态将变为M，在核Core 2、Core 3的高速缓存中，该缓存行状态将变为I，具体如图4-8所示。

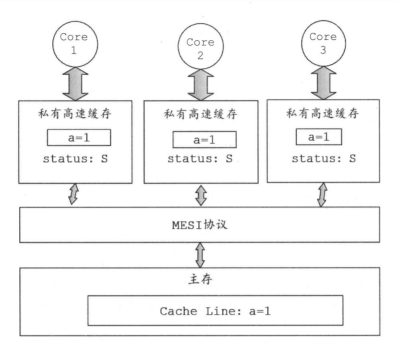

图 4-7　Core 1、Core 2、Core 3 的私有缓存加载了包含 a 的缓存行

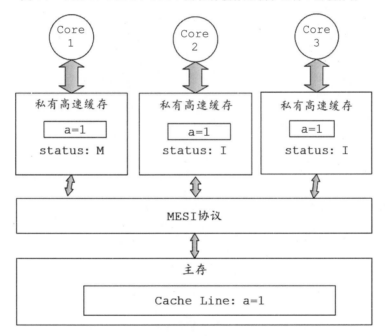

图 4-8　Core 1 中 a 的值修改后缓存行的状态变化

接下来，分阶段说明一下这4种状态是如何转换的：

1）初始阶段：开始时，缓存行没有加载任何数据，所以它处于"I状态"。

2）本地写（Local Write）阶段：如果CPU内核写数据到处于"I状态"的缓存行，缓存行的状态变成"M状态"。

3）本地读（Local Read）阶段：如果本地CPU读取处于"I状态"的缓存行，很明显此缓存没有数据给它。此时分两种情况：① 其他处理器的缓存中也没有此行数据，那么从主存加载数据到此缓存行后，再将它设成"E状态"，表示只有"我"有此行数据，其他CPU都没有；② 其他CPU的缓存有此行数据，就将此缓存行的状态设为"S状态"（注意：处于"M状态"的缓存行，再由本地CPU写入/读出，状态是不会改变的）。

4）远程读（Remote Read）阶段：假设我们有两个CPU c1和c2，如果c2需要读c1的缓存行内容，c1需要把它的缓存行内容通过主存控制器（Memory Controller）发送给c2，c2接到后将相应的缓存行状态设为"S状态"。在设置之前，主存要从总线上得到这份数据并保存。

5）远程写（Remote Write）阶段：其实确切地说不是远程写，而是c2得到c1的数据后，不是为了读，而是为了写。也算是本地写，只是c1也拥有这份数据的拷贝，应该怎么办呢？c2将发出一个RFO（Request For Owner）请求，说明它需要拥有这行数据的权限，其他CPU的相应缓存行设为"I状态"，除了它之外，谁也不能动这行数据。这保证了数据的安全，但处理RFO请求以及设置"I状态"的过程将给写操作带来很大的性能消耗。

有关MESI协议中缓存行的状态转换的形象说明如图4-9所示。

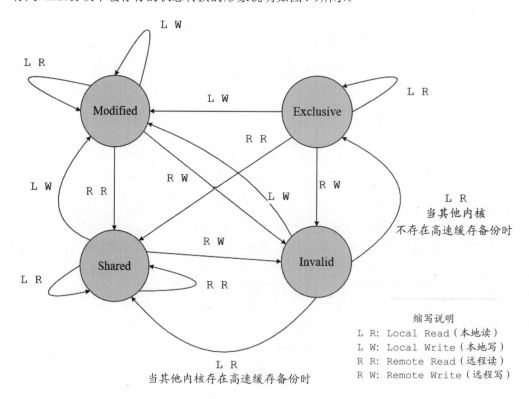

图 4-9　MESI 缓存行的状态转换关系

有关MESI协议中缓存行的状态转换的详细说明如表4-4所示。

表 4-4　MESI 缓存行的状态转换触发条件和转换行为详细说明

当前状态	事件	行为	下一个状态
I（Invalid）	Local Read	如果其他高速缓存没有这份数据，本高速缓存就从该主存中取数据，缓存行（Cache Line）状态变成 E	E/S
		如果其他高速缓存有这份数据，且状态为 M，那么将数据更新到主存，本高速缓存再从主存中读取数据，两个高速缓存的缓存行状态都变成 S	
		如果其他高速缓存有这份数据，且状态为 S 或者 E，则本高速缓存从主存中读取数据，这些高速缓存的缓存行状态都变成 S	
	Local Write	从主存中读取数据，在高速缓存中修改，状态变成 M；如果其他高速缓存有这份数据，且状态为 M，那么要先将数据更新到主存	M
		如果其他高速缓存有这份数据，那么其他高速缓存的缓存行状态变成 1	
	Remote Read	既然是 invalid，别的内核操作与它无关	I
	Remote Write	既然是 invalid，别的内核操作与它无关	I
E（Exclusive）	Local Read	从高速缓存中读取数据，状态不变	E
	Local Write	修改高速缓存的数据，状态为 M	M
	Remote Read	数据和其他 CPU 内核共用，状态变成了 S	S
	Remote Write	数据被修改，本缓存行不能再使用，状态变成 I	I
S（Shared）	Local Read	从高速缓存中读取数据，状态不变	S
	Local Write	修改高速缓存中的数据，状态变成 M，其他内核共享的缓存行状态变成 I	M
	Remote Read	状态不变	S
	Remote Write	数据被修改，本缓存行不能再使用，状态变成 I	I
M（Modified）	Local Read	从高速缓存中读取数据，状态不变	M
	Local Write	修改高速缓存中的数据，状态不变	M
	Remote Read	此缓存行的数据被写到主存中，使其他 CPU 内核能使用到最新的数据，状态变成 S	S
	Remote Write	此缓存行的数据被写到主存中，使其他 CPU 内核能使用到最新的数据，由于其他内核会修改此行数据，因此状态变成 I	I

在MESI协议中，每个CPU内核的缓存控制器不仅知道自己的读写操作，而且也监听其他CPU内核缓存控制器的读写操作。各缓存通过状态转换机制（状态机）来实现数据的一致性。

MESI协议带来的性能问题：

各个CPU的缓存行（Cache Line）的状态是通过发送通知消息来进行同步的，比如RFO（Request For Owner）请求就是一种非常典型的通知消息。RFO请求可以理解为失效请求（Invalidate Request），用于通知其他内核将其缓存中的数据置为Invalid（失效）。比如内核1要对一个Shared状态的缓存行中共享变量进行写入，需要发送一个失效消息给到其他缓存了该数据的内核n。此处的关键在于，不同内核直接的通信方式在原始MESI协议中是同步的，发起者需要等到接收方的回执（Ack），才能执行写入缓存的操作；如果发起者内核1没有拿到Ack，内核1在这段时间内都会处于阻塞状态。

同步通信往往存在性能问题。MESI协议在多个CPU内核之间同步通信需要消耗的时间，将导致内核在此期间无事可做，甚至一旦某个内核发生阻塞，将会导致其他内核也处于阻塞状态，从而带来性能极大消耗。

4.3.4 Store Buffer 和 Invalidate Queue

既然同步通信存在性能问题，那么按照数据一致性的基础原理，可以改为异步通信。

高速缓存数据一致性和分布式中间件的不同节点之间的数据一致性，在原理上也是类似的。无论RocketMQ主从同步、MySQL主从同步或Redis主从同步都存在类似的问题：同步通信数据强一致，但性能低；异步通信性能高，但数据弱一致。总之，不同组件的数据一致性问题和原理基本都是相通的。

如何在MESI协议中引入异步通信机制呢？这里需要CPU的支持，CPU内部需要引入两个组件：存储缓存（Store Buffer）和失效队列（Invalidate Queue）。Store Buffer是缓存写入方用到的组件，Invalidate Queue是缓存失效方用到的组件，如图4-10所示。

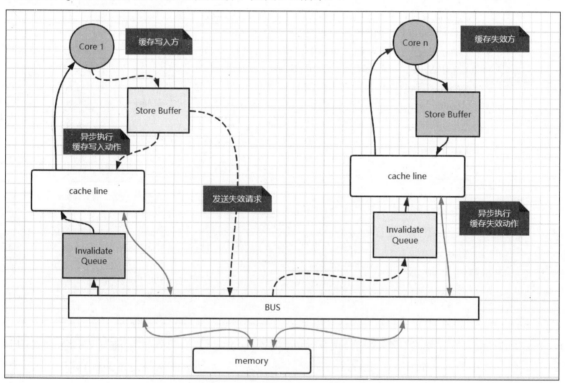

图 4-10　Store Buffer 和 Invalidate Queue

1. 什么是 Store Buffer

Store Buffer是缓存写入方在写入Shared状态的缓存行（Cache Line）时用到的组件，这个新增组件位于内核和缓存之间，用于临时存放没有收到失效Ack（确认）的写入结果。

没有Store Buffer之前，当一个处理器内核作为写入方，需要处理将计算结果写入Shared状态的缓存行时，需要通知其他内核将该缓存置为 Invalid（无效），收到回执后才能执行本地缓存行写入；引入Store Buffer后，本地内核将不再需要等待其他内核的响应结果，只需要把修改的数据临时写入到Store Buffer，然后给其他CPU内核发送失效请求；接下来本地内核即可去执行其他指令。当收到其他内核的失效Ack（响应结果）后，本地内核再把Store Buffer中的数据写入本地缓存行，并把缓存行状态修改为Modified。

Store Buffer的核心功能是：使得计算结果的缓存行写入一分为二，并且从同步变成了异步。Store Buffer写入的步骤：第一步写入Store Buffer，第二步写入缓存行。第一步和第二步之间有一个异步等待的工作，当前的内核在等待得到其他内核的Ack消息后，再将数据写入缓存。这里与旧的MESI协议有一个显著不同，之前MESI协议是一步到位模式：缓存写入方内核阻塞等待其他缓存失效方内核的失效Ack后直接写入缓存行。

2. 什么是 Invalidate Queue

Invalidate Queue是缓存失效方在处理失效消息时用到的新组件，这个新增组件是一个队列，用于临时存放接收到的失效请求（Invalidate Request），一旦失效请求进入队列之后，缓存失效方立即进行Ack回复，而不是在执行完成缓存失效操作才进行回复。

Invalidate Queue的核心功能是：使得失效Ack的回复从同步变成了异步。没有Invalidate Queue之前，旧的缓存失效方（失效请求的接收方）只有在完成了缓存行修改后，才会回复Invalidate Ack；有了Invalidate Queue之后，内存一旦收到失效请求就会将其放入Invalidate Queue，然后快速返回Invalidate Ack（确认）消息。

总之，Store Buffer是属于缓存写入方（修改数据方）的异步优化措施，而Invalidate Queue可以理解为缓存失效方（失效请求的接收方）的异步优化措施。

> **说明** 注意，Store Buffer和Invalidate Queue属于MESI协议的性能优化措施，通过两个异步组件提升缓存写入方和缓存失效方的性能。但不是所有的CPU都支持Store Buffer和Invalidate Queue，比如X86 CPU就没有Invalidate Queue组件。

4.3.5　volatile 的原理

前面介绍过，为了解决CPU访问主存时读写性能的短板，在CPU中增加了高速缓存，但这带来了可见性问题。而Java的volatile关键字可以保证共享变量的主存可见性，也就是将共享变量的改动值立即刷新回主存。在正常情况下，系统操作并不会校验共享变量的缓存一致性，只有当共享变量被volatile关键字修饰了，该变量所在的缓存行才被要求进行缓存一致性的校验。

接下来，这里从volatile关键字的汇编代码出发分析一下volatile关键字的底层原理。一段使用被volatile修饰的共享变量的示例代码如下：

```
package com.crazymakercircle.visiable;
public class VolatileVar
{
    //使用volatile保障内存可见性
    volatile int var = 0;

    public void setVar(int var)
    {
        System.out.println("setVar = " + var);
        this.var = var;
    }
```

```
public static void main(String[] args)
{
    VolatileVar var = new VolatileVar();
    var.setVar(100);
}
```

1. 输出汇编代码的操作命令

使用下面的命令将VolatileVar的汇编代码输出到volatile.log文件，具体的命令如下：

```
F:\..\..\target\classes> java -server -Xcomp -XX:-Inline
                                -XX:+UnlockDiagnosticVMOptions
                                -XX:+PrintAssembly
        com/crazymakercircle/visiable/VolatileVar > volatile.log
```

对命令中的选项介绍如下：

1）-Xcomp：表示永远以编译模式运行（禁止解释器模式）。

2）-XX:-Inline：禁止内联优化。

3）-server：设置虚拟机使用何种运行模式，"-server"选择server模式JVM，在Windows上默认的JVM类型为client模式。client模式启动比较快，但运行时性能和内存管理效率不如server模式，通常用于客户端应用程序。相反，server模式启动比client模式慢，但可获得更高的运行性能。如果要使用server模式，就需要在启动虚拟机时添加-server参数，以获得更高性能。对服务器端应用，推荐采用server模式，尤其是多个CPU的系统。在Linux下，Solaris上默认采用server模式。

4）> volatile.log：使用重定向符号">"将命令行中输出的内容存储到volatile.log文件中。

2. 输出汇编代码过程中可能出现的错误

运行过程中可能出现的错误之一：找不到或无法加载主类。

如果出现"找不到或无法加载主类"的错误，可能是类路径设置的问题。运行Java程序涉及的环境变量有三个：JAVA_HOME、CLASSPATH和Path。示例如下：

```
JAVA_HOME:   C:\Program Files\Java\jdk1.8.0_51
CLASSPATH:   .;%JAVA_HOME%\lib\dt.jar;.%JAVA_HOME%\lib\tools.jar;
Path:        %JAVA_HOME%\bin;%JAVA_HOME%\jre\bin;
```

运行过程中可能出现的错误之二：无法加载hsdis-amd64.dll。

该错误的具体信息为："无法加载hsdis-amd64.dll；库不可加载；PrintAssembly已禁用"。输出汇编指令时，在Windows平台上需要依赖hsdis-amd64.dll库，该库可以从FMCL下载ZIP文件hsdis-1.1.1-win32-amd64.zip，里边有一个hsdis-amd64.dll。

获取hsdis-amd64.dll文件之后，将其复制到相应的JRE目录中即可。JRE目录为JAVA_HOME环境变量下的JRE目录。

根据java命令是server模式还是client模式，将反汇编依赖库hsdis-amd64.dll放在JRE对应的jre/bin/server目录或jre/bin/client目录下。

> 🎛️+说明 hsdis-1.1.1-win32-amd64.zip可以直接在"疯狂创客圈"共享网盘下载，其地址请查阅社群的博客。

3. 分析 volatile 关键字对应的汇编指令

运行程序后，volatile.log会有VolatileVar类的汇编指令。volatile.log可能很长，可以根据共享变量的名称进行检索，这里的共享变量为var，所以可以检索到以下两行代码：

```
0x0000000003931be6: mov     %r8d,0xc(%rdx)
0x0000000003931bea: lock addl $0x0,(%rsp)      ;*putfield var
                                               ; - ..VolatileVar::setVar@27 (line 17)
0x000000000305016f: add     $0x50,%rsp
0x0000000003050173: pop     %rbp
```

由于共享变量var加了volatile关键字，因此在汇编指令中，操作var之前多出一个lock前缀指令lock addl，该lock前缀指令有三个功能：

（1）将当前CPU缓存行的数据立即写回系统主存

在对volatile修饰的共享变量进行写操作时，其汇编指令前用lock前缀修饰。lock前缀指令使得在执行指令期间，CPU可以独占共享内存（即主存）。对共享内存的独占，老的CPU（如Intel 486）通过总线锁方式实现。由于总线锁开销比较大，因此新版CPU（如IA-32、Intel 64）通过缓存锁实现对共享内存的独占性访问，缓存锁(缓存一致性协议)会阻止两个CPU同时修改共享内存的数据。

（2）lock前缀指令会引起在其他CPU中缓存了该内存地址的数据无效

写回操作时要经过总线传播数据，而每个CPU通过嗅探在总线上传播的数据来检查自己缓存的值是否过期，当每个CPU发现自己缓存行对应的内存地址被修改时，就会将当前CPU的缓存行设置为无效状态，当CPU要对这个值进行修改时，会强制重新从系统内存中把数据读到CPU缓存。

（3）lock前缀指令禁止指令重排

lock前缀指令的最后一个作用是作为内存屏障（Memory Barrier）使用，可以禁止指令重排序，从而避免多线程环境下程序出现乱序执行的现象。

> 💠➕说明 不同CPU产品对MESI协议的实现方案不同，具体的汇编指令也不一定相同。MESI协议仅仅是一种基于过期机制的高速缓存一致性保障协议，作为Java工程师，只需要大概了解即可，不需要深入了解该协议，更不需要了解各个CPU产品中对应的硬件指令。

总体来说，通过汇编指令可以看出，volatile关键字的底层原理是非常复杂的，涉及MESI协议、内存屏障等硬件层面的知识和技术。接下来，为大家介绍内存屏障的原理和具体内容。

4.4　有序性与内存屏障

有序性是与可见性完全不同的概念，虽然二者都是CPU不断迭代升级的产物。由于CPU的技术不断发展，为了重复释放硬件的高性能，编译器、CPU会优化待执行的指令序列，包括调整某些指令的执行顺序。优化的结果，指令执行顺序会与代码顺序略有不同，可能会导致代码执行出现有序性问题。

内存屏障又称内存栅栏（Memory Fences），是一系列的CPU指令，它的作用主要是保证特定操作的执行顺序，保障并发执行的有序性。在编译器和CPU都进行指令的重排优化时，可以通过在指令间插入一个内存屏障指令，告诉编译器和CPU，禁止在内存屏障指令的前（或后）执行指令重排序。

4.4.1 重排序

为了提高性能，编译器和CPU常常会对指令进行重排序。重排序主要分为两类：编译器重排序和CPU重排序，具体如图4-11所示。

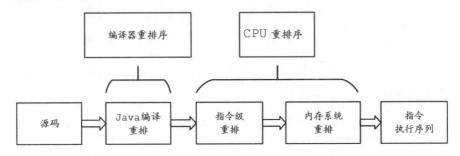

图 4-11　Java 源码变成最终的指令序列所经历的重排序

1. 编译器重排序

编译器重排序指的是在代码编译的阶段进行指令重排，不改变程序执行结果的情况下，为了提升效率，编译器对指令进行乱序（Out-of-Order）的编译。

例如，在代码中，A操作需要获取其他资源而进入等待的状态，而A操作后面的代码跟其没有数据依赖关系，如果编译器一直等待A操作完成再往下执行的话，效率要慢得多，所以可以先编译后面的代码，这样的乱序可以提升编译速度。

编译器为什么要重排序（Re-Order）呢？它的目的为：与其等待阻塞指令（如等待缓存刷入）完成，不如先去执行其他指令。与CPU乱序执行相比，编译器重排序能够完成更大范围、效果更好的乱序优化。

2. CPU 重排序

流水线（Pipeline）和乱序执行（Out-of-Order Execution）是现代CPU基本都具有的特性。机器指令在流水线中经历取指、译码、执行、访存、写回等操作。为了CPU的执行效率，流水线都是并行处理的，在不影响语义的情况下，处理器次序（Process Ordering，机器指令在CPU实际执行时的顺序）和程序次序（Program Ordering，程序代码的逻辑执行顺序）是允许不一致的，只要满足As-if-Serial规则即可。显然，这里的不影响语义依旧只能保证指令间的显式因果关系，无法保证隐式因果关系，即无法保证语义上不相关但是在程序逻辑上相关的操作序列按序执行。

> 💠说明　所谓"乱序"，实际上也遵循着一定规则：只要两个指令之间不存在"数据依赖"，就可以对这两个指令乱序。

CPU重排序包括两类：指令级重排序和内存系统重排序。

1）指令级重排序。在不影响程序执行结果的情况下，CPU内核采用了ILP（Instruction-Level Parallelism，指令级并行运算）技术来将多条指令重叠执行，主要是为了提升效率。如果指令之间不存在数据依赖性，处理器可以改变语句的对应机器指令的执行顺序，叫作指令级重排序。

2）内存系统重排序：对于现代的CPU来说，在CPU内核和主存之间都具备一个高速缓存，高速缓存的作用主要为减少CPU内核和主内存的交互（CPU内核的处理速度要快得多），在CPU内核进行读操作时，先从缓存读取，如果缓存没有的话从主存读取；同样，对于写操作都是先写在缓存中，最后一次性写入主存。无论CPU读还是写，都会优先考虑高速缓存，主要为了减少跟主存交互时CPU内核的短暂卡顿，从而提升性能。但是，内存系统重排序可能会导致一个问题——数据不一致。

内存重排序和指令级重排序不同，内存系统重排序为伪重排序，也就是说只是看起来像在乱序执行而已。

4.4.2 As-if-Serial 规则

在单核CPU的场景下，当指令被重排序之后，如何保障运行的正确性呢？其实很简单，编译器和CPU都需要遵守As-if-Serial规则。

As-if-Serial规则的具体内容为：不管如何重排序，都必须保证代码在单线程下运行正确。

为了遵守As-if-Serial规则，编译器和CPU不会对存在数据依赖关系的操作进行重排序，因为这种重排序会改变执行结果。但是，如果指令之间不存在数据依赖关系，这些指令可能被编译器和CPU重排序。

下面是一段非常简单的示例代码：

```
public class ReorderDemo{
    public static void main(String[] args) {
        int a=1;   //①
        int b=2;   //②
        int c=a+b; //③
    }
}
```

示例代码中，③和①之间存在数据依赖关系，同时③和②之间也存在数据依赖关系。因此在最终执行的指令序列中，③不能被重排序到①和②的前面，因为③排到①和②的前面，程序的结果将会被改变。但①和②之间没有数据依赖关系，编译器和CPU可以重排序①和②之间的执行顺序。

为了保证As-if-Serial规则，Java异常处理机制也会为指令重排序做一些特殊处理。下面是一段非常简单的Java异常处理示例代码：

```
public class ReorderDemo2{
    public static void main(String[] args) {
        int x, y;
        x = 1;
        try {
            x = 2;                  //①
            y = 0/0;                //②
        } catch (Exception e) {     //③
        } finally {
            System.out.println("x = " + x);
        }
    }
}
```

在上面的代码中，语句①（x = 2）和语句②（y = 0 / 0）之间没有数据依赖关系，语句②可能会被重排序在①之前执行。重排之后，语句①尚未执行，语句②已经抛出异常，因而重排后会导致语句①得不到执行，最终x得到错误结果1。

所以，为了保证最终不输出x = 1的错误结果，JIT在重排序时会在catch语句中插入错误补偿代码，补偿执行语句②，将x赋值为2，将程序恢复到发生异常时应有的状态。这种做法的确将异常捕捉的和处理的底层逻辑变得非常复杂，但是JIT的优化原则是，尽力保障正确的运行的逻辑，哪怕以catch块的逻辑变得复杂为代价。

> **说明** JIT是Just In Time的缩写，也就是"即时编译器"。JVM读入".class"文件的字节码后，默认情况下是解释执行的。但是对于运行频率很高（如大于5000次）的字节码，JVM采用了JIT技术，将直接编译为机器指令，以提高性能。

虽然编译器和CPU遵守了As-if-Serial规则，无论如何，也只能在单CPU执行的情况下能保证结果正确。在多核CPU并发执行的场景下，由于CPU的一个内核无法清晰分辨其他内核上指令序列中的数据依赖关系，因此就可能出现乱序执行，从而导致程序运行结果错误。

所以，As-if-Serial规则只能保障单内核指令重排序之后的执行结果正确，不能保障多内核以及跨CPU指令重排序之后的执行结果正确。

4.4.3 硬件层面的内存屏障

多核情况下，所有的CPU操作都会涉及缓存一致性协议（MESI协议）校验，该协议用于保障内存可见性。但是，缓存一致性协议仅仅保障内存弱可见（高速缓存失效），没有保障共享变量的强可见，而且缓存一致性协议更不能禁止CPU重排序，也就是不能确保跨CPU指令的有序执行。

如何保障跨CPU指令重排序之后的程序结果正确呢？需要用到内存屏障。

1. 硬件层的内存屏障定义

内存屏障又称内存栅栏，是让一个CPU高速缓存的内存状态对其他CPU内核可见的一项技术，也是一项保障跨CPU内核有序执行指令的技术。

硬件层常用的内存屏障分为三种：写屏障（Store Barrier）、读屏障（Load Barrier）、全屏障（Full Barrier）。

（1）写屏障

在指令后插入写屏障指令能将寄存器、高速缓存中的最新数据更新到主存，让其他线程可见。并且写屏障会告诉CPU和编译器，在写屏障之前的写指令必须先于写屏障执行，不能进行指令重排。

写屏障对应X86处理器上的sfence指令，sfence指令会保证处于其之前所有写操作都在该指令执行之前被完成，并把高速缓冲区的数据都刷新到主存中，使得当前CPU对共享变量的更改对所有CPU可见。

总之，在指令之后插入写屏障指令，有两个作用：

1）能让寄存器、高速缓存中的最新数据写回到主内存。

2）在写屏障之前的写指令必须先于屏障执行，不能进行指令重排。

（2）读屏障

读屏障将高速缓存中相应的数据失效。在指令前插入读屏障，可以让高速缓存中的数据失效，强制重新从主存加载数据。并且读屏障会告诉CPU和编译器，后于这个屏障的读指令必须后执行，不能对后面的读操作进行指令重排。

读屏障对应着X86处理器上的lfence指令，将强制所有在该指令之后的读操作都在lfence指令执行之后被执行，并且强制本地高速缓冲区的值全部失效，以便从主存中重新读取共享变量的值。

总之，在指令前插入读屏障指令，有两个作用：

1）让高速缓存中的数据失效，重新从主存加载数据。

2）后于读屏障的读指令必须后执行，不能对后面的读操作进行指令重排。

读屏障既使得当前CPU内核对共享变量的更改对所有CPU内核可见，也阻止了一些可能导致读取无效数据的指令重排。

（3）全屏障

全屏障是一种全能型的屏障，具备读屏障和写屏障的能力。Full Barrier又称为StoreLoad Barriers，对应X86处理器上的mfence指令。

在X86处理器平台上mfence指令综合了sfence指令与lfence指令的作用。X86处理器强制所有在mfence之前的store/load指令都在mfence执行之前被执行；所有在mfence之后的store/load指令都在该mfence执行之后被执行。简单来说，X86处理器禁止对mfence指令前后的store/load指令进行重排序。

X86处理器上的lock前缀指令也具有内存全屏障的功能。lock前缀后面可以跟ADD、ADC、AND、BTC、BTR、BTS、CMPXCHG、CMPXCH8B、DEC、INC、NEG、NOT、OR、SBB、SUB、XOR、XADD、XCHG等指令。

2. 硬件层的内存屏障的作用

（1）阻止屏障两侧的指令重排序

编译器和CPU可能为了使性能得到优化而对指令重排序，但是插入一个硬件层的内存屏障相当于告诉CPU和编译器先于这个屏障的指令必须先执行，后于这个屏障的指令必须后执行。

（2）强制让新数据写回主存，并且让高速缓存的数据失效

硬件层的内存屏障强制把高速缓存中的最新数据等写回主内存，让高速缓存中相应的脏数据失效。一旦完成写入，任何访问这个变量的线程将会得到最新的值。

3. 内存屏障的使用示例

下面是一段可能乱序执行的代码：

```java
public class ReorderDemo3{
    private int  x= 0;
    private Boolean  flag = false;
    public void update() {
        x= 8;                 //①
        flag = true;          //②
    }
    public void show() {
        if(flag) {            //③
            // x是多少？
            System.out.println(x);
        }
    }
}
```

ReorderDemo3并发运行之后，控制台所输出的x值可能是0或8 。为什么x可能会输出0呢？主

要原因是：update()和show()方法可能在两个CPU内核并发执行，语句①和语句②如果发生了重排序，那么show()方法输出的x就可能为0。如果输出的x结果是0，显然不是程序的正常结果。

如何确保ReorderDemo3的并发运行结果正确呢？可以通过内存屏障进行保障。Java语言没有办法直接使用硬件层的内存屏障，只能使用含有JMM内存屏障语义的Java关键字，这类关键字的典型为volatile。使用volatile关键字对实例中的x进行修饰，修改后的ReorderDemo3代码，具体如下：

```
public class ReorderDemo3{
    private volatile int  x= 0;        //使用volatile关键字对x进行修饰
    private Boolean  flag = false;

    public void update() {
        x= 8;                          //①
        //volatile 要求编译器在这里插入Store Barrier写屏障
        flag = true;                   //②
    }
    public void show() {
        if(flag) {                     //③
            // x是多少?
            System.out.println(x);
        }
    }
}
```

修改后的ReorderDemo3代码使用volatile关键字对成员变量x进行修饰，volatile含有JMM全屏障的语义，要求JVM编译器在语句①的后面插入全屏障指令。该全屏障确保x的最新值对所有的后序操作是可见的（含跨CPU场景），并且禁止编译器和CPU对语句①和语句②进行重排序。

前面介绍volatile关键字的原理时，volatile在X86处理器上被JVM编译之后，其汇编代码中会被插入了一条lock前缀指令（Lock ADD），从而实现全屏障目的。

由于不同的物理CPU硬件所提供的内存屏障指令的差异非常大，因此JMM定义了自己一套相对独立的内存屏障指令，用于屏蔽不同硬件的差异性。很多的Java关键字（如volatile）在语义中包含了JMM内存屏障指令，在不同的硬件平台上，这些JMM内存屏障逻辑指令会要求JVM来为不同的平台生成相应的硬件层的内存屏障指令。

接下来，为大家介绍JMM的原理和具体内容。

4.5　JMM 详解

JMM（Java Memory Model，即Java内存模型）并不像JVM内存结构一样是真实存在的运行实体，更多体现为一种规范和规则。

4.5.1　什么是 Java 内存模型

JMM最初由JSR-133（Java Memory Model and Thread Specification）文档描述，JMM定义了一组规则或规范，该规范定义了一个线程对共享变量的写入时，如何确保对另一个线程是可见的。实际上，JMM提供了合理的禁用缓存以及禁止重排序的方法，所以其核心的价值在于解决可见性和有序性。

JMM的另一大价值在于能屏蔽各种硬件和操作系统的访问差异，保证Java程序在各种平台下对内存的访问最终都是一致的。

Java内存模型规定所有的变量都是存储在主存中，JMM的主存类似于物理内存，但有区别，还能包含部分共享缓存。每个Java线程都有自己的工作内存（类似于CPU高速缓存，但也有区别）。

Java内存模型定义的两个概念：

1）主存：主要存储的是Java实例对象，所有线程创建的实例对象都存放在主存中，无论该实例对象是成员变量还是方法中的本地变量（也称局部变量），当然也包括了共享的类信息、常量、静态变量。由于是共享数据区域，因此多个线程对同一个变量进行访问可能会发现线程安全问题。

2）工作内存：主要存储当前方法的所有本地变量信息（工作内存中存储着主存中的变量副本），每个线程只能访问自己的工作内存，即线程中的本地变量对其他线程是不可见的，即使两个线程执行的是同一段代码，它们也会各自在自己的工作内存中创建属于当前线程的本地变量，当然也包括了字节码行号指示器、相关Native方法的信息。注意，由于工作内存是每个线程的私有数据，线程间无法相互访问工作内存，因此存储在工作内存的数据不存在线程安全问题。

Java内存模型的规定如下：

1）所有变量存储在主存中。

2）每个线程都有自己的工作内存，且对变量的操作都是在工作内存中进行的。

3）不同线程之间无法直接访问彼此工作内存中的变量，要想访问只能通过主存来传递。

在JMM中，Java线程、工作内存、主存之间的关系大致如图4-12所示。

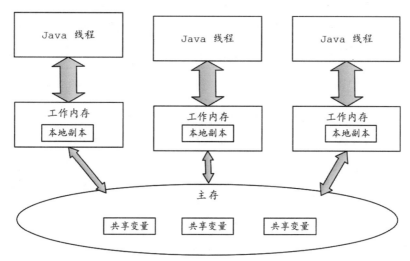

图 4-12　JMM 中 Java 线程、工作内存、主内存之间的关系

JMM将所有的变量都存放在公共主存中，当线程使用变量时，会把公共主存中的变量复制到自己的工作内存（或者叫作私有内存）中，线程对变量的读写操作是自己的工作内存中的变量副本。因此，JMM模型也需要解决代码重排序和缓存可见性问题。JMM提供了一套自己的方案去禁用缓存以及禁止重排序来解决这些可见性和有序性问题。JMM提供的方案包括大家都很熟悉的volatile、synchronized、final等。JMM定义了一些内存操作的抽象指令集，然后将这些抽象指令包含到Java的volatile、synchronized等关键字的语义中，并要求JVM在实现这些关键字时必须具备其包含的JMM抽象指令的能力。

4.5.2 JMM 与 JMM 物理内存的区别

JMM（Java内存模型）看上去和JVM（Java内存结构）差不多，很多人会误以为两者是一回事，这也就导致面试过程中经常答非所问。

JMM属于语言级别的内存模型，它确保了在不同的编译器和不同的CPU平台上为Java程序员提供一致的内存可见性来保证指令并发执行的有序性。

以Java为例，一个i++方法编译成字节码后，在JVM中是分成了以下三个步骤运行的：

1）从主存中复制i的值并复制到CPU的工作内存中。

2）CPU读取工作内存中的值，然后执行i++操作，完成后刷新到工作内存。

3）将工作内存中的值更新到主存。

当多个线程同时访问该共享变量i时，每个线程都会将变量i复制到工作内存中进行修改，如果线程A读取变量i的值时，线程B正在修改i的值，问题就来了：线程B对变量i的修改对线程A而言就是不可见的。

这就是多线程并发访问共享变量所造成的结果不一致问题，该问题属于JMM需要解决的问题。

JMM属于概念和规范维度的模型，是一个参考性质的模型。JMM模型定义了一个指令集、一个虚拟计算机架构和一个执行模型。具体的JVM实现需要遵循JMM的模型进行实现，它能够运行根据JMM模型指令集编写的代码，就像真机可以运行机器代码一样。

虽然JVM也是一个概念和规范维度的模型，但是大家常常将JVM理解为实体的、实现维度的虚拟机，通常情况下一般指HotSpot VM。

> 💠+说明 HotSpot VM是JVM模型的一个开源实现，最初由Sun开发，现在由Oracle拥有。JVM规范还有其他实现，例如JRockit、IBM J9等。如果没有特殊说明，本书的JVM特指HotSpot JVM。

Java代码是要运行在虚拟机上的，而虚拟机在执行Java程序的过程中会把所管理的内存划分为若干个不同的数据区域，这些区域都有各自的用途。其中，有些区域随着虚拟机进程的启动而存在，而有些区域依赖用户线程的启动和结束而建立和销毁。在《Java虚拟机规范（Java SE 8）》中描述了JVM运行时内存区域结构，如图4-13所示。

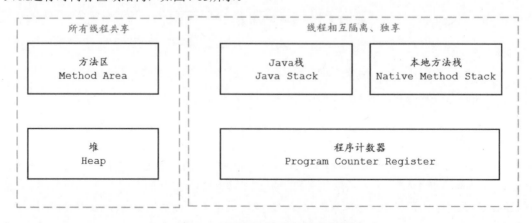

图 4-13　JVM 运行时内存区域结构

Java虚拟机规范定义了JVM内存结构，JVM内存结构中各个区域有各自的功能。由于JVM的功能不是本书的重点，因此就不在这里详细介绍了。

这里简单介绍几个需要特别注意的JVM知识点：

1）JVM模型定义了Java虚拟机规范，但是不同的JVM虚拟机实现会各不相同，一般会遵守规范。

2）JVM模型定义中定义的方法区只是一种概念上的区域，并说明了其应该具有什么功能。但是并没有规定这个区域到底应该处于何处。所以，对于不同的JVM实现来说，是有一定的自由度的。不同版本的方法区所处位置不同，方法区并不是绝对意义上的物理区域。在某些版本的JVM实现中，方法区其实是在堆中实现的。

3）运行时常量池用于存放编译期生成的各种字面量和符号应用。但是，Java语言并不要求常量只有在编译期才能产生。比如在运行期，String.intern也会把新的常量放入池中。

4）除了以上介绍的JVM运行时内存外，还有一块内存区域可供使用，那就是直接内存。Java虚拟机规范并没有定义这块内存区域，所以它并不由JVM管理，是利用本地方法库直接在堆外申请的内存区域。

5）堆和栈的数据划分也不是绝对的，如HotSpot的JIT会针对对象分配做相应的优化。

下面介绍JMM与硬件内存架构的关系。

通过对硬件缓存架构、Java内存模型以及Java多线程的原理的了解，大家应该已经意识到，多线程的执行最终都会映射到CPU上执行，但是Java内存模型和硬件内存架构并不完全一致。

JMM与硬件内存架构是什么样的关系呢？

对于硬件内存来说只有寄存器、缓存内存、主存的概念，并没有工作内存（线程私有数据区域）和主存（堆内存）之分，也就是说Java内存模型对内存的划分对硬件内存并没有任何影响，因为JMM只是一种抽象的概念，是一组规则，并不实际存在，无论是JMM工作内存的数据还是主存的数据，对于计算机硬件来说都会存储在计算机主存中，当然也有可能存储到CPU高速缓存或者寄存器中，因此总体上来说，Java内存模型和计算机硬件内存架构是相互交叉的关系，是一种抽象概念划分与真实物理硬件的交叉。

JMM与硬件内存架构的对应关系如图4-14所示。

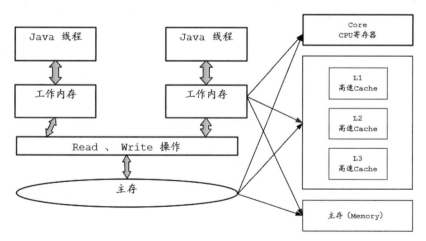

图 4-14　JMM 与硬件内存架构的对应关系

4.5.3　JMM 的 8 个操作

Java内存模型规定所有的变量都是存储在主存中（类似于前面说的主存或者物理内存），每个线程都有自己的工作内存（类似于CPU中的高速缓存）。工作内存保存了线程使用到的变量副本，线程对变量的所有操作（读取、赋值等）必须在该线程的工作内存中进行。

JMM定义了一套自己的主存与工作内存之间的交互协议，即一个变量如何从主存拷贝到工作内存，又如何从工作内存写入到主存，该协议包含8个操作，并且要求JVM具体实现必须保证其中每一种操作都是原子的、不可再分的。

JMM主存与工作内存之间的交互协议的8个操作如表4-5所示。

表 4-5　JMM 内存模型的 8 个操作

操　作	作用对象	说　明
Read（读取）	主存	作用于主存变量。Read 操作把一个变量的值从主存传输到工作内存中，以便随后的 Load 操作使用
Load（载入）	工作内存	作用于工作内存的变量。Load 操作将 Read 操作从主存中得到的变量值，载入工作内存的变量副本中。变量副本可以简单理解为 CPU 的高速缓存
Use（使用）	工作内存	作用于工作内存的变量。Use 操作将工作内存中的一个变量的值传递给执行引擎。每当 JVM 遇到一个需要使用变量值的字节码指令时，执行 Use 操作
Assign（赋值）	工作内存	作用于工作内存的变量。执行引擎通过 Assign 操作给工作内存的变量赋值。每当 JVM 遇到一个给变量赋值的字节码指令时，执行 Assign 操作
Store（存储）	工作内存	作用于工作内存的变量。Store 操作将工作内存中的一个变量的值传递到主存中，以便随后的 Write 操作使用
Write（写入）	主存	作用于主存的变量。Write 操作将 Store 操作从工作内存中得到的变量值放入主存的变量中
Lock（锁定）	主存	作用于主存的变量，将一个变量标识为某个线程独占状态
Unlock（解锁）	主存	作用于主存的变量，将一个处于锁定状态的变量释放出来，释放后的变量才可以被其他线程锁定

如果要把一个变量从主存复制到工作内存，就要按顺序执行Read和Load操作；如果要把变量从工作内存同步回主存，就要按顺序执行Store和Write操作。

> **⚙️说明** JMM要求Read和Load、Store和Write必须按顺序执行，但不要求连续执行。也就是说，Read和Load之间、Store和Write之间可插入其他指令。

JMM主存与工作内存之间交互协议的8个操作之间的关系如图4-15所示。

Java内存模型还规定了执行上述8个基本操作时必须满足如下规则：

1）不允许read和load、store和write操作之一单独出现，以上两个操作必须按顺序执行，但没有保证必须连续执行，也就是说，read与load之间、store与write之间是可插入其他指令的。不允许read和load、store和write操作之一单独出现，意味着有read就有load，不能读取了变量值而不予加载到工作内存中；有store就有write，也不能存储了变量值而不写到主存中。

2）不允许一个线程丢弃它的最近的assign操作，也就是说当线程使用assign操作对私有内存的变量副本进行变更时，它必须使用write操作将其同步到主存中。

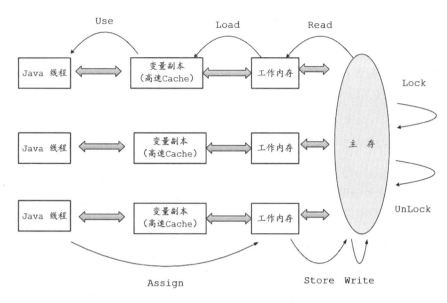

图 4-15 JMM 的 8 个操作之间的关系

3）不允许一个线程无原因地（没有发生过任何assign操作）把数据从线程的工作内存同步回主存中。

4）一个新的变量只能从主存中"诞生"，不允许在工作内存中直接使用一个未被初始化（load或assign）的变量，换句话说，就是对一个变量实施use和store操作之前，必须先执行过了assign和load操作。

5）一个变量在同一个时刻只允许一条线程对其执行lock操作，但lock操作可以被同一个条线程重复执行多次，多次执行lock后，只有执行相同次数的unlock操作，变量才会被解锁。

6）如果对一个变量执行lock操作，将会清空工作内存中此变量的值，在执行引擎使用这个变量前，需要重新执行load或assign操作初始化变量的值。

7）如果一个变量实现没有被lock操作锁定，就不允许对它执行unlock操作，也不允许unlock一个被其他线程锁定的变量。

8）对一个变量执行unlock操作之前，必须先把此变量同步回主存（执行store和write操作）。

以上JMM的8大操作规范定义相当严谨，也极为烦琐，JVM实现起来也非常复杂。Java设计团队大概也意识到了这个问题，新的JMM版本不断地对这些操作进行简化，比如将8个操作简化为Read、Write、Lock和Unlock四个操作。虽然进行了简化，但是JMM的基础设计并未改变。

> **说明** JMM的规范细节是JVM开发人员需要掌握的内容，对于普通的Java应用工程师、应用架构师来说，只需要了解其基本的原理即可。

4.5.4 JMM 如何解决有序性问题

JMM如何解决顺序一致性问题？JMM提供了自己的内存屏障指令，要求JVM编译器实现这些指令，禁止特定类型的编译器和处理器重排序（不是所有的编译器重排序都要禁止）。

1. JMM 内存屏障

由于不同CPU硬件实现内存屏障的方式不同，JMM屏蔽了这种底层CPU硬件平台的差异，定义了不对应任何CPU的JMM逻辑层内存屏障，由JVM在不同的硬件平台生成对应的内存屏障机器码。

JMM内存屏障主要有Load和Store两类，具体如下：

（1）Load Barrier（读屏障）

在读指令前插入读屏障，可以让高速缓存中的数据失效，重新从主存加载数据。

（2）Store Barrier（写屏障）

在写指令之后插入写屏障，能让高速缓存的最新数据写回主存。

在实际使用时，会对以上JMM的Load Barrier和Store Barrier两类屏障进行组合，组合成LoadLoad（LL）、StoreStore（SS）、LoadStore（LS）、StoreLoad（SL）四个屏障，用于禁止特定类型的处理器重排序。

（1）LoadLoad（LL）屏障

在执行预加载（或支持乱序处理）的指令序列中，通常需要显式声明LoadLoad屏障，因为这些Load指令可能会依赖其他CPU执行的Load指令的结果。

一段使用LoadLoad（LL）屏障的伪代码示例如下：

```
Load1; LoadLoad; Load2;
```

该示例的含义为：在Load2要读取的数据被访问前，使用LoadLoad屏障保证Load1要读取的数据被读取完毕。

LoadLoad屏障的3项工作：① 告诉编译器和CPU禁止对当前LoadLoad指令前的读操作进行指令重排，确保这些读操作保持在当前LoadLoad指令的前面；② 让高速缓存中的数据失效，重新从主存加载数据；③ 告诉编译器和CPU禁止对当前LoadLoad指令后的读操作进行指令重排，确保这些读操作保持在当前LoadLoad指令的后面。

（2）StoreStore（SS）屏障

通常情况下，如果CPU不能保证从高速缓冲向主存（或其他CPU）按顺序刷新数据，那么它需要使用StoreStore屏障。

使用StoreStore（SS）屏障的伪代码示例如下：

```
Store1; StoreStore; Store2;
```

该示例的含义为：在Store2及后续写入操作执行前，使StoreStore屏障保证Store1的写入结果对其他CPU可见。

StoreStore屏障的3项工作：① 告诉编译器和处理器禁止对当前StoreStore指令前的写操作进行指令重排，确保这些写操作保持在当前StoreStore指令的前面；② 让高速缓存的最新数据写回到主存中；③ 告诉编译器和CPU禁止对当前StoreStore指令后的写操作进行指令重排，确保这些写操作保持在当前StoreStore指令的后面。

（3）LoadStore（LS）屏障

该屏障用于在数据写入操作执行前，确保完成数据的读取。使用LoadStore（LS）屏障的伪代码示例如下：

```
Load1; LoadStore; Store2;
```

该示例的含义为：在Store2及后续写入操作执行前，使LoadStore屏障保证Load1要读取的数据被读取完毕。

LoadStore屏障的3项工作：① 告诉编译器和CPU禁止对当前LoadStore指令前的读操作进行指令重排，确保这些读操作保持在当前LoadStore指令的前面；② 让高速缓存中的数据失效，重新从主存加载数据；③ 告诉编译器和CPU禁止对当前LoadStore指令后的写操作进行指令重排，确保这些写操作保持在当前LoadStore指令的后面。

（4）StoreLoad（SL）屏障

该屏障用于在数据读取操作执行前，确保完成数据的写入。使用LoadStore（LS）屏障的伪代码示例如下：

```
Store1; StoreLoad; Load2;
```

该示例的含义为：在Load2及后续所有读取操作执行前，使StoreLoad屏障保证Store1的写入对所有CPU可见。

StoreLoad屏障的4项工作：① 告诉编译器和CPU禁止对当前StoreLoad指令前的写操作进行指令重排，确保这些写操作保持在当前StoreLoad指令的前面；② 让高速缓存的Store1最新数据写回到主存；③ 重新从主存加载数据；④ 告诉编译器和CPU禁止对当前StoreLoad指令后的读操作进行指令重排，确保这些读操作保持在当前StoreLoad指令的后面。

2. JMM 四个内存屏障的性能开销

StoreStore、LoadLoad两个屏障性能高。在这两个屏障的上下文中，缓存和主存只需一种类型的交互即可完成，JMM只需要保障同类型交互的先后顺序即可。在StoreStore的上下文中，缓存和主存只需要写入操作不需要读写操作；在LoadLoad的上下文中，缓存和主存只需要读取操作不需要写入操作；内存屏障仅仅是保障同类型操作之间的次序，Cache数据一致性的维护工作量相对较小，所以StoreStore、LoadLoad屏障性能是比较高的。

LoadStore的性能相对较低。这里涉及两类操作：读和写。此屏障要求数据加载执行在前，数据写入执行在后，此屏障只是要求被加载数据的可见性，没有要求被后面Store操作写入数据的可见性，所以这个屏障也没有高速缓存数据一致性的维护工作量。另外，此屏障限制了Store不能重排到Load之前。综合起来，LoadStore实际上没有高速缓存数据一致性的维护工作量，性能还是比较高的。

StoreLoad的性能最低，原因是需要维护高速缓存数据的一致性，需要的工作量最大。

如何维护高速缓存的数据一致性呢？在含有Store Buffer组件的CPU平台上，数据一致性维护工作非常繁重复杂。

首先，使用StoreLoad的缓存写入方不仅需要将存储缓存（Store Buffer）刷入缓存行（Cache Line），还要刷入到内存。如果不将存储缓存刷入主存，其他高速缓存可能读取到本地存储缓存/缓存行中的旧数据，这就实际上把Load操作重排到Store操作的前面。

其次，在将存储缓存中的数据刷入主存之外，缓存写入方还要确保失效方的Invalidate Queue请求生效，从而保障失效方的缓存行变成Invalid状态。如果失效方的Invalidate Queue请求没有处理，则失效方也有可能读到缓存行中的旧数据，这就实际上又把Load操作重排到Store操作的前面。

正是由于StoreLoad需要维护高速缓存和主存中的数据一致性，因此相对其他三个屏障来说，StoreLoad的性能很低。

对应到物理硬件平台上，JMM的StoreLoad屏障最终会编译成硬件层面的全屏障。而全屏障不仅仅要让寄存器、高速缓存中的最新数据写回到主存（写屏障的功效），还要让高速缓存中的数据失效、重新从主存加载数据（读屏障的功效）。另外，还全方位地禁止了对屏障指令前后的store/load指令进行重排序。所以，从具体实现角度来说，StoreLoad屏障也是性能最低、开销最大的。

尽管StoreLoad屏障的开销是四种屏障中最大的，但是此屏障是一个"全能型"的屏障，兼具其他3个屏障的效果，现代的多核CPU大多支持该屏障。

3. 主要 CPU 对 JMM 四个内存屏障的支持

不过这四个内存屏障只是Java为了跨平台而设计出来的，实际上根据CPU的不同，对应CPU平台上的JVM可以优化一些内存屏障。

目前的主要CPU对JMM四个内存屏障支持具体如表4-6所示。

表4-6　CPU所支持的JMM内存屏障

CPU	LoadStore	LoadLoad	StoreStore	StoreLoad
Sparc-TSO（SUN 和 TI 合作开发的 RISC 芯片）	*no-op*	*no-op*	*no-op*	membar
X86	*no-op*	*no-op*	*no-op*	mfence 或 cpuid 或 locked
IA64（英特尔安腾架构）	st.rel or ld.acq	ld.acq	st.rel	mf
ARM（英国 Acorn 公司的 RISC 芯片）	Dmb	dmb	dmb-st	dmb
PPC（IBM 的 PowerPC 芯片）	Lwsync	hwsync	lwsync	hwsync
Alpha（DEC 公司的芯片）	Mb	mb	wmb	mb
PA-RISC（惠普公司的 RISC 芯片）	*no-op*	*no-op*	*no-op*	*no-op*

4.6　Happens-Before 规则

JMM的内存屏障指令对Java工程师是透明的，是JMM对JVM实现的一种规范和要求。那么，作为Java工程师，如何确保自己设计和开发的Java代码不存在内存可见性问题或者有序性问题？

JMM定义了一套自己的规则：Happens-Before（先行发生）规则，并且确保只要两个Java语句之间必须存在Happens-Before关系，JMM尽量确保这两个Java语句之间的内存可见性和指令有序性。

4.6.1　Happens-Before 规则介绍

Happens-Before规则的主要内容包括以下几个方面：

（1）程序顺序执行规则（as-if-serial规则）

在同一个线程中，有依赖关系的操作按照先后顺序，前一个操作必须先行发生于后面一个操作。换句话说，单个线程中的代码顺序不管怎么重排序，对于结果来说是不变的。

（2）volatile变量规则

对volatile（修饰的）变量的写操作必须先行发生于对volatile变量的读操作。

（3）传递性规则

如果A操作先行发生于B操作，而B操作又先行发生于C操作，那么A操作先行发生于C操作。

（4）监视锁规则（Monitor Lock Rule）

对一个监视锁的解锁操作先行发生于后续对这个监视锁的加锁操作。

（5）start规则

对线程的start操作先行发生于这个线程内部的其他任何操作。具体来说，如果线程A执行B.start()启动线程B，那么线程A的B.start()操作先行发生于线程B中的任意操作。

（6）join规则

如果线程A执行了B.join()操作并成功返回，那么线程B中的任意操作先行发生于线程A所执行的ThreadB.join()操作。

4.6.2 规则 1：顺序性规则

顺序性规则的具体内容：一个线程内，按照代码顺序书写在前面的操作先行发生于书写在后面的操作。

一段程序的执行，在单个线程中看起来是有序的。程序次序规则看起来是按顺序执行的，因为虚拟机可能会对程序指令进行重排序。虽然进行了重排序，但是最终执行的结果是与程序顺序执行的结果是一致的。它只会对不存在数据依赖行的指令进行重排序。

该规则就是前面介绍的As-if-Serial规则，仅仅用来保证程序在单线程执行结果的正确性，但是无法保证程序在多线程执行结果的正确性。

4.6.3 规则 2：volatile 规则

volatile规则的具体内容：对一个volatile变量的写先行发生于任意后续对这个volatile变量的读。

基于volatile变量Happens-Before规则，罗列一下volatile操作与前后指令之间可否重排序的清单，具体如表4-7所示。

表 4-7 volatile 操作与前后指令之间的可否重排序的清单

第一个操作 / 第二个操作	普通读/写	volatile 读	volatile 写
普通读/写	—	—	NO
volatile 读	NO	NO	NO
volatile 写	—	NO	NO

从表4-7最后一列可以看出：如果第二个操作为volatile写，不管第一个操作是什么都不能重排序。这就确保了volatile写之前的操作不会被重排序到自己之后。

从表4-7的倒数第二行可以看出：如果第一个操作为volatile读，不管第二个操作是什么都不能重排序。这确保了volatile读之后的操作不会被重排序到自己的前面。

```java
class VolatileReorderDemo
{
    int x = 10;
    int doubleValue = 0;
    boolean flag = false;
    public void update()
    {
        doubleValue = 100;        //①
        flag = true;              //②
    }
    public void doubleX()
    {
        if (flag)                 //③
        {
            doubleValue = x + x;
        }
    }
}
```

假设线程A执行update()方法，线程B执行doubleX()方法，因为代码①和②没有数据依赖关系，所以①和②可能被重排序，它们在重排后的次序为：

```java
flag = true;               //②
doubleValue = 100;         //①
```

线程A执行重排之后代码，在完成语句②（flag = true）但没开始语句①（doubleValue = 100）时，假设线程B开始执行doubleX()方法，将两个doubleValue（此时值仍然为10）累加，得到的doubleValue为20。具体的执行流程如图4-16所示。

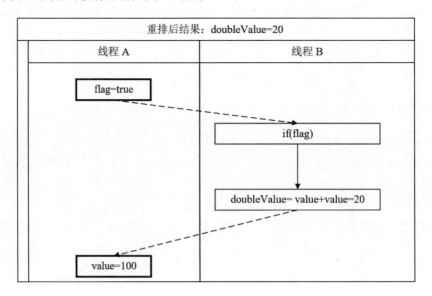

图 4-16　重排后的代码执行流程示意图

为了获取正确的结果，必须阻止代码重排，为以上代码的flag成员属性增加volatile修饰，修改后的代码如下：

```java
class VolatileReorderDemo2
{
    int x = 10;
```

```
int doubleValue = 0;
volatile boolean flag = false;
public void update()
{
    value = 100;              //①
    flag = true;              //②
}
public void doubleX()
{
    if (flag)                 //③
    {
        doubleValue = x + x;  //④
    }
}
```

从前面的规则已经知道：如果第二个操作为volatile写，无论第一个操作是什么都不能重排序。拿上面的代码来说，由于代码②为写入flag（volatile变量）操作，因此代码①不会被重排序到代码②的后面。

从前面的规则已经知道：如果第一个操作为volatile读，无论第二个操作是什么都不能重排序。拿上面的代码来说，代码③为读取flag（volatile变量），代码④不会被重排序到代码③之前。

4.6.4 规则 3：传递性规则

传递性规则的具体内容：如果A操作先行发生于B操作，且B操作先行发生于C操作，那么A操作先行发生于C操作。

上一个小节的例子VolatileReorderDemo2中也存在一个传递性规则，具体如图4-17所示。

从图4-17可以看出：value=100先行发生于flag = true，这是规则1；写变量flag=true先行发生于if（flag）读变量，这是规则2；所以，根据规则3（传递性规则），value=100先行发生于读变量if（flag）。

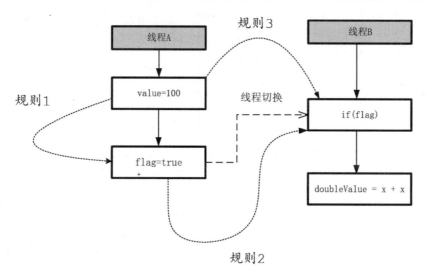

图 4-17 例子 VolatileReorderDemo2 中的传递性规则

根据传递性规则，在VolatileReorderDemo2执行过程中，如果线程B读到了flag是true，那么value=100对线程B就一定可见了。

4.6.5 规则 4：监视锁规则

监视锁规则的具体内容：对一个锁的unlock操作先行发生于后面对同一个锁的lock操作，即无论在单线程还是多线程中，同一个锁如果处于被锁定状态，那么必须先对锁进行释放操作，后面才能继续执行lock操作。

```java
class VolatileReorderDemo2
{
    int x = 10;
    int doubleValue = 0;
    boolean flag = false;
    public  synchronized void update()
    {
        value = 100;                //①
        flag = true;                //②
    }
    public  synchronized void doubleX()
    {
        if (flag)                   //③
        {
            doubleValue = x + x;    //④
        }
    }
}
```

先获取锁的线程，对x赋值之后释放锁，另一个再获取锁，一定能看到对x赋值的改动，就是这么简单，请读者用如图4-18所示的命令查看上面的程序，看同步块和同步方法被转换成汇编指令有什么不同。

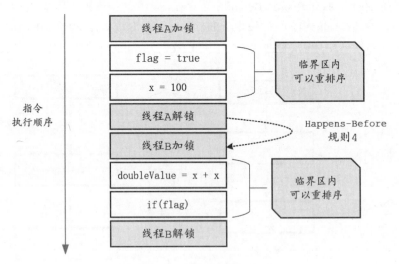

图 4-18　使用命令查看程序

监视锁规则不会对临界区内的代码进行约束，临界区内的代码可以重排序（但JMM不允许临界区内的代码"逸出"到临界区之外，那样会破坏监视器的语义）。JMM会在退出临界区和进入临界区这两个关键时间点做一些特殊处理，虽然线程A在临界区内进行了重排序，但由于监视器互斥执行的特性，这里的线程B根本无法"观察"到线程A在临界区内的重排序。这种重排序既提高了执行效率，又没有改变程序的执行结果。

4.6.6 规则 5：start()规则

start()规则的具体内容：如果线程A执行ThreadB.start()操作启动线程B，那么线程A的ThreadB.start()操作先行发生于线程B中的任意操作。反过来说，如果主线程A启动子线程B后，线程B能看到线程A在启动操作前的任何操作。

```
package com.crazymakercircle.visiable;
import com.crazymakercircle.util.Print;
public class StartExample
{
    private int x = 0;
    private int y = 1;
    private boolean flag = false;
    public static void main(String[] args) throws InterruptedException
    {
        Thread threadB = new Thread(startExample::writer, "线程B");
        //启动线程B前，线程A进行了多个内存操作
        Print.tcfo("开始赋值操作");
        startExample.x = 10;
        startExample.y = 20;
        startExample.flag = true;

        threadB.start(); //启动线程B
        Print.tcfo("线程结束");
    }

    public void writer()
    {
        Print.tcfo("x:" + x);
        Print.tcfo("y:" + y);
        Print.tcfo("flag:" + flag);
    }
}
```

运行程序，结果如下：

```
[线程A|StartExample.main]: 开始赋值操作
[线程A|StartExample.main]: 线程结束
[线程B|StartExample.writer]: x:10
[线程B|StartExample.writer]: y:20
[线程B|StartExample.writer]: flag:true
```

通过结果可以看出：线程B看到了线程A调用threadB.start()之前的所有赋值结果。

4.6.7 规则 6：join()规则

join()规则的具体内容：如果线程A执行threadB.join()操作并成功返回，那么线程B中的任意操作先行发生于线程A的ThreadB.join()操作。join()规则和start规则刚好相反，线程A等待子线程B完成后，当前线程B的赋值操作，线程A都能够看到。

```
package com.crazymakercircle.visiable;
import com.crazymakercircle.util.Print;
public class JoinExample
{
    private int x = 0;
    private int y = 1;
    private boolean flag = false;
```

```java
public static void main(String[] args) throws InterruptedException
{
    Thread.currentThread().setName("线程A");
    JoinExample joinExample = new JoinExample();

    Thread threadB = new Thread(joinExample::writer, "线程B");
    threadB.start();

    threadB.join();//线程A join线程B

    Print.tcfo("x:" + joinExample.x);
    Print.tcfo("y:" + joinExample.y);
    Print.tcfo("flag:" + joinExample.flag);
    Print.tcfo("本线程结束");
}

public void writer()
{
    Print.tcfo("开始赋值操作");
    this.x = 100;
    this.y = 200;
    this.flag = true;
}
}
```

运行程序，结果如下：

```
[线程B|JoinExample.writer]：开始赋值操作
[线程A|JoinExample.main]: x:100
[线程A|JoinExample.main]: y:200
[线程A|JoinExample.main]: flag:true
[线程A|JoinExample.main]: 本线程结束
```

通过结果可以看出：线程A在调用了threadB.join()之后，看到了线程B所有的赋值结果。

4.7 volatile 语义中的内存屏障

在Java代码中，volatile关键字的主要有两层语义：

- 不同线程对volatile变量的值具有内存可见性，即一个线程修改了某个volatile变量的值，该值对其他线程立即可见。
- 禁止进行指令重排序。

总之，volatile关键字除了保障内存可见性外，还能确保执行的有序性。volatile语义中的有序性是通过内存屏障指令来确保的。为了实现volatile关键字语义的有序性，JVM编译器在生成字节码时，会在指令序列中插入内存屏障来禁止特定类型的CPU重排序。

JMM建议JVM采取保守策略对重排序进行严格禁止，下面是基于保守策略的volatile操作的内存屏障插入策略：

- 在每个volatile写操作的前面插入一个StoreStore屏障。
- 在每个volatile写操作的后面插入一个StoreLoad屏障。
- 在每个volatile读操作的后面插入一个LoadLoad屏障。
- 在每个volatile读操作的后面插入一个LoadStore屏障。

4.7.1　volatile 写操作的内存屏障

volatile写操作的内存屏障插入策略为：在每个volatile写操作前插入StoreStore（SS）屏障，在写操作后面插入StoreLoad屏障，具体如图4-19所示。

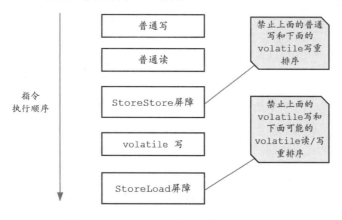

图 4-19　volatile 写操作的内存屏障插入策略

StoreStore屏障可以保证：① 前面的写入不会重排的后面；② 前面的写指令完成之后，高速缓存数据刷入主存；③ 后面的写操作不会重排到前面。所以，在volatile写之前，其前面的所有普通写操作已经对任意CPU可见了，并且volatile写操作不会被重排到屏障前面。

StoreLoad屏障可以保证：① 前面的写入不会重排的后面；② 前面的写指令完成之后，高速缓存数据刷入主存；③ 让高速缓存中的数据失效，重新从主存加载数据，保障各内核的高速缓存数据的一致性；④ 后面的读操作不会重排到前面。所以，在volatile写完成之后，缓存中的已经刷新成最新数据，后面所有CPU的读操作都可见了。

4.7.2　volatile 读操作的内存屏障

volatile读操作的内存屏障插入策略为：在每个volatile读操作后插入LoadLoad（LL）屏障和LoadStore屏障，禁止后面的普通读、普通写和前面的volatile读操作发生重排序，具体如图4-20所示。

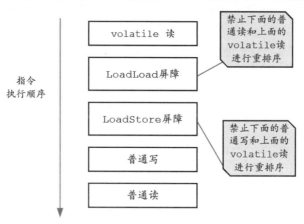

图 4-20　volatile 读操作的内存屏障插入策略

LoadLoad屏障可以保证：

1）前面的读操作不会被排到后面。

2）让高速缓存中的数据失效，重新从主存加载数据。

3）后面读操作不会被排到前面。

在volatile读之后，高速缓存中的数据是重新从主存加载的，并且是最新数据；另外，volatile读操作不会被重排到屏障后面，后面的读操作也不会排到前面。

LoadStore屏障可以保证：

1）前面的读操作不会被排到后面。

2）让高速缓存中的数据失效，重新从主存加载数据。

3）后面写操作不会被排到前面。

在volatile读之后，高速缓存中的数据是重新从主存加载的，并且是最新数据；另外，volatile读操作不会被重排到屏障后面，后面的写（load）操作也不会排到前面。

说明 关于volatile如何保证内存可见性的原理，一直以来都是面试的重点，也是面试的难点。很多社群的读者反馈：JMM对volatile读、volatile写所使用的四个屏障总是记不住。其实，这里的逻辑很简单。

对于volatile读来说，本身的指令是load，如果需要保证可见性，只要后面的普通读、普通写，不重排到前面就可以了。所以，在其后面加上LoadLoad、LoadStore屏障，这两个屏障指令的第一个单词Load，可以代表volatile读本身，两个屏障指令的后面的两个单词Load、Store，分别表示屏障后面的普通读、写操作。经过这样简单的理解是非常好记的。

同样，对于volatile写来说，本身的指令是store，保证其可见性，需要其前面的普通写、后面的普通读，不可以和自己重排。所以，在其前面加上StoreStore、后面加上StoreLoad屏障，第一个指令第二单词、第二个指令第一个单词都代表volatile写的本身；然而，第一个指令的第一单词，所代表的是前面的写操作，第二个指令的第二个单词，所代表的是后面的读操作。所以，经过这样简单的理解是非常好记的。

以上JMM建议的对volatile写和volatile读的内存屏障插入策略，是针对任意CPU平台的，所以非常保守。

由于不同的CPU有不同"松紧度"的CPU内存模型，只要不改变volatile读写操作的内存语义，不同JVM编译器可以根据具体情况省略不必要的JMM屏障。以X86 CPU为例，该平台的JVM实现仅仅在volatile写操作后面插入一个StoreLoad屏障，其他的JMM屏障都会被省略。由于StoreLoad屏障的开销大，因此在X86 CPU中，volatile写操作比volatile读操作的开销会大很多。

4.7.3 对 volatile 变量的写入进行性能优化

由于对一个volatile变量的每一次读写，JVM都会插入一系列的内存屏障，这就意味着对一个volatile变量每一次的写入操作，性能是比较低的。

由于保障volatile可见性的内存屏障性能开销比较大，尤其StoreLoad屏障更是如此，为了维护内核缓存的强一致性，此屏障可谓不惜代价。

如果不是每一次对volatile变量的读写都需要保障其内存可见性，或者说，仅仅是某次特定的volatile读写需要保障可见性，那么，有什么措施可以对volatile进行性能优化吗？

答案是：有两个策略。

1）对于普通变量，使用Unsafe.putXXXVolatile()或者Unsafe.getXXXVolatile()，保障单次操作的内存可见性，或者有序性。

2）对于volatile修饰的变量，如果写入时不需要保障立即可见，或者说不需要保障不同内核高速缓存之间的强一致，则能以Unsafe.putOrderXXX()方法写入，保障写入操作的有序性即可。这种做法是很多著名中间件（比如Netty、JCTools等）常用的提升性能的方案。

> 说明 JCTools（Java Concurrency Tools）是一个开源工具包，在Apache License 2.0下发布，并在 Netty、Rxjava等诸多框架中被广泛使用。JCTools提供了一系列非阻塞并发数据结构（标准Java中缺失的），当存在线程争抢时，非阻塞并发数据结构比阻塞并发数据结构能提供更好的性能。

通过Unsafe.putXXXVolatile()或者Unsafe.getXXXVolatile()方法，可以基于普通变量的内存地址进行其值的读写，并且实现volatile语义。XXX代表基础的数据类型如Object、int、long等。

下面以两个Unsafe.putXXXVolatile()类型的方法作为例子：

```
/**
 * 保存一个引用到一个Java成员变量，实现volatile语义
 */
public native void putObjectVolatile(Object o, long offset, Object x);

 /** volatile 版本of {@link #putInt(Object, long, int)} */
public native void putIntVolatile(Object o, long offset, int x);
```

Unsafe.putXXXVolatile()等效于在写入的前后，插入 StoreStore屏障、StoreLoad屏障。

下面以两个Unsafe.getXXXVolatile()类型的方法作为例子：

```
/**
 * 获取一个Java成员变量，实现volatile语义
 */
public native Object getObjectVolatile (Object o, long offset);

/** volatile版本of {@link #getInt(Object, long)}  */
public native void getIntVolatile(Object o, long offset);
```

Unsafe.getXXXVolatile()等效于在读取的后面，插入两个屏障：LoadStore屏障和LoadLoad屏障，防止后面的写入、读取操作进行指令重排。

Unsafe.putXXXVolatile()或者Unsafe.getXXXVolatile()等效于给相应的成员变量加上volatile关键字，通过API的方式手动让编译后的代码插入内存屏障，实现volatile语义以保证内存可见性和防止指令重排。

Unsafe.putXXXVolatile()或者Unsafe.getXXXVolatile()的优势在于，其粒度更小，只对需要的地方进行内存可见性保证和防止指令重排，而不是像volatile关键字一样，所有的读写都自动插入内存屏障。

第二种volatile性能提升的方式：对于volatile修饰的变量，如果写入时不需要保障可见性或者可以延迟可见，此时可以通过Unsafe.putOrderXXX()方法进行写入，保障写入操作的有序性即可。

比如Netty、JCTools等著名中间组件的源码中就大量的使用Unsafe.putOrderXXX方法。

下面以两个Unsafe.putOrderXXX()类型的方法作为例子：

```
/**
 * 延迟保存一个引用到一个Java 成员变量，不保障立即可见，只针对于volatile成员有效
 */
public native void putOrderedObject (Object o, long offset, Object x);

 /** 延迟/有序版本 of {@link #putIntVolatile(Object, long, int)}  */
public native void  putOrderedInt (Object o, long offset, int x);
```

Unsafe.putOrderXXX()类型的方法等效于在写入的前面插入StoreStore屏障，由于不保障可见，因此去掉Unsafe.putXXXVolatile()插入在写入操作后面的StoreLoad屏障。正是因为去掉StoreLoad屏障，所以此方法是对volatile变量写入操作的一次显著性能提升。

StoreStore屏障只保证禁止重排序，不保证内存可见性，从而实现一次轻量级的写入，在特定场景能优化性能，保障了最终一致性。

当然，性能提升是有代价的，虽然Unsafe.putOrderXXX()类型的方法性能高，但是写入的结果并不会立即被其他线程看到。

4.8　volatile 不具备原子性

volatile能保证数据的可见性，但volatile不能完全保证数据的原子性，对于volatile类型的变量进行复合操作（如++）其仍存在线程不安全的问题。

4.8.1　volatile 变量的自增实例

下面的例子使用10个线程，每个线程进行1000次自增操作（复合操作），看看最终的结果是否正确，具体的代码如下：

```
package com.crazymakercircle.visiable;
// 省略import
public class VolatileDemo
{
    private volatile long value;

    @org.junit.Test
    public void testAtomicLong()
    {
        // 并发任务数
        final int TASK_AMOUNT = 10;

        // 线程池，获取CPU密集型任务线程池
        ExecutorService pool = ThreadUtil.getCpuIntenseTargetThreadPool();

        // 每个线程的执行轮数
        final int TURNS = 10000;
        // 线程同步倒数闩
        CountDownLatch countDownLatch = new CountDownLatch(TASK_AMOUNT);
        long start = System.currentTimeMillis();
        for (int i = 0; i < TASK_AMOUNT; i++)
        {
            pool.submit(() ->
```

```
        {
            try
            {
                for (int j = 0; j < TURNS; j++)
                {
                    value++;
                }
            } catch (Exception e)
            {
                e.printStackTrace();
            }
            // 倒数闩, 倒数一次
            countDownLatch.countDown();
        });
    }
    // 省略，等待倒数闩完成所有的倒数操作

    float time = (System.currentTimeMillis() - start) / 1000F;
    // 输出统计结果
    Print.tcfo("运行的时长为: " + time);
    Print.tcfo("累加结果为: " + value);
    Print.tcfo("与预期相差: " + (TURNS * TASK_AMOUNT - value));
    }

}
```

运行以上程序，执行的结果如下：

```
[main|VolatileDemo.testAtomicLong]: 运行的时长为: 0.089
[main|VolatileDemo.testAtomicLong]: 累加结果为: 45897
[main|VolatileDemo.testAtomicLong]: 与预期相差: 54103
```

通过实验可以看出：volatile变量的复合操作不具备原子性。

4.8.2   volatile 变量的复合操作不具备原子性的原理

首先，回顾一下JMM对变量进行读取和写入的操作流程，具体如图4-21所示。

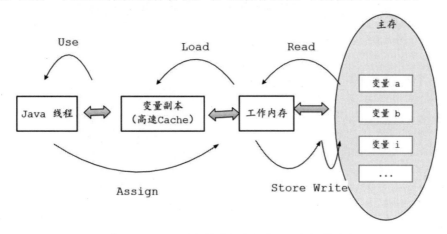

图 4-21   JMM 对变量进行读取和写入的操作流程

对于非volatile修饰的普通变量而言，在读取变量时，JMM要求保持read、load有相对顺序即可。例如，若从主存读取i、j两个变量，可能的操作是read i=>read j=>load j=> load i，并不要求read、load操作是连续的。

对于关键字volatile修饰的内存可见变量而言，具有两个重要的语义：

1）使用volatile修饰的变量在变量值发生改变时，会立刻同步到主存，并使其他线程的变量副本失效。

2）禁止指令重排序：用volatile修饰的变量在硬件层面上会通过在指令前后加入内存屏障来实现，编译器级别是通过下面的规则实现的。

为了实现这些volatile内存语义，JMM对于volatile变量会有特殊的约束：

1）使用volatile修饰的变量其read、load、use都是连续出现的，所以每次使用变量时都要从主存读取最新的变量值，替换私有内存的变量副本值（如果不同的话）。

2）其对同一变量的assign、store、write操作都是连续出现的，所以每次对变量的改变都会立即同步到主存中。

稍加思考就可以理解，虽然volatile修饰的变量可以强制刷新内存，但是其并不具备原子性。虽然其要求对变量的（read、load、use）、（assign、store、write）必须是连续出现，但是在不同CPU内核上并发执行的线程还是有可能出现读取脏数据的时候。

以前面的VolatileDemo为例，假设有两个线程A、B分别运行在Core 1、Core 2上，并假设此时的value为0，线程A、B也都把value值读取到自己的工作内存中。

现在线程A将value变成1之后，完成了assign、store的操作，假设在执行write指令之前，线程A的CPU时间片用完，线程A被空闲，但是线程A的write操作没有到达主存。由于线程A的store指令触发了写的信号，线程B缓存过期，重新从主存读取到value值，但是线程A的写入没有最终完成，线程B读到的value值还是0。线程B执行完成所有的操作之后，将value变成1写入主存。线程A的时间片重新拿到，重新执行store操作，将过期了的1写入主存。

线程A、线程B并发操作value时可能发生脏数据写入的具体流程，大致如图4-22所示。

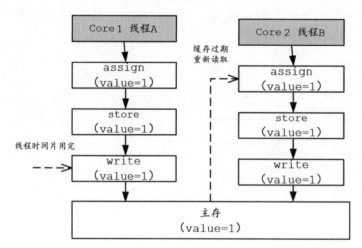

图 4-22 线程 A、线程 B 并发操作 value 时可能发生脏数据写入的流程

对于复合操作，volatile变量无法保障其原子性，如果要保证复合操作的原子性，需要使用锁。并且，在高并发场景下，volatile变量一定需要使用Java的显式锁结合使用。

第 **5** 章
JUC显式锁的原理与实战

与Java内置锁不同，JUC显式锁提供了一种非常灵活的、使用纯Java语言基本的锁，这种锁的使用非常灵活，可以进行无条件的、可轮询的、定时的、可中断的锁获取和释放操作。由于JUC锁的加锁和解锁的方法都是通过Java API显式进行的，所以也叫显式锁。

5.1 显 式 锁

使用Java内置锁时，不需要通过Java代码显式地对同步对象的监视器进行抢占和释放，这些工作由JVM底层完成，而且任何一个Java对象都能作为一个内置锁使用，所以，Java的对象锁使用起来非常方便。但是，Java内置锁的功能相对单一，不具备一些比较高级的锁功能，比如：

1）限时抢锁：在抢锁时设置超时时长，如果超时还未获得锁就放弃，不至于无限等下去。

2）可中断抢锁：在抢锁时，外部线程给抢锁线程发出一个中断信号，就能唤起等待锁的线程，并终止抢占过程。

3）多个等待队列：为锁维持多个等待队列，以便提高锁的效率。比如在生产者－消费者模式实现中，生产者和消费者共用一把锁，该锁上维持两个等待队列，即一个生产者队列和一个消费者队列。

除了以上功能问题之外，Java对象锁还存在性能问题。在竞争稍微激烈的情况下，Java对象锁会膨胀为重量级锁（基于操作系统的Mutex Lock实现），而重量级锁的线程阻塞和唤醒操作需要进程在内核态和用户态之间来回切换，导致其性能非常低。所以，迫切需要提供一种新的锁来提升争用激烈场景下锁的性能。

Java显式锁就是为了解决这些Java对象锁的功能问题、性能问题而生的。JDK 5版本引入了Lock接口，Lock是Java代码级别的锁。为了与Java对象锁相区分，Lock接口被称为显式锁接口，其对象实例则被称为显式锁对象。

5.1.1 显式锁 Lock 接口

JDK 5版本引入了java.util.concurrent并发包，简称为JUC包，里面提供了各种高并发工具类，通过此JUC工具包可以在Java代码中实现功能非常强大的多线程并发操作。所以，Java显式锁也被称为JUC显式锁。

> **说明** JUC出自并发大师Doug Lea之手，Doug Lea对Java并发性能的提升做出了巨大的贡献。除了实现JUC包外，Doug Lea还提供了高并发IO模式——Reactor模式多个版本的参考实现。Reactor模式是Java高并发服务端编程的一个至关重要的模式，有关其原理和详细知识，请参考本书的上一卷《Java高并发核心编程 卷1（加强版）: NIO、Netty、Redis、ZooKeeper》。

Lock接口位于java.util.concurrent.locks包中，是JUC显式锁的一个抽象，Lock接口的主要抽象方法，如表5-1所示。

表 5-1　Lock 接口的主要抽象方法

方　　法	描　　述
void lock()	抢锁。成功则向下运行，若失败则阻塞抢锁线程
void lockInterruptibly() throws InterruptedException	可中断抢锁，当前线程在抢锁的过程中可以响应中断信号
boolean tryLock()	尝试抢锁，线程为非阻塞模式，在调用 tryLock 方法后立即返回。若抢锁成功则返回 true，若抢锁失败则返回 false
boolean tryLock(long time, TimeUnit unit) throws InterruptedException	限时抢锁，到达超时时间返回 false。并且此限时抢锁方法也可以响应中断信号
void unlock();	释放锁
Condition newCondition();	获取与显式锁绑定的 Condition 对象，用于"等待—通知"方式的线程间通信

JUC包中提供了一系列的显式锁实现类（如ReentrantLock），当然也允许应用程序提供自定义的锁实现类。

与synchronized关键字不同，显式锁不再作为Java内置特性来实现，而是作为Java语言可编程特性来实现。这就为多种不同功能的锁实现留下了空间，各种锁实现可能有不同的调度算法、性能特性或者锁定语义。

从Lock提供的接口方法可以看出，显式锁至少比Java内置锁多了以下优势：

（1）可中断获取锁

使用synchronized关键字获取锁的时候，如果线程没有获取到被阻塞，阻塞期间该线程是不响应中断信号（interrupt）的；而使用Lock.lockInterruptibly()方法获取锁时，如果线程被中断，线程将抛出中断异常。

（2）可非阻塞获取锁

使用synchronized关键字获取锁时，如果没有成功获取，线程只有被阻塞；而使用Lock.tryLock()方法获取锁时，如果没有获取成功，线程也不会被阻塞，而是直接返回false。

（3）可限时抢锁

使用Lock.tryLock(long time, TimeUnit unit)方法，显式锁可以设置限定抢占锁的超时时间。而在使用synchronized关键字获取锁时，如果不能抢到锁，线程只能无限制阻塞。

除了以上能通过Lock接口直接观察出来的三点优势之外，显式锁还有不少其他的优势，稍后在介绍显式锁的种类繁多的实现类时，大家就能感觉到。

5.1.2　可重入锁 ReentrantLock

ReentrantLock是JUC包提供的显式锁的一个基础实现类，ReentrantLock类实现了Lock接口，它拥有与synchronized相同的并发性和内存语义，但是拥有了限时抢占、可中断抢占等一些高级锁特性。此外，ReentrantLock基于内置的抽象队列同步器（Abstract Queued Synchronized，AQS）实现，在争用激烈场景下，能表现出表内置锁更佳的性能。

> **⚙️+说明** 抽象队列同步器是JUC包同步机制的基础设施，更是JUC锁框架的基础，会在第6章进行重点和专题介绍。

ReentrantLock是一个可重入的独占（或互斥）锁，其中两个修饰词的含义为：

1）可重入的含义：表示该锁能够支持一个线程对资源的重复加锁，也就是说，一个线程可以多次进入同一个锁所同步的临界区代码块。比如，同一线程在外层函数获得锁后，在内层函数能再次获取该锁，甚至多次抢占到同一把锁。

下面是一段对可重入锁进行两次抢占和释放的伪代码，具体如下：

```
lock.lock();                // 第一次获取锁
lock.lock();                // 第二次获取锁，重新进入
try {
    // 临界区代码块
} finally {
    lock.unlock();          // 释放锁
    lock.unlock();          // 第二次释放锁
}
```

2）独占的含义：在同一时刻只能有一个线程获取到锁，而其他获取锁的线程只能等待，只有拥有锁的线程释放了锁后，其他的线程才能够获取锁。

一个使用ReentrantLock进行同步累加的演示案例如下：

```
package com.crazymakercircle.demo.lock;
// 省略import
public class LockTest
{
    @org.junit.Test
    public void testReentrantLock()
    {
        // 每个线程的执行轮数
        final int TURNS = 1000;
        // 线程数
        final int THREADS = 10;

        //线程池，用于多线程模拟测试
        ExecutorService pool = Executors.newFixedThreadPool(THREADS);

        //创建一个可重入、独占锁对象
```

```
        Lock lock = new ReentrantLock();
        // 倒数闩
        CountDownLatch countDownLatch = new CountDownLatch(THREADS);
        long start = System.currentTimeMillis();
        //10个线程并发执行
        for (int i = 0; i < THREADS; i++)
        {
            pool.submit(() ->
            {
                try
                {
                    //累加1000次
                    for (int j = 0; j < TURNS; j++)
                    {
                        //传入锁，执行一次累加
                        IncrementData.lockAndFastIncrease(lock);
                    }
                    Print.tco("本线程累加完成");
                } catch (Exception e)
                {
                    e.printStackTrace();
                }
                //线程执行完成，倒数闩减少一次
                countDownLatch.countDown();
            });
        }
        try
        {
            //等待倒数闩归零，所有线程结束
            countDownLatch.await();
        } catch (InterruptedException e)
        {
            e.printStackTrace();
        }
        float time = (System.currentTimeMillis() - start) / 1000F;
        //输出统计结果
        Print.tcfo("运行的时长为: " + time);
        Print.tcfo("累加结果为: " + IncrementData.sum);
    }
    //省略其他代码
}
```

分离变与不变是软件设计的一个基本原则。

本章后续会演示多种锁（包括乐观锁、悲观锁、公平锁、可中断锁、自旋锁等）的使用，在这些使用案例中，变化的部分为锁的创建代码，而不变的部分为锁的使用代码。因为JUC中的显式锁都实现了Lock接口，所以对于不同锁对象的使用代码是模板化的、套路化的。我们可以将演示案例中创建锁的代码（变化的部分）和使用锁的代码（不变的部分）进行分离。

出于"分离变与不变的"的设计原则，这里将临界区使用锁的代码进行了抽取和封装，形成一个可以复用的独立类——IncrementData累加类，具体代码如下：

```
package com.crazymakercircle.demo.lock;
//省略import
//封装锁的使用代码
public class IncrementData
{
    public static int sum = 0;

    public static void lockAndFastIncrease(Lock lock)
    {
```

```
        lock.lock(); //step1: 抢占锁
        try
        {
            //step2: 执行临界区代码
            sum++;
        } finally
        {
            lock.unlock(); //step3: 释放锁
        }
    }
    //省略其他代码
}
```

运行以上使用ReentrantLock进行累加同步的演示案例，其结果如下：

```
[pool-1-thread-2]: 本线程累加完成
[pool-1-thread-9]: 本线程累加完成
[pool-1-thread-3]: 本线程累加完成
[pool-1-thread-5]: 本线程累加完成
[pool-1-thread-1]: 本线程累加完成
[pool-1-thread-4]: 本线程累加完成
[pool-1-thread-6]: 本线程累加完成
[pool-1-thread-10]: 本线程累加完成
[pool-1-thread-8]: 本线程累加完成
[pool-1-thread-7]: 本线程累加完成
[main|LockTest.testReentrantLock]: 运行的时长为: 0.126
[main|LockTest.testReentrantLock]: 累加结果为: 10000
```

除了具体可重入、独占特性之外，ReentrantLock还支持公平锁和非公平锁两种模式。有关公平锁与非公平锁的内容，稍后为大家展开介绍。

5.1.3　使用显式锁的模板代码

上一小节讲到，因为JUC中的显式锁都实现了Lock接口，所以不同类型的显式锁对象的使用方法都是模板化的、套路化的，本小节专门介绍一下使用显式锁的模板代码。

1. 使用 lock()方法抢锁的模板代码

通常情况下，大家会使用lock()方法进行阻塞式的锁抢占，其模板代码如下：

```
//创建所对象，SomeLock为Lock的某个实现类，如ReentrantLock
Lock lock = new SomeLock();
lock.lock();                    //step1: 抢占锁
try {
    //step2: 抢锁成功，执行临界区代码
} finally {
    lock.unlock();              //step3: 释放锁
}
```

以上抢锁模板代码有以下几个需要注意的要点：

1）释放锁操作lock.unlock()必须在try-catch结构的finally块中执行，否则，如果临界区代码抛出异常，锁就有可能永远得不到释放。

2）抢占锁操作lock.lock()必须在try语句块之外，而不是放在try块之内。为什么呢？原因之一是lock()方法没有声明抛出异常，所以可以不包含到try块中；原因之二是lock()方法并不是一定能够抢占锁成功，如果没有抢占成功，当然也就不需要释放锁，而且在没有占有锁的情况下去释放锁，可能会导致运行时异常。

3）在抢占锁操作lock.lock()和try语句之间不要插入任何代码，避免抛出异常而无法执行释放锁操作lock.unlock()，导致锁无法被释放。

一段错误的抢锁代码大致如下：

```
Lock lock = new SomeLock();
try {
    lock.lock();              //注意：抢锁操作在try 语句块之内
    //抢锁成功，执行临界区代码
} finally {
    lock.unlock();
}
```

以上代码的抢锁操作在try语句块之内，如果抢锁操作没有成功，也就是如果当前线程没有获取到锁，在finally语句块调用unlock()方法时就会抛出异常。

2. 调用 tryLock()方法非阻塞抢锁的模板代码

lock()是阻塞式抢占，在没有抢到锁的情况下，当前线程会阻塞。如果不希望线程阻塞，可以使用tryLock()方法抢占锁。tryLock()是非阻塞抢占，在没有抢到锁的情况下，当前线程会立即返回，不会被阻塞。

调用tryLock()方法非阻塞抢占锁，大致的模板代码如下：

```
//创建所对象，SomeLock为Lock的某个实现类，如ReentrantLock
Lock lock = new SomeLock();

if (lock.tryLock()) {          //step1: 尝试抢占锁

    try {
        //step2: 抢锁成功，执行临界区代码
    } finally {
        lock.unlock();          //step3: 释放锁
    }
}
else
{
    //step4: 抢锁失败，执行后备动作
}
```

使用tryLock()方法时，线程拿不到锁就立即返回，这种处理方式在实际开发中使用不多，但是其重载版本tryLock(long time, TimeUnit unit)方法在限时阻塞抢锁的场景中非常有用。

3. 调用 tryLock(long time, TimeUnit unit)方法抢锁的模板代码

tryLock(long time, TimeUnit unit)方法用于限时抢锁，该方法在抢锁时会进行一段时间的阻塞等待，其time参数代表最大的阻塞时长，其unit参数为时长的单位（如秒）。

调用tryLock(long time, TimeUnit unit)方法限时抢锁，其大致的代码模板如下：

```
//创建所对象，SomeLock为Lock的某个实现类，如ReentrantLock
Lock lock = new SomeLock();
//抢锁时阻塞一段时间，如1秒
if (lock.tryLock(1, TimeUnit.SECONDS)) {   //step1: 限时阻塞抢占

    try {
        //step2: 抢锁成功，执行临界区代码
    } finally {
        lock.unlock();  //step3: 释放锁
```

```
        }
    }
    else
    {
        //限时抢锁失败，执行后备动作
    }
```

对lock()、tryLock()、tryLock(long time, TimeUnit unit)这三个方法的总结如下：

1）lock()方法用于阻塞抢锁，抢不到锁时线程会一直阻塞。

2）tryLock()方法用于尝试抢锁，该方法有返回值，如果成功则返回true，如果失败（即锁已被其他线程获取）则返回false。此方法无论如何都会立即返回，在抢不到锁时，线程不会像使用lock()方法那样一直被阻塞。

3）tryLock(long time, TimeUnit unit)方法和tryLock()方法是类似的，只不过这个方法在抢不到锁时会阻塞一段时间。如果在阻塞期间获取到锁立即返回true，超时则返回false。

5.1.4　基于显式锁进行"等待-通知"方式的线程间通信

在前面介绍Java的线程间通信机制时，基于Java内置锁实现一种简单的"等待-通知"方式的线程间通信：通过Object对象的wait、notify两类方法作为开关信号，用来完成通知方线程和等待方线程之间的通信。

"等待-通知"方式的线程间通信机制，具体来说是指一个线程A调用了同步对象的wait()方法进入等待状态，而另一个线程B调用了同步对象的notify()或者notifyAll()方法去唤醒等待线程；当线程A收到线程B的唤醒通知后，就可以重新开始执行。

需要特别注意的是：在通信过程中，线程需要拥有同步对象的监视器，在执行Object对象的wait()、notify()方法之前，线程必须先通过抢占到内置锁而成为其监视器的Owner。

与Object对象的wait()、notify()两类方法类似，基于Lock显式锁JUC也为大家提供了一个用于线程间进行"等待-通知"方式通信的接口——java.util.concurrent.locks.Condition。

1. Condition 接口的主要方法

Condition接口的主要方法如下：

```
public interface Condition
{
    //方法1：等待。此方法在功能上与 Object.wait()语义等效
    //使当前线程加入 await() 等待队列中，并释放当前锁
    //当其他线程调用signal()时，等待队列中的某个线程会被唤醒，重新去抢锁
    void await() throws InterruptedException;

    //方法2：通知。此方法在功能上与Object.notify()语义等效
    // 唤醒一个在await()等待队列中的线程
    void signal();

    //方法3：通知全部。唤醒await()等待队列中所有的线程
    //此方法与object.notifyAll()语义上等效
    void signalAll();

    //方法4：限时等待。此方法与await()语义等效
    //不同点在于，在指定时间time等待超时后，如果没有被唤醒，线程将中止等待
    //线程等待超时返回false，其他情况返回true
    boolean await(long time, TimeUnit unit) throws InterruptedException;
}
```

以上是Condition接口的常用方法，await（系列）方法对应于Object.wait()方法，signal()方法对应于Object.notify()方法，signalAll()方法对应于Object.notifyAll()方法。

> **说明** 为了避免与Object中的wait/notify/notifyAll()方法在使用时发生混淆，JUC对Condition接口的方法改变了名称，同样的wait()/notify()/notifyAll()方法，在Condition接口中名称被改为await()/signal()/signalAll()方法。

Condition的"等待－通知"方法和Object的"等待－通知"方法的语义等效关系为：

- Condition类的await()方法和Object类的wait()方法等效。
- Condition类的signal()方法和Object类的notify()方法等效。
- Condition类的signalAll()方法和Object类的notifyAll()方法等效。

Condition对象的signal（通知）方法和同一个对象的await（等待）方法是一一配对使用的，也就是说，一个Condition对象的signal（或signalAll）方法不能去唤醒其他Condition对象上的await线程。

Condition对象是基于显式锁的，所以不能独立创建一个Condition对象，而是需要借助于显式锁实例去获取其绑定的Condition对象。不过，每一个Lock显式锁实例可以有任意数量的Condition对象。具体来说，可以通过lock.newCondition()方法去获取一个与当前显式锁绑定的Condition实例，然后通过该Condition实例即可进行"等待－通知"方式的线程间通信。

2. 显式锁 Condition 演示案例

下面是一个简单的通过Condition完成线程间"等待－通知"方式通信的演示实例：

```
package com.crazymakercircle.demo.lock;
//省略import
public class ReentrantCommunicationTest
{
    // 创建一个显式锁
    static Lock lock = new ReentrantLock();
    //获取一个显式锁绑定的Condition对象
    static private Condition condition = lock.newCondition();

    //等待线程的异步目标任务
    static class WaitTarget implements Runnable
    {
        public void run()
        {
            lock.lock();                    // ①抢锁
            try
            {
                Print.tcfo("我是等待方");
                condition.await();          // ②开始等待，并且释放锁
                Print.tco("收到通知，等待方继续执行");
            } catch (InterruptedException e)
            {
                e.printStackTrace();
            } finally
            {
                lock.unlock();              //释放锁
            }
        }
    }
```

```
//通知线程的异步目标任务
static class NotifyTarget implements Runnable
{
    public void run()
    {
        lock.lock();                    //③抢锁
        try
        {
            Print.tcfo("我是通知方");
            condition.signal();         // ④发送通知
            Print.tco("发出通知了，但是线程还没有立马释放锁");
        } finally
        {
            lock.unlock();              //⑤释放锁之后，等待线程才能获得所
        }
    }
}

public static void main(String[] args) throws InterruptedException
{
    //创建等待线程
    Thread waitThread = new Thread(new WaitTarget(), "WaitThread");
    //启动等待线程
    waitThread.start();
    sleepSeconds(1); //稍等一下

    //创建通知线程
    Thread notifyThread = new Thread(new NotifyTarget(), "NotifyThread");
    //启动通知线程
    notifyThread.start();
}
}
```

执行以上代码，大致结果如下：

```
[WaitThread|ReentrantCommunicationTest$WaitTarget.run]: 我是等待方
[NotifyThread|ReentrantCommunicationTest$NotifyTarget.run]: 我是通知方
[NotifyThread]: 发出通知了，但是线程还没有立马释放锁
[WaitThread]: 收到通知，等待方继续执行
```

以上演示案例中，使用ReentrantLock（重入锁）作为显式锁的实现类，然后通过该显式锁去获取一个Condition实例。

在调用await()方法前，等待线程必须获得显式锁（如语句①），await()方法会让当前线程加入到Condition对象等待队列中。在语句②调用await()方法后，线程会释放当前占用的显式锁，以便通知线程能够抢到锁。通知线程能够抢到锁之后，才能进行入临界区发送通知。

不过，在调用signal()方法前，通知线程也必须获得相应显式锁（如语句③）。在语句④调用signal()方法后，JUC会从Condition对象等待队列中唤醒一个线程。当等待线程被唤醒后，将会重新尝试获得与Condition对象绑定的显式锁，一旦抢占成功将继续执行。

所以，通知线程在调用signal()方法后，一定要记得释放当前占用的显式锁（如语句⑤），只有这样，被唤醒的等待线程才能有获得锁的机会，才能继续执行。

由于Lock有公平锁和非公平锁之分，而Condition是与Lock绑定的，所以就有与Lock一样的公平特性：如果是公平锁，等待线程为按照FIFO（先进先出）顺序从Condition对象的等待队列中唤醒；如果是非公平锁，那么后续的唤醒次序就不保证FIFO顺序了。

> **说明** 作为练习，建议大家基于Condition的"等待－通知"通信机制实现一个更高性能的生产者—消费者程序。由于其核心的实现逻辑，与第2章基于Java内置锁的"等待－通知"通信机制所实现的生产者－消费者程序相同，因此这里不再赘述。不过，笔者为大家提供一份参考实现代码，请参见本书随书源码中的参考实现类——ReentrantLockPetStore。

5.1.5 LockSupport

LockSupport是JUC提供的一线程阻塞与唤醒的工具类，该工具类可以让线程在任意位置阻塞和唤醒，其所有的方法都是静态方法。

1. LockSupport 的常用方法

LockSupport的常用方法大致如下：

```
// 无限期阻塞当前线程
public static void park();

// 唤醒某个被阻塞的线程
public static void unpark(Thread thread);

// 阻塞当前线程，有超时时间的限制
public static void parkNanos(long nanos);

// 阻塞当前线程，直到某个时间
public static void parkUntil(long deadline);

// 无限期阻塞当前线程，带blocker对象，用于给诊断工具确定线程受阻塞的原因
public static void park(Object blocker);

// 限时阻塞当前线程，带blocker对象
public static void parkNanos(Object blocker, long nanos);

// 获取被阻塞线程的blocker对象，用于分析阻塞的原因
public static Object getBlocker(Thread t);
```

LockSupport的方法主要有两类：park和unpark。park英文意思为停车，如果把Thread看成一辆车的话，park()方法就是让车停下，其作用是将调用park()的当前线程阻塞；而unpark()方法就是让车启动，然后跑起来，其作用是将指定线程Thread唤醒。

2. LockSupport 的演示实例

下面是一个简单的通过LockSupport阻塞和唤醒线程的演示实例：

```
package com.crazymakercircle.demo.lock;
//省略import
public class LockSupportDemo
{
    public static class ChangeObjectThread extends Thread
    {
        public ChangeObjectThread(String name)
        {
            super(name);
        }

        @Override
        public void run()
        {
```

```
        Print.tco("即将进入无限时阻塞");
        //阻塞当前线程
        LockSupport.park();
        if (Thread.currentThread().isInterrupted())
        {
            Print.tco("被中断了，但仍然会继续执行");
        } else
        {
            Print.tco("被重新唤醒了");
        }
    }
}

//LockSupport测试用例
@org.junit.Test
public void testLockSupport()
{
    ChangeObjectThread t1 = new ChangeObjectThread("线程一");
    ChangeObjectThread t2 = new ChangeObjectThread("线程二");
    //启动线程一
    t1.start();
    sleepSeconds(1);
    //启动线程二
    t2.start();
    sleepSeconds(1);
    //中断线程一
    t1.interrupt();
    //唤醒线程二
    LockSupport.unpark(t2);
}
```

执行以上代码，大致结果如下：

```
[线程一]：即将进入无限时阻塞
[线程二]：即将进入无限时阻塞
[线程二]：被重新唤醒了
[线程一]：被中断了，但任然会继续执行
```

3. LockSupport.park()和 Thread.sleep()的区别

从功能上说，LockSupport.park()与Thread.sleep()方法类似，都是让线程阻塞，二者的区别如下：

1）Thread.sleep()没法从外部唤醒，只能自己醒过来；而被LockSupport.park()方法阻塞的线程可以通过调用LockSupport.unpark()方法去唤醒。

2）Thread.sleep()方法声明了InterruptedException中断异常，这是一个受检异常，调用者需要捕获这个异常或者再抛出；而使用LockSupport.park()方法时不需要捕获中断异常。

3）被LockSupport.park()方法、Thread.sleep()方法所阻塞的线程有一个特点，当被阻塞线程的Thread.interrupt()方法调用时，被阻塞线程都会响应线程的中断信号，唤醒线程的执行。不同的是，二者对中断信号的响应方式不同：LockSupport.park()方法不会抛出InterruptedException异常，仅仅设置了线程的中断标志；而Thread.sleep()方法还会抛出InterruptedException异常。

4）与Thread.sleep()相比，调用LockSupport.park()能更精准、更加灵活地阻塞、唤醒指定线程。

5）Thread.sleep()本身就是一个原生（native）方法；LockSupport.park()并不是一个原生方法，只是调用了一个Unsafe类的原生方法（名字也叫park）去实现。

6）LockSupport.park()方法还允许设置一个Blocker对象，主要用来供监视工具或诊断工具确定线程受阻塞的原因。

> 🎮➕说明 通过Thread.sleep()方法进入阻塞的线程不会释放持有的锁，因此在持有锁的时候调用该方法需要谨慎。那么通过LockSupport.park()方法进入阻塞的线程，会不会释放所持有的锁呢？当然也不会。

4. LockSupport.park()与 Object.wait()的区别

从功能上说，LockSupport.park()与Object.wait()方法也类似，都是让线程阻塞，二者的区别如下：

1）Object.wait()方法需要在synchronized块中执行，而LockSupport.park()可以在任意地方执行。

2）当被阻塞线程中断时，Object.wait()方法抛出了中断异常，调用者需要捕获或者再抛出；当被阻塞线程中断时，LockSupport.park()不会抛出异常，调用时不需要处理中断异常。

下面的演示代码演示在LockSupport.park()执行之前，通过执行LockSupport.unPark()去唤醒一个线程，具体如下：

```
package com.crazymakercircle.demo.lock;
//省略import
public class LockSupportDemo
{
    @org.junit.Test
    public void testLockSupport2()
    {
        Thread t1 = new Thread(() ->
        {
            try
            {
                Thread.sleep(1000);  //使sleep阻塞当前线程，时长为1秒
            } catch (InterruptedException e)
            {
                e.printStackTrace();
            }
            Print.tco("即将进入无限时阻塞");
            //使用LockSupport.park()阻塞当前线程
            LockSupport.park();
            Print.tco("被重新唤醒了");

        }, "演示线程"); //通过匿名对象创建一个线程

        t1.start();
        //唤醒一次没有使用LockSupport.park()阻塞的线程
        LockSupport.unpark(t1);
        //再唤醒一次没有使用LockSupport.park()阻塞的线程
        LockSupport.unpark(t1);
        sleepSeconds(2);
        //中断线程一
        //第三唤醒使用LockSupport.park()阻塞的线程
        LockSupport.unpark(t1);

    }
    // 省略其他
}
```

执行以上代码，大致结果如下：

```
[演示线程]：即将进入无限时阻塞
[演示线程]：被重新唤醒了
```

通过结果可以看出，前两次LockSupport.unpark(t1)唤醒操作没有发生任何作用，因为线程t1还没有被LockSupport.park()阻塞。只有在被LockSupport.park()阻塞之后，LockSupport.unpark(t1)唤醒操作才能将线程t1唤醒。

5.1.6　显式锁的分类

显式锁有很多种，从不同的角度来看，显式锁大概有以下几种分类：可重入锁与不可重入锁、悲观锁和乐观锁、公平锁和非公平锁、共享锁和独占锁、可中断锁和不可中断锁。

1. 可重入锁与不可重入锁

从同一个线程是否可以重复占有同一个锁对象的角度来分，显式锁可以分为可重入锁与不可重入锁。

可重入锁也被称为递归锁，指的是一个线程可以多次抢占同一个锁。例如，线程A在进入外层函数抢占了一个Lock显式锁之后，当线程A继续进入内层函数时，如果遇到有抢占同一个Lock显式锁的代码，线程A依然可以抢到该Lock显式锁。

不可重入锁与可重入锁相反，指的是一个线程只能抢占一次同一个锁。例如，线程A在进入外层函数抢占了一个Lock显式锁之后，当线程A继续进入内层函数时，如果遇到有抢占同一个Lock显式锁的代码，线程A不可以抢到该Lock显式锁。除非线程A提前释放了该Lock显式锁，才能第二次抢占该锁。

JUC的ReentrantLock类是可重入锁的一个标准实现类。

2. 悲观锁和乐观锁

从线程进入临界区前是否锁住同步资源的角度来分，显式锁可以分为悲观锁和乐观锁。

悲观锁就是悲观思想，每次去入临界区操作数据的时候都认为别的线程会修改，所以线程每次在读写数据时都会上锁，锁住同步资源，这样其他线程需要读写这个数据时就会阻塞，一直等到拿到锁。总体来说，悲观锁适用于写多读少的场景，遇到高并发写的可能性高。

Java的Synchronized重量级锁是一种悲观锁。

乐观锁是一种乐观思想，每次去拿数据的时候都认为别的线程不会修改，所以不会上锁，但是在更新的时候会判断一下在此期间别人有没有去更新这个数据，采取在写时先读出当前版本号，然后加锁操作（比较跟上一次的版本号，如果一样就更新），如果失败就要重复读-比较-写的操作。总体来说，乐观锁适用于读多写少的场景，遇到高并发写的可能性低。

Java中的乐观锁基本都是通过CAS自旋操作实现的。CAS是一种更新原子操作，比较当前值跟传入值是否一样，是则更新，不是则失败。在争用激烈的场景下，CAS自旋会出现大量的空自旋，会导致乐观锁性能大大降低。

Java的Synchronized轻量级锁是一种乐观锁。另外，JUC中基于抽象队列同步器（AQS）实现的显式锁（如ReentrantLock）都是乐观锁。

> 🔧 说明　既然在争用激烈的场景下乐观锁的性能非常低,那么为什么JUC的显式锁都是乐观锁呢? 根本的原因是, JUC的显式锁都是基于AQS实现的, 而AQS通过对队列的使用很大程度上减少了锁的争用, 极大地减少了空的CAS自旋。所以, 即使在争用激烈场景下, 基于AQS的JUC乐观锁也能表现出比悲观锁更佳的性能。

3. 公平锁和非公平锁

公平锁是指不同的线程抢占锁的机会是公平的、平等的,从抢占时间上来说,先对锁进行抢占的线程一定被先满足,抢锁成功的次序体现为FIFO（先进先出）顺序。简单来说,公平锁就是保障了各个线程获取锁都是按照顺序来的,先到的线程先获取锁。

使用公平锁,比如线程A、B、C、D依次去获取锁,线程A首先获取到了锁,然后它处理完成释放锁之后,会唤醒下一个线程B去获取锁。后续不断重复前面的过程,线程C、D依次获取锁。

非公平锁是指不同的线程抢占锁的机会是非公平的、不平等的,从抢占时间上来说,先对锁进行抢占的线程不一定被先满足,抢锁成功的次序不会体现为FIFO（先进先出）顺序。

使用公平锁,比如线程A、B、C、D依次去获取锁,假如此时持有锁的是线程A,然后线程B、C、D尝试获取锁,就会进入一个等待队列。当线程A释放掉锁之后,会唤醒下一个线程B去获取锁。在唤醒线程B的这个过程中,如果有别的线程E尝试去请求锁,那么线程E是可以先获取到的,这就是插队。为什么线程E可以插队呢? 因为CPU唤醒线程B需要进行线程的上下文切换,这个操作需要一定的时间,线程E可能与线程A、B不在同一个CPU内核上执行,而是在其他的内核上执行,所以不需要进行线程的上下文切换。在线程A释放锁和线程B被唤醒的这段时间,锁是空闲的,其他内核上的线程E此时就能趁机获取非公平锁,这样做的目的主要是利用锁的空档期,提高其利用效率。

默认情况下, ReentrantLock实例是非公平锁,但是,如果在实例构造时传入了参数true,所得到的锁就是公平锁。另外, ReentrantLock的tryLock()方法是一个特例,一旦有线程释放了锁,正在tryLock的线程就能优先取到锁,即使已经有其他线程在等待队列中。

4. 可中断锁和不可中断锁

什么是可中断锁? 如果某一线程A正占有锁在执行临界区代码,另一线程B正在阻塞式抢占锁,可能由于等待时间过长,线程B不想等待了,想先处理其他事情,我们可以让它中断自己的阻塞等待,这种就是可中断锁。

什么是不可中断锁? 一旦这个锁被其他线程占有,如果自己还想抢占,自己只能选择等待或者阻塞,直到别的线程释放这个锁,如果别的线程永远不释放锁,那么自己只能永远等下去,并且没有办法终止等待或阻塞。

简单来说,在抢锁过程中能通过某些方法去终止抢占过程,这就是可中断锁,否则就是不可中断锁。

Java的synchronized内置锁就是一个不可中断锁,而JUC的显式锁（如ReentrantLock）是一个可中断锁。

5. 独占锁和共享锁

独占锁指的是每次只有一个线程能持有的锁。独占锁是一种悲观保守的加锁策略,它不必要地限制了读/读竞争,如果某个只读线程获取锁,那么其他的读线程都只能等待,这种情况下就限制了读操作的并发性，因为读操作并不会影响数据的一致性。

JUC的ReentrantLock类是一个标准的独占锁实现类。

共享锁允许多个线程同时获取锁，容许线程并发进入临界区。与独占锁不同，共享锁是一种乐观锁，它放宽了加锁策略，并不限制读/读竞争，允许多个执行读操作的线程同时访问共享资源。

JUC的ReentrantReadWriteLock（读写锁）类是一个共享锁实现类。使用该读写锁时，读操作可以有很多线程一起读，但是写操作只能有一个线程去写，而且在写入的时候，别的线程也不能进行读的操作。

用ReentrantLock锁替代ReentrantReadWriteLock锁虽然可以保证线程安全，但是也会浪费一部分资源，因为多个读操作并没有线程安全问题，所以在读的地方使用读锁，在写的地方使用写锁，可以提高程序执行效率。

5.2　悲观锁和乐观锁

Java的synchronized是悲观锁，悲观锁可以确保无论哪个线程持有锁，都能独占式访问临界区。虽然悲观锁的逻辑非常简单，但是存在不少问题。

5.2.1　悲观锁存在的问题

悲观锁总是假设会发生最坏的情况，每次线程去读取数据时，也会上锁。这样其他线程在读取数据时就会被阻塞，直到它拿到锁。传统的关系型数据库用到了很多悲观锁，比如行锁、表锁、读锁、写锁等。

悲观锁机制存在以下问题：

1）在多线程竞争下，加锁、释放锁会导致比较多的上下文切换和调度延时，引起性能问题。

2）一个线程持有锁后，会导致其他所有抢占此锁的线程挂起。

3）如果一个优先级高的线程等待一个优先级低的线程释放锁，就会导致线程的优先级倒置，从而引发性能风险。

解决以上悲观锁的这些问题的有效方式是使用乐观锁去替代悲观锁。乐观锁其实是一种思想。在使用乐观锁时，每次线程去读取数据时都认为其他线程不会修改，所以不会上锁，仅仅在更新时会判断一下其他线程有没有去更新这个数据。数据库操作中的带版本号数据更新、JUC包的原子类都使用了乐观锁的方式提高性能。

5.2.2　通过 CAS 实现乐观锁

乐观锁的操作主要就是两个步骤：

1）第一步：冲突检测。

2）第二步：数据更新。

乐观锁的一种比较典型的就是CAS原子操作，JUC强大的高并发性能是建立在CAS原子之上的。CAS操作中包含三个操作数：需要操作的内存位置（V）、进行比较的预期原值（A）和拟写入的新值（B）。如果内存位置V的值与预期原值A相匹配，那么处理器会自动将该位置值更新为新值B；否则CPU不做任何操作。

CAS操作可以非常清晰地分为两个步骤：

1）检测位置V的值是否为A。

2）如果是，将位置V更新为B值；否则不要更改该位置。

CAS的两个操作步骤其实与乐观锁操作的两个步骤是一致的，都是在冲突检测后进行数据更新。

> 说明 乐观锁是一种思想，而CAS是这种思想的一种实现。

实际上，如果需要完成数据的最终更新，仅仅进行一次CAS操作是不够的，一般情况下，需要进行自旋操作，即不断地循环重试CAS操作直到成功，这也叫CAS自旋。

通过CAS自旋，在不使用锁的情况下实现多线程之间的变量同步，也就是说，在没有线程被阻塞的情况下实现变量的同步，这叫作"非阻塞同步"（Non-Blocking Synchronization），或者说"无锁同步"。使用基于CAS自旋的乐观锁进行同步控制，属于无锁编程（Lock Free）的一种实践。

接下来为大家介绍如何基于CAS自旋实现一个简单的自旋锁。

5.2.3 不可重入的自旋锁

自旋锁（SpinLock）的基本含义为：当一个线程在获取锁的时候，如果锁已经被其他线程获取，调用者就一直在那里循环检查该锁是否已经被释放，一直到获取到锁才会退出循环。

CAS自旋锁的实现原理为：抢锁线程不断进行CAS自旋操作去更新锁的owner（拥有者），如果更新成功，表明已经抢锁成功，退出抢锁方法。如果锁已经被其他线程获取（也就是owner为其他线程），调用者就一直在那里循环进行owner的CAS更新操作，一直到成功才会退出循环。

作为演示，这里先实现一个简单版本的自旋锁——不可重入的自旋锁，具体的代码如下：

```
package com.crazymakercircle.demo.lock.custom;
// 省略import
public class SpinLock  implements Lock
{
    /**当前锁的拥有者
     * 使用Thread 作为同步状态
     */
    private AtomicReference<Thread> owner = new AtomicReference<>();
    /**
     * 抢占锁
     */
    @Override
    public void lock()
    {
        Thread t = Thread.currentThread();
        //自旋
        while (!owner.compareAndSet(null, t))
        {
            // DO nothing
            Thread.yield();//让出当前剩余的CPU时间片
        }
    }
    /**
```

```
     * 释放锁
     */
    @Override
    public void unlock()
    {
        Thread t = Thread.currentThread();
        //只有拥有者才能释放锁
        if (t == owner.get())
        {
            // 设置拥有者为空，这里不需要 compareAndSet操作
            // 因为已经通过owner做过线程检查
            owner.set(null);
        }
    }
    // 省略其他代码
}
```

仔细分析以上就可以看出，SpinLock是不支持重入的，即当一个线程第一次已经获取到了该锁，在锁没有被释放之前，如果又一次重新获取该锁，第二次将不能成功获取到。

5.2.4　可重入的自旋锁

为了实现可重入锁，这里引入一个计数器，用来记录一个线程获取锁的次数。一个简单的可重入的自旋锁的代码大致如下：

```
package com.crazymakercircle.demo.lock.custom;
// 省略import
public class ReentrantSpinLock implements Lock
{
    /**当前锁的拥有者
     * 使用拥有者Thread作为同步状态，而不是使用一个简单的整数作为同步状态
     */
    private AtomicReference<Thread> owner = new AtomicReference<>();
    /**
     * 记录一个线程重复获取锁的次数
     * 此变量为同一个线程在操作，没有必要加上volatile保障可见性和有序性
     */
    private int count = 0;

    /**
     * 抢占锁
     */
    @Override
    public void lock()
    {
        Thread t = Thread.currentThread();
        // 如果是重入，增加重入次数后返回
        if (t == owner.get())
        {
            ++count;
            return;
        }
        //自旋
        while (owner.compareAndSet(null, t))
        {
            // DO nothing
            Thread.yield(); //让出当前剩余的CPU时间片
        }
    }
```

```
/**
 * 释放锁
 */
@Override
public void unlock()
{
    Thread t = Thread.currentThread();
    //只有拥有者才能释放锁
    if (t == owner.get())
    {
        if (count > 0)
        {
            // 如果重入的次数大于0，减少重入次数后返回
            --count;
        } else
        {
            // 设置拥有者为空
            //这里不需要compareAndSet，因为已经通过owner做过线程检查
            owner.set(null);
        }
    }
}
// 省略其他代码
}
```

自旋锁的特点：线程获取锁的时候，如果锁被其他线程持有，当前线程将循环等待，直到获取到锁。线程抢锁期间状态不会改变，一直是运行状态（RUNNABLE），在操作系统层面线程处于用户态。

自旋锁的问题：在争用激烈的场景下，如果某个线程持有锁的时间太长，就会导致其他空自旋的线程耗尽CPU资源。另外，如果大量的线程进行空自旋，还可能导致硬件层面的"总线风暴"。

5.2.5 CAS 可能导致"总线风暴"

这里通过从CPU（以Intel X86为例）平台下的汇编代码入手，为大家分析一下CAS的实现原理。下面是sun.misc.Unsafe类的compareAndSwapInt()方法的源代码：

```
public final class Unsafe {
    //Unsafe中的CAS操作
    public final native boolean compareAndSwapInt(
                    Object o,                   //操作对象
                    long offset,                //字段偏移
                    int expected,               //预期值
                    int x);                     //待更新的值
    //省略不相关代码
}
```

sun.misc.Unsafe类的compareAndSwapInt()方法是一个Native方法调用，该本地方法在JDK中依次调用的C++代码为：

```
#define LOCK_IF_MP(mp)__asm cmp mp, 0  \
                      __ asm je L0       \
                      __asm _emit 0xF0  \
                      __asm L0:
inline jint Atomic::cmpxchg(jint exchange_value, volatile jint* dest,
                           jint compare_value) {
  // alternative for InterlockedCompareExchange
```

```
int mp = os::is_MP();
__asm {
  mov edx, dest
  mov ecx, exchange_value
  mov eax, compare_value
  LOCK_IF_MP(mp)
  cmpxchg dword ptr [edx], ecx
  }
}
```

以上程序会根据当前CPU的类型是否为多核CPU来决定是否为cmpxchg指令添加lock前缀。如果程序是在多核CPU上运行，就为cmpxchg指令加上lock前缀（lock cmpxchg）。反之，如果程序是在单核CPU上运行，就省略lock前缀，因为单核CPU不需要lock前缀提供的内存屏障效果。

接下来，以SMP架构的CPU为例分析一下CAS可能导致"总线风暴"。

说明　目前的 CPU 架构大体可以分为三类：对称多处理器结构（Symmetric Multi-Processor，SMP）、非一致存储访问结构（Non-Uniform Memory Access，NUMA）和海量并行处理结构（Massive Parallel Processing，MPP）。常见的PC、手机、老式服务器都是SMP架构，其架构简单，但拓展性能非常差。

第4章在介绍volatile关键字原理时讲到，lock前缀指令有以下三个作用：

1）将当前CPU缓存行的数据立即写回系统内存。
2）lock前缀指令会引起在其他CPU中缓存了该内存地址的数据无效。
3）lock前缀指令禁止指令重排。

由于在Intel X86平台下CAS的汇编指令lock cmpxchg也是一个lock前缀指令，因此CAS操作和volatile一样，也需要CPU进行内部通信从而保障变量的缓存一致性。

在SMP架构的CPU平台上，所有的Core（内核）会共享一条总线（BUS），靠此总线连接主存。每个内核都有自己的高速缓存，各内核相对于BUS对称分布。因此，这种结构称为"对称多处理器"。一个8核的SMP架构CPU大致如图5-1所示。

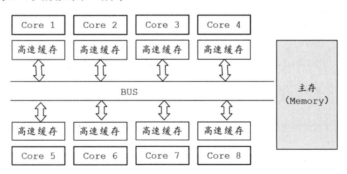

图 5-1　一个 SMP 架构的 8 核 CPU

假设Core 1和Core 2可同时把某个变量加载到自己高速缓存中，当Core 1在自己的高速缓存中修改这个位置的值时，会通过总线使Core 2中L1高速缓存对应的值"失效"，而Core 2一旦发现自己缓存中的值失效，就会通过总线从内存中读取最新的值，当Core 2和Core 1中的值再次一致时，CPU保障了变量的"缓存一致性"。

前面讲到，CPU会通过MESI协议保障变量的缓存一致性。为了保障"缓存一致性"，不同的内核需要通过总线来回通信，因而产生的流量一般称为"缓存一致性流量"。因为总线被设计为固定的"通信能力"，如果缓存一致性流量过大，总线将成为瓶颈，这就是所谓的"总线风暴"。

> 说明 总线风暴当然与CPU的架构和设计有关，并不是所有的CPU都会产生总线风暴。

由于使用lock前缀指令的Java操作（包括CAS、volatile）恰恰会产生缓存一致性流量，当有很多线程都同时执行lock前缀指令操作时，在SMP架构的CPU平台上必然会导致总线风暴。

前面讲到，在争用激烈场景下，Java轻量级锁会快速膨胀为重量级锁，其本质上一是为了减少CAS空自旋，二是为了避免同一时间大量CAS操作所导致的总线风暴。

那么，JUC基于CAS实现的轻量级锁如何避免总线风暴呢？答案是：使用队列对抢锁线性进行排队，最大程度上减少了CAS操作数量。

5.2.6 CLH 自旋锁

CLH锁其实就是一种是基于队列（具体为单向链表）排队的自旋锁，由于是Craig、Landin和Hagersten三人一起发明的，因此被命名为CLH锁，也叫CLH队列锁。

简单的CLH锁可以基于单向链表实现，申请加锁的线程首先会通过CAS操作在单向链表的尾部增加一个节点，之后该线程只需要在其前驱节点上进行普通自旋，等待前驱节点释放锁即可。由于CLH锁只有在节点入队时进行一下CAS的操作，在节点在加入队列之后，抢锁线程不需要进行CAS自旋，只需普通自旋即可。因此，在争用激烈的场景下，CLH锁能大大减少的CAS操作的数量，以避免CPU的总线风暴。

> 说明 JUC中显式锁基于AQS抽象队列同步器，而AQS是CLH锁的一个变种，为了方便大家理解AQS原理（此为Java工程师的必备知识），这里详细介绍一下CLH锁的实现和核心原理。

1. 实现 CLH 锁的一个学习版本

首先为大家提供一个CLH锁的简单实现版本，代码如下：

```
package com.crazymakercircle.demo.lock.custom;
//省略import
public class CLHLock implements Lock
{
    /**
     * 当前节点的线程本地变量
     */
    private static ThreadLocal<Node> curNodeLocal = new ThreadLocal();
    /**
     * CLHLock队列的尾部指针，使用AtomicReference，方便进行CAS操作
     */
    private AtomicReference<Node> tail = new AtomicReference<>(null);

    public CLHLock()
    {
        //设置尾部节点
        tail.getAndSet(Node.EMPTY);
    }
```

```java
//加锁操作: 将节点添加到等待队列的尾部
@Override
public void lock()
{
    Node curNode = new Node(true, null);
    Node preNode = tail.get();
    //CAS自旋: 将当前节点插入到队列的尾部
    while (!tail.compareAndSet(preNode, curNode))
    {
        preNode = tail.get();
    }
    //设置前驱节点
    curNode.setPrevNode(preNode);

    // 自旋, 监听前驱节点的locked变量, 直到其值为false
    // 若前继节点的locked状态为true, 则表示前一个线程还在抢占或者占有锁
    while (curNode.getPrevNode().isLocked())
    {
        //让出CPU时间片, 提高性能
        Thread.yield();
    }
    // 能执行到这里, 说明当前线程获取到了锁
    // Print.tcfo("获取到了锁!!!");

    //将当前节点缓存在线程本地变量中, 释放锁会用到
    curNodeLocal.set(curNode);
}

//释放锁
@Override
public void unlock()
{
    Node curNode = curNodeLocal.get();
    curNode.setLocked(false);
    curNode.setPrevNode(null);//help for GC
    curNodeLocal.set(null); //方便下一次抢锁
}

//虚拟等待队列的节点
@Data
static class Node
{
    public Node(boolean locked, Node prevNode)
    {
        this.locked = locked;
        this.prevNode = prevNode;
    }

    //true: 当前线程正在抢占锁或者已经占有锁
    // false: 当前线程已经释放锁, 下一个线程可以占有锁了
    volatile boolean locked;

    //前一个节点, 需要监听其locked字段
    Node prevNode;

    //空节点
    public static final Node EMPTY = new Node(false, null);
}
    //省略其他代码
}
```

2. CLHLock 锁的测试用例

下面实现一个CLHLock的测试用例: 基于前面抽取出来的公共IncrementData累加类, 编写一

个10个线程各种累加100 000次的累加程序，并使用CLHLock作为累加的同步锁。测试用例的代码具体如下：

```java
package com.crazymakercircle.demo.lock;
//省略import
public class LockTest
{
    @org.junit.Test
    public void testCLHLockCapability()
    {
        //速度对比
        // ReentrantLock      1 000 000 次 0.154 秒
        // CLHLock            1 000 000 次 2.798 秒

        //每个线程的执行轮数
        final int TURNS = 100000;

        //线程数
        final int THREADS = 10;

        //线程池，用于多线程模拟测试
        ExecutorService pool = Executors.newFixedThreadPool(THREADS);

        Lock lock = new CLHLock();
        // Lock lock = new ReentrantLock();

        //倒数闩
        CountDownLatch countDownLatch = new CountDownLatch(THREADS);
        long start = System.currentTimeMillis();
        for (int i = 0; i < THREADS; i++)
        {
            pool.submit(() ->
            {
                for (int j = 0; j < TURNS; j++)
                {
                    IncrementData.lockAndFastIncrease(lock);
                }
                Print.tcfo("本线程累加完成");
                //倒数闩减少1次
                countDownLatch.countDown();
            });
        }
        try
        {
            //等待倒数闩归0，所有线程结束
            countDownLatch.await();
        } catch (InterruptedException e)
        {
            e.printStackTrace();
        }
        float time = (System.currentTimeMillis() - start) / 1000F;
        //输出统计结果
        Print.tcfo("运行的时长为: " + time);
        Print.tcfo("累加结果为: " + IncrementData.sum);
    }
    //省略其他代码
}
```

运行以上使用CLHLock进行累加同步的测试用例testCLHLockCapability，其结果如下：

```
[pool-1-thread-5|LockTest.lambda$testCLHLockCapability$8]: 本线程累加完成
[pool-1-thread-7|LockTest.lambda$testCLHLockCapability$8]: 本线程累加完成
[pool-1-thread-6|LockTest.lambda$testCLHLockCapability$8]: 本线程累加完成
```

```
[pool-1-thread-10|LockTest.lambda$testCLHLockCapability$8]: 本线程累加完成
[pool-1-thread-2|LockTest.lambda$testCLHLockCapability$8]: 本线程累加完成
[pool-1-thread-9|LockTest.lambda$testCLHLockCapability$8]: 本线程累加完成
[pool-1-thread-4|LockTest.lambda$testCLHLockCapability$8]: 本线程累加完成
[pool-1-thread-8|LockTest.lambda$testCLHLockCapability$8]: 本线程累加完成
[pool-1-thread-3|LockTest.lambda$testCLHLockCapability$8]: 本线程累加完成
[pool-1-thread-1|LockTest.lambda$testCLHLockCapability$8]: 本线程累加完成
[main|LockTest.testCLHLockCapability]: 运行的时长为: 2.798
[main|LockTest.testCLHLockCapability]: 累加结果为: 1000000
```

通过以上结果可以看出CLHLock进行累加同步，10个线程累加100 000次之后结果为1 000 000。实际上，该累加结果是正确的，这也说明以上CLHLock实现版本没有功能问题。

但是，由于仅仅是一个学习版本，以上CLHLock实现版本存在严重的性能问题。经过对比，其性能足足比JUC的ReentrantLock锁差20倍左右。尽管如此，以上CLHLock实现版本用于学习CLHLock的原理还是非常有价值的。

3. CLH 锁的原理分析

简单回顾一下CLH的算法：抢锁线程在队列尾部加入一个节点，然后仅在前驱节点上做普通自旋，它不断轮询前一个节点状态，如果发现前一个节点释放锁，当前节点抢锁成功。

CLH的算法有以下几个要点：

1）初始状态队列尾部属性（tail）指向一个EMPTY节点。

```
/**
 * CLHLock队列的尾部指针，使用AtomicReference，方便进行CAS操作
 */
private AtomicReference<Node> tail = new AtomicReference<>(null);

public CLHLock()
{
    //设置队尾节点
    tail.getAndSet(Node.EMPTY);
}
```

tail属性使用AtomicReference类型是为了使得多个线程并发操作tail时不会发生线程安全问题。

2）Thread在抢锁时会创建一个新的节点Node加入等待队列尾部：tail指向新的节点Node，同时新的节点Node的preNode属性指向tail之前指向的节点，并且以上操作通过CAS自旋完成，以确保操作成功。

```
Node curNode = new Node(true, null);
Node preNode = tail.get();
//CAS自旋：将当前节点插入到队列的尾部
while (!tail.compareAndSet(preNode, curNode))
{
  preNode = tail.get();
}
//设置前驱节点
 curNode.setPrevNode(preNode);
```

3）Thread加入抢锁队列之后，会在前驱节点上自旋：循环判断前驱节点的locked属性是否为false，如果为false就表示前驱节点释放了锁，当前线程抢占到锁。

```
// 普通自旋，监听前驱节点的locked变量，直到其值为false
// 若前驱节点的locked状态为true，则表示前一线程还在抢占或者占有锁
while (curNode.getPrevNode().isLocked())
```

```
    {
        //让出CPU时间片，提高性能
        Thread.yield();
    }
    // 能执行到这里，说明当前线程获取到了锁

    //将当前节点缓存在线程本地变量中，释放锁会用到
    curNodeLocal.set(curNode);
```

4）Thread抢到锁之后，其locked属性一直为true，一直到临界区代码执行完，然后使用unlock方法释放锁，释放之后其locked属性才为false。释放锁的代码如下：

```
public void unlock()
{
    Node curNode = curNodeLocal.get();
    curNode.setPrevNode(null);//help for GC
    curNodeLocal.set(null); //以便下一次抢锁
    curNode.setLocked(false);
}
```

释放锁操作为：线程从本地变量curNodeLocal中获取当前节点curNode，将其状态设置为false，以便的其后驱节点能获得锁。

线程在设置取当前节点curNode的locked状态设置为false之前，为了GC能回收前驱节点，需要将curNode前驱节点引用设置为空。另外，为了使得线程下一次抢锁不会出错，需要将线程本地变量curNodeLocal中的节点引用设置为空。

4. 举例说明：CLH 锁的抢占过程

假如有这么一个场景：有三个并发线程同时抢占CLHLock锁，三个线程的实际执行顺序为Thread A<--Thread B<--Thread C。

第一步：线程A开始执行了lock操作，创建一个节点nodeA，设置其locked状态为true，然后设置其前驱为CLHLock.tail（此时为EMPTY），并将CLHLock.tail设置为nodeA，之后线程A开始在其前驱节点上做普通自旋，具体如图5-2所示。

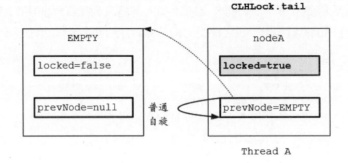

图 5-2　线程 A 的节点加入 CLHLock 等待队列并开始自旋

第二步：线程B开始执行了lock操作，创建一个节点nodeB，设置其locked状态为true，然后设置其前驱为CLHLock.tail（此时为nodeA），并将CLHLock.tail设置为nodeB，之后线程B开始在其前驱节点上进行普通自旋，具体如图5-3所示。

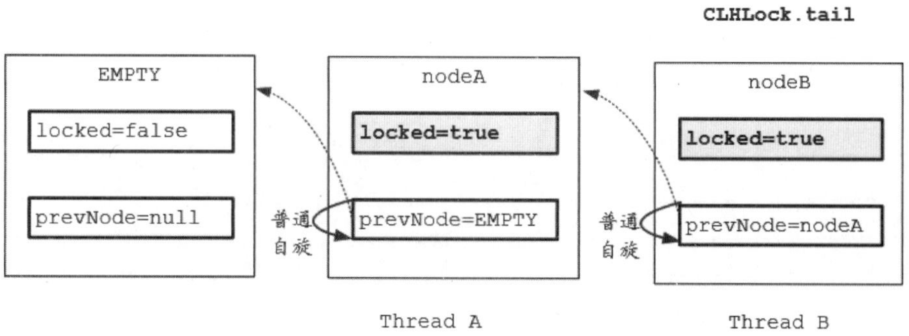

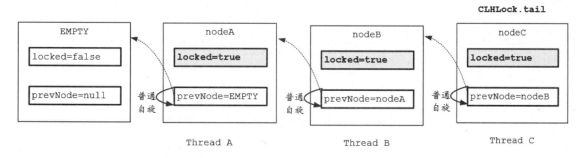

图 5-3　线程 B 的节点加入 CLHLock 等待队列并开始自旋

第三步：线程C开始执行了lock操作，创建一个节点nodeC，设置其locked状态为true，然后设置其前驱为CLHLock.tail（此时为nodeB），并将CLHLock.tail设置为nodeC，之后线程C开始在其前驱节点上做普通自旋，具体如图5-4所示。

图 5-4　线程 C 的节点加入 CLHLock 等待队列并开始自旋

通过以上过程可以看出：

1）CLHLock的尾指针tail总是指向最后一个线程的节点。

2）CLHLock队列中的抢锁线程一直进行普通自旋，循环判断前一线程的locked状态，如果是true，那么说明前一线程处于自旋等待状态或正在执行临界区代码，所以自己需要自旋等待。

5. 举例说明：CLH 锁的释放过程

前面举例说明了CLH锁的加锁过程，那么，CLH锁的释放锁的过程又是怎样的呢？接着上面的例子，这里举例说明一下CLH锁的解锁过程。

第一步：线程A执行完临界区代码后开始unlock（释放）操作，设置其nodeA的前驱引用为null，锁状态locked为false，具体如图5-5所示。

第二步：线程B执行抢到锁并且完成临界区代码的执行后，开始unlock（释放）操作，设置其nodeB的前驱引用为null，锁状态locked为false，具体如图5-6所示。

线程B释放锁之后，nodeA对象已经没有任何的强引用，可以被GC回收了。

第三步：线程C执行抢到锁并且完成临界区代码的执行后，开始unlock（释放）操作，设置其nodeC的前驱引用为null，锁状态locked为false，具体如图5-7所示。

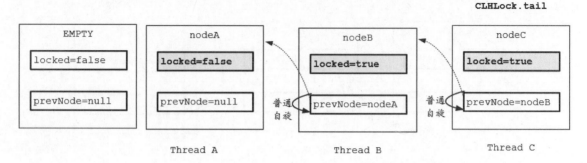

图 5-5　线程 A 释放锁之后的 CLHLock 等待队列示意图

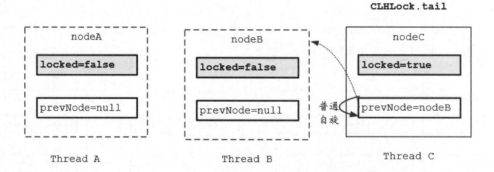

图 5-6　线程 B 释放锁之后的 CLHLock 等待队列示意图

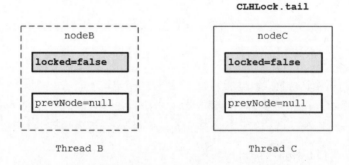

图 5-7　线程 C 释放锁之后的 CLHLock 等待队列示意图

说明 本节的CLHLock锁实现仅仅是为了演示CLHLock原理而编写的一个学习版本，在功能和性能上都还有很多待优化的地方，欢迎大家下载随书源码去进行进一步代码优化，也欢迎大家来"疯狂创客圈"社群一起交流CLHLock的优化方案和心得。

6. CLH 锁优缺点

CLH锁是一种队列锁，其优点是空间复杂度低。如果有N个线程、L个锁，每个线程每次只获取一个锁，那么需要的存储空间是O（L+N）：N个线程有N个Node，L个锁有L个Tail。

CLH队列锁的一个显著缺点是它在NUMA架构的CPU平台上性能很差。CLH队列锁在NUMA架构的CPU平台上，每个CPU内核有自己的内存，如果前驱节点在不同的CPU内核上，其内存位置比较远，在自旋判断前驱节点的locked属性时，其性能将大打折扣。不论如何，CLH锁在SMP架构的CPU平台上不存在这个问题，性能还是挺高的。

一种提升在NUMA架构下CLH队列锁的性能的方案是使用MCS队列锁。MCS队列锁与CLH队列锁的原理大致相同，限于本书的篇幅原因，具体的实现在这里不做展开介绍。

> 🎮➕说明　有关MCS队列锁的原理和具体实现，请关注"疯狂创客圈"的社群博客。

5.3　公平锁与非公平锁

synchronized内置锁是一种非公平锁，默认情况下ReentrantLock锁也是非公平锁。接下来，为大家展开介绍一下非公平锁与公平锁。

5.3.1　非公平锁实战

什么是非公平锁呢？非公平锁是指多个线程获取锁的顺序并不一定是其申请锁的顺序，有可能后申请的线程比先申请的线程优先获取锁，抢锁成功的次序不一定体现为FIFO（先进先出）顺序。非公平锁的优点在于吞吐量比公平锁大，其缺点是有可能会导致线程优先级反转或者线程饥饿现象。

使用ReentrantLock锁作为非公平锁的实战用例，具体的代码如下：

```java
package com.crazymakercircle.basic.demo.lock;
//省略import
public class LockTest
{
    /**
     * 非公平锁测试用例
     */
    @org.junit.Test
    public void testNotFairLock() throws InterruptedException
    {
        //创建可重入锁，默认的非公平锁
        Lock lock = new ReentrantLock(false);

        //创建Runnable可执行实例
        Runnable r = () -> IncrementData.lockAndIncrease(lock);

        //创建4个线程
        Thread[] tArray = new Thread[4];
        for (int i = 0; i < 4; i++)
        {
            tArray[i] = new Thread(r, "线程" + i);
        }
        //启动4个线程
        for (int i = 0; i < 4; i++)
        {
            tArray[i].start();
        }
        Thread.sleep(Integer.MAX_VALUE);
    }
    //省略其他代码
}
```

出于"分离变与不变的"设计原则，将临界区使用锁的代码进行了抽取和封装，形成一个可以复用的独立类——IncrementData累加类，具体的代码如下：

```
package com.crazymakercircle.demo.lock;
//省略import
//封装锁的使用代码
public class IncrementData
{
    public static void lockAndIncrease(Lock lock)
    {
        Print.synTco( " -- 开始抢占锁");
        lock.lock();
        try
        {
            Print.synTco( " ^-^ 抢到了锁");
            sum++;
        } catch (Exception e)
        {
            e.printStackTrace();
        } finally
        {
            lock.unlock();
        }
    }
    // 省略其他代码
}
```

运行以上非公平锁测试用例，具体的输出如下：

```
[线程0]: -- 开始抢占锁
[线程2]: -- 开始抢占锁
[线程3]: -- 开始抢占锁
[线程1]: -- 开始抢占锁
[线程0]: ^-^ 抢到了锁
[线程3]: ^-^ 抢到了锁
[线程2]: ^-^ 抢到了锁
[线程1]: ^-^ 抢到了锁
```

从输出的结果可以看出，各个线程的抢锁次序为：线程0→线程2→线程3→线程1，但是抢到锁的次序为：线程0→线程3→线程2→线程1。所以说，非公平锁是不公平的。

5.3.2 公平锁实战

什么是公平锁呢？公平锁是指多个线程按照申请锁的顺序来获取锁，抢锁成功的次序体现为FIFO（先进先出）顺序。虽然ReentrantLock锁默认是非公平锁，但可以通过构造器指定该锁为公平锁，具体的代码如下：

```
//可重入、公平锁对象
Lock lock = new ReentrantLock(true);
```

下面是一个简单的公平锁实战案例。此实战案例并没有使用ReentrantLock锁，而是使用前面自定义的CLHLock锁进行演示，具体的代码如下：

```
package com.crazymakercircle.basic.demo.lock;
//省略import
public class LockTest
{
```

```java
/**
 * 公平锁测试用例
 */
@org.junit.Test
public void testFairLock() throws InterruptedException
{
    //创建为公平锁的类型
    Lock lock = new CLHLock();

    //创建Runnable可执行实例
    Runnable r = () -> IncrementData.lockAndIncrease(lock);

    //创建4个线程
    Thread[] tArray = new Thread[4];
    for (int i = 0; i < 4; i++)
    {
        tArray[i] = new Thread(r, "线程" + i);
    }
    //启动4个线程
    for (int i = 0; i < 4; i++)
    {
        tArray[i].start();
    }
    Thread.sleep(Integer.MAX_VALUE);
}
    //省略其他代码
}
```

运行以上公平锁测试用例，具体的输出如下：

```
[线程3]: -- 开始抢占锁
[线程0]: -- 开始抢占锁
[线程1]: -- 开始抢占锁
[线程2]: -- 开始抢占锁
[线程3]: ^-^ 抢到了锁
[线程0]: ^-^ 抢到了锁
[线程1]: ^-^ 抢到了锁
[线程2]: ^-^ 抢到了锁
```

从输出的结果可以看出，各个线程的抢锁次序为：线程3→线程0→线程1→线程2，但是抢到锁的次序为：线程3→线程0→线程1→线程2。所以说，公平锁是公平的。

5.4　可中断锁与不可中断锁

可中断锁是指抢占过程是可以被中断的锁，JUC的显式锁（如ReentrantLock）是一个可中断锁。不可中断锁是指抢占过程是不可以被中断的锁，如Java的synchronized内置锁就是一个不可中断锁。

5.4.1　锁的可中断抢占

在JUC的显式锁Lock接口中，有以下两个方法可以用于可中断抢占：

（1）lockInterruptibly()

可中断抢占锁，抢占过程中会处理Thread.interrupt()中断信号，如果线程被中断，则会终止抢占并抛出InterruptedException异常。

（2）tryLock(long timeout, TimeUnit unit)

阻塞式"限时抢占"（在timeout时间内）锁抢占过程中会处理Thread.interrupt()中断信号，如果线程被中断，就会终止抢占并抛出InterruptedException异常。

下面是使用lockInterruptibly()方法进行可中断抢锁的一个简单案例，具体的代码如下：

```java
package com.crazymakercircle.demo.lock;
//省略import
public class IncrementData
{
    public static int sum = 0;
    //演示方法：可中断抢锁
    public static void lockInterruptiblyAndIncrease(Lock lock)
    {
        Print.synTco(" 开始抢占锁");
        try
        {
            lock.lockInterruptibly();
        } catch (InterruptedException e)
        {
            Print.synTco("抢占被中断，抢锁失败");
            // e.printStackTrace();
            return;
        }
        try
        {
            Print.synTco("抢到了锁，同步执行1秒");
            sleepMilliSeconds(1000);
            sum++;
            if (Thread.currentThread().isInterrupted())
            {
                Print.synTco("同步执行被中断");
            }
        } catch (Exception e)
        {
            e.printStackTrace();
        } finally
        {
            lock.unlock();
        }
    }
    //省略其他代码
}
```

如果抢占过程收到由Thread.interrupt()方法发出的线程中断信号，lockInterruptibly()方法会抛出InterruptedException。

以上代码的测试用例具体如下：

```java
package com.crazymakercircle.basic.demo.lock;
//省略import
public class LockTest
{
    //测试用例：抢锁过程可中断
    @org.junit.Test
    public void testInterruptLock() throws InterruptedException
    {
        //创建可重入锁，默认的非公平锁
        Lock lock = new ReentrantLock();
```

```
                //创建Runnable可执行任务实例
                Runnable r = () -> IncrementData.lockInterruptiblyAndIncrease(lock);
                Thread t1 = new Thread(r, "thread-1");      //创建第1个线程
                Thread t2 = new Thread(r, "thread-2");      //创建第2个线程

                t1.start();                                 //启动第1个线程
                t2.start();                                 //启动第2个线程
                sleepMilliSeconds(100);
                Print.synTco( "等待100毫秒，中断两个线程");

                t1.interrupt();                             //启动第2个线程
                t2.interrupt();                             //启动第2个线程

                Thread.sleep(Integer.MAX_VALUE);
        }
        //省略其他代码
}
```

运行以上用例，其结果如下：

```
[thread-1]: 开始抢占锁
[thread-1]: 抢到了锁，同步执行1秒
[thread-2]: 开始抢占锁
[main]: 等待100毫秒，中断两个线程
[thread-1]: 同步执行被中断
[thread-2]: 抢占被中断，抢锁失败
```

5.4.2　死锁的监测与中断

死锁是指两个或以上线程因抢占锁而造成的互相等待的现象。多个线程通过AB-BA模式抢占两个锁是造成多线程死锁的比较普遍的原因。AB-BA模式的死锁具体表现为：线程X先后按照先后次序去抢占锁A与锁B，线程Y先后按照先后次序去抢占锁B与锁A；当线程X抢到锁A去抢占锁B时，发现已经被其他线程拿走，然而线程Y拿到锁B后去抢占A锁时，发现已经被其他线程拿走；于是线程X等待其他线程释放锁B，线程Y等待其他线程释放锁A，两个线程互相等待从而造成死锁。

JDK 8中包含的ThreadMXBean接口提供了多种监视线程的方法，其中包括了两个死锁监测的方法，具体如下：

（1）findDeadlockedThreads

用于检测由于抢占JUC显式锁、Java内置锁所引起死锁的线程。

（2）findMonitorDeadlockedThreads

仅仅用于检测由于抢占Java内置锁所引起死锁的线程。

ThreadMXBean的实例可以通过JVM管理工厂ManagementFactory去获取，具体的获取代码如下：

```
//获取ThreadMXBean的实例
public static ThreadMXBean mbean = ManagementFactory.getThreadMXBean();
```

JVM管理工厂ManagementFactory类提供静态方法，返回各种获取JVM信息的Bean实例。我们通过这些Bean实例能获取大量的JVM运行时信息，比如JVM堆的使用情况、GC情况、线程信息等。我们通过JVM运行时信息可以了解正在运行的JVM的情况，以便可以做出相应的参数调整。

> ⚙➕说明 ManagementFactory位于JDK的核心包java.lang.management中，该包提供了一系列的管理接口，用于监视和管理JVM以及运行JVM的底层操作系统，它同时允许从本地和远程对正在运行的JVM进行监视和管理。

　　如果是可中断抢占锁（如使用lockInterruptibly()方法等），就可以在监测到死锁发生之后，使用Thread.interrupt()去中断死锁线程，不让死锁线程一直等下去。

　　在这里举一个死锁监测与中断的案例。首先定义一段需要抢占两把锁才能进入的临界区代码，具体如下：

```java
package com.crazymakercircle.demo.lock;
//省略import
public class TwoLockDemo
{
    //演示代码：使用两把锁，通过可以中断的方式抢锁
    public static void useTowlockInterruptiblyLock( Lock lock1, Lock lock2) {
        String lock1Name =
                lock1.toString() .replace("java.util.concurrent.locks.", "");
        String lock2Name =
                lock2.toString() .replace("java.util.concurrent.locks.", "");
        Print.synTco(" 开始抢第一把锁，为: " + lock1Name);
        try
        {
            lock1.lockInterruptibly();
        } catch (InterruptedException e)
        {
            Print.synTco("被中断，抢第一把锁失败，为: " + lock1Name);
            //e.printStackTrace();
            return;
        }

        try
        {
            Print.synTco(" 抢到了第一把锁，为: " + lock1Name);
            Print.synTco(" 开始抢第二把锁，为: " + lock2Name);
            try
            {
                lock2.lockInterruptibly();
            } catch (InterruptedException e)
            {
                Print.synTco(" 被中断，抢第二把锁失败,为: " + lock2Name);
                //e.printStackTrace();
                return;
            }
            try
            {
                Print.synTco(" 抢到了第二把锁: " + lock2Name);
                Print.synTco("do something ");
                //等待1000毫秒
                sleepMilliSeconds(1000);
            } catch (Exception e)
            {
                e.printStackTrace();
            } finally
            {
                lock2.unlock();
                Print.synTco(" 释放了第二把锁，为: " + lock2Name);
```

```
        }
    } catch (Exception e)
    {
        e.printStackTrace();
    } finally
    {
        lock1.unlock();
        Print.synTco(" 释放了第一把锁, 为: " + lock1Name);
    }
}
```

以上代码很简单，线程在抢占两把锁lock1和lock2成功之后进入临界区进行累加运算，但是两把锁lock1和lock2是通过参数传入的。如果两个线程抢锁，一个线程传入参数的次序分别为lockA、lockB，而一个线程传入参数的次序分别为lockB、lockA，就会发生AB-BA模式的死锁。

以上代码的测试用例如下：

```
package com.crazymakercircle.basic.demo.lock;
//省略import
public class LockTest
{
    //获取ThreadMXBean
    public static ThreadMXBean mbean = ManagementFactory.getThreadMXBean();

    //测试用例: 抢占两把锁, 造成死锁, 然后进行死锁监测和部分中断
    @org.junit.Test
    public void testDeadLock() throws InterruptedException
    {
        //创建可重入锁, 默认的非公平锁
        Lock lock1 = new ReentrantLock();
        Lock lock2 = new ReentrantLock();

        //Runnable异步执行目标实例1: 先抢占lock1, 再抢占lock2
        Runnable r1 = () ->
                TwoLockDemo.useTowlockInterruptiblyLock(lock1, lock2);

        //Runnable异步执行目标实例2: 先抢占lock2, 再抢占lock1
        Runnable r2 = () ->
                TwoLockDemo.useTowlockInterruptiblyLock(lock2, lock1);

        Thread t1 = new Thread(r1, "thread-1");  //创建第1个线程
        Thread t2 = new Thread(r2, "thread-2");  //创建第2个线程
        t1.start(); //启动第1个线程
        t2.start(); //启动第2个线程

        //等待一段时间再执行死锁检测
        Thread.sleep(2000);
        Print.tcfo("等待2秒, 开始死锁监测和处理");

        //获取到所有死锁线程的id
        long[] deadlockedThreads = mbean.findDeadlockedThreads();
        if (deadlockedThreads.length > 0)
        {
            Print.tcfo("发生了死锁, 输出死锁线程的信息");
            //遍历数组获取所有的死锁线程id
            for (long pid : deadlockedThreads)
            {
                //此方法用于获取不带有堆栈跟踪信息的线程数据
                //ThreadInfo threadInfo = mbean.getThreadInfo(pid);

                //此方法用于获取带有堆栈跟踪信息的线程数据
                ThreadInfo threadInfo = mbean.getThreadInfo(
                            pid, Integer.MAX_VALUE);
```

```
                Print.tcfo(threadInfo);
            }
            Print.tcfo("中断一个死锁线程，这里是线程: " + t1.getName());
            t1.interrupt();  //中断一个死锁线程
        }
    }
    //省略其他代码
}
```

以上代码定义了两个锁lock1和lock2，然后使用两个线程thread和thread1构造死锁场景。正常情况下，这两个线程相互等待对方锁获取的锁，从而进入死锁。但是在通过ThreadMXBean检测到死锁后，此时第一个死锁线程被中断，而另一个线程就可以获取到需要的锁了。

5.5　独占锁与共享锁

在访问共享资源之前对进行加锁操作，在访问完成之后进行解锁操作。按照是否"允许在同一时刻被多个线程持有"来区分，锁可以分为独占锁与共享锁。

5.5.1　独占锁

独占锁也叫排他锁、互斥锁、独享锁，是指锁在同一时刻只能被一个线程锁所持有。一个线程加锁后，任何其他试图再次加锁的线程会被阻塞，直到持有锁线程解锁。通俗来说，就是共享资源某一时刻只能有一个线程访问，其余线程阻塞等待。

如果是公平地独占锁，在持有锁线程解锁时，如果有一个以上的线程在阻塞等待，那么最先抢锁的线程被唤醒变为就绪状态去执行加锁操作，其他的线程仍然阻塞等待。

Java中Synchronized内置锁和ReentrantLock显式锁都是独占锁。

5.5.2　共享锁 Semaphore

共享锁就是在同一时刻允许多个线程持有的锁。当然，获得共享锁的线程只能读取临界区数据，不能修改临界区的数据。

JUC中的共享锁包括Semaphore（信号量）、ReadLock（读写锁）中的读锁、CountDownLatch倒数闩。

Semaphore可以用来控制在同一时刻访问共享资源的线程数量，通过协调各个线程以保证共享资源的合理使用。Semaphore维护了一组虚拟许可，其数量可以通过构造器的参数指定。线程在访问共享资源前必须使用Semaphore的acquire()方法获得许可，如果许可数量为0，该线程就一直阻塞。线程访问完成资源后，必须使用Semaphore的release()方法释放许可。更形象的说法是：Semaphore是一个是许可管理器。

1. Semaphore 的主要方法

JUC包中Semaphore类的主要方法大致如下：

（1）Semaphore(permits)
构造一个Semaphore实例，初始化其管理的许可数量为permits参数值。

（2）Semaphore(permits,fair)

构造一个Semaphore实例，初始化其管理的许可数量为permits参数值，并且可以设置是否以公平模式（fair参数是否为true）进行许可的发放。

> 说明　Semaphore和ReentrantLock类似。Semaphore发放许可时有两种模式：公平模式和非公平模式，默认情况下使用非公平模式。

（3）availablePermits()

获取Semaphore对象可用的许可数量。

（4）acquire()

当前线程尝试获取Semaphore对象的一个许可。此过程是阻塞的，线程会一直等待Semaphore发放一个许可，直到发生以下任意一件事：

- 当前线程获取了一个可用的许可。
- 当前线程被中断，就会抛出InterruptedException异常，并停止等待，继续往下执行。

（5）acquire(permits)

当前线程尝试以阻塞方式获取permits个许可。此过程是阻塞的，线程会一直等待Semaphore发放permits个许可。如果没有足够的许可而当前线程被中断，就会抛出InterruptedException异常并终止阻塞。

（6）acquireUninterruptibly()

当前线程尝试以阻塞方式获取一个许可，阻塞的过程不可中断，直到成功获取一个许可。

（7）acquireUninterruptibly(permits)

当前线程尝试以阻塞方式获取permits个许可，阻塞的过程不可中断，直到成功获取permits个许可。

（8）tryAcquire()

当前线程尝试去获取一个许可。此过程是非阻塞的，它只是进行一次尝试，会立即返回。如果当前线程成功获取了一个许可，就返回true。如果当前线程没有获得到许可，就返回false。

（9）tryAcquire(permits)

当前线程尝试去获取permits个许可。此过程是非阻塞的，它只是进行一次尝试，会立即返回。如果当前线程成功获取了permits个许可，就返回true。如果当前线程没有获得到permits个许可，就返回false。

（10）tryAcquire(timeout,TimeUnit)

限时获取一个许可。此过程是阻塞的，它会一直等待许可，直到发生以下任意一件事：

- 当前线程获取了一个许可，则会停止等待，继续执行，并返回true。
- 当前线程等待timeout后超时，则会停止等待，继续执行，并返回false。
- 当前线程在timeout时间内被中断，则会抛出InterruptedException异常，并停止等待，继续执行。

（11）tryAcquire(permits,timeout,TimeUnit)

与tryAcquire(timeout,TimeUnit)方法在逻辑上基本相同，不同之处在于：在获取许可的数量上不同，此方法用于获取permits个许可。

（12）release()

当前线程释放一个可用的许可。

（13）release(permits)

当前线程释放permits个可用的许可。

（14）drainPermits()

当前线程获得剩余的所有可用许可。

（15）hasQueuedThreads()

判断当前Semaphore对象上是否存在正在等待许可的线程。

（16）getQueueLength()

获取当前Semaphore对象上正在等待许可的线程数量。

2. 共享锁使用示例

假设有10个人在银行办理业务，只有两个工作窗口，使用Semaphore模拟银行排队，大致的代码如下：

```java
package com.crazymakercircle.demo.lock;
//省略import
public class SemaphoreTest
{
    @org.junit.Test
    public void testShareLock() throws InterruptedException
    {
        // 排队总人数（请求总数）
        final int USER_TOTAL = 10;
        // 可同时受理业务的窗口数量（同时并发执行的线程数）
        final int PERMIT_TOTAL = 2;
        //线程池，用于多线程模拟测试
        final CountDownLatch countDownLatch = new CountDownLatch(USER_TOTAL);
        //创建信号量，含有两个许可
        final Semaphore semaphore = new Semaphore(PERMIT_TOTAL);
        AtomicInteger index = new AtomicInteger(0);
        //创建Runnable可执行实例
        Runnable r = () ->
        {
            try
            {
                //阻塞开始获取许可
                semaphore.acquire(1);
                //获取了一个许可
                Print.tco( DateUtil.getNowTime()
                    + ", 受理处理中...,服务号: " + index.incrementAndGet());

                //模拟业务操作：处理排队业务
                Thread.sleep(1000);
                //释放一个信号
                semaphore.release(1);
```

```
        } catch (Exception e)
        {
            e.printStackTrace();
        }
        countDownLatch.countDown();
    };
    //创建10个线程
    Thread[] tArray = new Thread[USER_TOTAL];
    for (int i = 0; i < USER_TOTAL; i++)
    {
        tArray[i] = new Thread(r, "线程" + i);
    }
    //启动10个线程
    for (int i = 0; i < USER_TOTAL; i++)
    {
        tArray[i].start();
    }
    countDownLatch.await();
    }
}
```

运行程序，结果如下：

```
[线程0]: 21:58:20, 受理处理中...,服务号: 2
[线程4]: 21:58:20, 受理处理中...,服务号: 1
[线程3]: 21:58:21, 受理处理中...,服务号: 3
[线程2]: 21:58:21, 受理处理中...,服务号: 4
[线程1]: 21:58:22, 受理处理中...,服务号: 6
[线程9]: 21:58:22, 受理处理中...,服务号: 5
[线程7]: 21:58:23, 受理处理中...,服务号: 7
[线程6]: 21:58:23, 受理处理中...,服务号: 8
[线程8]: 21:58:24, 受理处理中...,服务号: 9
[线程5]: 21:58:24, 受理处理中...,服务号: 10
```

通过结果可以看出，每一秒中只有2个线程进入临界区。

5.5.3 共享锁 CountDownLatch

CountDownLatch是一个常用的共享锁，其功能相当于一个多线程环境下的倒数门闩。CountDownLatch可以指定一个计数值，在并发环境下由线程进行减1操作，当计数值变为0之后，被await方法阻塞的线程将会唤醒。通过CountDownLatch可以实现线程间的计数同步。

下面是一个非常经典的CountDownLatch使用示例：司机（Driver）在开车之前，需要100个乘客并发进行不重复的报数，报数到100之后说明人已经到齐，随后司机可以开车出发，具体的代码如下：

```
package com.crazymakercircle.visiable;
//省略import
class Driver
{
    private static final int N = 100; // 乘客数

    public static void main(String[] args) throws InterruptedException
    {   //step1: 创建倒数闩，设置倒数的总数
        CountDownLatch doneSignal = new CountDownLatch(N);
        //取得CPU密集型线程池
        Executor e = ThreadUtil.getCpuIntenseTargetThreadPool();
```

```
        for (int i = 1; i <= N; ++i) // 启动报数任务
            e.execute(new Person(doneSignal, i));

        doneSignal.await(); //step2: 等待报数完成,倒数闩计数值为0
        Print.tcfo("人到齐, 开车");    }
static class Person implements Runnable
{
    private final CountDownLatch doneSignal;
    private final int i;

    Person(CountDownLatch doneSignal, int i)
    {
        this.doneSignal = doneSignal;
        this.i = i;
    }

    public void run()
    {
        try
        {
            //报数
            Print.tcfo("第" + i + "个人已到");
            doneSignal.countDown();  //step3: 倒数闩减少1
        } catch (Exception ex)
        {
        }
    }
}
}
```

运行结果如下：

```
[apppool-1-cpu-6|Driver$Person.run]: 第6个人已到
[apppool-1-cpu-1|Driver$Person.run]: 第1个人已到
...为节省篇幅, 省略大部分输出
[apppool-1-cpu-2|Driver$Person.run]: 第96个人已到
[apppool-1-cpu-3|Driver$Person.run]: 第97个人已到
[apppool-1-cpu-6|Driver$Person.run]: 第99个人已到
[apppool-1-cpu-1|Driver$Person.run]: 第100个人已到
[apppool-1-cpu-8|Driver$Person.run]: 第98个人已到
[main|Driver.main]: 人到齐, 开车
```

结合上述示例的运行结果，梳理一下CountDownLatch的使用步骤：

1）创建倒数闩，初始化CountDownLatch时设置倒数的总次数，比如为100。

2）等待线程调用倒数闩的await()方法阻塞自己，等待倒数闩的计数器数值为0（即倒数线程全部执行结束）。

3）倒数线程执行完，调用CountDownLatch.countDown()方法将计数器数值减1。

由于CountDownLatch的方法在定义和使用上都非常简单，这里不做过多赘述。

说明 Semaphore、countDownLatch二者都是基于共享锁实现的，用于在线程之间进行操作同步的工具类。JUC的同步工具类一共有3个: Semaphore、countDownLatch和CyclicBarrier。有关 CyclicBarrier 的具体使用与核心原理，请参见疯狂创客圈社群的博客：https://www.cnblogs.com/crazymakercircle/p/13906379.html，这里不再赘述。

5.6　读　写　锁

在介绍完共享锁和独占锁之后，接下来介绍建立在二者基础上的一种组合锁：读写锁。

读写锁的内部包含了两把锁：一把是为读（操作）锁，是一种共享锁；另一把写（操作）锁，是一种独占锁。在没有写锁的时候，读锁可以被多个线程同时持有。写锁是排他性的：如果写锁被一个线程持有，其他的线程不能再持有写锁，抢占写锁会阻塞；进一步来说，如果写锁被一个线程持有，其他的线程不能再持有读锁，抢占读锁也会阻塞。

读写锁的读写操作之间的互斥原则具体如下：

- 读操作、读操作能共存，是相容的。
- 读操作、写操作不能共存，是互斥的。
- 写操作、写操作不能共存，是互斥的。

与单一的互斥锁相比，组合起来的读写锁允许对于共享数据进行更大程度的并发操作。虽然每次只能有一个写线程，但是同时可以有多个线程并发地读数据。读写锁适用于读多写少的并发情况。

JUC包中的读写锁接口为ReadWriteLock，主要有两个方法，具体如下：

```
public interface ReadWriteLock {
    /**
     * 返回读锁
     */
    Lock readLock();

    /**
     * 返回写锁
     */
    Lock writeLock();
}
```

通过ReadWriteLock接口能获取其内部的两把锁：一把ReadLock，负责读操作；另一把是WriteLock，负责写操作。JUC中ReadWriteLock接口实现类为ReentrantReadWriteLock。

5.6.1　读写锁 ReentrantReadWriteLock

通过ReentrantReadWriteLock类能获取其读锁和写锁，其读锁是可以多线程共享的共享锁，而其写锁是排他锁，在被占时候不允许其他线程再抢占操作。然而其读锁和写锁之间是有关系的：同一时刻不允许读锁和写锁同时被抢占，二者之间是互斥的。

接着进行代码，读锁是共享锁，写锁是排他锁：

```
package com.crazymakercircle.demo.lock;
//省略import
public class ReadWriteLockTest
{
    //创建一个Map，代表共享数据
    final static Map<String, String> MAP = new HashMap<String, String>();
    //创建一个读写锁
    final static ReentrantReadWriteLock LOCK = new ReentrantReadWriteLock();
    //获取读锁
    final static Lock READ_LOCK = LOCK.readLock();
```

```java
//获取写锁
final static Lock WRITE_LOCK = LOCK.writeLock();

//对共享数据的写操作
public static Object put(String key, String value)
{
    WRITE_LOCK.lock();                              //抢写锁
    try
    {
        Print.tco(DateUtil.getNowTime()+" 抢占了WRITE_LOCK, 开始执行write操作");
        Thread.sleep(1000);
        String put = MAP.put(key, value);          //写入共享数据
        return put;
    } catch (Exception e)
    {
        e.printStackTrace();
    } finally
    {
        WRITE_LOCK.unlock();                        //释放写锁
    }
    return null;
}

//对共享数据的读操作
public static Object get(String key)
{
    READ_LOCK.lock();                               //抢占读锁
    try
    {
        Print.tco(DateUtil.getNowTime()+" 抢占了READ_LOCK, 开始执行read操作");
        Thread.sleep(1000);
        String value = MAP.get(key);               //读取共享数据
        return value;
    } catch (InterruptedException e)
    {
        e.printStackTrace();
    } finally
    {
        READ_LOCK.unlock();                         //释放读锁
    }
    return null;
}
//入口方法
public static void main(String[] args)
{
    //创建Runnable异步可执行目标实例
    Runnable writeTarget = () -> put("key", "value");
    Runnable readTarget = () -> get("key");

    //创建4个读线程
    for (int i = 0; i < 4; i++)
    {
        new Thread(readTarget, "读线程" + i).start();
    }
    //创建2个写线程, 并启动
    for (int i = 0; i < 2; i++)
    {
        new Thread(writeTarget, "写线程" + i).start();
    }
}
}
```

运行程序，结果如下：

```
[读线程2]: 09:33:20 抢占了READ_LOCK，开始执行read操作
[读线程1]: 09:33:20 抢占了READ_LOCK，开始执行read操作
[读线程0]: 09:33:20 抢占了READ_LOCK，开始执行read操作
[写线程1]: 09:33:21 抢占了WRITE_LOCK，开始执行write操作
[读线程3]: 09:33:22 抢占了READ_LOCK，开始执行read操作
[写线程0]: 09:33:23 抢占了WRITE_LOCK，开始执行write操作
```

从输出结果可以看出：

1）读线程0、读线程1、读线程2同时获取了读锁，说明可以同时进行共享数据的读操作。

2）写线程1、写线程0只能依次获取写锁，说明共享数据的写操作不能同时进行。

3）读线程3必须等待写线程1释放写锁后才能获取到读锁，说明读写操作是互斥的。

5.6.2 锁的升级与降级

锁升级是指读锁升级为写锁，锁降级指的是写锁降级为读锁。在ReentrantReadWriteLock读写锁中，只支持写锁降级为读锁，而不支持读锁升级为写锁。具体的演示代码如下：

```java
package com.crazymakercircle.demo.lock;
//省略import
public class ReadWriteLockTest2
{
    //创建一个Map，代表共享数据
    final static Map<String, String> MAP = new HashMap<String, String>();
    //创建一个读写锁
    final static ReentrantReadWriteLock LOCK = new ReentrantReadWriteLock();
    //获取读锁
    final static Lock READ_LOCK = LOCK.readLock();
    //获取写锁
    final static Lock WRITE_LOCK = LOCK.writeLock();

    //对共享数据的写操作
    public static Object put(String key, String value)
    {
        WRITE_LOCK.lock();
        try
        {
            Print.tco(DateUtil.getNowTime()
                    + " 抢占了WRITE_LOCK，开始执行write操作");
            Thread.sleep(1000);
            String put = MAP.put(key, value);
            Print.tco( "尝试降级写锁为读锁");
            //写锁降级为读锁（成功）
            READ_LOCK.lock();
            Print.tco( "写锁降级为读锁成功");
            return put;
        } catch (Exception e)
        {
            e.printStackTrace();
        } finally
        {
            READ_LOCK.unlock();
            WRITE_LOCK.unlock();
        }
        return null;
    }
```

```
//对共享数据的读操作
public static Object get(String key)
{
    READ_LOCK.lock();
    try
    {
        Print.tco(DateUtil.getNowTime()
                    + " 抢占了READ_LOCK, 开始执行read操作");
        Thread.sleep(1000);
        String value = MAP.get(key);
        Print.tco( "尝试升级读锁为写锁");
        //读锁升级为写锁(失败)
        WRITE_LOCK.lock();
        Print.tco("读锁升级为写锁成功");
        return value;
    } catch (InterruptedException e)
    {
        e.printStackTrace();
    } finally
    {
        WRITE_LOCK.unlock();
        READ_LOCK.unlock();
    }
    return null;
}

public static void main(String[] args)
{
    //创建Runnable可执行实例
    Runnable writeTarget = () -> put("key", "value");
    Runnable readTarget = () -> get("key");
    //创建1条写线程, 并启动
    new Thread(writeTarget, "写线程").start();

    //创建1条读线程
    new Thread(readTarget, "读线程").start();
}
}
```

运行控制台输出：

```
[写线程]: 09:51:42 抢占了WRITE_LOCK, 开始执行write操作
[写线程]: 写线程尝试降级写锁为读锁
[写线程]: 写线程写锁降级为读锁成功
[读线程]: 09:51:43 抢占了READ_LOCK, 开始执行read操作
[读线程]: 读线程尝试升级读锁为写锁
```

通过结果可以看出：ReentrantReadWriteLock不支持读锁的升级，主要是避免死锁，例如两个线程A和B都占了读锁并且都需要升级成写锁，A升级要求B释放读锁，B升级要求A释放读锁，二者就会由于互相等待形成死锁。

总结起来，与ReentrantLock相比，ReentrantReadWriteLock更适合于读多写少的场景，可以提高并发读的效率；而ReentrantLock更适合于读写比例相差不大或写比读多的场景。

5.6.3 StampedLock

StampedLock（印戳锁）是对ReentrantReadWriteLock读写锁的一种改进，主要的改进为：在没有写只有读的场景下，StampedLock支持不用加读锁而是直接进行读操作，最大程度提升读的效率，只有在发生过写操作之后，再加读锁才能进行读操作。

StampedLock的三种模式如下:

1) 悲观读锁: 与ReadWriteLock的读锁类似, 多个线程可以同时获取悲观读锁, 悲观读锁是一个共享锁。

2) 乐观读: 相当于直接操作数据, 不加任何锁, 连读锁都不要。

3) 写锁: 与ReadWriteLock的写锁类似, 写锁和悲观读锁是互斥的; 虽然写锁与乐观读不会互斥, 但是在数据被更新之后, 之前通过乐观读所获得的数据已经变成了脏数据。

1. StampedLock 与 ReentrantReadWriteLock 对比

StampedLock 与 ReentrantReadWriteLock 语义类似, 不同的是, StampedLock 并没有实现 ReadWriteLock接口, 而是定义了自己的锁操作API, 主要如下:

(1) 悲观读锁的获取与释放

```
//获取普通读锁(悲观读锁), 返回long类型的印戳值
public long readLock()
```

```
//释放普通读锁(悲观读锁), 以取锁时的印戳值作为参数
public void unlockRead(long stamp)
```

(2) 写锁的获取与释放

```
//获取写锁, 返回long类型的印戳值
public long writeLock()
```

```
//释放写锁, 以获取写锁时的印戳值作为参数
public void unlockWrite(long stamp)
```

(3) 乐观读的印戳获取与有效性判断

```
//获取乐观读, 返回long类型的印戳值, 返回0表示当前锁处于写锁模式, 不能乐观读
public long tryOptimisticRead()
```

```
//判断乐观读的印戳值是否有效, 以tryOptimisticRead返回的印戳值作为参数
public long tryOptimisticRead()
```

2. StampedLock 的演示案例

一个简单的StampedLock的使用案例代码如下:

```java
package com.crazymakercircle.demo.lock;
//省略import
public class StampedLockTest
{
    //创建一个Map, 代表共享数据
    final static Map<String, String> MAP = new HashMap<String, String>();
    //创建一个印戳锁
    final static StampedLock STAMPED_LOCK = new StampedLock();

    //对共享数据的写操作
    public static Object put(String key, String value)
    {
        long stamp = STAMPED_LOCK.writeLock();   //尝试获取写锁的印戳
        try
        {
            Print.tco(getNowTime() + " 抢占了WRITE_LOCK, 开始执行write操作");
            Thread.sleep(1000);
            String put = MAP.put(key, value);
```

```
            return put;
        } catch (Exception e)
        {
            e.printStackTrace();
        } finally
        {
            Print.tco(getNowTime() + " 释放了WRITE_LOCK");
            STAMPED_LOCK.unlockWrite(stamp); //释放写锁
        }
        return null;
    }

    //对共享数据的悲观读操作
    public static Object pessimisticRead(String key)
    {
        Print.tco(getNowTime() + "LOCK进入过写模式，只能悲观读");
        //进入了写锁模式，只能获取悲观读锁
        long stamp = STAMPED_LOCK.readLock();  //尝试获取读锁的印戳
        try
        {
            //成功获取到读锁，并重新获取最新的变量值
            Print.tco(getNowTime() + " 抢占了READ_LOCK");
            String value = MAP.get(key);
            return value;
        } finally
        {
            Print.tco(getNowTime() + " 释放了READ_LOCK");
            STAMPED_LOCK.unlockRead(stamp); //释放读锁
        }
    }

    //对共享数据的乐观读操作
    public static Object optimisticRead(String key)
    {
        String value = null;
        //尝试进行乐观读
        long stamp = STAMPED_LOCK.tryOptimisticRead();
        if (0 != stamp)
        {
            Print.tco(getNowTime() + "乐观读的印戳值，获取成功");
            sleepSeconds(1); //模拟耗费时间1秒
            value = MAP.get(key);
        } else // 0 == stamp 表示当前为写锁模式
        {
            Print.tco(getNowTime() + "乐观读的印戳值，获取失败");
            //LOCK已经进入写模式，使用悲观读方法
            return pessimisticRead(key);
        }
        //乐观读操作已经间隔了一段时间，期间可能发生写入
        //所以，需要验证乐观读的印戳值是否有效，即判断LOCK是否进入过写模式
        if (!STAMPED_LOCK.validate(stamp))
        {
            //乐观读的印戳值无效，表明写锁被占用过
            Print.tco(getNowTime() + " 乐观读的印戳值，已经过期");
            //写锁已经被抢占，进入了写锁模式，只能通过悲观读锁，再一次读取最新值
            return pessimisticRead(key);
        } else
        {
            //乐观读的印戳值有效，表明写锁没有被占用过
            //不用加悲观读锁而直接读，减少了读锁的开销
```

```
                Print.tco(getNowTime() + " 乐观读的印戳值，没有过期");
                return value;
            }
        }

    public static void main(String[] args) throws InterruptedException
    {
        //创建Runnable可执行实例
        Runnable writeTarget = () -> put("key", "value");
        Runnable readTarget = () -> optimisticRead("key");
        //创建1个写线程，并启动
        new Thread(writeTarget, "写线程").start();
        //创建1个读线程
        new Thread(readTarget, "读线程").start();
    }
}
```

运行以上程序，结果如下：

```
[写线程]: 12:55:45 抢占了WRITE_LOCK，开始执行write操作
[读线程]: 12:55:45获取乐观读的印戳值，获取失败
[读线程]: 12:55:45 LOCK进入过写模式，只能悲观读
[写线程]: 12:55:46 释放了WRITE_LOCK
[读线程]: 12:55:46 抢占了READ_LOCK
[读线程]: 12:55:46 释放了READ_LOCK
```

第 6 章
AQS抽象同步器核心原理

前面介绍的在争用激烈的场景下，使用基于CAS自旋实现的轻量级锁有两个大的问题：

1）CAS恶性空自旋会浪费大量的CPU资源。

2）在SMP架构的CPU上会导致"总线风暴"。

解决CAS恶性空自旋的有效方式之一是以空间换时间，较为常见的方案有两种：分散操作热点、使用队列削峰。JUC并发包使用的是队列削峰的方案解决CAS的性能问题，并提供了一个基于双向队列的削峰基类——抽象基础类AbstractQueuedSynchronizer（抽象同步器类，简称为AQS）。

6.1 锁与队列的关系

无论是单体服务应用内部的锁，还是分布式环境下多体服务应用所使用的分布式锁，为了减少由于无效争夺导致的资源浪费和性能恶化，一般都基于队列进行排队与削峰。

1. CLH 锁的内部队列

在第5章介绍的CLH自旋锁使用的CLH（Craig, Landin, and Hagersten Lock Queue）是一个单向队列，也是一个FIFO队列。在独占锁中，竞争资源在一个时间点只能被一个线程锁访问；队列的队首节点（队列的头部）表示占有锁的节点，新加入的抢锁线程则需要等待，会插入到队列的尾部。

CLH锁的内部结构如图6-1所示。

2. 分布式锁的内部队列

在分布式锁的实现中，比较常见的也是基于队列的方式进行不同节点中"等锁线程"的统一调度和管理。以基于ZooKeeper的分布式锁为例，其等待队列的结构大致如图6-2所示。

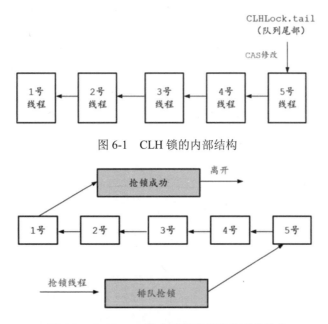

图 6-1　CLH 锁的内部结构

图 6-2　ZooKeeper 分布式锁的等待队列的结构

说明　ZooKeeper分布式锁的原理和实战知识，请参阅另一本书《Java高并发核心编程卷1（加强版）：NIO、Netty、Redis、ZooKeeper》。

3. AQS 的内部队列

AQS是JUC提供的一个用于构建锁和同步容器的基础类。JUC包内的许多类都是基于AQS构建，例如ReentrantLock、Semaphore、CountDownLatch、ReentrantReadWriteLock、FutureTask等。AQS解决了在实现同步容器时设计的大量细节问题。

AQS是CLH队列的一个变种，主要原理和CLH队列差不多，这也是前面对CLH队列进行长篇大论介绍的原因。AQS队列内部维护的是一个FIFO的双向链表，这种结构的特点是每个数据结构都有两个指针，分别指向直接的前驱节点和直接的后驱节点。所以双向链表可以从任意一个节点开始很方便地访问前驱节点和后驱节点。每个节点其实是由线程封装的，当线程争抢锁失败后会封装成Node加入到AQS队列中去；当获取锁的线程释放锁以后，会从队列中唤醒一个阻塞的节点（线程）。AQS的内部结构如图6-3所示。

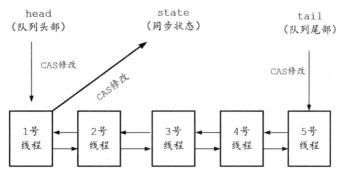

图 6-3　AQS 锁的内部结构

6.2 AQS 的核心成员

AQS出于"分离变与不变"的原则，基于模板模式实现。AQS为锁获取、锁释放的排队和出队过程提供了一系列的模板方法。由于JUC的显式锁种类丰富，因此AQS将不同锁的具体操作抽取为钩子方法，供各种锁的子类（或者其内部类）去实现。

6.2.1 状态标志位

AQS中维持了一个单一的volatile修饰的状态信息state，AQS使用int类型的state标示锁的状态，可以理解为锁的同步状态。

```
//同步状态，使用volatile保证线程可见
private volatile int state;
```

state因为使用volatile保证了操作的可见性，所以任何线程通过getState()获得状态都是可以得到最新值。AQS提供了getState()、setState()来获取和设置同步状态，具体的代码如下：

```
// 获取同步的状态
protected final int getState() {
    return state;
}
// 设置同步的状态
protected final void setState(int newState) {
    state = newState;
}
// 通过CAS设置同步的状态
protected final boolean compareAndSetState(int expect, int update) {
    return unsafe.compareAndSwapInt(this, stateOffset, expect, update);
}
```

由于setState()无法保证原子性，因此AQS给我们提供了compareAndSetState()方法利用底层UnSafe的CAS机制来实现原子性。compareAndSetState()方法实际上调用的是unsafe成员的compareAndSwapInt()方法。

以ReentrantLock为例，state初始化为0，表示未锁定状态。A线程执行该锁的lock()操作时，会调用tryAcquire()独占该锁并将state加1。此后，其他线程再tryAcquire()时就会失败，直到A线程unlock()到state=0（即释放锁）为止，其他线程才有机会获取该锁。当然，释放锁之前，A线程自己是可以重复获取此锁的（state会累加），这就是可重入的概念。但要注意，获取多少次就要释放多么次，这样才能保证state是能回到零态。

AbstractQueuedSynchronizer继承了AbstractOwnableSynchronizer，这个基类只有一个变量叫exclusiveOwnerThread，表示当前占用该锁的线程，并且提供了相应的get()和set()方法，具体的代码如下：

```
public abstract class AbstractOwnableSynchronizer
    implements java.io.Serializable {

    //表示当前占用该锁的线程
    private transient Thread exclusiveOwnerThread;
```

```
        //省略get()和set()方法
    }
```

6.2.2　队列节点类

AQS是一个虚拟队列，不存在队列实例，仅存在节点之间的前后关系。节点类型通过内部类Node定义，其核心的成员如下：

```
static final class Node {
    /**节点等待状态值1：取消状态*/
    static final int CANCELLED =  1;
    /**节点等待状态值-1：标识后继线程处于等待状态*/
    static final int SIGNAL    = -1;
    /**节点等待状态值-2：标识当前线程正在进行条件等待*/
    static final int CONDITION = -2;
    /**节点等待状态值-3：标识下一次共享锁的acquireShared操作需要无条件传播*/
    static final int PROPAGATE = -3;
    //节点状态：值为SIGNAL、CANCELLED、CONDITION、PROPAGATE、0
    //普通的同步节点的初始值为0，条件等待节点的初始值为CONDITION（-2）
    volatile int waitStatus;
    //节点所对应的线程，为抢锁线程或者条件等待线程
    volatile Thread thread;
    //前驱节点，当前节点会在前驱节点上自旋，循环检查前驱节点的waitStatus状态
    volatile Node prev;
    //后驱节点
    volatile Node next;
    //如果当前Node不是普通节点而是条件等待节点，则节点处于某个条件的等待队列上
    //此属性指向下一个条件等待节点，即其条件队列上的后驱节点
    Node nextWaiter;
      ...
    }
```

1. waitStatus 属性

每个节点与等待线程关联，每个节点维护一个状态waitStatus，waitStatus的各种值以常量的形式进行定义。waitStatus的各常量值具体如下：

（1）static final int CANCELLED = 1

waitStatus值为1时表示该线程节点已释放（超时、中断），已取消的节点不会再阻塞。表示线程因为中断或者等待超时，需要从等待队列中取消等待。

由于该节点线程等待超时或者被中断，需要从同步队列中取消等待，因此该线程被置1。节点进入了取消状态，该类型节点不会参与竞争，且会一直保持取消状态。

（2）static final int SIGNAL = –1

waitStatus为SIGNAL（–1）时表示其后驱节点处于等待状态，当前节点对应的线程如果释放了同步状态或者被取消，将会通知后驱节点，使后驱节点的线程得以运行。

（3）static final int CONDITION =–2

waitStatus为–2时，表示该线程在条件队列中阻塞（Condition有使用），表示节点在等待队列中（这里指的是等待在某个锁的CONDITION上，关于CONDITION的原理后面会讲到），当持有

锁的线程调用了CONDITION的signal()方法之后，节点会从该CONDITION的等待队列转移到该锁的同步队列上，去竞争锁（注意：这里的同步队列就是我们说的AQS维护的FIFO队列，等待队列则是每个CONDITION关联的队列）。

节点处于等待队列中，节点线程等待在CONDITION上，当其他线程对CONDITION调用了signal()方法后，该节点从等待队列中转移到同步队列中，加入到对同步状态的获取中。

（4）static final int PROPAGATE = –3

waitStatus为–3时，表示下一个线程获取共享锁后，自己的共享状态会被无条件地传播下去，因为共享锁可能出现同时有N个锁可以用，这时直接让后面的N个节点都来工作。这种状态在CountDownLatch中使用到了。

为什么当一个节点的线程获取共享锁后，要唤醒后继共享节点？共享锁是可以多个线程共有的，当一个节点的线程获取共享锁后，必然要通知后继共享节点的线程也可以获取锁了，这样就不会让其他等待的线程等很久，这种向后通知（传播）的目的也是尽快通知其他等待的线程尽快获取锁。

（5）waitStatus为0

waitStatus为0时，表示当前节点处于初始状态。

Node节点的waitStatus状态为以上5种状态的一种。

2. thread 成员

Node的thread成员用来存放进入AQS队列中的线程引用；Node的nextWaiter成员用来指向自己的后继等待节点，此成员只有线程处于条件等待队列中的时候使用。

3. 抢占类型常量标识

Node节点还定义了两个抢占类型常量标识：SHARED和EXCLUSIVE，具体的代码如下：

```
static final class Node {
    //标识节点在抢占共享锁
    static final Node SHARED = new Node();
    //标识节点在抢占独占锁
    static final Node EXCLUSIVE = null;
    ...
}
```

SHARED表示线程是因为获取共享资源时阻塞而被添加到队列中的；EXCLUSIVE表示线程因为获取独占资源时阻塞而被添加到队列中的。

6.2.3 FIFO 双向同步队列

AQS的内部队列是CLH队列的变种，每当线程通过AQS获取锁失败时，线程将被封装成一个Node节点，通过CAS原子操作插入队列尾部。当有线程释放锁时，AQS会尝试让队首的后驱节点占用锁。

AQS是一个通过内置的FIFO双向队列来完成线程的排队工作，内部通过节点head和tail记录队首和队尾元素，元素的节点类型为Node类型，具体的代码如下：

```
/*首节点的引用*/
private transient volatile Node head;
/*尾节点的引用*/
private transient volatile Node tail;
```

AQS的队首节点和队尾节点都是懒加载的。懒加载的意思是在需要的时候才真正创建。只有在线程竞争失败的情况下，有新线程加入同步队列时，AQS才创建一个head节点。head节点只能被setHead()方法修改，并且节点的waitStatus不能为CANCELLED。队尾节点只在有新线程阻塞时才被创建。

一个包含5个节点的AQS同步队列的基本结构如图6-4所示。

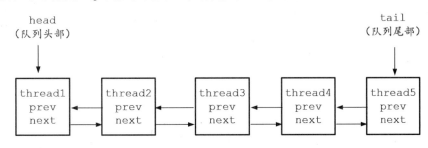

图 6-4 一个包含 5 个节点的 AQS 同步队列

6.2.4 JUC 显式锁与 AQS 的关系

AQS是java.util.concurrent包的一个同步器，它实现了锁的基本抽象功能，支持独占锁与共享锁两种方式。该类使用模板模式来实现的，成为构建锁和同步器的框架，使用该类可以简单且高效地构造出应用广泛的同步器（或者等待队列）。

java.util.concurrent.locks包中的显式锁如ReentrantLock、ReentrantReadWriteLock，线程同步工具如Semaphore，异步回调工具如FutureTask等，内部都使用了AQS作为等待队列。通过开发工具进行AQS的子类导航会发现大量的AQS子类以内部类的形式使用，具体如图6-5所示。

图 6-5 大量的 AQS 子类以内部类的形式使用

同样，我们也能继承AQS类去实现自己需求的同步器（或锁）。

6.2.5 ReentrantLock 与 AQS 的组合关系

这里以ReentrantLock为例给大家介绍一下JUC显式锁与AQS的组合关系。

1. ReentrantLock 与 AQS 的组合关系

ReentrantLock是一个可重入的互斥锁，又称为"可重入独占锁"。ReentrantLock锁在同一个时间点只能被一个线程锁持有，而可重入的意思是，ReentrantLock锁可以被单个线程多次获取。

经过观察，ReentrantLock把所有Lock接口的操作都委派到一个Sync类上，该类继承了AbstractQueuedSynchronizer：

```
static abstract class Sync extends AbstractQueuedSynchronizer {...}
```

ReentrantLock为了支持公平锁和非公平锁两种模式，为Sync又定义了两个子类，具体如下：

```
final static class NonfairSync extends Sync {...}
final static class FairSync extends Sync {...}
```

NonfairSync为非公平（或者不公平）同步器，FairSync为公平同步器。ReentrantLock提供了两个构造器，具体如下：

```
public ReentrantLock() {                        //默认的构造器
    sync = new NonfairSync();                   //内部使用非公平同步器
}
public ReentrantLock(boolean fair) {            //true 为公平锁，否则为非公平锁
    sync = fair ? new FairSync() : new NonfairSync();
}
```

ReentrantLock的默认构造器（无参数构造器）被初始化为一个NonfairSync对象，即使用非公平同步器，所以，默认情况下ReentrantLock为非公平锁。带参数的构造器可以根据fair参数的值具体指定ReentrantLock的内部同步器使用FairSync还是NonfairSync。

由ReentrantLock的lock()和unlock()的源码可以看到，它们只是分别调用了sync对象的lock()和release()方法。

```
public void lock() {            //抢占显式锁
    sync.lock();
}
public void unlock() {          //释放显式锁
    sync.release(1);
}
```

通过以上的委托代码可以看出，ReentrantLock的显式锁操作是委托（或委派）给一个Sync内部类的实例完成的。而Sync内部类只是AQS的一个子类，所以本质上ReentrantLock的显式锁操作是委托（或委派）给AQS完成的。一个ReentrantLock对象的内部一定有一个AQS类型的组合实例，二者之间是组合关系。

ReentrantLock的内部结构，具体如图6-6所示。

2. 显式锁与 AQS 之间是组合关系

组合和聚合比较类似，二者都表示整体和部分之间的关系。

聚合关系的特点是：整体由部分构成，但是整体和部分之间并不是强依赖的关系，而是弱依赖的关系，也就是说，即使整体不存在了，部分仍然存在。例如一个部门由多个员工组成，如果部门撤销了，人员不会消失，人员依然存在。

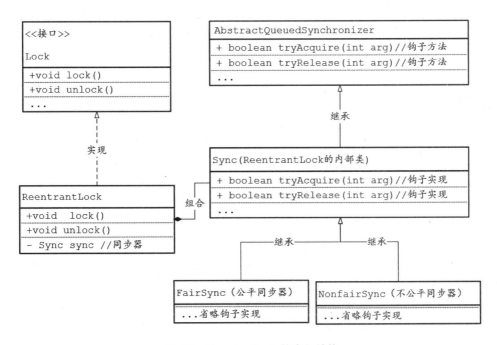

图 6-6 ReentrantLock 的内部结构

组合关系的特点是：整体由部分构成，但是整体和部分之间是强依赖的关系，如果整体不存在了，部分也随之消失。例如一个公司由多个部门组成，如果公司不存在了，部门也将不存在。

可以说，组合关系是一种强依赖的、特殊的聚合关系。

在UML图中，聚合关系用一条带空心菱形箭头的直线表示，组合关系用一条带实心菱形箭头直线表示。聚合与组合在UML图上的区别如图6-7所示。

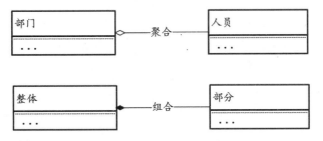

图 6-7 聚合与组合在 UML 图上的区别

由于显式锁与AQS之间是一种强依赖的聚合关系，如果显式锁的实例销毁，其聚合的AQS子类实例也被销毁，因此显式锁与AQS之间是组合关系。

6.3 AQS 中的模板模式

AQS同步器是基于模板模式设计的，并且是模板模式经典的一个运用，下面简单地给大家介绍一下模板方法模式，模板模式是很容易理解的设计模式之一。如果需要自定义同步器，一般的方法是继承AQS，并重写指定方法（钩子方法），按照自己定义的规则对state（锁的状态信息）进行获取与释放；将AQS组合在自定义同步组件的实现中，自定义同步器去调用AQS的模板方法，而这些模板方法会调用重写的钩子方法。

作为铺垫，首先为大家介绍一下模板模式。

> **说明** 为什么要先介绍模板模式呢？可能很多同学都阅读过AQS的源码，但是不一定能看懂，其原因在于没真正掌握模板模式，并按照其实现方式去阅读代码。

资深程序员都知道，Java程序不是按照顺序执行的逻辑来组织的。Java代码中所用到的设计模式在一定程度上已经演变成了代码的组织方式。越是高水平的Java代码，抽象的层次越高，到处都是高度抽象和面向接口的调用，大量用到继承、多态、设计模式。

在阅读别人的源代码时，如果不了解代码所使用的设计模式，往往会晕头转向，不知身在何处，很难读懂别人的代码，对代码跟踪和阅读都很成问题。反过来，如果先掌握到代码的设计模式，再去阅读代码，其过程就会变得很轻松，代码也不会那么难懂了。当然，在编写代码时，如果不了解和熟练地掌握设计模式，也很难写出高水平的Java代码。

所以，在介绍AQS的核心原理之前，先为大家介绍一下在AQS的设计和实现中所用到的重要模式——模板模式。

6.3.1 模板模式

模板模式是类的行为模式。准备一个抽象类，将部分逻辑以具体方法的形式实现，然后声明一些抽象方法来迫使子类实现剩余的逻辑。不同的子类提供不同的方式实现这些抽象方法，从而对剩余的逻辑有不同的实现。模板模式的关键在于：父类提供框架性的公共逻辑，子类提供个性化的定制逻辑。

1. 模板模式的定义

在模板模式中，由抽象类定义模板方法和钩子方法，模板方法定义一套业务算法框架，算法框架中的某些步骤由钩子方法负责完成。具体的子类可以按需要重写钩子方法。模板方法的调用将通过抽象类的实例来完成。

模板模式所包含的角色有抽象类和具体类，二者之间的关系如图6-8所示。

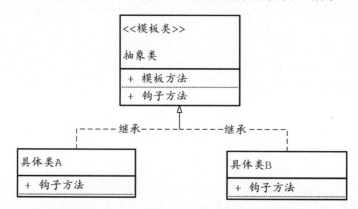

图 6-8　模板模式的抽象类和具体类以及二者之间的关系

2. 模板方法和钩子方法

模板方法（Template Method）也常常被称为骨架方法，主要定义了整个方法需要实现的业务操作的算法框架。其中，调用不同方法的顺序因人而异，而且这个方法也可以做成一个抽象方法，要求子类自行定义逻辑流程。

钩子方法（Hook Method）是被模板方法的算法框架所调用的，而由子类提供具体的实现方法。在抽象父类中，钩子方法常被定为一个空方法或者抽象方法，需要由子类去实现。钩子方法的存在可以让子类提供算法框架中的某个细分操作，从而让子类实现算法中可选的、需要变动的部分。

> **说明** 模板模式在Java开发中用得很多，在很多基础中间件（比如Spring MVC、Spring Boot）中被频繁用到，建议大家重点掌握。

6.3.2　一个模板模式的参考实现

模板设计模式很好理解，顾名思义，定义好一个模式，使用者在模板实现之上能够创造出基于模板的产品，如图6-9所示。

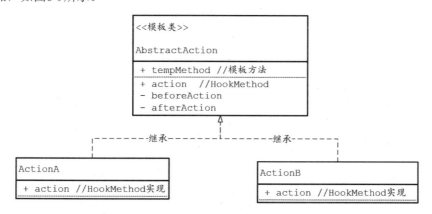

图 6-9　一个模板模式的参考实现

1. 模板模式的参考实现代码

模板模式的参考实现代码如下：

```
package com.crazymakercircle.demo.lock;
import com.crazymakercircle.util.Print;
public class TemplateDemo
{
    static abstract class AbstractAction
    {
        /**
         * 模板方法：算法骨架
         */
        public void tempMethod()
        {
            Print.cfo("模板方法的算法骨架被执行");
            beforeAction();      //执行前的公共操作
            action();            // 调用钩子方法
            afterAction();       //执行后的公共操作
        }
```

```java
    /**
     * 执行前
     */
    protected void beforeAction()
    {
        Print.cfo("准备执行钩子方法");
    }

    /**
     * 钩子方法：这里定义为一个抽象方法
     */
    public abstract void action();

    /**
     * 执行后
     */
    private void afterAction()
    {
        Print.cfo("钩子方法执行完成");
    }
}

//子类A：提供了钩子方法实现
static class ActionA extends AbstractAction
{
    /**
     * 钩子方法的实现
     */
    @Override
    public void action()
    {
        Print.cfo("钩子方法的实现ActionA.action()被执行");
    }
}

//子类B：提供了钩子方法实现
static class ActionB extends AbstractAction
{
    /**
     * 钩子方法的实现
     */
    @Override
    public void action()
    {
        Print.cfo("钩子方法的实现ActionB.action()被执行");
    }
}

public static void main(String[] args)
{
    AbstractAction action = null;

    //创建一个ActionA实例
    action= new ActionA();
    //执行基类的模板方法
    action.tempMethod();

    //创建一个ActionB实例
    action= new ActionB();
    //执行基类的模板方法
    action.tempMethod();
}
}
```

运行程序，结果如下：

```
[TemplateDemo$AbstractAction.tempMethod]：模板方法的算法骨架被执行
```

```
[TemplateDemo$AbstractAction.beforeAction]: 准备执行钩子方法
[TemplateDemo$ActionA.action]: 钩子方法的实现ActionA.action()被执行
[TemplateDemo$AbstractAction.afterAction]: 钩子方法执行完成
[TemplateDemo$AbstractAction.tempMethod]: 模板方法的算法骨架被执行
[TemplateDemo$AbstractAction.beforeAction]: 准备执行钩子方法
[TemplateDemo$ActionB.action]: 钩子方法的实现ActionB.action()被执行
[TemplateDemo$AbstractAction.afterAction]: 钩子方法执行完成
```

2. 模板模式的优点

分离变与不变是软件设计的一个基本原则。模板模式将不变的部分封装在基类的骨架方法中，而将变化的部分通过钩子方法进行封装，交给子类去提供具体的实现，在一定程度上优美地阐述了"分离变与不变"这一软件设计原则。

模板模式的优点如下：

- 通过算法骨架最大程度地进行了代码复用，减少重复代码。
- 模板模式提取了公共部分代码，便于统一维护。
- 钩子方法是由子类实现的，因此子类可以通过拓展增加复杂的功能，符合开放封闭原则。

> 说明　开放封闭原则是面向对象设计的五大原则之一，其核心思想是：对扩展开放，对修改关闭。面向对象设计的五大原则：单一职责原则、依赖倒置原则、接口隔离原则、里氏替换原则和开放封闭原则。

6.3.3　AQS 的模板流程

AQS定义了两种资源共享方式：

- Exclusive（独享锁）：只有一个线程能占有锁资源，如ReentrantLock。独享锁又可分为公平锁和非公平锁。
- Share（共享锁）：多个线程可同时占有锁资源，如Semaphore、CountDownLatch、CyclicBarrier、ReadWriteLock的Read锁。

AQS为不同的资源共享方式提供了不同的模板流程，包括共享锁、独享锁模板流程。这些模板流程完成了具体线程进出等待队列的基础（如获取资源失败入队/唤醒出队等）、通用逻辑。基于基础、通用逻辑，AQS提供一种实现阻塞锁和依赖FIFO等待队列的同步器的框架，AQS模板为ReentrantLock、CountDownLatch、Semaphore提供了优秀的解决方案。

自定义的同步器只需要实现共享资源state的获取与释放方式即可，这些逻辑都编写在钩子方法中。无论是共享锁还是独享锁，AQS在执行模板流程时会回调自定义的钩子方法。

6.3.4　AQS 中的钩子方法

自定义同步器时，AQS中需要重写的钩子方法大致如下：

- tryAcquire(int)：独占锁钩子，尝试获取资源。若成功则返回true，若失败则返回false。
- tryRelease(int)：独占锁钩子，尝试释放资源。若成功则返回true，若失败则返回false。
- tryAcquireShared(int)：共享锁钩子，尝试获取资源，负数表示失败；0表示成功，但没有剩余可用资源；正数表示成功，且有剩余资源。

- tryReleaseShared(int): 共享锁钩子，尝试释放资源。若成功则返回true，若失败则返回false。
- isHeldExclusively(): 独占锁钩子，判断该线程是否正在独占资源。只有用到condition条件队列时才需要去实现它。

以上钩子方法的默认实现会抛出UnsupportedOperationException异常。除了这些钩子方法外，AQS类中的其他方法都是final类型的方法，所以无法被其他类继承，只有这几个方法可以被其他类继承。

对钩子方法的具体介绍如下。

1. tryAcquire 独占式获取锁

顾名思义，就是尝试获取锁，AQS在这里没有对tryAcquire()进行功能的实现，只有一个抛出异常的语句，我们需要自己对其进行实现，可以对其重写实现公平锁、不公平锁、可重入锁、不可重入锁。

```
protected boolean tryAcquire(int arg) {
        throw new UnsupportedOperationException();
}
```

2. tryRelease 独占式释放锁

tryRelease尝试释放独占锁，需要子类来实现。

```
protected boolean tryRelease(long arg) {
    throw new UnsupportedOperationException();
  }
```

3. tryAcquireShared 共享式获取

tryAcquireShared尝试进行共享锁的获得，需要子类来实现。

```
protected long tryAcquireShared(long arg) {
        throw new UnsupportedOperationException();
  }
```

4. tryReleaseShared 共享式释放

tryReleaseShared尝试进行共享锁的释放，需要子类来实现。

```
protected boolean tryReleaseShared(long arg) {
        throw new UnsupportedOperationException();
  }
```

5. 查询是否处于独占模式

isHeldExclusively的功能是查询线程是否正在独占资源。在独占锁的条件队列中用到。

```
protected boolean isHeldExclusively() {
  throw new UnsupportedOperationException();
}
```

6.4　通过 AQS 实现一把简单的独占锁

由于ReentrantLock的实现比较复杂，为了降低学习难度，本节首先模拟ReentrantLock的源码，

基于AQS实现一把非常简单的独占锁。在基于该独占锁学习完AQS的原理之后，再回头介绍
ReentrantLock的实现原理。

6.4.1　简单的独占锁的 UML 类图

基于AQS实现一把非常简单的独占锁的类为SimpleMockLock，它的UML类图如图6-10所示。

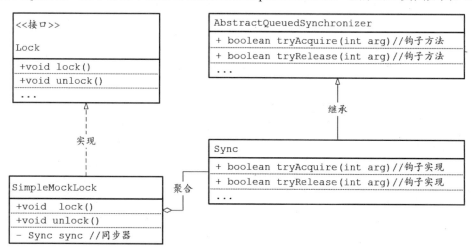

图 6-10　为 SimpleMockLock 的 UML 类图

6.4.2　简单的独占锁的实现

SimpleMockLock是一个基于AQS的、简单的非公平独占锁实现，代码如下：

```
package com.crazymakercircle.demo.lock.custom;
//省略import
public class SimpleMockLock implements Lock
{
    //同步器实例
    private final Sync sync = new Sync();

    // 自定义的内部类: 同步器
    // 直接使用 AbstractQueuedSynchronizer.state 值表示锁的状态
    // AbstractQueuedSynchronizer.state=1 表示锁没有被占用
    // AbstractQueuedSynchronizer.state=0 表示锁已经被占用
    private static class Sync extends AbstractQueuedSynchronizer
    {
        //钩子方法
        protected boolean tryAcquire(int arg)
        {
            //CAS更新状态值为1
            if (compareAndSetState(0, 1))
            {
                setExclusiveOwnerThread(Thread.currentThread());
                return true;
            }
            return false;
        }

        //钩子方法
```

```
    protected boolean tryRelease(int arg)
    {
        //如果当前线程不是占用锁的线程
        if (Thread.currentThread() != getExclusiveOwnerThread())
        {
            //抛出非法状态的异常
            throw new IllegalMonitorStateException();
        }
        //如果锁的状态为没有占用
        if (getState() == 0)
        {
            //抛出非法状态的异常
            throw new IllegalMonitorStateException();
        }
        //接下来不需要使用CAS操作，因为下面的操作不存在并发场景
        setExclusiveOwnerThread(null);
        //设置状态
        setState(0);
        return true;
    }
}

//显式锁的抢占方法
@Override
public void lock()
{
    //委托给同步器的acquire()抢占方法
    sync.acquire(1);
}

//显式锁的释放方法
@Override
public void unlock()
{
    //委托给同步器的release()释放方法
    sync.release(1);
}
//省略其他未实现的方法
    }
}
```

和ReentrantLock相比，SimpleMockLock的代码非常简单，这也是为了大家不被ReentrantLock的复杂代码锁困扰，能去更好地聚焦于AQS原理的学习。

SimpleMockLock仅仅实现了Lock接口的以下两种方法：

1）lock()方法：完成显式锁的抢占。

2）unlock()方法：完成显式锁的释放。

SimpleMockLock的锁抢占和锁释放是委托给Sync实例的acquire()方法和release()方法完成的。

SimpleMockLock的内部类Sync继承了AQS类，实际上acquire()、release()是AQS的两个模板方法。在抢占锁时，AQS的模板方法acquire()会调用tryAcquire(int arg)钩子方法；在释放锁时，AQS的模板方法release()会调用tryRelease(int arg)钩子方法。

内部类Sync继承AQS类时提供了以下两个钩子方法的实现：

1）protected boolean tryAcquire(int arg)：抢占锁的钩子实现。此方法将锁的状态设置为1，表示互斥锁已经被占用，并保存当前线程。

2）protected boolean tryRelease(int arg)：释放锁的钩子实现。此方法将锁的状态设置为0，表示互斥锁已经被释放。

6.4.3　SimpleMockLock 测试用例

接下来实现一个用于SimpleMockLock的测试用例。基于前面抽取出来的公共IncrementData累加类编写一个让10个线程各累加1000次的程序，并使用SimpleMockLock作为累加的同步锁。自定义独占锁SimpleMockLock的测试代码大致如下：

```java
package com.crazymakercircle.demo.lock;
//省略import
public class LockTest
{
    @org.junit.Test
    public void testMockLock()
    {
        // 每个线程的执行轮数
        final int TURNS = 1000;
        // 线程数
        final int THREADS = 10;

        // 线程池，用于多线程模拟测试
        ExecutorService pool = Executors.newFixedThreadPool(THREADS);

        // 自定义的独占锁
        Lock lock = new SimpleMockLock();

        // 倒数闩
        CountDownLatch countDownLatch = new CountDownLatch(THREADS);
        long start = System.currentTimeMillis();

        // 10个线程并发执行
        for (int i = 0; i < THREADS; i++)
        {
            pool.submit(() ->
            {
                try
                {
                    // 累加 1000 次
                    for (int j = 0; j < TURNS; j++)
                    {
                        // 传入锁，执行一次累加
                        IncrementData.lockAndFastIncrease(lock);
                    }
                    Print.tco("本线程累加完成");
                } catch (Exception e)
                {
                    e.printStackTrace();
                }
                // 线程执行完成，倒数闩减少一次
                countDownLatch.countDown();

            });
        }
        // 省略等待并发执行完成、结果输出的代码
    }
}
```

运行程序，结果如下：

```
[pool-1-thread-5]: 本线程累加完成
[pool-1-thread-3]: 本线程累加完成
[pool-1-thread-4]: 本线程累加完成
[pool-1-thread-2]: 本线程累加完成
[pool-1-thread-1]: 本线程累加完成
[pool-1-thread-7]: 本线程累加完成
[pool-1-thread-6]: 本线程累加完成
[pool-1-thread-9]: 本线程累加完成
[pool-1-thread-8]: 本线程累加完成
[pool-1-thread-10]: 本线程累加完成
[main|LockTest.testMockLock]: 运行的时长为: 0.103
[main|LockTest.testMockLock]: 累加结果为: 10000
```

6.5　AQS 锁抢占的原理

AbstractQueuedSynchronizer的实现非常精巧，令人叹为观止，不入细节难以完全领会其精髓。下面基于SimpleMockLock公平独占锁的抢占过程详细说明AQS锁抢占的原理。

6.5.1　显式锁抢占的总体流程

这里先介绍一下SimpleMockLock锁抢占的总体流程，具体如图6-11所示。

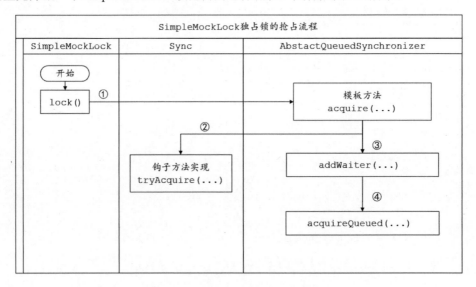

图 6-11　SimpleMockLock 抢锁流程

SimpleMockLock的lock()源码如下：

```java
package com.crazymakercircle.demo.lock.custom;
//省略import
public class SimpleMockLock implements Lock
{
    //抢锁：将节点添加到等待队列的尾部
    @Override
    public void lock()
    {
        //开启同步器的抢锁流程，将节点添加到等待队列的尾部
```

```
        sync.acquire(1);
    }
    //省略其他
}
```

流程的第一步，显式锁的lock()方法会去调用同步器基类AQS的模板方法acquire（arg）。

6.5.2　AQS 模板方法：acquire(arg)

acquire是AQS封装好的获取资源的公共入口，它是AQS提供的利用独占方式获取资源的方法，源码实现如下：

```
public final void acquire(int arg) {
    if (!tryAcquire(arg) &&
        acquireQueued(addWaiter(Node.EXCLUSIVE), arg))
    selfInterrupt();
}
```

通过源码可以发现，acquire(arg)至少执行一次tryAcquire(arg)钩子方法。tryAcquire(arg)方法默认是抛出一个异常，具体的获取独占资源state的逻辑需要钩子方法去实现。

在模板方法acquire中，若调用tryAcquire(arg)尝试成功，则acquire()将直接返回，表示已经抢到锁；若不成功，则将线程加入等待队列。

模板方法acquire()的代码非常简洁，但是背后的逻辑却非常复杂，可见Doug Lea深刻的编程功力。

6.5.3　钩子实现：tryAcquire(arg)

SimpleMockLock的钩子实现如下：

```
private static class Sync extends AbstractQueuedSynchronizer
{
    //钩子方法
    protected boolean tryAcquire(int arg)
    {
        //CAS更新状态值为1
        if (compareAndSetState(0, 1))
        {
            setExclusiveOwnerThread(Thread.currentThread());
            return true;
        }
        return false;
    }
}
```

SimpleMockLock的tryAcquire()的流程是：CAS操作state字段，将其值从0改为1，若成功，则表示锁未被占用，可成功占用，并且返回true；若失败，则获取锁失败，返回false。

SimpleMockLock的实现非常简单，是不可以重入的，仅仅为了学习AQS而编写。如果是可以重入的锁，在重复抢锁时会累计state字段值，表示重入锁的次数，具体可参考ReentrantLock源码。

6.5.4　直接入队：addWaiter

在acquire模板方法中，如果钩子方法tryAcquire尝试获取同步状态失败，则构造同步节点（独占式节点模式为Node.EXCLUSIVE），通过addWaiter(Node node, int args)方法将该节点加入到同步队列的队尾。

```
private Node addWaiter(Node mode) {
      //创建新节点
Node node = new Node(Thread.currentThread(), mode);
      // 加入队列尾部，将目前的队列tail作为自己的前驱节点pred
      Node pred = tail;
      // 队列不为空的时候
      if (pred != null) {
          node.prev = pred;
          // 先尝试通过AQS方式修改尾节点为最新的节点
          // 如果修改成功，将节点加入到队列的尾部
          if (compareAndSetTail(pred, node)) {
              pred.next = node;
              return node;
          }
      }
      //第一次尝试添加尾部失败，意味着有并发抢锁发生，需要进行自旋
      enq(node);
      return node;
}
```

在addWaiter()方法中，首先需要构造一个Node对象，具体的代码如下：

```
Node node = new Node(Thread.currentThread(), mode);
```

构造Node对象所用到的两个参数如下：

（1）当前线程

构造Node对象时，将通过Thread.currentThread()获取到当前线程作为第一个参数，该线程会被赋值给Node对象的thread成员属性，相当于将线程与Node节点进行绑定。在后续轮到此Node节点去占用锁时，就需要其thread属性获得需要唤醒的线程。

（2）Node共享类型

mode是一个表示Node类型的参数，用于标识新节点是独占地还是共享地去抢占锁。mode虽然为Node类型，但是仅仅起到类型标识的作用。mode可能的值有两个，以常量的形式定义在Node类中，具体的代码如下：

```
static final class Node {
    /** 常量标识：标识当前的队列节点类型为共享型抢占 */
    static final Node SHARED = new Node();
    /** 常量标识：标识当前的队列节点类型为独占型抢占 */
    static final Node EXCLUSIVE = null;
    //省略其他代码
}
```

如果抢占独占锁，那么mode值为EXCLUSIVE；如果抢占共享锁，那么mode值为SHARED。

6.5.5　自旋入队：enq

addWaiter()第一次尝试在尾部添加节点失败，意味着有并发抢锁发生，需要进行自旋。enq()方法通过CAS自旋将节点的添加到队列尾部。

```
/**
* 这里进行了循环，如果此时存在tail，就执行添加队尾的操作
* 如果依然不存在，就把当前线程作为head节点
* 插入节点后，调用acquireQueued()进行阻塞
```

```
*/
    private Node enq(final Node node) {
        for (;;) {
            Node t = tail;
            if (t == null) {
                //队列为空，初始化队尾节点和队首节点为新节点
                if (compareAndSetHead(new Node()))
                    tail = head;
            } else {
                // 队列不为空，将新节点插入队列尾部
                node.prev = t;
                if (compareAndSetTail(t, node)) {
                    t.next = node;
                    return t;
                }
            }
        }
    }

    /**
     * CAS操作head指针，仅仅被enq()调用
     */
    private final boolean compareAndSetHead(Node update) {
        return unsafe.compareAndSwapObject(this, headOffset, null, update);
    }

    /**
     * CAS操作tail指针，仅仅被enq()调用
     */
    private final boolean compareAndSetTail(Node expect, Node update) {
        return unsafe.compareAndSwapObject(this, tailOffset, expect, update);
    }
```

6.5.6　自旋抢占：acquireQueued()

在节点入队之后，启动自旋抢锁的流程。acquireQueued()方法的主要逻辑：当前Node节点线程在死循环中不断获取同步状态，并且不断在前驱节点上自旋，只有当前驱节点是队首节点才能尝试获取锁，原因是：

1）队首节点是成功获取同步状态（锁）的节点，而队首节点的线程释放了同步状态以后，将会唤醒其后驱节点，后驱节点的线程被唤醒后要检查自己的前驱节点是否为队首节点。

2）维护同步队列的FIFO原则，节点进入同步队列之后，就进入了一个自旋的过程，每个节点都在不断地执行for死循环。

```
    final boolean acquireQueued(final Node node, int arg) {
        boolean failed = true;
        try {
            boolean interrupted = false;
            // 自旋检查当前节点的前驱节点是否为队首节点，才能获取锁
            for (;;) {
                // 获取节点的前驱节点
                final Node p = node.predecessor();
                // 节点中的线程循环的检查自己的前驱节点是否为head节点
                // 只有前驱节点是head时，进一步调用子类的tryAcquire（…）实现
                if (p == head && tryAcquire(arg)) {
                    // tryAcquire成功后，将当前节点设置为队首节点，移除之前的队首节点
                    setHead(node);
                    p.next = null; // help GC
```

```
                    failed = false;
                    return interrupted;
            }
        // 检查前一个节点的状态，预判当前获取锁失败的线程是否要挂起
        // 如果需要挂起
        // 调用parkAndCheckInterrupt方法挂起当前线程，直到被唤醒
        if (shouldParkAfterFailedAcquire(p, node) &&
                parkAndCheckInterrupt())
            interrupted = true; // 若两个操作都是true, 则为true
        }
    } finally {
        //如果等待过程中没有成功获取资源（如timeout，或者可中断的情况下被中断了）
        //那么取消节点在队列中的等待
        if (failed)
         //取消请求，将当前节点从队列中移除
         cancelAcquire(node);
    }
}
```

为了不浪费资源，acquireQueued()自旋过程中会阻塞线程，等待前驱节点唤醒后才启动循环。如果成功就返回，否则执行shouldParkAfterFailedAcquire()、parkAndCheckInterrupt()来达到阻塞效果。

调用acquireQueued()方法的线程一定是node所绑定的线程（由它的thread属性所引用），该线程也是最开始调用lock()方法抢锁的那个线程，在acquireQueued()的死循环中，该线程可能重复进行阻塞和被唤醒。

AQS队列上每一个节点所绑定的线程在抢锁过程中都会自旋，即执行acquireQueued()方法的死循环，也就是说，AQS队列上每个节点的线程都不断自旋，具体如图6-12所示。

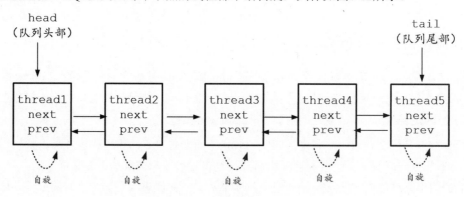

图 6-12　AQS 队列的节点自旋

如果队首节点获取了锁，那么该节点绑定的线程会终止acquireQueued()自旋，线程会去执行临界区代码。此时，其余的节点处于自旋状态，处于自旋状态的线程当然也不会执行无效的空循环而导致CPU资源浪费，而是被挂起（Park）进入阻塞状态。AQS队列的节点自旋不像CLH节点那样在空自旋而耗费资源。

6.5.7　挂起预判：shouldParkAfterFailedAcquire

acquireQueued()自旋在阻塞自己的线程之前会进行挂起预判。shouldParkAfterFailedAcquire()方法的主要功能是：找到当前节点的有效前驱节点（是指有效节点不是CANCELLED类型的节点），

并且将有效前驱节点的状态设置为SIGNAL，之后返回true代表当前线程可以马上被阻塞了。具体可以分为三种情况：

1）如果前驱节点的状态为–1（SIGNAL），说明前驱的等待标志已设好，返回true表示设置完毕。

2）如果前驱节点的状态为1（CANCELLED），说明前驱节点本身不再等待了，需要跨越这些节点，然后找到一个有效节点，再把当前节点和这个有效节点的唤醒关系建立好：调整前驱节点的next指针为自己。

3）如果是其他情况：–3（PROPAGATE、共享锁等待）、–2（CONDITION、条件等待）、0（初始状态），那么通过CAS尝试设置前驱节点为SIGNAL，表示只要前驱释放锁，当前节点就可以抢占锁了。

其源码如下：

```
private static boolean shouldParkAfterFailedAcquire(
Node pred, Node node) {
    int ws = pred.waitStatus;          // 获得前驱节点的状态
    if (ws == Node.SIGNAL)             //如果前驱节点状态为SIGNAL（值为-1）就直接返回
        return true;
    if (ws > 0) {                      // 前驱节点以及取消CANCELLED（1）
      do {
          // 不断地循环，找到有效前驱节点，即非CANCELLED（值为1）类型节点
          //将pred记录前驱的前驱
          pred = pred.prev;
          //调整当前节点的prev指针，保持为前驱的前驱
        node.prev = pred;
      } while (pred.waitStatus > 0);
        //调整前驱节点的next指针
        pred.next = node;
    } else {
        //如果前驱状态不是CANCELLED，也不是SIGNAL，就设置为SIGNAL
        compareAndSetWaitStatus(pred, ws, Node.SIGNAL);
        //设置前驱状态之后，此方法返回值还是为false，表示线程不可用，被阻塞
    }
    return false;
}
```

在独占锁的场景中，此方法shouldParkAfterFailedAcquire()是在acquireQueued()方法的死循环中被调用的，由于此方法返回false时acquireQueued()不会阻塞当前线程，只有此方法返回true时当前线程才阻塞。因此在一般情况下，此方法至少需执行两次，当前线程才会被阻塞。

在第一次进入此方法时，首先会进入后一个if判断的else分支，通过CAS设置pred前驱的waitStatus为SIGNAL，然后返回false。

此方法返回false之后，获取独占锁的acquireQueued()方法会继续进行for循环去抢锁：

1）假设node的前驱节点是队首节点，tryAcquire()抢锁成功，则获取到锁。

2）假设node的前驱节点仍然不是队首节点，或tryAcquire()抢锁失败，仍会再次调用此方法。

第二次进入此方法时，由于上一次进入时已经将pred.waitStatus设置为−1（SIGNAL）了，因此这次会进入第一个判断条件，直接返回true，表示应该调用parkAndCheckInterrupt阻塞当前线程了，等待前一个节点执行完成之后唤醒。

1. waitStatus 等于 –3

什么时候遇到前驱节点状态waitStatus等于–3（PROPAGATE）的场景呢？ PROPAGATE只能在使用共享锁的时候出现，并且只可能设置在head上。所以，对于非队尾节点，如果它的状态为0或PROPAGATE，那么它肯定是head。当等待队列中有多个节点时，如果head的状态为0或PROPAGATE，说明head处于一种中间状态，且此时有线程刚才释放锁了。而对于抢锁线程来说，如果检测到这种状态，说明再次执行acquire()是极有可能获得锁的。

2. waitStatus 大于 0

什么时候会遇到前驱节点的状态waitStatus大于0的场景呢？当pred前驱节点的抢锁请求被取消后期状态为CANCELLED（值为1）时，当前节点（如果被唤醒）就会循环移除所有被取消的前驱节点，直到找到未被取消的前驱。在移除所有被取消的前驱节点后，此方法将返回false，再一次去执行acquireQueued()的自旋抢占。

3. waitStatus 等于 0

什么时候遇到前驱节点状态waitStatus等于0（初始状态）的场景呢？分为两种情况：

1）node节点刚成为新队尾，但还没有将旧队尾的状态设置为SIGNAL。
2）node节点的前驱节点为head。

前驱节点为waitStatus等于0的情况是最常见的。比如现在AQS的等待队列中有很多节点正在等待，当前线程刚执行完毕addWaiter（节点刚成为新队尾），然后开始执行获取锁的死循环（独占锁对应的是acquireQueued()里的死循环，共享锁对应的是doAcquireShared()里的死循环），此时节点的前驱（也就是旧队尾的状态）肯定还是0（也就是默认初始化的值），然后死循环执行两次，第一次执行shouldParkAfterFailedAcquire()自然会检测到前驱状态为0，然后将0设置为SIGNAL；第二次执行shouldParkAfterFailedAcquire()，由于前驱节点为SIGNAL，当前线程直接返回true，去执行自我阻塞。

6.5.8　线程挂起：parkAndCheckInterrupt()

parkAndCheckInterrupt()主要任务是暂停当前线程，具体如下：

```
private final boolean parkAndCheckInterrupt() {
    LockSupport.park(this);          // 调用park()使线程进入waiting状态
    return Thread.interrupted();     // 如果被唤醒，查看自己是否已经被中断
}
```

AbstractQueuedSynchronizer会把所有的等待线程构成一个阻塞等待队列，当一个线程执行完lock.unlock()时，会激活其后驱节点，通过调用LockSupport.unpark(postThread)完成后继线程的唤醒。

6.6　AQS 两个关键点：节点的入队和出队

由于AQS的实现非常精妙，因此理解AQS的原理还是比较困难的。理解AQS的原理一个比较重要的关键点在于掌握节点的入队和出队。

6.6.1　节点的自旋入队

节点在第一次入队失败后，就会开始自旋入队，分为以下两种情况：

1）如果AQS的队列非空，新节点通过CAS插入队列尾部，并且是通过CAS方式插入，插入之后AQS的tail将指向新的尾节点。

2）如果AQS的队列为空，新节点入队时，AQS通过CAS方法将新节点设置为队首节点，并且将tail指针指向新节点。然后自旋，进入CAS插入操作，直到插入成功，自旋才结束。

节点的入队的代码在enq()方法中，因为enq()非常重要，所以将其代码重复如下：

```
private Node enq(final Node node) {
    for (;;) { //自旋入队
        Node t = tail;
        if (t == null) {
            //队列为空，初始化队尾节点和队首节点为新节点
            if (compareAndSetHead(new Node()))
                tail = head;
        } else {
            //如果队列不为空，将新节点插入队列尾部
            node.prev = t;
            if (compareAndSetTail(t, node)) {
                t.next = node;
                return t;
            }
        }
    }
}
```

> **说明** 队列初始化创建了一个空的队首节点，这个空的队首节点没有对应的线程，只占用一个位置，等到后面的节点抢到锁，这个节点就被移除。

6.6.2　节点的出队

节点出队的算法在acquireQueued()方法中，这是一个非常重要的模板方法。acquireQueued()方法通过不断在前驱节点上自旋（for死循环），如果前驱节点是队首节点并且当前线程使用钩子方法tryAcquire(arg)获得了锁，则移除队首节点，将当前节点设置为队首节点。

```
final boolean acquireQueued(final Node node, int arg) {
    boolean failed = true;
    try {
        boolean interrupted = false;
        // 在前驱节点上自旋
        for (;;) {
            // 获取节点的前驱节点
            final Node p = node.predecessor();
            // （1）前驱节点是队首节点
            // （2）通过子类的tryAcquire()钩子实现抢占成功
            if (p == head && tryAcquire(arg)) {
                // 将当前节点设置为队首节点，之前的队首节点出队
                setHead(node);
                p.next = null; // help GC
                failed = false;
                return interrupted;
```

```
        }
        // 省略park（无限期阻塞）线程的代码
    }
    } finally {
        // 省略其他
    }
}
```

节点加入到队列尾部后，如果其前驱节点就不是队首节点，通常情况下，该新节点所绑定的线程会被无限期阻塞，而不会去执行无效循环，从而导致CPU资源的浪费。

问题来了：被无限期阻塞的抢锁线程，是什么时候被唤醒的呢？

对于公平锁而言，队首节点就是占用锁的节点，在释放锁时，将会唤醒其后驱节点所绑定的线程。后驱节点的线程被唤醒后会重新执行以上acquireQueued()的自旋（for死循环）抢锁逻辑，检查自己的前驱节点是否为队首节点，如果是，在抢锁成功之后会移除旧的队首节点。

AQS释放锁时是如何唤醒后继线程的呢？AQS释放锁的核心代码如下：

```
public final boolean release(long arg) {
    if (tryRelease(arg)) {  // 释放锁的钩子实现
        Node h = head;  //队列的队首节点
        if (h != null && h.waitStatus != 0)
            unparkSuccessor(h);  //唤醒后驱线程
        return true;
    }
    return false;
}
```

unparkSuccessor的核心代码如下：

```
private void unparkSuccessor(Node node) {
    // 省略不相关代码
    Node s = node.next;  //后驱节点
    // 省略不相关代码
    if (s != null)
        LockSupport.unpark(s.thread);  //唤醒后驱的线程
}
```

通过以上分析可以看出：无效节点的出队操作是在唤醒后驱节点的线程之后，其后驱节点的线程在抢锁过程中完成的。

6.7 AQS 锁释放的原理

下面基于SimpleMockLock公平独占锁的释放过程详细说明AQS锁释放的原理。

6.7.1 SimpleMockLock 独占锁的释放流程

SimpleMockLock独占锁的释放流程如图6-13所示。

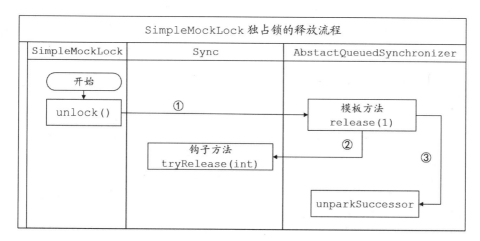

图 6-13　SimpleMockLock 独占锁的释放流程

6.7.2　AQS 模板方法：release()

SimpleMockLock 的 unlock() 方法被调用时，会调用 AQS 的 release(…) 的模板方法。AQS 的 release(…) 的模板方法代码如下：

```
public final boolean release(long arg) {
    if (tryRelease(arg)) {
        Node h = head;
        if (h != null && h.waitStatus != 0)
            unparkSuccessor(h);
        return true;
    }
    return false;
}
```

这段代码逻辑比较简单，如果同步状态的钩子方法执行成功（tryRelease 返回 true），就会执行 if 块中的代码，当 head 指向的队首节点不为 null，并且该节点的状态值不为 0 时才会执行 unparkSuccessor() 方法。

钩子方法 tryRelease() 方法尝试释放当前线程持有的资源，由子类提供具体的实现。

6.7.3　钩子实现：tryRelease()

tryRelease() 方法是需要子类提供实现的一个钩子方法，需要子类根据具体业务去实现。SimpleMockLock 的钩子实现如下：

```
//钩子方法
protected boolean tryRelease(int arg)
{
    //如果当前线程不是占用锁的线程
    if (Thread.currentThread() != getExclusiveOwnerThread())
    {
        //抛出非法状态的异常
        throw new IllegalMonitorStateException();
    }
    //如果锁的状态为没有占用
    if (getState() == 0)
```

```
        {
            //抛出非法状态的异常
            throw new IllegalMonitorStateException();
        }
        //接下来不需要使用CAS操作，因为下面的操作不存在并发场景
        setExclusiveOwnerThread(null);
        //设置状态
        setState(0);
        return true;
    }
}
```

核心逻辑是设置同步状态state的值为0，方便后驱节点执行抢占。

6.7.4　唤醒后驱：unparkSuccessor()

release()钩子执行了tryRelease()钩子成功之后，使用unparkSuccessor()唤醒后驱节点，具体的代码如下：

```
private void unparkSuccessor(Node node) {
    int ws = node.waitStatus; // 获得节点状态，释放锁的节点，也就是队首节点

    //CANCELLED (1)、SIGNAL (-1)、CONDITION (-2)、PROPAGATE (-3)
    //如果队首节点状态小于0，则将其置为0，表示初始状态
    if (ws < 0)
      compareAndSetWaitStatus(node, ws, 0);

    Node s = node.next; // 找到后面的一个节点
    if (s == null || s.waitStatus > 0) {
        // 如果新节点已经被取消CANCELLED (1)
        s = null;
        //从队列尾部开始，往前去找最前面的一个waitStatus小于0的节点
        for (Node t = tail; t != null && t != node; t = t.prev)
           if (t.waitStatus <= 0)    s = t;
    }

    //唤醒后驱节点对应的线程
    if (s != null)
        LockSupport.unpark(s.thread);
}
```

unparkSuccessor()唤醒后驱节点的线程后，后驱节点的线程重新执行方法acquireQueued()中的自旋抢占逻辑。

> 🎮➕说明 当AQS队首节点释放锁之后，队首节点的状态变成初始状态，此节点理论上需要从队列中移除，但是此时该无效节点并没有立即被移除，unparkSuccessor()方法并没有立即从队列中删除该无效节点，仅仅唤醒了后驱节点的线程，重启了后驱节点的自旋抢锁。

6.8　ReentrantLock 的抢锁流程

下面结合 AbstractQueuedSynchronizer() 的模板方法详细说明 ReentrantLock 的实现过程。ReentrantLock有两种模式：

- 公平锁：按照线程在队列中的排队顺序，先到者先拿到锁。
- 非公平锁：当线程要获取锁时，无视队列顺序直接去抢锁，谁抢到就是谁的。

ReentrantLock在同一个时间点只能被一个线程获取，ReentrantLock是通过一个FIFO的等待队列（AQS队列）来管理获取该锁所有线程的。ReentrantLock是继承自Lock接口实现的独占式可重入锁，并且ReentrantLock组合一个AQS内部实例完成同步操作。

6.8.1　ReentrantLock 非公平锁的抢占流程

ReentrantLock非公平锁的抢占的总体流程如图6-14所示。

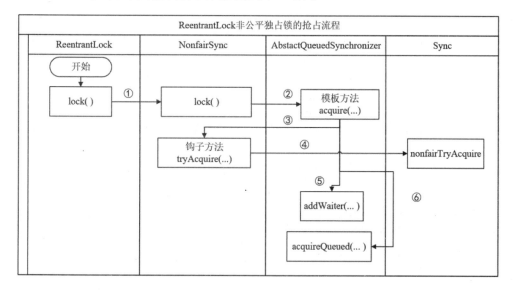

图 6-14　ReentrantLock 非公平锁的抢占流程

6.8.2　非公平锁的同步器子类

ReentrantLock为非公平锁实现了一个内部的同步器——NonfairSync，其显式锁获取方法lock()的源码如下：

```
static final class NonfairSync extends Sync {
    //非公平锁抢占
    final void lock() {
        if (compareAndSetState(0, 1))
            setExclusiveOwnerThread(Thread.currentThread());
        else
            acquire(1);
    }
    //省略其他
}
```

首先用一个CAS操作，判断state是否是0（表示当前锁未被占用），如果是0就把它置为1，并且设置当前线程为该锁的独占线程，表示获取锁成功。当多个线程同时尝试占用同一个锁时，CAS操作只能保证一个线程操作成功，剩下的只能乖乖去排队。

ReentrantLock "非公平" 性即体现在这里：如果占用锁的线程刚释放锁，state置为0，而排队等待锁的线程还未唤醒，新来的线程就直接抢占了该锁，那么就"插队"了。举一个例子：当前有三个线程A、B、C去竞争锁，假设线程A、B在排队，但是后来的C直接进行CAS操作成功了，拿到了锁开开心心地返回了，那么线程A、B只能乖乖看着。

6.8.3 非公平抢占的钩子方法：tryAcquire(arg)

如果非公平抢占没有成功，非公平锁的lock会执行模板方法acquire()，首先会调用到钩子方法tryAcquire(arg)。非公平抢占的钩子方法实现如下：

```
static final class NonfairSync extends Sync {
    //非公平锁抢占的钩子方法
    protected final boolean tryAcquire(int acquires) {
        return nonfairTryAcquire(acquires);
    }
    //省略其他
}

abstract static class Sync extends AbstractQueuedSynchronizer {

  final boolean nonfairTryAcquire(int acquires) {
    final Thread current = Thread.currentThread();
    // 先直接获得锁的状态
    int c = getState();
    if (c == 0) {
        // 如果任务队列首节点的线程完了，它会将锁的state设置为0
        // 当前抢锁线程的下一步就是直接进行抢占，不管不顾
        // 发现state是空的，就直接拿来加锁使用，根本不考虑后面后驱者的存在
        if (compareAndSetState(0, acquires)) {
            // 1. 利用CAS自旋方式判断当前state确为0，然后设置成acquire（1）
            // 这是原子性的操作，可以保证线程安全
            setExclusiveOwnerThread(current);
            // 设置当前执行的线程，直接返回true
            return true;
        }
    }
    else if (current == getExclusiveOwnerThread()) {
        // 2. 当前的线程和执行中的线程是同一个，也就意味着可重入操作
        int nextc = c + acquires;
        if (nextc < 0) // overflow
            throw new Error("Maximum lock count exceeded");
        setState(nextc);
        // 表示当前锁被1个线程重复获取了nextc次
        return true;
    }
    // 否则就是返回false，表示没有尝试成功获取当前锁，进入排队过程
    return false;
  }
  //省略其他
}
```

非公平同步器ReentrantLock.NonfairSync的核心思想就是当前进程尝试获取锁的时候，如果发现锁的状态位是0，就直接尝试将锁拿过来，然后执行setExclusiveOwnerThread()，根本不管同步队列中的排队节点。

6.8.4 ReentrantLock 公平锁的抢占流程

ReentrantLock公平锁的抢占流程如图6-15所示。

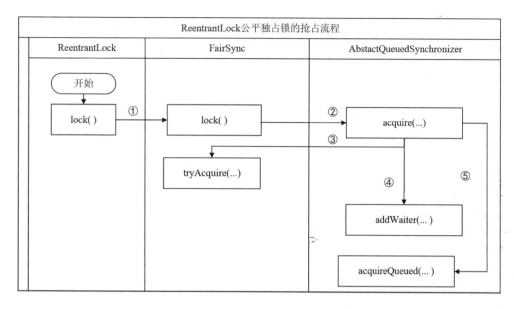

图 6-15　ReentrantLock 公平锁的抢占流程

6.8.5　公平锁的同步器子类

ReentrantLock为公平锁实现了一个内部的同步器——FairSync，其显式锁获取方法lock的源码如下：

```
static final class FairSync extends Sync {
    //公平锁抢占的钩子方法
    final void lock() {
        acquire(1);
    }
    //省略其他
}
```

公平同步器ReentrantLock.FairSync的核心思想是通过AQS模板方法去进行队列入队操作。

6.8.6　公平抢占的钩子方法：tryAcquire(arg)

公平锁的lock会执行模板方法acquire，该方法首先会调用钩子方法tryAcquire(arg)。公平抢占的钩子方法实现如下：

```
static final class FairSync extends Sync {
    //公平抢占的钩子方法
    protected final boolean tryAcquire(int acquires) {
        final Thread current = Thread.currentThread();
        int c = getState();                      //锁状态
        if (c == 0) {
            if (!hasQueuedPredecessors() &&       //有前驱节点就返回，足够讲义气
                compareAndSetState(0, acquires)) {
                setExclusiveOwnerThread(current);
                return true;
            }
        }
        else if (current == getExclusiveOwnerThread()) {
```

```
        int nextc = c + acquires;
        if (nextc < 0)
            throw new Error("Maximum lock count exceeded");
        setState(nextc);
        return true;
    }
    return false;
}
```

公平抢占的钩子方法中，首先判断是否有后驱节点，如果有后驱节点，并且当前线程不是锁的占有线程，钩子方法就返回false，模板方法会进入排队的执行流程，可见公平锁是真正公平的。

6.8.7 是否有后驱节点的判断

FairSync进行是否有后驱节点的判断代码如下：

```
public final boolean hasQueuedPredecessors() {
    Node t = tail;
    Node h = head;
    Node s;
    return h != t &&
        ((s = h.next) == null || s.thread != Thread.currentThread());
}
```

hasQueuedPredecessors的执行场景大致如下：

1）当h!=t不成立的时候，说明h队首节点、t尾节点要么是同一个节点，要么都是null，此时hasQueuedPredecessors()返回false，表示没有后驱节点。

2）当h!=t成立的时候，进一步检查head.next是否为null，如果为null，就返回true。什么情况下h!=t同时h.next==null呢？有其他线程第一次正在入队时可能会出现。其他线程执行AQS的enq()方法，compareAndSetHead(node)完成，还没执行tail=head语句时，此时t=null、head=new Node()、head.next=null。

3）如果h!=t成立，head.next != null，判断head.next是不是当前线程，如果是就返回false，否则返回true。

head节点是获取到锁的节点，但是任意时刻head节点可能占用着锁，也可能释放了锁，如果释放了锁，那么此时state=0，未被阻塞的head.next节点对应的线程在任意时刻都是在自旋地尝试获取锁。

6.9 AQS 条件队列

Condition是JUC用来替代传统的Object的wait()/notify()线程间通信与协作机制的新组件，相比使用Object的wait()/notify()，使用Condition的await()/signal()这种方式实现线程间协作更加高效。

6.9.1 Condition 基本原理

Condition与Object的wait()/notify()作用是相似的，都是使得一个线程等待某个条件（Condition），只有当该条件具备signal()或者signalAll()方法被调用时等待线程才会被唤醒，从而重新争夺锁。不同的是，Object的wait()/notify()由JVM底层实现，而Condition接口与实现类完全使用Java代码实现。当需要进行线程间的通信时，建议结合使用ReentrantLock与Condition，通过Condition的await()和signal()方法进行线程间的阻塞与唤醒。

ConditionObject类是实现条件队列的关键，每个ConditionObject对象都维护一个单独的条件等待对列。每个ConditionObject对应一个条件队列，它记录该队列的队首节点和尾节点。

```
public class ConditionObject implements Condition, java.io.Serializable {
    //记录该队列的队首节点
     private transient Node firstWaiter;
    //记录该队列的尾节点
     private transient Node lastWaiter;
}
```

一个Condition对象是一个单条件的等待队列，具体如图6-16所示。

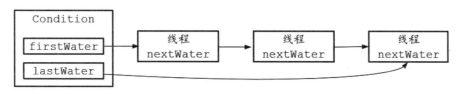

图 6-16　一个 Condition 单条件的等待队列

在一个显式锁上，我们可以创建多个等待任务队列，这点和内置锁不同，Java内置锁上只有唯一的一个等待队列。比如，我们可以使用newCondition()创建两个等待队列，具体如下：

```
private Lock lock = new ReentrantLock();
//创建第一个等待队列
private Condition firstCond = lock.newCondition();
//创建第二个等待队列
private Condition secondCond = lock.newCondition();
```

Condition条件队列与AQS同步队列的关系如图6-17所示。

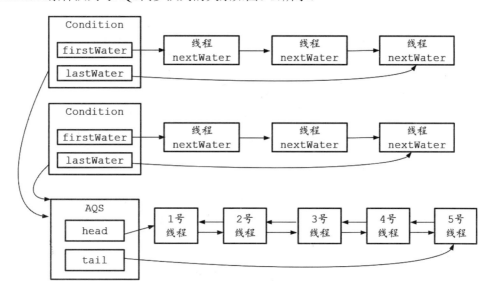

图 6-17　Condition 条件队列与 AQS 同步队列的关系

> **❀☆说明** Condition条件队列是单向的，而AQS同步队列是双向的，AQS节点会有前驱指针。一个AQS实例可以有多个条件队列，是聚合关系；但是一个AQS实例只有一个同步队列，是逻辑上的组合关系。

6.9.2 await()等待方法原理

当线程调用await()方法时，说明当前线程的节点为当前AQS队列的队首节点，正好处于占有锁的状态，await()方法需要把该线程从AQS队列挪到Condition等待队列里，如图6-18所示。

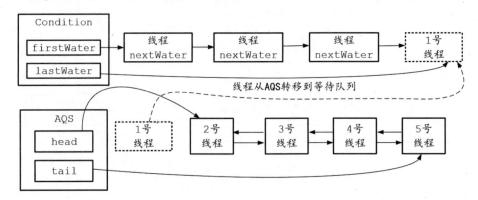

图 6-18 await()方法的主要执行过程

在await()方法中将当前线程挪动到Condition等待队列后，还会唤醒AQS同步队列中head节点的下一个节点。await()方法的核心代码如下：

```java
public final void await() throws InterruptedException {
        if (Thread.interrupted())
            throw new InterruptedException();
        Node node = addConditionWaiter();          // step 1
        int savedState = fullyRelease(node);        // step 2
        int interruptMode = 0;
        while (!isOnSyncQueue(node)) {              // step 3
            LockSupport.park(this);
            if ((interruptMode = checkInterruptWhileWaiting(node)) != 0)
                break;
        }
        if (acquireQueued(node, savedState)         // step 4
                        && interruptMode != THROW_IE)
            interruptMode = REINTERRUPT;
        if (node.nextWaiter != null)                //step 5
            unlinkCancelledWaiters();
        if (interruptMode != 0)
            reportInterruptAfterWait(interruptMode);
    }
```

await()方法的整体流程如下：

1）执行await()时，会新创建一个节点并放入到Condition队列尾部。

2）然后释放锁，并唤醒AQS同步队列中的队首节点的后一个节点。

3）然后执行while循环，将该节点的线程阻塞，直到该节点离开等待队列，重新回到同步队列成为同步节点后，线程才退出while循环。

4）退出循环后，开始调用acquireQueued()不断尝试拿锁。

5）拿到锁后，会清空Condition队列中被取消的节点。

创建一个新节点并放入Condition队列尾部的工作由addConditionWaiter()方法完成，该方法具体如下：

```
private Node addConditionWaiter() {
      Node t = lastWaiter;
      // 如果尾节点取消，重新定位尾节点
      if (t != null && t.waitStatus != Node.CONDITION) {
            unlinkCancelledWaiters();
            t = lastWaiter;
      }
      //创建一个新Node，作为等待节点
      Node node = new Node(Thread.currentThread(), Node.CONDITION);
      //将新Node加入等待队列
      if (t == null)
            firstWaiter = node;
       else
            t.nextWaiter = node;
      lastWaiter = node;
      return node;
   }
```

6.9.3　signal()唤醒方法原理

线程在某个ConditionObject对象上调用signal()方法后，等待队列中的firstWaiter会被加入到同步队列中，等待节点被唤醒，流程如图6-19所示。

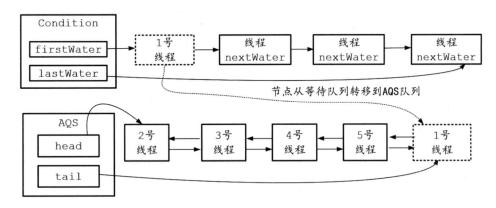

图 6-19　signal()方法的主要执行过程

signal()方法的源码如下：

```
//唤醒
public final void signal() {
      //如果当前线程不是持有该锁的线程，就抛出异常
      if (!isHeldExclusively())
            throw new IllegalMonitorStateException();
      Node first = firstWaiter;
      if (first != null)
            doSignal(first);  //唤醒队首节点
   }
```

```java
//执行唤醒
private void doSignal(Node first) {
    do {
        //出队的代码写得很巧妙，要看仔细
        //first出队，firstWaiter头部指向下一个节点，自己的nextWaiter
        if ((firstWaiter = first.nextWaiter) == null)
                lastWaiter = null; //如果第二节点为空，则尾部也为空
        //将原来头部first的后继置空，help for GC
        first.nextWaiter = null;
    } while (!transferForSignal(first) &&(first = firstWaiter) != null);
}
//将被唤醒的节点转移到同步队列
final boolean transferForSignal(Node node) {
    if (!compareAndSetWaitStatus(node, Node.CONDITION, 0))
        return false;
    Node p = enq(node);  // step 1
    int ws = p.waitStatus;
    if (ws > 0 || !compareAndSetWaitStatus(p, ws, Node.SIGNAL))
        LockSupport.unpark(node.thread);  // step 2: 唤醒线程
    return true;
}
```

signal()方法的整体流程如下：

1）通过enq()方法自旋（该方法已经介绍过），将条件队列中的队首节点放到AQS同步队列尾部，并获取它在AQS队列中的前驱节点。

2）如果前驱节点的状态是取消状态，或者设置前驱节点为Signal状态失败，就唤醒当前节点的线程；否则节点在同步队列的尾部，参与排队。

3）同步队列中的线程被唤醒后，表示重新获取了显式锁，然后继续执行condition.await()语句后面的临界区代码。

6.9.4 节点入队的时机

在介绍完AQS之后总结一下，节点入队AQS的时机。

> **说明** 加入此小节的原因是，有读者在社群中交流，他碰到了一个面试题："AQS中进入队列的4个时机"。所以，梳理一下节点进入AQS的时机，这里暂时梳理了两个时机和三种细分场景。

时机一： 在模板方法acquire()中，如果调用tryAcquire(arg)尝试成功，acquire()将直接返回，表示已经抢到锁；如果不成功，则开始将线程加入等待队列。

这里分为三种场景：

1）模板方法acquire(arg)通过addWaiter(Node node, int args)方法，尝试将该节点加入到同步队列的队尾，在存在竞争的场景时一般会成功。当然，如果加入失败，或者同步队列为空，就开始调用enq(final Node node)自旋入队。

2）enq()方法通过CAS自旋将新节点插入队列尾部。具体来说，如果AQS的队列非空，新节点入队的插入位置在队列的尾部，并且是通过CAS方式插入的，插入之后AQS的tail将指向新节点，新节点作为尾节点。

3）enq()方法初始化AQS队列再执行CAS自旋。如果AQS的队列为空，新节点入队时首先进行队列初始化，AQS通过CAS方法创建队首节点，并且将tail指针指向队首节点。然后自旋，进入CAS自旋插入操作，直到插入成功，自旋才结束。

时机二：Condition等待队列上的节点被signal()唤醒，会通过enq(final Node node)自旋入队，插入AQS的尾部。

6.10　AQS 的实际应用

首先介绍一下JUC的总体架构，如图6-20所示。

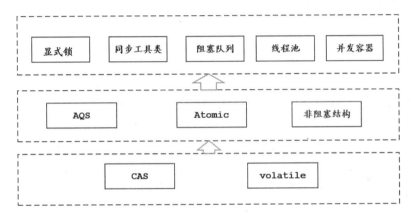

图 6-20　JUC 的总体架构

AQS建立在CAS原子操作和volatile可见性变量的基础之上，为上层的显式锁、同步工具类、阻塞队列、线程池、并发容器、Future异步工具提供线程之间同步的基础设施。所以，AQS在JUC框架中的使用是非常广泛的。

第 7 章

JUC容器类

Java的基础容器主要有List、Set、Queue、Map四个大类，但是大家熟知的基础容器类ArrayList、LinkedList、HashMap都是非线程安全的，在多个线程场景中使用这些基础容器会出现线程安全问题。为了解决线程安全问题，Java使用内置锁提供了一套线程安全的同步容器类。虽然同步容器类的解决了线程安全问题，不过性能却不高。正因为如此，JUC提供了一套高并发容器类。本章首先为大家介绍同步容器的问题，然后全面地介绍JUC高并发容器类。

7.1 线程安全的同步容器类

Java同步容器类是通过synchronized（内置锁）来实现同步的容器，比如Vector、HashTable以及SynchronizedList等容器。线程安全的同步容器类主要有：Vector、Stack、HashTable等。另外，Java还提供一组包装方法，将一个普通的基础容器包装成一个线程安全的同步容器。例如通过Collections.synchronized包装方法能将一个普通的SortedSet容器包装成一个线程安全的SortedSet同步容器。

1. 通过 synchronizedSortedSet 静态方法包装出一个同步容器

下面的例子使用java.util.Collections.synchronizedSortedSet()静态方法包装出一个线程安全的同步容器：

```
package com.crazymakercircle.syncontainer;
//省略import
public class CollectionsDemo
{
    public static void main(String[] args) throws InterruptedException
    {
        //创建一下基础的有序集合
        SortedSet<String> elementSet = new TreeSet<String>();

        //增加元素
        elementSet.add("element 1");
```

```
            elementSet.add("element 2");

            //将elementSet包装成一个同步容器
            SortedSet sorset = Collections.synchronizedSortedSet(elementSet);
            //输出容器中的元素
            System.out.println("SortedSet is :" + sorset);
            CountDownLatch latch=new CountDownLatch(5);
            for (int i = 0; i < 5; i++)
            {
                int finalI = i;
                ThreadUtil.getCpuIntenseTargetThreadPool()
                        .submit(() ->{
                            // 向同步容器中增加一个元素
                            sorset.add("element " + (3 + finalI));
                            Print.tco("add element"+ (3 + finalI));
                            latch.countDown();
                        });

            }
            latch.await();
            //输出容器中的元素
            System.out.println("SortedSet  is :" + sorset);

        }
    }
```

运行程序，输出的结果如下：

```
SortedSet is :[element 1, element 2]
[apppool-1-cpu-3]: add element5
[apppool-1-cpu-1]: add element3
[apppool-1-cpu-2]: add element4
[apppool-1-cpu-4]: add element6
[apppool-1-cpu-5]: add element7
SortedSet is :[element 1, element 2, element 3, element 4, element 5, element 6, element 7]
```

2. java.util.Collections 所提供的同步包装方法

除了提供了对SortedSet进行同步包装的方法之外，java.util.Collections还提供了一系列的对其他的基础容器进行同步包装的方法，如synchronizedList()方法将基础List包装成线程安全的列表容器，synchronizedMap()方法将基础Map容器包装成线程安全的容器，synchronizedCollection()方法将基础Collection容器包装成线程安全的Collection容器。

java.util.Collections所提供的同步包装方法大致如图7-1所示。

与同步包装方法相对应，java.util.Collections还提供了一系列的同步包装类，这些包装内都是其内部类。这些同步包装类的实现逻辑很简单：实现了容器的操作接口，在操作接口上使用synchronized进行线程同步，然后在synchronized 的临界区将实际的操作委托给被包装的基础容器。

3. 同步容器面临的问题

可以通过查看Vector、HashTable、java.util.Collections同步包装内部类的源码，发现这些同步容器的实现线程安全的方式是：在需要同步访问的方法上加上关键字synchronized。

第2章介绍过，synchronized在线程没有发生争用的场景下处于偏向锁的状态，其性能是非常高的。但是，一旦发生了线程争用，synchronized会由偏向锁膨胀成重量级锁，在抢占和释放时发生CPU内核态与用户态切换，所以削弱了并发性，降低了吞吐量，而且会严重影响性能。

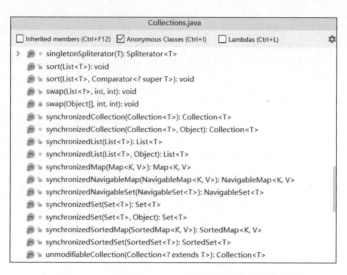

图 7-1　java.util.Collections 所提供的同步包装方法

因此，为了解决同步容器的性能问题，有了JUC高并发容器。

7.2　JUC 高并发容器

JUC基于非阻塞算法（Lock Free、无锁编程）提供了一组高并发容器，包括高并发的List、Set、Queue、Map容器。

1. 什么是高并发容器

JUC高并发容器是基于非阻塞算法（或者无锁编程算法）实现的容器类，无锁编程算法主要通过CAS（Compare And Swap）+Volatile组合实现，通过CAS保障操作的原子性，通过volatile保障变量的内存可见性。无锁编程算法的主要优点如下：

1）开销较小：不需要在内核态和用户态之间切换进程。

2）读写不互斥：只有写操作需要使用基于CAS机制的乐观锁，读读操作之间可以不用互斥。

JUC包中提供了List、Set、Queue、Map各种类型的高并发容器，如ConcurrentHashMap、ConcurrentSkipListMap、ConcurrentSkipListSet、CopyOnWriteArrayList和CopyOnWriteArraySet。在性能上，ConcurrentHashMap通常优于同步的HashMap，ConcurrentSkipListMap通常优于同步的TreeMap。当读取和遍历操作远远大于列表的更新操作时，CopyOnWriteArrayList优于同步的ArrayList。

2. List

JUC包中高并发List主要有CopyOnWriteArrayList，对应的基础容器为ArrayList。

CopyOnWriteArrayList相当于线程安全的ArrayList，它实现了List接口。在读多写少的场景中，其性能远远高于ArrayList的同步包装容器。

3. Set

JUC包中Set主要有CopyOnWriteArraySet、ConcurrentSkipListSet。

- CopyOnWriteArraySet继承于AbstractSet类，对应的基础容器为HashSet。其内部组合了一个CopyOnWriteArrayList对象，它是核心操作是基于CopyOnWriteArrayList实现的。
- ConcurrentSkipListSet是线程安全的有序集合，对应的基础容器为TreeSet。它继承于AbstractSet，并实现了NavigableSet接口。ConcurrentSkipListSet是通过ConcurrentSkipListMap实现的。

4. Map

JUC包中Map主要有ConcurrentHashMap和ConcurrentSkipListMap。

- ConcurrentHashMap对应的基础容器为HashMap。JDK 6中的ConcurrentHashMap采用一种更加细粒度的"分段锁"加锁机制，JDK 8中采用CAS无锁算法。
- ConcurrentSkipListMap对应的基础容器为TreeMap。其内部的Skip List（跳表）结构是一种可以代替平衡树的数据结构，默认是按照Key值升序的。

5. Queue

JUC包中Queue的实现类包括三类：单向队列、双向队列和阻塞队列。

- ConcurrentLinkedQueue是一个基于列表实现的单向队列，按照FIFO（先进先出）原则对元素进行排序。新元素从队列尾部插入，而获取队列元素则需要从队列头部获取。
- ConcurrentLinkedDeque是基于链表的双向队列，但是该队列不允许null元素。作为双端队列，ConcurrentLinkedDeque可以当作"栈"来使用，并且高效地支持并发环境。

除了提供普通的单向、双向队列，JUC拓展了队列，增加了可阻塞的插入和获取等操作，提供了一组阻塞队列，具体如下：

- ArrayBlockingQueue：基于数组实现的可阻塞的FIFO队列。
- LinkedBlockingQueue：基于链表实现的可阻塞的FIFO队列。
- PriorityBlockingQueue：按优先级排序的队列。
- DelayQueue：按照元素的Delay时间进行排序的队列。
- SynchronousQueue：无缓冲等待队列。

接下来，为大家介绍CopyOnWriteArrayList的使用和原理。

7.3　CopyOnWriteArrayList

　　在很多应用场景中，读操作可能会远远大于写操作。由于读操作根本不会修改原有的数据，因此如果每次读取都进行加锁操作其实是一种资源浪费。我们应该允许多个线程同时访问List的内部数据，毕竟读操作是线程安全的。

　　写时复制（Copy On Write，COW）思想是计算机程序设计领域中的一种优化策略。其核心思想是，如果有多个访问器（Accessor）访问一个资源（如内存或者是磁盘上的数据存储）时，它们会共同获取相同的指针指向相同的资源，只要有一个修改器（Mutator）需要修改该资源，系统会复制一份专用副本（Private Copy）给该修改器，而其他访问器所见到的最初资源仍然保持不变，修改的过程对其他的访问器都是透明的（Transparently）。COW主要的优点是如果没有修改器去修改资源，就不会创建副本，因此多个访问器可以共享同一份资源。

7.3.1　CopyOnWriteArrayList 的使用

前面讲到，Collections可以将基础容器包装为线程安全的同步容器，但是这些同步容器包装类在进行元素迭代时并不能进行元素添加操作。下面是一个简单的例子：

```java
package com.crazymakercircle.lockfree;
//省略import
public class CopyOnWriteArrayListTest
{
    //并发操作的执行目标
    public static class CocurrentTarget implements Runnable
    {
        //并发操作的目标队列
        List<String> targetList = null;

        public CocurrentTarget(List<String> targetList)
        {
            this.targetList = targetList;
        }

        @Override
        public void run()
        {
            Iterator<String> iterator = targetList.iterator();
            //迭代操作
            while (iterator.hasNext())
            {
                //在迭代操作时，进行列表的修改
                String threadName = currentThread().getName();
                Print.tco("开始往同步队列加入线程名称: " + threadName);
                targetList.add(threadName);
            }
        }
    }

    //测试同步队列：在迭代操作时，进行列表的修改
    @Test
    public void testSynchronizedList()
    {
        List<String> notSafeList = asList("a", "b", "c");
        List<String> synList = Collections.synchronizedList(notSafeList);
        //创建一个执行目标
        CocurrentTarget synchronizedListListDemo = new CocurrentTarget(synList);
        //10个线程并发
        for (int i = 0; i < 10; i++)
        {
            new Thread(synchronizedListListDemo , "线程" + i).start();
        }
        //主线程等待
        sleepSeconds(1000);
    }
}
```

执行用例，抛出以下异常：

```
java.lang.UnsupportedOperationException
    at java.util.AbstractList.add(AbstractList.java:148)
```

```
    at java.util.AbstractList.add(AbstractList.java:108)
    at java.util.Collections$SynchronizedCollection.add (Collections.java:2035)
    at com.crazymakercircle.lockfree.CopyOnWriteArrayListTest$CocurrentTarget.
run(CopyOnWriteArrayListTest.java:38)
    at java.lang.Thread.run(Thread.java:745)
```

那么，该如何解决此问题呢？可使用CopyOnWriteArrayList替代Collections.synchronizedList同步包装实例，具体的代码如下：

```java
package com.crazymakercircle.lockfree;
//省略import
public class CopyOnWriteArrayListTest
{
  //测试CopyOnWriteArrayList
  @Test
  public void testcopyOnWriteArrayList()
  {
      List<String> notSafeList = asList("a", "b", "c");

      //创建一个CopyOnWriteArrayList队列
      List<String> copyOnWriteArrayList = new CopyOnWriteArrayList();
      copyOnWriteArrayList.addAll(notSafeList);

      //并发执行目标
      CocurrentTarget copyOnWriteArrayListDemo =
                  new CocurrentTarget(copyOnWriteArrayList);
      for (int i = 0; i < 10; i++)
      {
          new Thread(copyOnWriteArrayListDemo, "线程" + i).start();
      }
      //主线程等待
      sleepSeconds(1000);
  }
}
```

运行以上用例，发现UnsupportedOperationException异常没有了。也就是说，使用CopyOnWriteArrayList容器，可以在进行元素迭代的同时进行元素添加操作。那么CopyOnWriteArrayList是如何做到的呢？下面为大家介绍一下CopyOnWriteArrayList的原理。

7.3.2　CopyOnWriteArrayList 原理

CopyOnWrite（写时复制）就是在修改器对一块内存进行修改时，不直接在原有内存块上进行写操作，而是将内存复制一份，在新的内存中进行写操作，写完之后，再将原来的指针（或者引用）指向新的内存，原来的内存被回收。CopyOnWriteArrayList是写时复制思想的一种典型实现：其含有一个指向操作内存的内部指针array，而可变操作（add、set等）是在array数组的副本上进行的。当元素需要被修改或者增加时，并不直接在array指向的原有数组上操作，而是首先对array进行一次复制，将修改的内容写入复制的副本中。写完之后，再将内部指针array指向新的副本，这样就可以确保修改操作不会影响访问器的读取操作了。CopyOnWriteArrayList的原理如图7-2所示。

从名字可以看出：CopyOnWriteArrayList是一个满足CopyOnWrite思想并使用Array数组存储数据的线程安全List。CopyOnWriteArrayList的核心成员如下：

```java
public class CopyOnWriteArrayList<E>
    implements List<E>, RandomAccess, Cloneable, java.io.Serializable {
    private static final long serialVersionUID = 8673264195747942595L;
```

```
/** 对所有的修改器方法进行保护，访问器方法并不需要保护 */
final transient ReentrantLock lock = new ReentrantLock();

/** 内部对象数组，通过getArray/setArray方法访问 */
private transient volatile Object[] array;

/**
 *获取内部对象数组
 */
final Object[] getArray() {
    return array;
}

/**
 *设置内部对象数组
 */
final void setArray(Object[] a) {
    array = a;
}
//省略其他代码
}
```

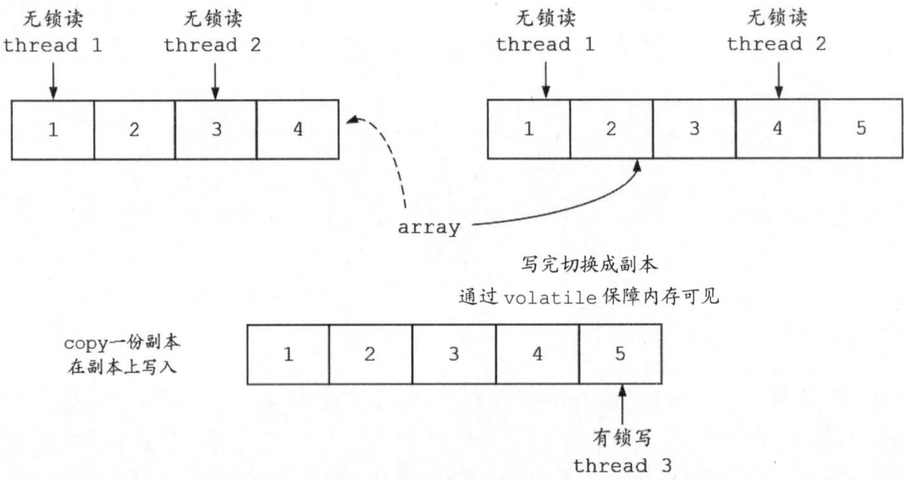

图 7-2　CopyOnWriteArrayList 的原理

7.3.3　CopyOnWriteArrayList 读取操作

访问器的读取操作没有任何同步控制和锁操作，理由就是内部数组array不会发生修改，只会被另外一个array替换，因此可以保证数据安全。

```
/** 操作内存的引用*/
private transient volatile Object[] array;

public E get(int index) {
    return get(getArray(), index);
}

//获取元素
@SuppressWarnings("unchecked")
private E get(Object[] a, int index) {
    return (E) a[index];
}

//返回操作内存
```

```
final Object[] getArray() {
    return array;
}
```

7.3.4　CopyOnWriteArrayList 写入操作

CopyOnWriteArrayList的写入操作add()方法在执行时加了独占锁以确保只能有一个线程进行写入操作，避免多线程写的时候会复制出多个副本。

```
public boolean add(E e) {
    final ReentrantLock lock = this.lock;
    lock.lock();  // 加锁
    try {
        Object[] elements = getArray();
        int len = elements.length;

        // 复制新数组
        Object[] newElements = Arrays.copyOf(elements, len + 1);
        newElements[len] = e;
        setArray(newElements);
        return true;
    } finally {
        lock.unlock();  // 释放锁
    }
}
```

从add()操作可以看出，在每次进行添加操作时，CopyOnWriteArrayList底层都是重新复制了一份数组，再往新的数组中添加新元素，待添加完了，再将新的array引用指向新的数组。当add()操作完成后，array的引用就已经指向另一个存储空间了。

既然每次添加元素的时候都会重新复制一份新的数组，那就带来了一个问题，就是增加了内存的开销，如果容器的写操作比较频繁，那么其开销就比较大。所以，在实际应用的时候，CopyOnWriteArrayList并不适合进行添加操作。但是在并发场景下，迭代操作比较频繁，CopyOnWriteArrayList就是一个不错的选择。

7.3.5　CopyOnWriteArrayList 的迭代器实现

CopyOnWriteArray有自己的迭代器，该迭代器不会检查修改状态，也无需检查状态。为什么呢？因为被迭代的array数组是可以说是只读的，不会有其他线程能够修改它。

```
static final class COWIterator<E> implements ListIterator<E> {
    /**对象数组的快照 (snapshot) */
    private final Object[] snapshot;
    /** Index of element to be returned by subsequent call to next. */
    private int cursor;

    private COWIterator(Object[] elements, int initialCursor) {
        cursor = initialCursor;
        snapshot = elements;
    }

    public boolean hasNext() {
        return cursor < snapshot.length;
    }

    //下一个元素
    public E next() {
```

```
    if (! hasNext())
        throw new NoSuchElementException();
    return (E) snapshot[cursor++];
    }
}
```

迭代器的快照成员会在构造迭代器的时候使用CopyOnWriteArrayList的array成员去初始化，具体的代码如下：

```
//获取迭代器
public Iterator<E> iterator() {
    return new COWIterator<E>(getArray(), 0);
}

//返回操作内存
final Object[] getArray() {
    return array;
}
```

1. CopyOnWriteArrayList 的优点

CopyOnWriteArrayList有一个显著的优点，那就是读取、遍历操作不需要同步，速度会非常快。所以，CopyOnWriteArrayList适用于读操作多、写操作相对较少的场景（读多写少），比如可以在进行"黑名单"拦截时使用CopyOnWriteArrayList。

2. CopyOnWriteArrayList 和 ReentrantReadWriteLock 的比较

CopyOnWriteArrayList和ReentrantReadWriteLock读写锁的思想非常类似，即读读共享、写写互斥、读写互斥、写读互斥。但是前者相比后者更进一步：为了将读取的性能发挥到极致，CopyOnWriteArrayList读取是完全不用加锁的，而且写入也不会阻塞读取操作，只有写入和写入之间需要进行同步等待，于是读操作的性能得到大幅度提升。

7.4 BlockingQueue

在多线程环境中，通过BlockingQueue（阻塞队列）可以很容易地实现多线程之间数据共享和通信，比如在经典的"生产者－消费者"模型中，通过BlockingQueue可以完成一个高性能的实现版本。

7.4.1 BlockingQueue 的特点

阻塞队列与普通队列（ArrayDeque等）之间的最大不同点在于阻塞队列提供了阻塞式的添加和删除方法。

（1）阻塞添加

所谓的阻塞添加是指当阻塞队列元素已满时，队列会阻塞添加元素的线程，直队列元素不满时，才重新唤醒线程执行元素添加操作。

（2）阻塞删除

阻塞删除是指在队列元素为空时，删除队列元素的线程将被阻塞，直到队列不为空时，才重新唤醒删除线程再执行删除操作。

7.4.2　阻塞队列的常用方法

先来看看阻塞队列接口提供的主要方法：

```
public interface BlockingQueue<E> extends Queue<E> {
    //将指定的元素添加到此队列的尾部（如果立即可行且不会超过该队列的容量）
    //在成功时返回true，如果此队列已满，就抛出IllegalStateException
    boolean add(E e);

    //非阻塞式添加：将指定的元素添加到此队列的尾部（如果立即可行且不会超过该队列的容量）
    //如果该队列已满，就直接返回
    boolean offer(E e)

    //限时阻塞式添加：将指定的元素添加到此队列的尾部
    //如果该队列已满，那么在到达指定的等待时间截止之前，添加线程会阻塞，等待可用的空间，该方法可中断
    boolean offer(E e, long timeout, TimeUnit unit)throws InterruptedException;

    //阻塞式添加：将指定的元素添加此队列的尾部，如果该队列已满，就一直等待（阻塞）
    void put(E e) throws InterruptedException;

    //阻塞式删除：获取并移除此队列的队首元素，如果没有元素就等待（阻塞）
    //直到有元素，将唤醒等待线程执行该操作
    E take() throws InterruptedException;

    //非阻塞式删除：获取并移除此队列的队首元素，如果没有元素就直接返回null(空)
    E poll() throws InterruptedException;

    //限时阻塞式删除：获取并移除此队列的队首元素，在指定的等待时间前一直等待获取元素，超过时间，方法
    E poll(long timeout, TimeUnit unit) throws InterruptedException;

    //获取但不移除此队列的队首元素，没有则抛出异常NoSuchElementException
    E element();

    //获取但不移除此队列的队首元素，如果此队列为空，就返回null
    E peek();

    //从此队列中移除指定元素，返回删除是否成功
    boolean remove(Object o);
}
```

将结束

这里把上述操作进行分类：

1. 添加类方法

1）add(E e)：添加成功则返回true，失败就抛出IllegalStateException异常。

2）offer(E e)：成功则返回true，如果此队列已满就返回false。

3）put(E e)：将元素添加此队列的尾部，如果该队列已满，就一直阻塞。

2. 删除类方法

1）poll()：获取并移除此队列的队首元素，若队列为空，则返回null。

2）take()：获取并移除此队列的队首元素，若没有元素，则一直阻塞。

3）remove(Object o)：移除指定元素，成功则返回true，失败则返回false。

3. 获取元素类方法

1）element()：获取但不移除此队列的队首元素，没有元素则抛出异常。

2）peek()：获取但不移除此队列的队首元素；若队列为空，则返回null。

阻塞队列对元素的增删查操作主要就是上述的三类方法，这里对这三类方法的特征进行总结，具体如表7-1所示。

表 7-1　阻塞队列三类方法的特征

	抛出异常	特 殊 值	阻　塞	限时阻塞
添　加	add(e)	offer(e)	put(e)	offer(e, time, unit)
删　除	remove()	poll()	take()	poll(time, unit)
获取元素	element()	peek()	不可用	不可用

对表7-1中的4个特征说明如下：

（1）抛出异常

如果尝试的操作无法立即执行，就抛出一个异常。

（2）特殊值

如果尝试的操作无法立即执行，返回一个特定的值（通常是true / false）。

（3）阻塞

如果尝试的操作无法立即执行，该方法调用将会发生阻塞，直到能够执行。

（4）限时阻塞

如果尝试的操作无法立即执行，该方法调用将会发生阻塞，直到能够执行，但等待时间不会超过设置的上限值。

7.4.3　常见的 BlockingQueue

在了解BlockingQueue主要方法后，下面介绍BlockingQueue家族大致有哪些成员。BlockingQueue的实现类有ArrayBlockingQueue、DelayQueue、LinkedBlockingDeque、LinkedBlockingQueue、PriorityBlockingQueue、SynchronousQueue等，具体如图7-3所示。

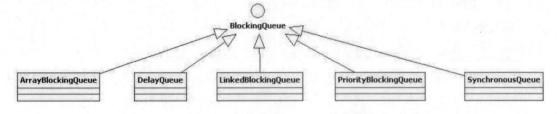

图 7-3　BlockingQueue 的主要实现类

不同的BlockingQueue子类之间的区别主要体现在元素存储结构和元素操作上，对这些子类的大致介绍如下：

1. ArrayBlockingQueue

ArrayBlockingQueue是一个常用的阻塞队列，是基于数组实现的，其内部使用一个定长数组存储元素。除了一个定长数组外，ArrayBlockingQueue内部还保存着两个整型变量，分别标识队列的头部和尾部在数组中的位置。

ArrayBlockingQueue的添加和删除操作都是共用同一个锁对象，由此意味着添加和删除无法并行运行，这一点不同于LinkedBlockingQueue。ArrayBlockingQueue完全可以将添加和删除的锁分离，从而添加和删除操作完全并行。Doug Lea之所以没有这样去做，是因为ArrayBlockingQueue的数据写入和获取操作已经足够轻巧。

为什么ArrayBlockingQueue比LinkedBlockingQueue更加常用？前者在添加或删除元素时不会产生或销毁任何额外的Node（节点）实例，而后者会生成一个额外的Node实例。在长时间、高并发处理大批量数据的场景中，LinkedBlockingQueue产生的额外Node实例会加大系统的GC压力。

2. LinkedBlockingQueue

LinkedBlockingQueue是基于链表的阻塞队列，其内部也维持着一个数据缓冲队列（该队列由一个链表构成）。LinkedBlockingQueue对于添加和删除元素分别采用了独立的锁来控制数据同步，这也意味着在高并发的情况下生产者和消费者可以并行地操作队列中的数据，以此来提高整个队列的并发性能。

需要注意的是，在新建一个LinkedBlockingQueue对象时，若没有指定其容量大小，则LinkedBlockingQueue会默认一个类似无限大小的容量（Integer.MAX_VALUE），这样的话，如果生产者的速度一旦大于消费者的速度，也许还没有等到队列满阻塞产生，系统内存就有可能已被消耗殆尽了。

> ⚙➕说明 ArrayBlockingQueue和LinkedBlockingQueue两个队列都比较常用。两个队列的API基本相同，实现的原理上也类似。所以，本书为了节约篇幅，仅对ArrayBlockingQueue进行介绍，有关LinkedBlockingQueue的原理可参见疯狂创客圈的社群博客：《LinkedBlockingQueue -秒懂》，地址为https://www.cnblogs.com/crazymakercircle/p/ 13934458.html。

3. DelayQueue

DelayQueue中的元素只有当其指定的延迟时间到了，才能从队列中获取到该元素。DelayQueue是一个没有大小限制的队列，因此往队列中添加数据的操作（生产者）永远不会被阻塞，而只有获取数据的操作（消费者）才会被阻塞。

DelayQueue使用场景较少，但是相当巧妙，常见的例子比如使用一个DelayQueue来管理一个超时未响应的连接队列。

4. PriorityBlockingQueue

基于优先级的阻塞队列和DelayQueue类似，PriorityBlockingQueue并不会阻塞数据生产者，而只会在没有可消费的数据时，阻塞数据的消费者。在使用的时候要特别注意，生产者生产数据的速度绝对不能快于消费者消费数据的速度，否则时间一长，会最终耗尽所有的可用堆内存空间。

5. SynchronousQueue

一种无缓冲的等待队列类似于无中介的直接交易，有点像原始社会中的生产者和消费者，生产者拿着商品去集市销售给商品的最终消费者，而消费者必须亲自去集市找到所要商品的直接生产者，如果一方没有找到合适的目标，那么大家都在集市等待。相对于有缓冲的阻塞队列（如LinkedBlockingQueue）来说，SynchronousQueue少了中间缓冲区（如仓库）的环节。如果有仓库，生产者直接把商品批发给仓库，不需要关心仓库最终会将这些商品发给哪些消费者，由于仓库可以中转部分商品，总体来说有仓库进行生产和消费的吞吐量高一些。反过来说，又因为仓库的引入，使得商品从生产者到消费者中间增加了额外的交易环节，单个商品的及时响应性能可能会降低，所以对单个消息的响应要求高的场景可以使用SynchronousQueue。

声明一个SynchronousQueue有两种不同的方式：公平模式和非公平模式。公平模式的SynchronousQueue会采用公平锁，并配合一个FIFO队列来阻塞多余的生产者和消费者，从而体系整体的公平策略。非公平模式（默认情况）的SynchronousQueue采用非公平锁，同时配合一个LIFO堆栈（TransferStack内部实例）来管理多余的生产者和消费者。对于后一种模式，如果生产者和消费者的处理速度有差距，则很容易出现线程饥渴的情况，即可能出现某些生产者或者消费者的数据永远都得不到处理。

了解完阻塞队列的基本方法、主要类型之后，下面我们将分析阻塞队列中最为重要的实现类ArrayBlockingQueue的简单使用和实现原理。

7.4.4　ArrayBlockingQueue 的基本使用

下面通过ArrayBlockingQueue队列实现一个生产者－消费者的案例，通过该案例简单了解其使用的方式和方法。具体的代码在前面的生产者和消费者实现基础上进行迭代——Consumer（消费者）和Producer（生产者）通过ArrayBlockingQueue队列获取和添加元素。其中，消费者调用了take()方法获取元素，当队列没有元素就阻塞；生产者调用put()方法添加元素，当队列满时就阻塞。通过这种方式便实现生产者－消费者模式，比直接使用等待唤醒机制或者Condition条件队列更加简单。

基于ArrayBlockingQueue的生产者和消费者实现版本具体的UML类图如图7-4所示。

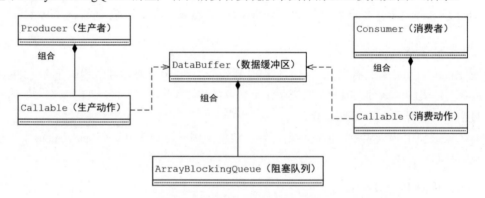

图 7-4　基于 ArrayBlockingQueue 的生产者和消费者 UML 类图

出于"分离变与不变"的原则，此版本的Producer（生产者）、Consumer（消费者）的逻辑不用变化，直接复用前面版本的代码即可。与前面版本不同的是，此版本DataBuffer（共享数据区）需要变化，使用一个ArrayBlockingQueue用于缓存数据，具体的代码如下：

```
package com.crazymakercircle.producerandcomsumer.store;
//省略import
public class ArrayBlockingQueuePetStore
{
    public static final int MAX_AMOUNT = 10; //数据区长度

    //共享数据区，类定义
```

```java
static class DataBuffer<T>
{
    //使用阻塞队列保存数据
    private ArrayBlockingQueue<T> dataList = new ArrayBlockingQueue<>(MAX_AMOUNT);

    //向数据区增加一个元素，委托给阻塞队列
    public void add(T element) throws Exception
    {
        dataList.put(element);          //直接委托
    }

    /**
     * 从数据区取出一个商品，委托给阻塞队列
     */
    public T fetch() throws Exception
    {
        return dataList.take();         //直接委托
    }
}

public static void main(String[] args) throws InterruptedException
{
    Print.cfo("当前进程的ID是" + JvmUtil.getProcessID());
    System.setErr(System.out);
    //共享数据区，实例对象
    DataBuffer<IGoods> dataBuffer = new DataBuffer<>();

    //生产者执行的操作
    Callable<IGoods> produceAction = () ->
    {
        //首先生成一个随机的商品
        IGoods goods = Goods.produceOne();
        //将商品加上共享数据区
        dataBuffer.add(goods);
        return goods;
    };
    //消费者执行的操作
    Callable<IGoods> consumerAction = () ->
    {
        // 从PetStore获取商品
        IGoods goods = null;
        goods = dataBuffer.fetch();
        return goods;
    };
    // 同时并发执行的线程数
    final int THREAD_TOTAL = 20;
    //线程池，用于多线程模拟测试
    ExecutorService threadPool =
                Executors.newFixedThreadPool(THREAD_TOTAL);

    //假定共11个线程，其中有10个消费者，但是只有1个生产者
    final int CONSUMER_TOTAL = 11;
    final int PRODUCE_TOTAL = 1;

    for (int i = 0; i < PRODUCE_TOTAL; i++)
    {
        //生产者线程每生产一个商品，间隔50毫秒
        threadPool.submit(new Producer(produceAction, 50));
    }
    for (int i = 0; i < CONSUMER_TOTAL; i++)
    {
        //消费者线程每消费一个商品，间隔100毫秒
```

```
                threadPool.submit(new Consumer(consumerAction, 100));
        }
    }
}
```

运行程序，部分结果如下：

```
[pool-1-thread-2|Consumer.run]: 第11轮消费：商品{ID=1,名称=宠物-1,价格=8332.0}
[pool-1-thread-1|Producer.run]: 第0轮生产：商品{ID=1,名称=宠物-1,价格=8332.0}
[pool-1-thread-1|Producer.run]: 第1轮生产：商品{ID=2,名称=宠物粮食-1,价格=82.0}
[pool-1-thread-3|Consumer.run]: 第11轮消费：商品{ID=2,名称=宠物粮食-1,价格=82.0}
[pool-1-thread-1|Producer.run]: 第2轮生产：商品{ID=3,名称=宠物衣服-1,价格=92.0}
[pool-1-thread-4|Consumer.run]: 第12轮消费：商品{ID=3,名称=宠物衣服-1,价格=92.0}
[pool-1-thread-1|Producer.run]: 第3轮生产：商品{ID=4,名称=宠物-2,价格=3234.0}
[pool-1-thread-5|Consumer.run]: 第13轮消费：商品{ID=4,名称=宠物-2,价格=3234.0}
```

7.4.5　ArrayBlockingQueue 构造器和成员

接下来，开始介绍ArrayBlockingQueue构造器和成员。ArrayBlockingQueue中的元素访问存在公平访问与非公平访问的两种方式，所以ArrayBlockingQueue可以分别作为公平队列和非公平队列使用：

1）对于公平队列，被阻塞的线程可以按照阻塞的先后顺序访问队列，即先阻塞的线程先访问队列。

2）对于非公平队列，当队列可用时，阻塞的线程将进入争夺访问资源的竞争中，也就是说谁先抢到谁就执行，没有固定的先后顺序。

1. ArrayBlockingQueue 构造方法

创建公平与非公平阻塞队列的代码如下：

```
//默认非公平阻塞队列
ArrayBlockingQueue queue = new ArrayBlockingQueue(capacity);
//公平阻塞队列
ArrayBlockingQueue queue1 = new ArrayBlockingQueue(capacity, true);
```

ArrayBlockingQueue的两个构造器的源码如下：

```
//只带一个capacity参数的构造器
public ArrayBlockingQueue(int capacity) {
    this(capacity, false);
}
//带两个参数的构造器
public ArrayBlockingQueue(int capacity, boolean fair) {
    if (capacity <= 0)
        throw new IllegalArgumentException();
    this.items = new Object[capacity];
    lock = new ReentrantLock(fair);         //根据fair参数构造公平锁/获取非公平锁
    notEmpty = lock.newCondition();         //有元素加入，队列为非空
    notFull = lock.newCondition();          //有元素被取出，队列为未满
}
```

ArrayBlockingQueue内部的阻塞队列是通过重入锁ReentrantLock和Condition条件队列实现的，接下来看看其内部的成员变量。

2. ArrayBlockingQueue 内部的成员变量

ArrayBlockingQueue是一个基于数组（Array）实现的有界阻塞队列，内部成员变量如下：

```java
public class ArrayBlockingQueue<E> extends AbstractQueue<E>
        implements BlockingQueue<E>, java.io.Serializable {
    /** 存储数据的数组 */
    final Object[] items;
    /**获取、删除元素的索引，主要用于take、poll、peek、remove方法 */
    int takeIndex;
    /**添加元素的索引，主要用于 put、offer、add 方法*/
    int putIndex;
    /** 队列元素的个数 */
    int count;
    /** 控制并发访问的显式锁 */
    final ReentrantLock lock;
    /**notEmpty条件对象，用于通知take线程（消费队列），可执行删除操作 */
    private final Condition notEmpty;
    /**notFull条件对象，用于通知put线程（生产队列），可执行添加操作 */
    private final Condition notFull;
    /**
        迭代器
     */
    transient Itrs itrs = null;
}
```

ArrayBlockingQueue内部是通过数组对象items来存储所有的数据的，通过ReentrantLock类型的成员lock控制添加线程与删除线程的并发访问。ArrayBlockingQueue使用等待条件对象notEmpty成员来存放或唤醒被阻塞的消费（take）线程，当数组对象items有元素时，告诉take线程可以执行删除操作。同理，ArrayBlockingQueue使用等待条件对象notFull成员来存放或唤醒被阻塞的生产（put）线程，当队列未满时，告诉put线程可以执行添加元素的操作。

ArrayBlockingQueue的takeIndex成员为消费（或删除元素）的索引，标识的是下一个方法（take、poll、peek、remove）被调用时获取数组元素的位置。putIndex成员为生产（或添加元素）的索引，代表下一种方法（put、offer、add）被调用时元素添加到数组中的位置。takeIndex和putIndex成员的图示如图7-5所示。

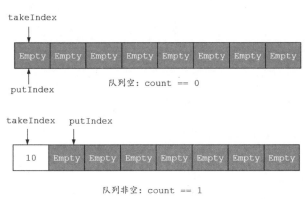

图 7-5 ArrayBlockingQueue 的 takeIndex 和 putIndex 成员

7.4.6　非阻塞式添加元素：add()、offer()方法的原理

首先来看非阻塞式添加元素。在队列满而不能添加元素时，非阻塞式添加元素的方法会立即返回，所以其执行线程不会被阻塞。非阻塞式添加元素的方法有add()方法和offer()方法。

1. add()方法的实现

```
public boolean add(E e) {
    if (offer(e))
        return true;
    else
        throw new IllegalStateException("Queue full");
}
```

从源码可以看出，add()方法间接调用了offer()方法，如果offer()方法添加失败，那么add()将抛出IllegalStateException异常，如果offer()方法添加成功，那么add()返回true。

2. offer()方法的实现

offer()方法根据数组是否满了，分两种场景的进行操作：

1）如果数组满了，就直接释放锁，然后返回false。

2）如果数组没满，就将元素入队（加入数组），然后返回true。

```
//offer方法
public boolean offer(E e) {
    checkNotNull(e);                    //检查元素是否为null
    final ReentrantLock lock = this.lock;
    lock.lock();                        //加锁
    try {
        if (count == items.length)      //判断数组是否已满
            return false;
        else {
            enqueue(e);                 //添加元素到队列
            return true;
        }
    } finally {
        lock.unlock();
    }
}
```

add()方法和offer()方法的实现比较简单，需要特别注意的是offer()调用了enqueue(E x)元素入队方法。

3. enqueue()方法的实现

```
//入队操作
private void enqueue(E x) {
    //获取当前数组
    final Object[] items = this.items;
    //通过putIndex索引对数组进行赋值
    items[putIndex] = x;
    //索引自增，如果已经是最后一个位置，重新设置putIndex = 0
    if (++putIndex == items.length)
        putIndex = 0;
    count++;//队列中元素数量加1
    //唤醒调用take()方法的线程，执行元素获取操作
```

```
    notEmpty.signal();
}
```

首先，由于进入enqueue()方法意味着数组没满，因此enqueue()方法可以通过putIndex索引直接将元素添加到数组items中，然后调整putIndex索引值。这里大家可能会疑惑：当putIndex索引大小等于数组长度时，为什么需要将putIndex重新设置为0呢？这是因为获取元素时总是在队列头部（takeIndex索引）操作，添加元素从中在队列尾部（putIndex索引）操作，而ArrayBlockingQueue将内部数组作为环形队列使用，所以在更新后的索引值与数组长度相等时需要进行校正，下一个值就需要从数组的第一个元素（索引值0）开始操作，具体如图7-6所示。

其次，enqueue()完成尾部的插入后，将自己的元素个数成员count+1。最后，enqueue()通过调用notFull.notEmpty()唤醒一个消费（或删除）线程。

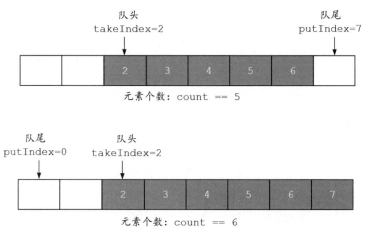

图 7-6 当索引值等于数组长度 items.length 时需要校正为 0

7.4.7 阻塞式添加元素：put()方法的原理

首先来看阻塞式添加元素。在队列满而不能添加元素时，执行添加元素的线程会被阻塞。put()方法是一个阻塞的方法，如果队列元素已满，那么当前线程会被加入notFull条件对象的等待队列中，直到队列有空位置才会被唤醒执行添加操作。但如果队列没有满，就直接调用enqueue(e)方法将元素加入到数组队列中。

```
//put()方法，阻塞时可中断
public void put(E e) throws InterruptedException {
    checkNotNull(e);
    final ReentrantLock lock = this.lock;
    lock.lockInterruptibly();//该方法可中断
    try {
        //当队列元素个数与数组长度相等时，无法添加元素
        while (count == items.length)
            //将当前调用线程挂起，添加到notFull条件队列中，等待被唤醒
            notFull.await();
        enqueue(e);//如果队列没有满，就直接添加
    } finally {
        lock.unlock();
    }
}
```

总结一下put()方法的添加操作流程。

1）获取putLock锁。

2）如果队列已满，就被阻塞，put线程进入notFull的等待队列中排队，等待被唤醒。

3）如果队列未满，元素通过enqueue()方法入队。

4）释放putLock锁。

当队列已满时，那么新到来的put线程将被添加到notFull的条件队列中进行阻塞等待，具体如图7-7所示。

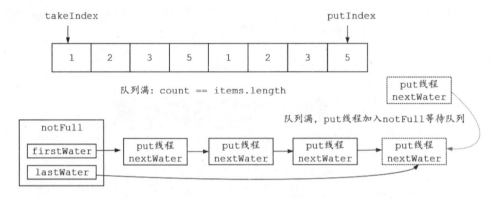

图 7-7 队列满时 put 线程加入 notFull 等待队列示意图

另外，有移除线程执行移除操作，之前满了的数组现在有空余的位置了，移除成功之后会从notFull的条件队列中唤醒一个put线程，执行添加元素的操作，如图7-8所示。

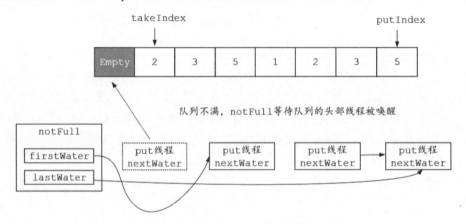

图 7-8 队列元素被移除时 notFull 等待队列的头部线程被唤醒

至此，三个添加方法put()、offer()、add()都分析完毕，其中offer()、add()在正常情况下都是无阻塞添加的，而put()方法是阻塞添加的。阻塞添加的原理是：当队列满时通过条件对象notFull来阻塞当前调用put()方法的线程，直到线程又再次被唤醒执行。谁来唤醒呢？这就涉及dequeue()元素出队方法。

⚙️说明 注意，被put()阻塞的线程是可以中断的，或者说put()操作在阻塞时是可以中断的。

7.4.8 非阻塞式删除元素：poll()方法的原理

在队列空而不能删除元素时，非阻塞式删除元素的方法会立即返回，所以其执行线程不会被阻塞。非阻塞式删除元素的方法有poll()方法。

1. poll()方法的实现

```
public E poll() {
    final ReentrantLock lock = this.lock;
    lock.lock();
    try {
        //判断队列是否为null，不为null执行dequeue()方法，否则返回null
        return (count == 0) ? null : dequeue();
    } finally {
        lock.unlock();
    }
}
```

poll()方法删除获取此队列的队首元素，若队列为空，则立即返回null。poll()方法的实现比较简单，其具体的删除操作委托给了dequeue(E x)元素出队方法。

2. dequeue()方法的实现

```
//删除队列的队首元素并返回
private E dequeue() {
    //拿到当前数组的数据
    final Object[] items = this.items;
    @SuppressWarnings("unchecked")
    //获取要删除的对象
    E x = (E) items[takeIndex];
    //清空位置：将数组中的takeIndex索引位置设置为null
    items[takeIndex] = null;
    //takeIndex索引加1并判断是否与数组长度相等，
    //如果相等就说明已到尽头，恢复为0
    if (++takeIndex == items.length)
        takeIndex = 0;
    count--;//元素个数减1
    if (itrs != null)
        itrs.elementDequeued();//同时更新迭代器中的元素数据
    //删除了元素说明队列有空位，唤醒notFull条件等待队列中的put线程，执行添加操作
    notFull.signal();
    return x;
}
```

以上对dequeue()代码的注释很清晰，大致分为三步：

1）进入dequeue()方法，意味着takeIndex位置有元素可以删除，反过来说，如果takeIndex位置没有元素，就不会进入此方法。所以，第一步是拿到takeIndex位置的元素。

2）将takeIndex位置后移（自增），移动到下一个位置，无论一个位置有没有元素都没有关系，总之移动之后的takeIndex新位置会是下一轮删除元素的位置。

3）如果takeIndex自增之后值为items.length，说明takeIndex的索引已到数组尽头，就将其值校正为0，表示下一次从队列头部开始删除元素，达到环形队列的效果。

4）删除了元素说明队列有空位，唤醒notFull条件等待队列中的一个put线程，执行添加操作。

7.4.9 阻塞式删除元素：take()方法的原理

take()方法是一个可阻塞、可中断的删除方法，主要做了两件事：

1）如果队列没有数据，就将线程加入到notEmpty等待队列并阻塞线程，一直到有生产者插入数据后通过notEmpty发出一个消息，notEmpty将从其等待队列唤醒一个消费（或者删除）节点，同时启动该消费线程。

2）如果队列有数据，通过dequeue()执行元素的删除（或消费）操作。

```
//从队列头部移除元素，队列没有元素就阻塞，可中断
public E take() throws InterruptedException {
    final ReentrantLock lock = this.lock;
    lock.lockInterruptibly();//中断
    try {
        //如果队列没有元素
        while (count == 0)
            //执行阻塞操作
            notEmpty.await();
        return dequeue();//如果队列有元素执行删除操作
    } finally {
        lock.unlock();
    }
}
```

take()方法其实很简单，有就删除，没有就阻塞。如果队列没有数据，就将线程加入notEmpty条件队列等待，如图7-9所示。

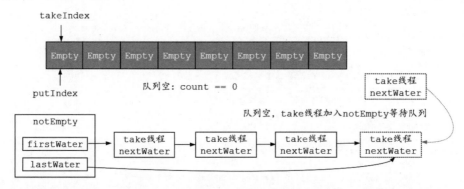

图 7-9　队列空时 take 线程被阻塞

如果有新的put线程添加了数据，那么put操作将会唤醒一个处于阻塞状态的take线程其执行消费（或删除）操作，如图7-10所示。

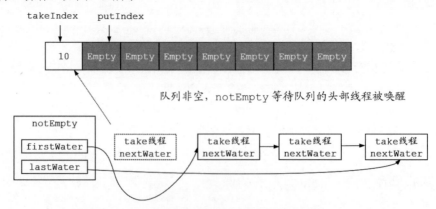

图 7-10　队列非空时唤醒 notEmpty 等待队列头部线程

说明 注意，被take()阻塞的线程是可以中断的，或者说take操作在阻塞时是可以中断的。

7.4.10　peek()直接返回当前队列的队首元素

peek()方法从takeIndex（队列头部位置）直接就可以获取到最早被添加的元素，所以效率是比较高的，如果不存在就返回null。

```java
public E peek() {
    final ReentrantLock lock = this.lock;
    lock.lock();
    try {
     //直接返回当前队列的队首元素，但不删除
        return itemAt(takeIndex); // null when queue is empty
    } finally {
        lock.unlock();
    }
}

final E itemAt(int i) {
    return (E) items[i];
}
```

7.5　ConcurrentHashMap

ConcurrentHashMap是一个常用的高并发容器类，也是一种线程安全的哈希表。Java 7以及之前版本中的ConcurrentHashMap使用Segment（分段锁）技术将数据分成一段一段存储，然后给每一段数据配一把锁，当一个线程占用锁访问其中一个段数据的时候，其他段的数据也能被其他线程访问，能够实现真正的并发访问。Java 8对其内部的存储结构进行了优化，使之在性能上有了更进一步的提升。

ConcurrentHashMap和同步容器HashTable的主要区别在锁的类型和粒度上：HashTable实现同步是利用synchronized关键字进行锁定的，其实是针对整张哈希表进行锁定的，即每次锁住整张表让线程独占，虽然解决了线程安全问题，但是造成了巨大的资源浪费。

7.5.1　HashMap 和 HashTable 的问题

基础容器HashMap是线程不安全的，在多线程环境下，使用HashMap进行put操作时，可能会引起死循环，导致CPU利用率飙升甚至接近100%，所以在高并发情况下是不能使用HashMap的。于是JDK提供了一个线程安全的Map——HashTable，HashTable虽然线程安全，但效率低下。HashTable和HashMap的实现原理几乎一样，区别有两点：

1）HashTable不允许key和value为null。

2）HashTable使用synchronized来保证线程安全，包含get()/put()在内的所有相关需要进行同步执行的方法都加上了synchronized关键字，以锁定这个哈希表。

HashTable线程安全策略的代价非常大，这相当于给整个哈希表加了一把大锁。当一个线程访

问HashTable的同步方法时，其他访问HashTable同步方法的线程就会进入阻塞或轮询状态。如有一个线程在使用put()方法添加元素，则其他线程不但不能调用put()方法添加元素，而且不能调用get()方法来获取元素，相当于将所有的操作串行化。所以，HashTable的效率非常低下。

7.5.2 JDK 1.7 版本 ConcurrentHashMap 的结构

JDK 1.7的ConcurrentHashMap的锁机制是基于粒度更小的分段锁，分段锁也是提升多并发程序性能的重要手段之一，和LongAdder一样，属于热点分散型的削峰手段。

分段锁其实是一种锁的设计，并不是具体的一种锁，对于ConcurrentHashMap而言，分段锁技术将Key分成一个一个小Segment的存储，然后给每一段数据配一把锁，当一个线程占用锁访问其中一个段数据的时候，其他段的数据也能被其他线程访问，能够实现真正的并发访问。

1. JDK 1.7 版本 ConcurrentHashMap 的组合结构

ConcurrentHashMap的内部结构的层次关系为ConcurrentHashMap→Segment→HashEntry。这样设计的好处在于，每次访问的时候只需要将一个Segment锁定，而不需要将整个Map类型集合都进行锁定。ConcurrentHashMap的组合结构如图7-11所示。

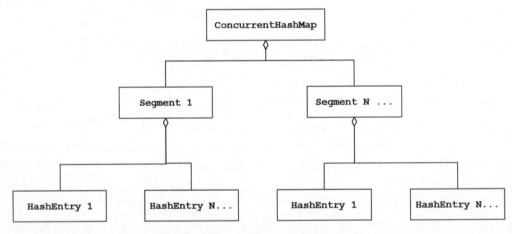

图 7-11 ConcurrentHashMap 的组合结构

JDK 1.7中的ConcurrentHashMap采用了Segment分段锁的方式实现。一个ConcurrentHashMap中包含一个Segment数组，一个Segment中包含一个HashEntry数组，每个元素是一个链表结构（一个哈希表的桶）。

2. ConcurrentHashMap 实例

一个ConcurrentHashMap实例的内部结构如图7-12所示。

ConcurrentHashMap的内部结构的组成部分具体如下：

（1）HashEntry

HashEntry结构用于存储"Key-Value对"（即"键-值对"）数据，以及存储了其后驱节点的指针。

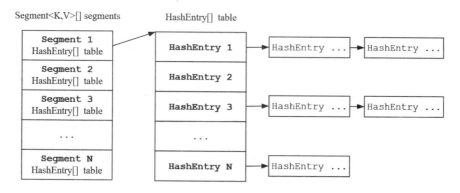

图 7-12　ConcurrentHashMap 的内部结构

（2）Segment

ConcurrentHashMap中的一个段称为Segment，Segment继承了ReentrantLock，所以一个段又是一个ReentrantLock。Segment内部拥有一个HashEntry数组类型的成员table，数组中的每个元素又是一个链表，这个由HashEntry链接起来的链表对应于一个哈希表的桶，也就是说，table的一个元素对应于哈希表的一个桶。Segment在ConcurrentHashMap中扮演锁的角色，每个Segment守护着一个HashEntry数组中的元素，当对HashEntry数组的数据进行修改时，必须首先获得它对应的Segment锁。

（3）ConcurrentHashMap

ConcurrentHashMap在默认并发级别时会创建包含16个Segment对象的数组，每个Segment大约守护整个哈希表中桶总数的1/16，其中第N个哈希桶由第N mod 16个锁来保护。假设使用合理的哈希算法使关键字能够均匀地分布，那么大约能使对锁的请求减少到原来的1/16。默认并发级别的情况下，ConcurrentHashMap支持多达16个并发的写入线程。

7.5.3　JDK 1.7 版本 ConcurrentHashMap 的核心原理

1. ConcurrentHashMap 类

ConcurrentHashMap类的核心源码如下：

```
public class ConcurrentHashMap<K, V> extends AbstractMap<K, V>
        implements ConcurrentMap<K, V>, Serializable {

    /**
     * 哈希映射表的默认初始容量为 16，即初始默认为16个桶
     * 在构造器中没有指定这个参数时，使用本参数
     */
    static final int DEFAULT_INITIAL_CAPACITY= 16;

    /**
     * 哈希映射表的默认装载因子为0.75，该值是table中包含的HashEntry元素的个数与table数组长度的比值，
     * 当table中包含的HashEntry元素的个数超过了table数组的长度与装载因子的乘积时，将触发扩容操作
     *如果哈希在构造器中没有指定这个参数时，使用本参数的值
     */
    static final float DEFAULT_LOAD_FACTOR= 0.75f;

    //集合最大容量
    static final int MAXIMUM_CAPACITY = 1 << 30;

    //分段锁的最小数量
```

```java
static final int MIN_SEGMENT_TABLE_CAPACITY = 2;

//分段锁的最大数量
static final int MAX_SEGMENTS = 1 << 16;

//加锁前的重试次数
static final int RETRIES_BEFORE_LOCK = 2;

    /**
     * 哈希表的默认并发级别为16，该值表示当前更新线程的估计数
     * 在构造器中没有指定这个参数时，使用本参数
     */
    static final int DEFAULT_CONCURRENCY_LEVEL= 16;

    /**
     * segments的掩码值
     * key的哈希码的高位用来选择具体的segment
     */
    final int segmentMask;

    /**
     * 偏移量
     */
    final int segmentShift;

    /**
     * 由Segment对象组成的数组
     */
    final Segment<K,V>[] segments;

    /**
     * 创建一个带有指定初始容量、加载因子和并发级别的新的空映射
     */
    public ConcurrentHashMap(int initialCapacity,
                        float loadFactor, int concurrencyLevel) {
        if(!(loadFactor > 0) || initialCapacity < 0 || concurrencyLevel <= 0)
            throw new IllegalArgumentException();

        if(concurrencyLevel > MAX_SEGMENTS)
            concurrencyLevel = MAX_SEGMENTS;

        // 寻找最佳匹配参数（不小于给定参数的最接近的2次幂）
        int sshift = 0;
        int ssize = 1;
        while(ssize < concurrencyLevel) {
            ++sshift;
            ssize <<= 1;
        }

        segmentShift = 32 - sshift;                          // 偏移量值
        segmentMask = ssize - 1;                             // 掩码值
        this.segments = Segment.newArray(ssize);             // 创建数组

        if (initialCapacity > MAXIMUM_CAPACITY)
            initialCapacity = MAXIMUM_CAPACITY;
        int c = initialCapacity / ssize;
        if(c * ssize < initialCapacity)    ++c;
        int cap = 1;
        while(cap < c)    cap <<= 1;

        // 依次遍历每个数组元素
        for(int i = 0; i < this.segments.length; ++i)
            // 初始化每个数组元素引用的Segment对象
            this.segments[i] = new Segment<K,V>(cap, loadFactor);
    }
```

```
    /**
     * 创建一个带有默认初始容量(16)、默认加载因子(0.75)和默认并发级别(16)的
     * 空哈希映射表
     */
    public ConcurrentHashMap() {
        // 使用三个默认参数调用上面重载的构造器来创建空哈希映射表
        this(DEFAULT_INITIAL_CAPACITY,DEFAULT_LOAD_FACTOR, DEFAULT_CONCURRENCY_LEVEL);
    }
}
```

2. Segment 类

每个Segment实例用来守护其内部table成员对象，table是一个由HashEntry实例数组，其每个元素就是哈希映射表的一个桶。Segment类的代码具体如下：

```
static final class Segment<K,V> extends ReentrantLock implements Serializable {
    /**
     * 在本segment范围内包含的HashEntry元素的个数
     * 该变量被声明为volatile型
     */
    transient volatile int count;

    /**
     * table被更新的次数
     */
    transient int modCount;

    /**
     * 当table中包含的HashEntry元素的个数超过本变量值时，触发table的再哈希
     */
    transient int threshold;

    /**
     * table是由HashEntry实例组成的数组
     * 如果HashEntry实例的哈希值发生碰撞，碰撞的HashEntry实例就以链表的形式链接成一个链表
     * table数组的数组成员代表哈希映射表的一个桶
     * 每个table守护整个ConcurrentHashMap包含桶总数的一部分
     * 如果并发级别为16，table则守护ConcurrentHashMap包含的桶总数的1/16
     */
    transient volatile HashEntry<K,V>[] table;

    /**
     * 装载因子
     */
    final float loadFactor;

    Segment(int initialCapacity, float lf) {
        loadFactor = lf;
        setTable(HashEntry.<K,V>newArray(initialCapacity));
    }

    /**
     * 设置table引用到这个新生成的HashEntry数组
     * 只能在持有锁或构造器中调用本方法
     */
    void setTable(HashEntry<K,V>[] newTable) {
        // 计算临界阈值为新数组的长度与装载因子的乘积
        threshold = (int)(newTable.length * loadFactor);
        table = newTable;
    }

    /**
     * 根据key的哈希值，找到table中对应的那个桶（table数组的某个数组成员）
```

```
        */
        HashEntry<K,V> getFirst(int hash) {
            HashEntry<K,V>[] tab = table;
            // 把哈希值与table数组长度减1的值相"与"得到哈希值对应的table数组的下标
            // 然后返回table数组中此下标对应的HashEntry元素
            return tab[hash & (tab.length - 1)];
        }
    }
```

每个Segment实例都有一个count来表示本该分段包含的HashEntry "Key-Value对"总数。具体来说，count变量是一个计数器，它表示每个Segment实例管理的table数组（若干个HashEntry组成的链表）包含的HashEntry实例的个数。之所以在每个Segment实例中包含一个计数器，而不是在ConcurrentHashMap中使用全局的计数器，是为了避免出现"全局热点"而影响并发性。

插入三个节点后Segment的结构示意图如图7-13所示。

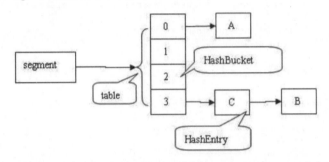

图 7-13　含有三个 HashEntry 的 Segment 的结构示意图

3. HashEntry

HashEntry用来封装哈希映射表中的"Key-Value对"。在HashEntry类中，key、hash和next字段都被声明为final型，value字段被声明为volatile型。

```
static final class HashEntry<K,V> {
    final K key;                          // 声明key为final型
    final int hash;                       // 声明hash值为final型
    volatile V value;                     // 声明value为volatile型
    final HashEntry<K,V> next;            // 声明next为final型

    HashEntry(K key, int hash, HashEntry<K,V> next, V value) {
        this.key = key;
        this.hash = hash;
        this.next = next;
        this.value = value;
    }
}
```

在ConcurrentHashMap中，哈希时如果产生"碰撞"，将采用"分离链接法"来处理：把"碰撞"的HashEntry对象链接成一个链表，形成一个桶。由于HashEntry的next字段为final型，因此新节点只能在链表的表头处插入。在一个空桶中依次插入A、B、C三个HashEntry对象后的结构图如图7-14所示。

> 🔧 **说明** 由于只能在表头插入，因此链表中节点的顺序和插入的顺序相反。

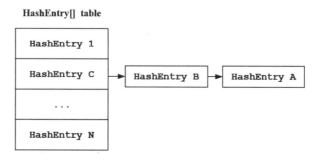

图 7-14 在空桶插入三个元素之后的效果

4. ConcurrentHashMap 的 get 操作

从结构上我们可以看到Segment类似于一个小型的HashMap，ConcurrentHashMap就是HashMap集合。接下来看一下get操作：

```
//根据key获取value
public V get(Object key) {
    Segment<K, V> s;
    HashEntry<K, V>[] tab;
    //使用哈希函数计算哈希码
    int h = hash(key);
    //根据哈希码计算分段锁的索引
    long u = (((h >>> segmentShift) & segmentMask) << SSHIFT) + SBASE;
    //根据索引u获取分段锁，然后拿到其table
    if ((s = (Segment<K, V>) UNSAFE.getObjectVolatile(segments, u)) != null  && (tab
= s.table) != null) {
        //根据哈希码获取链表队首节点，再对链表进行遍历
        for (HashEntry<K, V> e =
        (HashEntry<K, V>) UNSAFE.getObjectVolatile(tab,
            ((long)(((tab.length - 1) & h)) << TSHIFT) + TBASE);
                                        e != null; e = e.next) {
            K k;
            //根据key和hash找到对应元素后返回value值
            if ((k = e.key) == key || (e.hash == h && key.equals(k))) {
                return e.value;
            }
        }
    }
    return null;
}
```

以上get()方法通过UnSafe的getObjectVolatile()方法来读取数组中的元素。为什么要这样做？虽然Segment对象持有的HashEntry数组引用是volatile类型，但是数组内的元素引用不是volatile类型，因此多线程对数组元素的修改是不安全的，可能会在数组中读取到尚未构造完成的元素对象。get()方法通过UnSafe的getObjectVolatile()方法来保证元素的读取安全，调用getObjectVolatile()方法读取数组元素需要先获得元素在数组中的偏移量，在这里，get()方法根据哈希码计算出偏移量为u，然后通过偏移量u来尝试从segments数组中读取分段锁。

由于分段锁数组在创建时没进行初始化，可能读出来一个空值，因此需要先进行判断。在确定分段锁和它内部的哈希表都不为空之后，再通过哈希码读取HashEntry数组的元素，根据上面的源码可以看到，这时获得的是链表的队首节点。之后再从头到尾对链表进行遍历查找，如果找到对应的值就将其返回，否则就返回null。以上就是整个查找元素的过程。

get()方法之所以不需要加锁的原因比较简单，get()为只读操作，不会改动Map的数据结构，所以在操作过程中，只需保证涉及读取数据的属性为线程可见即可，也就是使用volatile修饰涉及的成员变量。

5. ConcurrentHashMap 的 put()操作

ConcurrentHashMap中有两个添加"Key-Value对"的方法，通过put()方法添加时，若存在"Key-Value对"，则会进行覆盖，通过putIfAbsent()方法添加时，若存在"Key-Value对"，则不进行覆盖。这两个方法都是调用分段锁的put()方法来完成操作的，只是传入的最后一个参数不同而已。

```java
//向集合添加"Key-Value对"（若存在则替换）
@SuppressWarnings("unchecked")
public V put(K key, V value) {
    Segment<K, V> s;

    //传入的value不能为空
    if (value == null) throw new NullPointerException();

    //使用哈希函数计算哈希码
    int hash = hash(key);

    //根据哈希码计算分段锁的下标
    int j = (hash >>> segmentShift) & segmentMask;
    //根据下标尝试获取分段锁
    if ((s = (Segment<K, V>) UNSAFE.getObject(
                            segments, (j << SSHIFT) + SBASE)) == null) {
        //获得的分段锁为空就去构造一个
        s = ensureSegment(j);
    }
    //调用分段锁的put()方法
    return s.put(key, hash, value, false);
}
```

在上面的代码中，我们可以看到首先是根据key的哈希码来计算分段锁在数组中的下标，然后根据下标使用UnSafe类getObject()方法来读取分段锁。由于在构造ConcurrentHashMap时没有对Segment数组中的元素初始化，因此可能读到一个空值，这时会先通过ensureSegment()方法新建一个分段锁。获取到分段锁之后再调用它的put()方法完成添加操作。下面我们来看看具体是怎样操作的。

6. 分段锁的 put()方法

对ConcurrentHashMap容器进行结构性修改的操作时需要加锁，put()操作加锁的过程如下：

```java
//添加"键-值"对
final V put(K key, int hash, V value, boolean onlyIfAbsent) {

 //尝试获取锁，若失败则进行自旋
HashEntry<K, V> node = tryLock() ? null : scanAndLockForPut(key, hash, value);
    V oldValue;
    try {
        HashEntry<K, V>[] tab = table;

        //计算元素在数组中的下标
        int index = (tab.length - 1) & hash;

        //根据下标获取链表头节点
        HashEntry<K, V> first = entryAt(tab, index);

        for (HashEntry<K, V> e = first; ;) {
            //遍历链表寻找该元素，若找到则进行替换
```

```java
        if (e != null) {
            K k;
            if ((k = e.key) == key ||
                        (e.hash == hash && key.equals(k))) {
                oldValue = e.value;

                //根据参数决定是否替换旧值
                if (!onlyIfAbsent) {
                    e.value = value;
                    ++modCount;
                }
                break;
            }
            e = e.next;

        } else {
            //若没找到则在链表添加一个节点
            //将node节点插入链表头部
            if (node != null) {
                node.setNext(first);
            } else {
                node = new HashEntry<K, V>(hash, key, value, first);
            }

            //插入节点后将元素总是加1
            int c = count + 1;

            //元素超过阈值则进行扩容
            if (c > threshold && tab.length < MAXIMUM_CAPACITY) {
                rehash(node);

            } else {
                //否则就将哈希表指定下标替换为node节点
                setEntryAt(tab, index, node);
            }

            ++modCount;
            count = c;
            oldValue = null;
            break;
        }
    }
} finally {
    unlock();
}
return oldValue;
}
```

为了保证线程安全，分段锁中的put操作是需要进行加锁的，所以线程一开始就会获取锁，若获取成功则继续执行，若获取失败则调用scanAndLockForPut()方法进行自旋，在自旋过程中会先去扫描哈希表查找指定的key，如果key不存在就会新建一个HashEntry返回，这样在获取到锁之后就不必再去新建了，为的是在等待锁的过程中顺便做一些事情，不至于白白浪费时间，可见笔者的良苦用心。

线程在成功获取到锁之后会根据计算到的下标获取指定下标的元素。此时获取到的是链表的队首节点，如果队首节点不为空就对链表进行遍历查找，找到之后再根据onlyIfAbsent参数的值决定是否进行替换。

如果遍历时没找到队首节点，就会新建一个HashEntry节点作为队首节点。在向链表添加元素之后，检查元素总数是否超过阀值，如果超过就调用rehash进行扩容，没超过的话就直接将数组对应下标的元素引用指向新添加的节点。setEntryAt()方法内部是通过调用UnSafe的putOrderedObject()方法来更改数组元素引用的，这样就保证了其他线程在读取时可以读到最新的值。

scanAndLockForPut()方法的实现也比较简单，循环调用tryLock()，多次获取，如果循环次数retries次数大于事先设置好的MAX_SCAN_RETRIES，就执行lock()方法，此方法会阻塞等待，一直到成功拿到Segment锁为止。MAX_SCAN_RETRIES的次数如下：

```
//循环次数，单核为1，多核为64
static final int MAX_SCAN_RETRIES =
        Runtime.getRuntime().availableProcessors() > 1 ? 64 : 1;
```

7.5.4　JDK 1.8 版本 ConcurrentHashMap 的结构

在JDK 1.8中，ConcurrentHashMap已经抛弃了Segment分段锁机制，存储结构采用数组+链表或者红黑树的组合方式，利用CAS+Synchronized来保证并发更新的安全。

1. JDK 1.8 版本 ConcurrentHashMap 的组合结构

虽然JDK 1.8对ConcurrentHashMap的内部结构进行了改进，改采用数组+链表或红黑树来实现，但是从Segment（分段锁）技术角度来说，其原理是类似的。

JDK 1.7的ConcurrentHashMap为了进行并发热点的分离，默认情况下将一个table分裂成16个小的table（Segment表示），从而在Segment维度进行比较细粒度的并发控制。实际上，如果并发线程多，这种粒度还是没有足够细。所以，JDK 1.8的ConcurrentHashMap将并发控制的粒度进一步细化，也就是进一步进行并发热点的分离，将并发粒度细化到每一个桶。既然如此，比较粗粒度的Segment已经没有存在的必要，每一个桶已经变化成实质意义的Segment，所以该结构直接被丢弃。

JDK 1.7的ConcurrentHashMap每一个桶都为链表结构，为了提升节点的访问性能，JDK 1.8引入了红黑树的结构，当桶的节点数超过一定的阈值（默认为64）时，JDK 1.8将链表结构自动转换成红黑树的结构，可以理解为将链式桶转换成树状桶。

ConcurrentHashMap的内部结构的层次关系为ConcurrentHashMap→链式桶/树状桶。这样设计的好处在于，每次访问的时候只需对一个桶进行锁定，而不需要将整个Map集合都进行粗粒度的锁定。

> **说明** JDK 1.8的ConcurrentHashMap引入了红黑树的原因是: 链表查询的时间复杂度为O(n)，红黑树查询的时间复杂度为O(log(n))，所以在节点比较多的情况下，使用红黑树可以大大提升性能。

JDK 1.8版本ConcurrentHashMap的组合结构如图7-15所示。

链式桶是一个由NODE节点组成的链表。树状桶是一棵由TreeNode节点组成的红黑树，树的根节点为TreeBin类型。

2. Node

此结构为ConcurrentHashMap的核心内部类，它包装了"Key-Value对"，所有插入ConcurrentHashMap的数据都包装在其中。

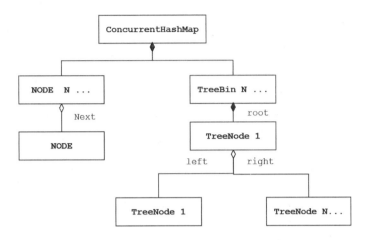

图 7-15　ConcurrentHashMap 的组合结构

3. TreeBin（Node 子类）

当数据链表（链式桶）长度大于8时，会转换为TreeBin（树状桶）。TreeBin作为根节点，可以认为是红黑树对象。在ConcurrentHashMap的table"数组"中，存放就是TreeBin对象，而不是TreeNode对象。

4. TreeNode

树状桶的节点类。

5. JDK 1.8 版本 ConcurrentHashMap 内部结构示例

一个JDK 1.8版本ConcurrentHashMap实例的内部结构示例如图7-16所示。

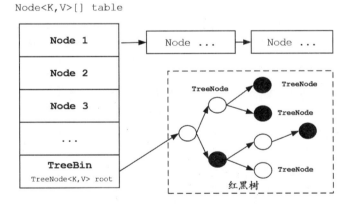

图 7-16　一个 JDK 1.8 版本 ConcurrentHashMap 实例的内部结构

7.5.5　JDK 1.8 版本 ConcurrentHashMap 的核心原理

JDK 1.8版本的ConcurrentHashMap中通过一个Node<K,V>[]数组table来保存添加到哈希表中的桶，而在同一个Bucket位置是通过链表和红黑树的形式来保存的。但是数组table是懒加载的，只有在第一次添加元素的时候才会初始化。

1. JDK 1.8 版本 ConcurrentHashMap 的主要成员属性

JDK 1.8版本ConcurrentHashMap的主要成员属性大致如下：

```
public class ConcurrentHashMap<K,V> extends AbstractMap<K,V>
    implements ConcurrentMap<K,V>, Serializable {

private static final int MAXIMUM_CAPACITY = 1 << 30;
private static final int DEFAULT_CAPACITY = 16;
static final int TREEIFY_THRESHOLD = 8;
static final int UNTREEIFY_THRESHOLD = 6;
static final int MIN_TREEIFY_CAPACITY = 64;
//常量：表示正在转移
static final int MOVED     = -1;
// 常量：表示已经转换成树
static final int TREEBIN   = -2;
// 常量: hash for transient reservations
static final int RESERVED  = -3;
// 常量: usable bits of normal node hash
static final int HASH_BITS = 0x7fffffff;
//数组，用来保存元素
transient volatile Node<K,V>[] table;
//转移时用的数组
private transient volatile Node<K,V>[] nextTable;
/**
* 用来控制表初始化和扩容的控制属性
*/
private transient volatile int sizeCtl;

//省略其他
}
```

对以上清单中的重要属性，介绍如下：

（1）table

table用于保存添加到哈希表中的桶。

（2）DEFAULT_CAPACITY

table的默认长度。默认初期长度为16，在第一次添加元素时，会将table初始化成16个元素的数组。

（3）TREEIFY_THRESHOLD

链式桶转成红黑树桶的阈值。在增加 "Key-Value对" 时，当链表长度大于该值时，将链表转换成红黑树。

```
#ConcurrentHashMap所定义的常量值
static final int TREEIFY_THRESHOLD = 8;
```

（4）UNTREEIFY_THRESHOLD

红黑树桶还原回链式桶的阈值，也就是红黑树转为链表的阈值，当在容量变动时重新计算存储位置后，当原有的红黑树内数量小于6时，将红黑树转换成链表。

（5）MIN_TREEIFY_CAPACITY

链式桶转成红黑树桶还有一个要求，table的容量达到最小树形化容量的阈值，只有在当哈希表中的table容量大于该值时，才允许树将链表转换成红黑树的操作。否则，尽管单个桶内的元素太多，仍然选择直接扩容，而不是将桶树形化。

为了避免进行扩容、树形化选择的冲突，这个值不能小于4 * TREEIFY_THRESHOLD。

```
#ConcurrentHashMap所定义的常量值
static final int MIN_TREEIFY_CAPACITY = 64;
```

（6）sizeCtl

sizeCtl用来控制table的初始化和扩容操作的过程，其值大致如下：

- −1代表table正在初始化，其他线程应该交出CPU时间片。
- −N表示有N−1个线程正在进行扩容操作，严格来说，当其为负数时，只用到其低16位，如果其低16位数值为M，此时有M−1个线程进行扩容。
- 大于0分两种情况：如果table未初始化，sizeCtl表示table需要初始化的大小；如果table初始化完成，sizeCtl表示table的容量，默认是table大小的0.75倍。

涉及修改sizeCtl的方法有5个：

（1）initTable()

初始化哈希表时，涉及sizeCtl的修改。

（2）addCount()

增加容量时，涉及sizeCtl的修改。

（3）tryPresize()

ConcurrentHashMap扩容方法之一。

（4）transfer()

table数据转移到nextTable。扩容操作的核心在于数据的转移，把旧数组中的数据迁移到新的数组。ConcurrentHashMap精华的部分是它可以利用多线程进行协同扩容，简单来说，它把table数组当作多个线程之间共享的任务队列，然后通过维护一个指针来划分每个线程锁负责的区间，每个线程通过区间逆向遍历来实现扩容，一个已经迁移完的Bucket会被替换为一个ForwardingNode节点，标记当前Bucket已经被其他线程迁移完了。

（5）helpTransfer()

ConcurrentHashMap鬼斧神工，并发添加元素时，如果正在扩容，其他线程会帮助扩容，也就是多线程扩容。

第一次添加元素时，默认初期长度为16，当往table中继续添加元素时，通过哈希值跟数组长度取余来决定放在数组的哪个Bucket位置，如果出现放在同一个位置时，就优先以链表的形式存放，在同一个位置的个数又达到了8个以上，如果数组的长度还小于64时，就会扩容数组。如果数组的长度大于等于64，就会将该节点的链表转换成树。

通过扩容数组的方式来把这些节点给分散开，然后将这些元素复制到扩容后的新数组中，同一个Bucket中的元素通过哈希值的数组长度位来重新确定位置，可能还是放在原来的位置，也可能放到新的位置。而且，在扩容完成之后，如果之前某个节点是树，但是现在该节点的"Key-Value对"数又小于等于6个，就会将该树转为链表。

什么时候扩容？当前容量超过阈值，也就是链表中元素个数超过默认设置（8个）时，如果数组table的大小还未超过64，此时就进行数组的扩容，如果超过就将链表转化成红黑树。

2. ConcurrentHashMap 类的内部类

桶的节点以内部类的形式定义，具体如下：

```
//桶的节点放在table中可以作为一个链式的桶
static class Node<K,V> implements Map.Entry<K,V> {
        final int hash;
        final K key;
        volatile V val;
        volatile Node<K,V> next;
}
//桶的树状节点
static final class TreeNode<K,V> extends Node<K,V> {
        TreeNode<K,V> parent;  // red-black tree links
        TreeNode<K,V> left;
        TreeNode<K,V> right;
        TreeNode<K,V> prev;    // needed to unlink next upon deletion
        boolean red;
}

//放在table中可以作为一个链式的桶
static final class TreeBin<K,V> extends Node<K,V> {
        TreeNode<K,V> root;
        volatile TreeNode<K,V> first;
        volatile Thread waiter;
        volatile int lockState;
}
```

7.5.6　JDK 1.8 版本 ConcurrentHashMap 的核心源码

这里介绍一下JDK 1.8版本的ConcurrentHashMap的put()和get()方法。

1. JDK 1.8版本ConcurrentHashMap的put()方法

下面来看JDK 1.8版本ConcurrentHashMap的put()操作，具体的源码如下：

```
    public V put(K key, V value) {
        return putVal(key, value, false);
    }

final V putVal(K key, V value, boolean onlyIfAbsent) {
        if (key == null || value == null) throw new NullPointerException();
        int hash = spread(key.hashCode());
        int binCount = 0;
        //自旋：并发情况下，也可以保障安全添加成功
        for (Node<K,V>[] tab = table;;) {
            Node<K,V> f; int n, i, fh;
            if (tab == null || (n = tab.length) == 0)
                //第一次添加，先初始化node数组
                tab = initTable();
            else if ((f = tabAt(tab, i = (n - 1) & hash)) == null) {
                //计算出table[i]无节点，创建节点
                //使用Unsafe.compareAndSwapObject原子操作table[i]位置
                //如果为null，就添加新建的node节点，跳出循环
                //反之，再循环进入执行添加操作
                if (casTabAt(tab, i, null, new Node<K,V>(hash, key, value, null)))
                    break;
            }
            else if ((fh = f.hash) == MOVED)
                //如果当前处于转移状态，返回新的tab内部表，然后进入循环执行添加操作
                tab = helpTransfer(tab, f);
```

```
    else {
        //在链表或红黑树中追加节点
        V oldVal = null;
        //使用synchronized对f对象加锁
        // f = tabAt(tab, i = (n - 1) & hash) : table[i] 的node对象(桶)
        //注意: 这里没用ReentrantLock, 而是使用synchronized进行同步
        // 在争用不激烈的场景中, synchronized的性能和ReentrantLock不相上下
        synchronized (f) {
            if (tabAt(tab, i) == f) {
                //在链表上追加节点
                if (fh >= 0) {
                    binCount = 1;
                    for (Node<K,V> e = f;; ++binCount) {
                        K ek;
                        if (e.hash == hash &&
                            ((ek = e.key) == key ||
                             (ek != null && key.equals(ek)))) {
                            oldVal = e.val;
                            if (!onlyIfAbsent)
                                e.val = value;
                            break;
                        }
                        Node<K,V> pred = e;
                        if ((e = e.next) == null) {
                            pred.next = new Node<K,V>(hash, key,value, null);
                            break;
                        }
                    }
                }
                //在红黑树上追加节点
                else if (f instanceof TreeBin) {
                    Node<K,V> p;
                    binCount = 2;
                    if ((p = ((TreeBin<K,V>)f).putTreeVal(hash, key,
                                                   value)) != null) {
                        oldVal = p.val;
                        if (!onlyIfAbsent)
                            p.val = value;
                    }
                }
            }
        }
        if (binCount != 0) {
            //节点数大于临界值, 转换成红黑树
            if (binCount >= TREEIFY_THRESHOLD)
                treeifyBin(tab, i);
            if (oldVal != null)
                return oldVal;
            break;
        }
    }
}
addCount(1L, binCount);
return null;
}
```

从put()源码可以看到, JDK 1.8版本在使用CAS自旋完成桶的设置时, 使用synchronized内置锁保证桶内并发操作的线程安全。尽管对同一个Map操作的线程争用会非常激烈, 但是在同一个桶内

的线程争用通常不会很激烈，所以使用CAS自旋（简单轻量级锁）、synchronized偏向锁或轻量级锁不会降低ConcurrentHashMap的性能。为什么不用ReentrantLock显式锁呢？如果为每一个桶都创建一个ReentrantLock实例，就会带来大量的内存消耗，反过来，使用CAS自旋（简单轻量级锁）、synchronized偏向锁或轻量级锁，内存消耗的增加会微乎其微。

2. JDK 1.8 版本 ConcurrentHashMap 的 get()方法

最后，再来看ConcurrentHashMap的get()方法：

```java
public V get(Object key) {
    Node<K,V>[] tab; Node<K,V> e, p; int n, eh; K ek;
    int h = spread(key.hashCode());
    if ((tab = table) != null && (n = tab.length) > 0 &&
        //获取table[i]的node元素
        (e = tabAt(tab, (n - 1) & h)) != null) {
        if ((eh = e.hash) == h) {
            if ((ek = e.key) == key || (ek != null && key.equals(ek)))
                return e.val;
        }
        else if (eh < 0)
            return (p = e.find(h, key)) != null ? p.val : null;
        while ((e = e.next) != null) {
            if (e.hash == h &&
                ((ek = e.key) == key || (ek != null && key.equals(ek))))
                return e.val;
        }
    }
    return null;
}

//确保多线程可见，并且保证获取到的是内存中最新的table[i]元素值
static final <K,V> Node<K,V> tabAt(Node<K,V>[] tab, int i) {
    return (Node<K,V>)U.getObjectVolatile(tab, ((long)i << ASHIFT) + ABASE);
}
```

get()方法的源码也没有加锁操作，其大致的操作原理跟JDK 1.7版本一样，这里就不赘述了。

## 第 8 章

高并发设计模式

在高并发场景下，常见的设计模式可能存在线程安全问题，比如传统的单例模式就是一个典型。另外，为了充分发挥多核优势，高并发程序常常将大的任务分割成一些规模较小的任务，以便各个击破、分而治之，这就出现了一些高并发场景下特有的设计模式，比如ForkJoin模式等。

本章介绍在高并发场景常用的几种模式：线程安全的单例模式、ForkJoin模式、生产者－消费者模式、Master-Worker模式和Future模式。

8.1　线程安全的单例模式

单例模式是常见的一种设计模式，一般用于全局对象的管理，比如XML读写实例、系统配置实例、任务调度实例、数据库连接池实例等。

8.1.1　从饿汉式单例到懒汉式单例

按照单例对象被初始化的时机，单例模式一般分为懒汉式、饿汉式两种。饿汉式单例在类被加载时就直接被初始化，具体的参考代码如下：

```
//简单的饿汉单例模式
public class Singleton1
{
    private Singleton1() {} // 私有构造器

    //静态成员
    private static final Singleton1 single = new Singleton1();
    public static Singleton1 getInstance() {
        return single;
    }
}
```

饿汉单例模式的优点是足够简单、安全。其缺点是：单例对象在类被加载时，实例就直接被初始化了。很多时候，在类被加载时并不需要进行单例初始化，所以需要对单例的初始化予以延迟，一直到实例使用的时候初始化。

在使用的时候才对单例进行初始化，这就是懒汉单例模式。懒汉单例模式的参考代码如下：

```java
//简单的懒汉单例模式
public class ASingleton
{
    static ASingleton instance;              //静态成员
    // 私有构造器
    private ASingleton() {}
    //获取单例的方法
    static ASingleton getInstance()
    {
        if (instance == null)                //①
        {
            instance = new ASingleton();     //②
        }
        return instance;
    }
}
```

以上的懒汉单例模式的实现大家应该都很熟悉，估计也编写过类似的代码。以上的参考实现在单线程场景中是合理的、安全的。在第一次被调用时，getInstance()方法会新建出一个ASingleton实例，但之后访问时返回的是第一次新建的ASingleton实例。

多线程并发访问getInstance()方法时，问题就出来了：不同的线程有可能同时进入代码①处的条件判断，多次执行代码②，从而新建多个ASingleton对象。

假设Thread A、B两个线程并发通过getInstance()方法去获取ASingleton的单例，可能出现一种执行次序，具体如表8-1所示。

表 8-1 两线程 Thread A、B 并发执行的情况之一

时 间 点	Thread A	Thread B
T1	检查到 instance 为空，进入 if 程序块	
T2		检查到 instance 为空，进入 if 程序块
T3		创建新 ASingleton 对象，初始化 instance 实例
T4		返回对象 ASingleton
T5	创建新 ASingleton 对象，初始化 instance 实例	
T6	返回对象 ASingleton	

通过表8-1可以看到，instance被实例化了两次，违背了单例模式的初衷。也就是说，以上的单例模式实现在并发执行场景存在着单例被多次创建的问题。

8.1.2　使用内置锁保护懒汉式单例

如何确保单例只创建一次，可以使用synchronized内置锁进行单例获取同步，确保同时只能一条线程进入临界区执行。

```java
//使用synchronized内置锁进行单例获取同步
public class BSingleton
{
```

```
static BSingleton instance;           //保持单例的静态成员
private BSingleton() {}                //私有构造方法

//获取单例的方法
static synchronized BSingleton getInstance()
{
    if (instance == null)
    {
        instance = new BSingleton();
    }
    return instance;
}
}
```

getInstance()方法加synchronized关键字之后，可以保证在并发执行时不出错。问题是：每次执行getInstance()方法都要用到同步，在争用激励的场景下，内置锁会升级为重量级锁，开销大、性能差，所以不推荐高并发线程使用这种方式的单例模式。

8.1.3 双重检查锁方式

实际上，单例模式的加锁操作只有单例在第一次创建的时候才需要用到，之后的单例获取操作都没必要再加锁。所以，可以先判断单例对象是否已经被初始化，如果没有，加锁后再初始化，这种模式被叫作双重检查锁（Double Checked Locking）单例模式。示例代码如下：

```
//双重检查的懒汉式单例模式
public class ESingleton
{
    static ESingleton instance;            //保持单例的静态成员
    private ESingleton() {}                //私有构造器

    static ESingleton getInstance()
    {
        if (instance == null)              //检查①
        {
            synchronized (ESingleton.class)    //加锁
            {
                if (instance == null)      //检查②
                {
                    instance = new ESingleton();
                }
            }
        }
        return instance;
    }
}
```

双重检查锁单例模式主要包括以下三步：

1）检查单例对象是否被初始化，如果已被初始化，就立即返回单例对象。这是第一次检查，对应于示例代码中的检查①，此次检查不需要使用锁进行线程同步来提高获取单例对象的性能。

2）如果单例没有被初始化，就试图去进入临界区进行初始化操作，此时才去获取锁。

3）进入临界区之后，再一次检查单例对象是否已经被初始化，如果还没被初始化，就初始化一个实例。这是第二次检查，对应于代码中的检查②，此次检查在临界区内进行。

为什么在临界区内还需要执行一次检查呢？答案是：在多个线程竞争的场景下，可能同时不止一个线程通过了第一次检查（检查①），此时第一个通过"检查①"的线程将首先进入临界区，而其他的通过"检查①"的线程将被阻塞，在第一个线程实例化单例对象释放锁之后，其他线程可能获取到锁进入临界区，实际上单例已经被初始化了，所以哪怕是进入了临界区，其他线程并没有办法通过"检查②"的条件判断，无法执行重复的初始化。

双重检查不仅避免了单例对象在多线程场景中的反复初始化，而且除了初始化的时候需要现加锁外，后续的所有调用不需要加锁而直接返回单例，从而提升了获取单例时的性能。

8.1.4　使用双重检查锁+volatile

表面上，使用双重检查锁机制的单例模式一切看上去都很完美，其实并不是这样的。那么问题出现在哪里呢？下面这行代码实际大有玄机：

```
//初始化单例
instance = new Singleton();
```

这行初始化单例代码转换成了汇编指令（具有原子性的指令）后，大致会细分成三个：

1）分配一块内存M。
2）在内存M上初始化Singleton对象。
3）M的地址赋值给instance变量。

编译器、CPU都可能对没有内存屏障、数据依赖关系的操作进行重排序，上述的三个指令优化后可能就变成了这样：

1）分配一块内存M。
2）将M的地址赋值给instance变量。
3）在内存M上初始化Singleton对象。

指令重排之后，获取单例是可能导致问题的发生，这里假设两个线程以下面的次序执行：

1）线程A先执行getInstance()方法，当执行到分配一块内存并将地址赋值给M后，恰好发生了线程切换。此时，线程A还没有来得及将M指向的内存初始化。

2）线程B刚进入getInstance()方法，判断if语句instance是否为空，此时的instance不为空，线程B直接获取到了未初始化的instance变量。

由于线程B得到的是一个未完全初始化的对象，因此访问instance成员变量的时候可能发生异常。如何确保线程B获取的是一个完全初始化的单例呢？可以通过volatile禁止指令重排。双重检查锁+ volatile相结合的单例模式实现大致的代码如下：

```
public class ESingleton
{
//双重检查锁 + volatile相结合的单例模式实现
static  volatile ESingleton instance;          //保持单例的静态成员具有内存可见性
private ESingleton() {}                         //私有构造器

static ESingleton getInstance()
{
    if (instance == null)                       //检查①
    {
        synchronized (ESingleton.class)         //加锁
```

```
        {
            if (instance == null)                 //检查②
            {
                instance = new ESingleton();
            }
        }
    }
    return instance;
}
}
```

8.1.5 使用静态内部类实例懒汉单例模式

虽然通过双重检查锁+ volatile相结合方式能实现高性能、线程安全的单例模式，但是该实现的底层原理比较复杂，写法烦琐。另一种易于理解、编程简单的单例模式的实现为使用静态内部类实例懒汉单例模式，参考代码如下：

```java
public class Singleton {
    //静态内部类
    private static class LazyHolder {
        //通过final保障初始化时的线程安全
        private static final Singleton INSTANCE = new Singleton();
    }
    //私有的构造器
    private Singleton (){}
    //获取单例的方法
    public static final Singleton getInstance() {
    //返回内部类的静态、最终成员
        return LazyHolder.INSTANCE;
    }
}
```

使用静态内部类实例懒汉单例模式只有在getInstance()被调用时才去加载内部类并且初始化单例，该方式既解决了线程安全问题，又解决了写法烦琐问题。本书随书源码中的三个单例线程池——CPU密集型线程池、IO线程池、业务线程池的创建都使用了这种模式。

8.2 Master-Worker 模式

Master-Worker模式是一种常见的高并发模式，它的核心思想是任务的调度和执行分离，调度任务的角色为Master，执行任务的角色为Worker，Master负责接收和、分配任务和合并（Merge）任务结果，Worker负责执行任务。Master-Worker模式是一种归并类型的模式。

举一个例子，在TCP服务端的请求处理过程中，大量的客户端连接相当于大量的任务，Master需要将这些存储在一个任务队列中，然后分发给各个Worker，每个Worker是一个工作线程，负责完成连接的传输处理。

Master-Worker模式的整体结构如图8-1所示。

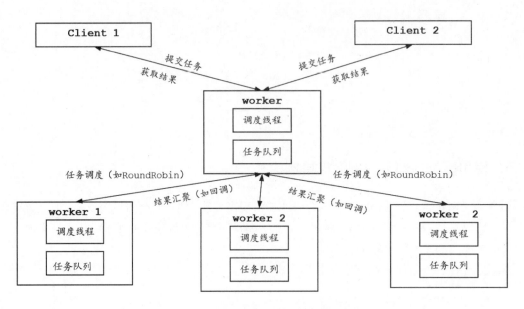

图 8-1　Master-Worker 模式的整体结构

8.2.1　Master-Worker 模式的参考实现

假设一个场景需要执行N个任务，将这些任务的结果进行累加求和，如果任务太多，可以采用Master-Worker模式实现。Master持有workerCount个Worker，并且负责接收任务，然后分发给Worker，最后在回调函数中对Worker的结果进行归并求和。

1. Master 的参考代码

```java
package com.crazymakercircle.designmodel.masterworker;
//省略import
public class Master<T extends Task, R>
{
    // 所有worker的集合
    private HashMap<String, Worker<T, R>> workers = new HashMap<>();

    // 任务的集合
    private LinkedBlockingQueue<T> taskQueue = new LinkedBlockingQueue<>();

    //任务处理结果集合
    protected Map<String, R> resultMap = new ConcurrentHashMap<>();

    //Master的任务调度线程
    private Thread thread = null;

    //保持最终的和
    private AtomicLong sum = new AtomicLong(0);

    public Master(int workerCount)
    {
        // 每个worker对象都需要持有queue的引用，用于领任务与提交结果
        for (int i = 0; i < workerCount; i++)
        {
            Worker<T, R> worker = new Worker<>();
            workers.put("子节点: " + i, worker);
        }
```

```
        thread = new Thread(() -> this.execute());
        thread.start();
    }

    // 提交任务
    public void submit(T task)
    {
        taskQueue.add(task);
    }

    //获取worker结果处理的回调函数
    private void resultCallBack(Object o)
    {
        Task<R> task = (Task<R>) o;
        String taskName = "Worker:" + task.getWorkerId() + "-" + "Task:" + task.getId();
        R result = task.getResult();
        resultMap.put(taskName, result);
        sum.getAndAdd((Integer) result);                        //和的累加
    }

    // 启动所有的子任务
    public void execute()
    {
        for (; ; )
        {
            // 从任务队列中获取任务，然后Worker节点轮询，轮流分配任务
            for (Map.Entry<String, Worker<T, R>> entry : workers.entrySet())
            {
                T task = null;
                try
                {
                    task = this.taskQueue.take();               //获取任务
                    Worker worker = entry.getValue();           //获取节点
                    worker.submit(task, this::resultCallBack);  //分配任务
                } catch (InterruptedException e)
                {
                    e.printStackTrace();
                }
            }
        }
    }
    // 获取最终的结果
    public void printResult()
    {
        Print.tco("----------sum is :" + sum.get());
        for (Map.Entry<String, R> entry : resultMap.entrySet())
        {
            String taskName = entry.getKey();
            Print.fo(taskName + ":" + entry.getValue());
        }
    }
}
```

Master负责接收客户端提交的任务，然后通过阻塞队列对任务进行缓存。Master所拥有的线程作为阻塞队列的消费者，不断从阻塞队列获取任务并轮流分给Worker。

2. Worker 的参考代码

Worker接收Master分配的任务，同样也通过阻塞队列对局部任务进行缓存。Worker所拥有的线程作为局部任务的阻塞队列的消费者，不断从阻塞队列获取任务并且执行，执行完成后回调Master传递过来的回调函数。

```java
package com.crazymakercircle.designmodel.masterworker;
//省略import
public class Worker<T extends Task, R>
{
    // 接收任务的阻塞队列
    private LinkedBlockingQueue<T> taskQueue = new LinkedBlockingQueue<>();
    //worker的编号
    static AtomicInteger index = new AtomicInteger(1);
    private int workerId;
    //执行任务的线程
    private Thread thread = null;
    public Worker()
    {
        this.workerId = index.getAndIncrement();
        thread = new Thread(() -> this.run());
        thread.start();
    }

    /**
     * 轮询执行任务
     */
    public void run()
    {
        // 轮询启动所有的子任务
        for (; ; )
        {
            try
            {
                //从阻塞队列中提取任务
                T task = this.taskQueue.take();
                task.setWorkerId(workerId);
                task.execute();
            } catch (InterruptedException e)
            {
                e.printStackTrace();
            }
        }
    }

    //接收任务到异步队列
    public void submit(T task, Consumer<R> action)
    {
        task.resultAction = action;  //设置任务的回调方法
        try{
            this.taskQueue.put(task);
        } catch (InterruptedException e)
        {
            e.printStackTrace();
        }
    }

}
```

3. 异步任务类

异步任务类在执行子类任务的doExecute()方法之后，回调一下Master传递过来的回调函数，将执行完成后的任务进行回填。

```java
package com.crazymakercircle.designmodel.masterworker;
//省略import
@Data
```

```java
public class Task<R>
{
    static AtomicInteger index = new AtomicInteger(1);
    //任务的回调函数
    public Consumer<Task<R>> resultAction;
    //任务的id
    private int id;

    // worker ID
    private int workerId;

    //计算结果
    R result = null;

    public Task()
    {
        this.id = index.getAndIncrement();
    }

    public void execute()
    {
        this.result = this.doExecute();
        //执行回调函数
        resultAction.accept(this);
    }

    //由子类实现
    protected R doExecute()
    {
        return null;
    }
}
```

4. 测试用例

完整的测试用例如下：

```java
package com.crazymakercircle.designmodel.masterworker;
//省略import
public class MasterWorkerTest
{
    //简单任务
    static class SimpleTask extends Task<Integer>
    {
        @Override
        protected Integer doExecute()
        {
            Print.tcfo("task "+ getId() +" is done ");
            return getId();
        }
    }

    public static void main(String[] args)
    {
        //创建Master，包含4个Worker，并启动Master的执行线程
        Master<SimpleTask, Integer> master = new Master<>(4);

        //定期向Master提交任务
        ThreadUtil.scheduleAtFixedRate(() -> master.submit(new SimpleTask()),
                2, TimeUnit.SECONDS);

        //定期从Master提取结果
        ThreadUtil.scheduleAtFixedRate(() -> master.printResult(),5, TimeUnit.SECONDS);
    }
}
```

执行测试用例，结果如下：

```
Thread-0|MasterWorkerTest$SimpleTask.doExecute]: task 1 is done
[Thread-3|MasterWorkerTest$SimpleTask.doExecute]: task 2 is done
[apppool-1-seq-1]: ------------------------------------
[Master.printResult]: Worker:1-Task:1:1
[Master.printResult]: Worker:4-Task:2:2
[Thread-1|MasterWorkerTest$SimpleTask.doExecute]: task 3 is done
[Thread-2|MasterWorkerTest$SimpleTask.doExecute]: task 4 is done
[Thread-0|MasterWorkerTest$SimpleTask.doExecute]: task 5 is done
[apppool-1-seq-1]: ------------------------------------
[Master.printResult]: Worker:1-Task:5:5
[Master.printResult]: Worker:3-Task:4:4
[Master.printResult]: Worker:1-Task:1:1
[Master.printResult]: Worker:2-Task:3:3
[Master.printResult]: Worker:4-Task:2:2
[Thread-3|MasterWorkerTest$SimpleTask.doExecute]: task 6 is done
[Thread-1|MasterWorkerTest$SimpleTask.doExecute]: task 7 is done
```

8.2.2 Netty 中的 Master-Worker 模式的实现

Master-Worker模式的核心思想为分而治之，Master角色负责接收和分配任务，Worker角色负责执行任务和结果回填，具体如图8-2所示。

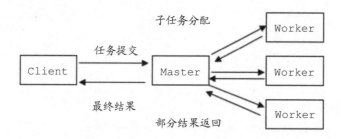

图 8-2 Master-Worker 模式的核心思想

实际上，高性能传输模式Reactor模式就是Master-Worker模式在传输领域的一种应用。基于Java的NIO技术，Netty设计了一套优秀的、高性能的Reactor（反应器）模式的具体实现。在Netty中，EventLoop反应器内部有一个线程负责Java NIO选择器的事件轮询，然后进行对应的事件分发。事件分发的目标就是Netty的Handler处理程序（含用户定义的业务处理程序）。

Netty服务器程序中需要设置两个EventLoopGroup轮询组，一个组负责新连接的监听和接收，另一个组负责IO传输事件的轮询与分发，两个轮询组的具体职责如下：

1）负责新连接的监听和接收的EventLoopGroup轮询组中的反应器完成查询通道的新连接IO事件查询，这些反应器有点像负责招工的包工头，因此该轮询组可以形象地称为"包工头"（Boss）轮询组。

2）另一个轮询组中的反应器完成查询所有子通道的IO事件，并且执行对应的Handler处理器完成IO处理，例如数据的输入和输出（有点儿像搬砖），这个轮询组可以形象地称为"工人"（Worker）轮询组。

Netty中的Reactor模式如图8-3所示。

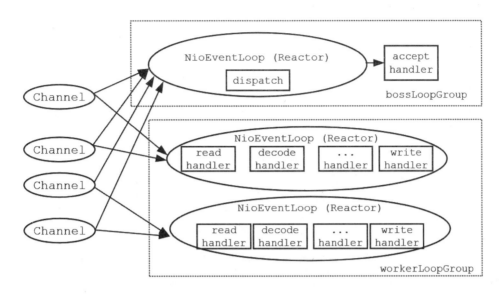

图 8-3　Netty 中的 Reactor 模式示意图

Netty是基于Reactor模式的具体实现，体现了Master-Worker模式的思想。Netty的EventLoop（Reactor角色）可以对应到Master-Worker模式的Worker角色，而Netty的EventLoopGroup轮询组可以对应到Master-Worker模式的Master角色。

说明　Netty是互联网中间件领域使用广泛、核心的网络通信框架之一。几乎所有Java互联网中间件或者大数据中间件的高性能通信与传输均离不开Netty，掌握Netty是一名初、中级工程师迈向高级工程师重要的技能之一。有关Netty的原理和实战知识请参阅笔者的另一本书《Java高并发核心编程　卷1（加强版）：NIO、Netty、Redis、ZooKeeper》。

8.2.3　Nginx 中的 Master-Worker 模式的实现

鼎鼎大名的Nginx服务器是Master-Worker模式（更准确地说是Reactor模式）在高性能服务器领域的一种应用。Nginx是一个高性能的HTTP和反向代理Web服务器，是由伊戈尔·赛索耶夫为俄罗斯访问量第二的Rambler.ru站点开发的Web服务器。Nginx源代码以类BSD许可证的形式发布，它的第一个公开版本0.1.0发布于2004年10月4日，2011年6月1日发布了1.0.4版本。Nginx因高稳定性、丰富的功能集、内存消耗少、并发能力强而闻名全球，目前得到非常广泛的使用，比如百度、京东、新浪、网易、腾讯、淘宝等都是它的用户。

Nginx在启动后会以daemon方式在后台运行，它的后台进程有两类：一类称为Master进程（相当于管理进程），另一类称为Worker进程（工作进程）。Nginx的进程结构图如图8-4所示。

Nginx的Master进程主要负责调度Worker进程，比如加载配置、启动工作进程、接收来自外界的信号、向各Worker进程发送信号、监控Worker进程的运行状态等。Master进程负责创建监听套接口，交由Worker进程进行连接监听。Worker进程主要用来处理网络事件，当一个Worker进程在接收一条连接通道之后，就开始读取请求、解析请求、处理请求，处理完成产生的数据后，再返回给客户端，最后断开连接通道。

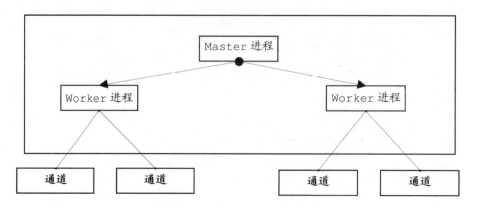

图 8-4　Nginx 的进程结构图

Nginx的架构也非常直观地体现了Master-Worker模式的思想。Nginx的Master进程可以对应到Master-Worker模式的Master角色，Nginx的Worker进程可以对应到Master-Worker模式的Worker角色。

说明　在实际的高并发Web项目中，Nginx的使用率在90%以上。有关Nginx的原理和实战知识请参阅笔者的另一本书《Spring Cloud、Nginx高并发核心编程》。

8.3　ForkJoin 模式

"分而治之"是一种思想，所谓"分而治之"就是把一个复杂的算法问题按一定的"分解"方法分为规模较小的若干部分，然后逐个解决，分别找出各部分的解，最后把各部分的解再整合成整个问题的解。"分而治之"思想在软件体系结构设计、模块化设计、基础算法中得到了非常广泛的应用。许多基础算法都运用了"分治"的思想，比如二分查找、快速排序等。

Master-Worker模式是"分而治之"思想的一种应用，本节所介绍的ForkJoin模式是"分而治之"思想的另一种应用。与Master-Worker模式不同，ForkJoin模式没有Master角色，其所有的角色都是Worker，ForkJoin模式中的Worker将大的任务分解成小的任务，一直到任务的规模足够小，可以使用很简单、直接的方式来完成。

8.3.1　ForkJoin 模式的原理

ForkJoin模式先把一个大任务分解成许多个独立的子任务，然后开启多个线程并行去处理这些子任务。有可能子任务还是很大而需要进一步分解，最终得到足够小的任务。ForkJoin模式的任务分解和执行过程大致如图8-5所示。

ForkJoin模式借助了现代计算机多核的优势并行去处理数据。通常情况下，ForkJoin模式将分解出来的子任务放入双端队列中，然后几个启动线程从双端队列中获取任务并执行。子任务执行的结果放到一个队列中，各个线程从队列中获取数据，然后进行局部结果的合并，得到最终结果。

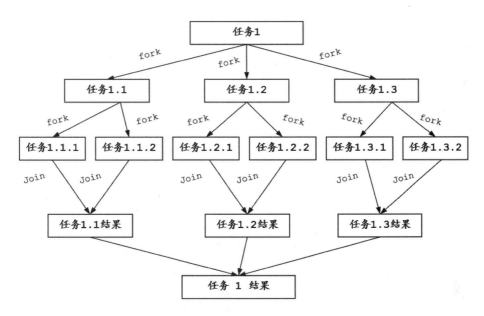

图 8-5   ForkJoin 模式的任务分解和执行过程

8.3.2   ForkJoin 框架

JUC包提供了一套ForkJoin框架的实现，具体以ForkJoinPool线程池的形式提供，并且该线程池在Java 8 的Lambda并行流框架中充当着底层框架的角色。JUC包的ForkJoin框架包含如下组件：

1）ForkJoinPool：执行任务的线程池，继承了AbstractExecutorService类。

2）ForkJoinWorkerThread：执行任务的工作线程（ForkJoinPool线程池中的线程）。每个线程都维护着一个内部队列，用于存放"内部任务"。该类继承了Thread类。

3）ForkJoinTask：用于ForkJoinPool的任务抽象类，实现了Future接口。

4）RecursiveTask：带返回结果的递归执行任务，是ForkJoinTask的子类，在子任务带返回结果时使用。

5）RecursiveAction：不返回结果的递归执行任务，是ForkJoinTask的子类，在子任务不带返回结果时使用。

因为ForkJoinTask比较复杂，并且其抽象方法比较多，故在日常使用时一般不会直接继承ForkJoinTask来实现自定义的任务类，而是通过继承ForkJoinTask两子类RecursiveTask或者RecursiveAction之一去实现自定义任务类，自定义任务类需要实现这些子类的compute()方法，该方法的执行流程一般如下：

```
if 任务足够小
    直接返回结果
else
    分解成N个子任务
    依次调用每个子任务的fork方法执行子任务
    依次调用每个子任务的join方法，等待子任务的完成，然后合并执行结果
```

8.3.3　ForkJoin 框架使用实战

假设需要计算0~100的累加求和，可以使用ForkJoin框架完成。首先需要设计一个可以递归执行的异步任务子类。

1. 可递归执行的异步任务类 AccumulateTask

```java
package com.crazymakercircle.designmodel.forkjoin;
//省略import
public class AccumulateTask extends RecursiveTask<Integer>
{
    private static final int THRESHOLD = 2;
    //累加的起始编号
    private int start;
    //累加的结束编号
    private int end;

    public AccumulateTask(int start, int end)
    {
        this.start = start;
        this.end = end;
    }

    @Override
    protected Integer compute()
    {
        int sum = 0;
        //判断任务的规模：若规模小则可以直接计算
        boolean canCompute = (end - start) <= THRESHOLD;
        //若任务已经足够小，则可以直接计算
        if (canCompute)
        {
            //直接计算并返回结果，Recursive结束
            for (int i = start; i <= end; i++)
            {
                sum += i;
            }
            Print.tcfo("执行任务，计算" + start + "到" + end + "的和，结果是：" + sum);
        } else
        {
            //任务过大，需要切割，Recursive递归计算
            Print.tcfo("切割任务：将" + start + "到" + end + "的和一分为二");
            int middle = (start + end) / 2;
            //切割成两个子任务
            AccumulateTask lTask = new AccumulateTask(start, middle);
            AccumulateTask rTask = new AccumulateTask(middle + 1, end);
            //依次调用每个子任务的fork()方法执行子任务
            lTask.fork();
            rTask.fork();
            //等待子任务完成，依次调用每个子任务的join()方法合并执行结果
            int leftResult = lTask.join();
            int rightResult = rTask.join();
            //合并子任务执行结果
            sum = leftResult + rightResult;
        }
        return sum;
    }
}
```

自定义的异步任务子类AccumulateTask继承自RecursiveTask，每一次执行可以携带返回值。在AccumulateTask通过THRESHOLD常量设置子任务分解的阈值，并在它的compute()方法中会进行阈值判断，判断的逻辑如下：

1）若当前的计算规模（这里为求和的数字个数）大于THRESHOLD，则当前子任务需要进一步分解，若当前的计算规模没有大于THRESHOLD，则直接计算（这里为求和）。

2）如果子任务可以直接执行，就进行求和操作，并返回结果。如果任务进行了分解，就需要等待所有的子任务执行完毕，然后对各个分解结果求和。如果一个任务分解为多个子任务（含两个），就依次调用每个子任务的fork()方法执行子任务，然后依次调用每个子任务的join()方法合并执行结果。

2. 使用 ForkJoinPool 调度 AccumulateTask()

使用ForkJoinPool调度AccumulateTask()的示例代码如下：

```java
package com.crazymakercircle.designmodel.forkjoin;
//省略import
public class ForkJoinTest
{

    @org.junit.Test
    public void testAccumulateTask()
    {
        ForkJoinPool forkJoinPool = new ForkJoinPool();
        //创建一个累加任务，计算由1加到10
        AccumulateTask countTask = new AccumulateTask(1, 100);
        Future<Integer> future = forkJoinPool.submit(countTask);
        Integer sum = future.get(1, TimeUnit.SECONDS);
        Print.tcfo("最终的计算结果: " + sum);
        //预期的结果为5050
        Assert.assertTrue(sum == 5050);
    }
```

执行以上用例，部分结果如下：

```
[ForkJoinPool-1-worker-1]: 切割任务: 将1到100的和一分为二
[ForkJoinPool-1-worker-3]: 切割任务: 将51到100的和一分为二
[ForkJoinPool-1-worker-2]: 切割任务: 将1到50的和一分为二
[ForkJoinPool-1-worker-1]: 切割任务: 将1到25的和一分为二
[ForkJoinPool-1-worker-1]: 切割任务: 将1到13的和一分为二
[ForkJoinPool-1-worker-1]: 执行任务: 计算1到7的和，结果是: 28
[ForkJoinPool-1-worker-5]: 切割任务: 将14到25的和一分为二
[ForkJoinPool-1-worker-3]: 切割任务: 将51到75的和一分为二
...
[ForkJoinPool-1-worker-6]: 切割任务: 将76到88的和一分为二
[ForkJoinPool-1-worker-2]: 切割任务: 将89到100的和一分为二
[ForkJoinPool-1-worker-6]: 执行任务: 计算76到82的和，结果是: 553
[ForkJoinPool-1-worker-2]: 执行任务: 计算89到94的和，结果是: 549
[ForkJoinPool-1-worker-5]: 执行任务: 计算83到88的和，结果是: 513
[ForkJoinPool-1-worker-4]: 执行任务: 计算95到100的和，结果是: 585
[main|ForkJoinTest.testAccumulateTask]: 最终的计算结果: 5050
```

8.3.4　ForkJoin 框架的核心 API

ForkJoin框架的核心是ForkJoinPool线程池。该线程池使用一个无锁的栈来管理空闲线程，如果一个工作线程暂时取不到可用的任务，则可能被挂起，而挂起的线程将被压入由ForkJoinPool维护的栈中，待有新任务到来时，再从栈中唤醒这些线程。

1. ForkJoinPool 的构造器

```
public ForkJoinPool(int parallelism,              //并行度，默认为CPU数，最小为1
                    ForkJoinWorkerThreadFactory factory,   //线程创建工厂
                    UncaughtExceptionHandler handler,      //异常处理程序
                    boolean asyncMode)            //是否为异步模式
{
    this(checkParallelism(parallelism),
         checkFactory(factory),
         handler,
         asyncMode ? FIFO_QUEUE : LIFO_QUEUE,
         "ForkJoinPool-" + nextPoolId() + "-worker-");
    checkPermission();
}
```

对以上构造函数的4个参数具体介绍如下：

（1）parallelism：可并行级别

ForkJoin框架将依据parallelism设定的级别决定框架内并行执行的线程数量。并行的每一个任务都会有一个线程进行处理，但parallelism属性并不是ForkJoin框架中最大的线程数量，该属性也和ThreadPoolExecutor线程池中的corePoolSize、maximumPoolSize属性有区别，因为ForkJoinPool的结构和工作方式与ThreadPoolExecutor完全不一样。ForkJoin框架中可存在的线程数量和parallelism参数值并不是绝对的关联。

（2）factory：线程创建工厂

当ForkJoin框架创建一个新的线程时，同样会用到线程创建工厂。只不过这个线程工厂不再需要实现ThreadFactory接口，而是需要实现ForkJoinWorkerThreadFactory接口。后者是一个函数式接口，只需要实现一个名叫newThread()的方法。在ForkJoin框架中有一个默认的ForkJoinWorkerThreadFactory接口实现：DefaultForkJoinWorkerThreadFactory。

（3）handler：异常捕获处理程序

当执行的任务中出现异常，并从任务中被抛出时，就会被handler捕获。

（4）asyncMode：异步模式

asyncMode参数表示任务是否为异步模式，其默认值为false。如果asyncMode为true，就表示子任务的执行遵循FIFO（先进先出）顺序，并且子任务不能被合并；如果asyncMode为false，表示子任务的执行遵循LIFO（后进先出）顺序，并且子任务可以被合并。虽然从字面意思来看asyncMode是指异步模式，它并不是指ForkJoin框架的调度模式采用是同步模式还是异步模式工作，仅仅指任务的调度方式。ForkJoin框架中为每一个独立工作的线程准备了对应的待执行任务队列，这个任务队列是使用数组进行组合的双向队列。asyncMode模式的主要意思指的是待执行任务可以使用FIFO（先进先出）的工作模式，也可以使用LIFO（后进先出）的工作模式，工作模式为FIFO（先进先出）的任务适用于工作线程只负责运行异步事件，不需要合并结果的异步任务。

ForkJoinPool无参数的、默认的构造器如下：

```
static final int MAX_CAP = 0x7fff;   //并行度常量 32767
public ForkJoinPool() {
    this(Math.min(MAX_CAP, Runtime.getRuntime().availableProcessors()),
```

```
        defaultForkJoinWorkerThreadFactory, null, false);
}
```

该构造器的parallelism值为CPU核数；factory值为defaultForkJoinWorkerThreadFactory默认的线程工厂；异常捕获处理器handler值为null，表示不进行异常处理；异步模式asyncMode值为false，使用LIFO（后进先出）的、可以合并子任务的模式。

2. ForkJoinPool 的 common 通用池

很多场景可以直接使用ForkJoinPool定义的common通用池，使用ForkJoinPool.commonPool()方法可以获取该ForkJoin线程池，该线程池通过makeCommonPool()来构造，具体的代码如下：

```
private static ForkJoinPool makeCommonPool() {
    int parallelism = -1;
    ForkJoinWorkerThreadFactory factory = null;
    UncaughtExceptionHandler handler = null;
    try {
        //并行度
        String pp = System.getProperty(
            "java.util.concurrent.ForkJoinPool.common.parallelism");

        //线程工厂
        String fp = System.getProperty(
            "java.util.concurrent.ForkJoinPool.common.threadFactory");

        //异常处理类
        String hp = System.getProperty(
            "java.util.concurrent.ForkJoinPool.common.exceptionHandler");

        if (pp != null)parallelism = Integer.parseInt(pp);
        if (fp != null) factory = ((ForkJoinWorkerThreadFactory)
        ClassLoader.getSystemClassLoader().loadClass(fp).newInstance());
        if (hp != null)handler = ((UncaughtExceptionHandler)
          ClassLoader.getSystemClassLoader().loadClass(hp).newInstance());
    } catch (Exception ignore) {
    }
    if (factory == null) {
    if (System.getSecurityManager() == null)
        factory = defaultForkJoinWorkerThreadFactory;
    else // use security-managed default
        factory = new InnocuousForkJoinWorkerThreadFactory();
    }

    //默认并行度为cores-1
    if (parallelism < 0 &&
        (parallelism = Runtime.getRuntime().availableProcessors()-1) <= 0)
        parallelism = 1;
    if (parallelism > MAX_CAP) parallelism = MAX_CAP;
    return new ForkJoinPool(parallelism, factory, handler, LIFO_QUEUE,
            "ForkJoinPool.commonPool-worker-");
}
```

使用common池的优点是可以通过指定系统属性的方式定义"并行度、线程工厂和异常处理类"，并且common池使用的是同步模式，也就是说可以支持任务合并。

通过系统属性的方式指定parallelism值的示例如下：

```
System.setProperty("java.util.concurrent.ForkJoinPool.common.parallelism", "8");
```

除此之外，还可以通过Java指令选项的方式指定parallelism值，具体的选项为：

```
-Djava.util.concurrent.ForkJoinPool.common.parallelism=8
```

其他的参数值如异常处理器handler，都可以通过以上两种方式指定。

3. 向 ForkJoinPool 线程池提交任务的方式

可以向ForkJoinPool线程池提交以下两类任务：

（1）外部任务（External/Submissions Task）提交

向ForkJoinPool提交外部任务有三种方式：方式一使用invoke()方法，该方法提交任务后线程会等待，等到任务计算完毕并返回结果；方式二使用execute()方法提交一个任务来异步执行，无返回结果；方式三使用submit()方法提交一个任务，并且会返回一个ForkJoinTask实例，之后的适当时候可通过ForkJoinTask实例获取执行结果。

（2）子任务（Worker Task）提交

向ForkJoinPool提交子任务的方法相对比较简单，由任务实例的fork()方法完成。当任务被分解之后，内部会调用ForkJoinPool.WorkQueue.push()方法直接把任务放到内部队列中等待被执行。

8.3.5　工作窃取算法

ForkJoinPool线程池的任务分为"外部任务"和"内部任务"，两种任务的存放位置不同：

1）外部任务存放在ForkJoinPool的全局队列中。
2）子任务会作为"内部任务"放到内部队列中，ForkJoinPool池中的每个线程都维护着一个内部队列，用于存放这些"内部任务"。

由于ForkJoinPool线程池通常有多个工作线程，与之相对应的就会有多个任务队列，这就会出现任务分配不均衡的问题：有的队列任务多，忙得不停；有的队列没有任务一直空闲。那么有没有一种机制帮忙将任务从繁忙的线程分摊给空闲的线程呢？答案是使用工作窃取算法。

工作窃取核心思想是：工作线程自己的活干完了之后，会去看看别人有没有没干完的活，如果有就拿过来帮忙干。工作窃取算法的主要逻辑：每个线程拥有一个双端队列（本地队列）用于存放需要执行的任务，当自己的队列没有任务时，可以从其他线程的任务队列中获得一个任务继续执行，如图8-6所示。

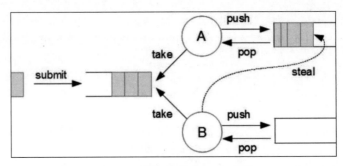

图 8-6　工作窃取算法的主要逻辑

在实际进行任务窃取操作的时候，操作线程会进行其他线程的任务队列的扫描和任务的出队尝试，为什么说尝试？因为完全有可能操作失败，主要原因是并行执行肯定涉及线程安全的问题，假如在窃取过程中该任务已经开始执行，那么任务的窃取操作就会失败。

如何尽量避免在任务窃取中发生的线程安全问题呢？一种简单的优化办法是：在线程自己的本地队列采取LIFO（后进先出）策略，窃取其他任务队列的任务时采用FIFO（先进先出）策略。简单来说，获取自己队列的任务时从头开始，窃取其他队列的任务时从尾开始。由于窃取的操作十分快速，会大量降低这种冲突，也是一种优化方式，如图8-7所示。

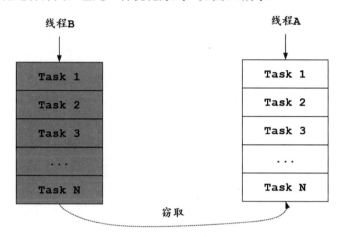

图 8-7　从尾部开始窃取其他任务队列的任务

8.3.6　ForkJoin 框架的原理

ForkJoin框架的核心原理大致如下：

1）ForkJoin框架的线程池ForkJoinPool的任务分为"外部任务"和"内部任务"。

2）"外部任务"是放在ForkJoinPool的全局队列中。

3）ForkJoinPool池中的每个线程都维护着一个任务队列用于存放"内部任务"，线程切割任务得到的子任务就会作为"内部任务"放到内部队列中。

4）当工作线程想要拿到子任务的计算结果时，先判断子任务有没有完成，如果没有完成，再判断子任务有没有被其他线程"窃取"，如果子任务没有被窃取，就由本线程来完成；一旦子任务被窃取了，就去执行本线程"内部队列"的其他任务，或者去扫描其他的任务队列并窃取任务。

5）当工作线程完成其"内部任务"，处于空闲的状态时，就会扫描其他的任务队列窃取任务，尽可能不会阻塞等待。

总之，ForkJoin线程在等待一个任务完成时，要么自己来完成这个任务，要么在其他线程窃取了这个任务的情况下，去执行其他任务，是不会阻塞等待的，从而避免资源浪费，除非所有任务队列都为空。

工作窃取算法的优点如下：

1）线程是不会因为等待某个子任务的执行或者没有内部任务要执行而被阻塞等待、挂起，而是会扫描所有的队列窃取任务，直到所有队列都为空时才会被挂起。

2）ForkJoin框架为每个线程为维护着一个内部任务队列以及一个全局的任务队列，而且任务队列都是双向队列，可从首尾两端来获取任务，极大地减少了竞争的可能性，可提高并行的性能。

ForkJoinPool适合于需要"分而治之"的场景，特别是分治之后递归调用的函数，例如快速排序、二分搜索、大整数乘法、矩阵乘法、棋盘覆盖、归并排序、线性时间选择、汉诺塔问题等。ForkJoinPool适合调度的任务为CPU密集型任务，如果任务存在I/O操作、线程同步操作、sleep()睡眠等较长时间阻塞的情况，最好配合使用ManagedBlocker进行阻塞管理。总的来说，ForkJoinPool不适合进行IO密集型、混合型的任务调度。

8.4 生产者–消费者模式

生产者–消费者模式是一个经典的多线程设计模式，它为多线程间的协作提供了良好的解决方案，是高并发编程过程中常用的一种设计模式。

在实际的软件开发过程中，经常会碰到如下场景：某些模块负责产生数据，另一些模块负责消费数据（此处的模块可以是类、函数、线程、进程等）。产生数据的模块可以形象地称为生产者，而消费数据的模块可以称为消费者。然而，仅仅抽象出来生产者和消费者还不够，该模式还需要有一个数据缓冲区作为生产者和消费者之间的中介：生产者把数据放入缓冲区，而消费者从缓冲区取出数据。生产者–消费者模式的结构如图8-8所示。

图 8-8　生产者–消费者模式的结构

数据缓冲区的作用主要在于能使生产者和消费者解耦。如果没有数据缓冲区，让生产者直接调用消费者的某个方法，那么生产者对于消费者就会产生依赖（也就是耦合）。将来如果消费者的代码发生变化，可能会影响到生产者。而如果两者都依赖于某个缓冲区，两者之间不直接依赖，耦合也就相应降低了。

生产者–消费者模式天生就是用来处理并发问题的。生产者和消费者是两个独立的并发主体，生产者把制造出来的数据往缓冲区一放，就可以再去生产下一个数据了。生产者基本上不用依赖消费者的处理速度。尤其是在生产者的速度时快时慢时，生产者–消费者模式的好处就体现出来了。当数据制造快的时候，消费者来不及处理，未处理的数据可以暂时存在缓冲区中。等生产者的制造速度慢下来，消费者再慢慢处理掉。

在生产者–消费者模式中，缓冲区是性能的关键，缓冲区可以基于ArrayList、LinkedList、BlockingQueue、环形队列等各种不同数据存储组件去设计，所使用的组件不同，生产者–消费者模式实现的性能当然也就不同。由于本书前面已经编写了多个不同版本的生产者–消费者模式的实现，这里对该模式的实现不再赘述。

8.5 Future 模式

Future模式是高并发设计与开发过程中常见的设计模式,它的核心思想是异步调用。对于Future模式来说,它不是立即返回我们需要的数据,但是它会返回一个契约(或者说异步任务),将来我们可以凭借这个契约(或异步任务)去获取需要的结果。

在进行传统的RPC(远程调用)时,同步调用RPC是一段耗时的过程。当客户端发出RPC请求后,服务端完成请求处理需要很长的一段时间才会返回,这个过程中客户端一直在等待,直到数据返回后,再进行其他任务的处理。现有一个Client同步对三个Server分别进行一次RPC调用,具体如图8-9所示。

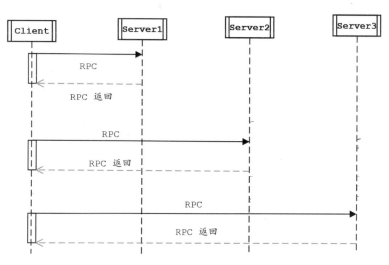

图 8-9 一个 Client 同步对三个 Server 分别进行一次 RPC 调用

假设一次远程调用的时间为500毫秒,则一个Client同步对三个Server分别进行一次RPC调用的总时间需要耗费1500毫秒。如果要减小这个总时间,可以使用Future模式对其进行改造,将同步的RPC调用改为异步并发的RPC调用,一个Client异步并发对三个Server分别进行一次RPC调用,具体如图8-10所示。

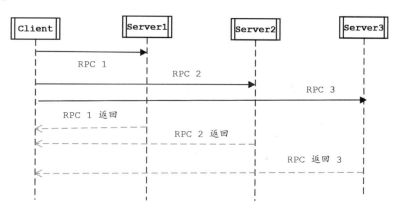

图 8-10 一个 Client 异步并发对三个 Server 分别进行一次 RPC 调用

假设一次远程调用的时间为500毫秒，则一个Client异步并发对三个Server分别进行一次RPC调用的总时间只要耗费500毫秒。使用Future模式异步并发地进行RPC调用，客户端在得到一个RPC的返回结果前并不急于获取该结果，而是充分利用等待时间去执行其他的耗时操作（如其他RPC调用），这就是Future模式的核心所在。

Future模式的核心思想是异步调用，有点类似于异步的Ajax请求。当调用某个耗时方法时，可以不急于立刻获取结果，而是让被调用者立刻返回一个契约（或异步任务），并且将耗时的方法放到另外的线程中执行，后续凭契约再去获取异步执行的结果。

在具体的实现上，Future模式和异步回调模式既有区别，又有联系。Java的Future模式实现没有实现异步回调模式，仍然需要主动去获取耗时任务的结果；而Java 8中的CompletableFuture组件实现了异步回调模式。

第 9 章

异步回调模式

随着业务模块系统越来越多，各个系统的业务架构变得越来越错综复杂，特别是随着这几年微服务架构的兴起，跨机器、跨服务的接口调用越来越频繁。打个简单的比方：现在的一个业务流程可能需要调用N次第三方接口，获取N种上游数据。因此，面临一个大的问题：如何异步去调取这些接口（做到高效率），然后同步去处理这些接口的返回结果呢？这里涉及线程的异步回调问题，这也是高并发的一个基础问题。

在Netty源码中大量的使用了异步回调技术，并且基于Java的异步回调设计了自己的一整套异步回调接口和实现。

这里从Java Future异步回调技术入手，然后介绍比较常用的第三方异步回调技术——谷歌的Guava Future相关技术，最后介绍Netty的异步回调技术。

当然，学习高并发编程、掌握异步回调同样很重要。

9.1 从泡茶的案例说起

在进入异步回调的正式解读之前，先看一个比较好理解的异步生活实例。笔者想到自己中学8年级的语文中有一篇华罗庚的课文——《统筹方法》，里边举了一个合理安排工序以便提升效率的泡茶案例。这里使用阻塞模式和异步回调模式分别实现其中的异步泡茶流程。强调一下：这里直接略过顺序执行的冒泡工序，那个效率太低了。

为了异步执行整个泡茶流程，分别设计三条线程：泡茶线程（MainThread，主线程）、烧水线程（HotWarterThread）、清洗线程（WashThread）。泡茶线程的工作是：启动清洗线程、启动烧水线程，等清洗、烧水的工作完成后，泡茶喝；清洗线程的工作是：洗茶壶、洗茶杯；烧水线程的工作是：洗好水壶，灌上凉水，放在火上，一直等水烧开。

下面分别使用阻塞模式、回调模式实现泡茶喝的案例。

9.2 join：异步阻塞之闷葫芦

阻塞模式实现泡茶实例首先从基础的多线程join合并实验入手。join操作的原理是阻塞当前的线程，直到待合并的目标线程的执行完成。

9.2.1 线程的合并流程

Java中线程的合并流程是：假设线程A调用线程B的join()方法去合并B线程，那么线程A进入阻塞状态，直到线程B执行完成。

在泡茶的例子中，主线程通过分别调用烧水线程和清洗线程的join()方法，等待烧水线程和清洗线程执行完成，然后执行主线程自己的泡茶操作。具体的执行流程如图9-1所示。

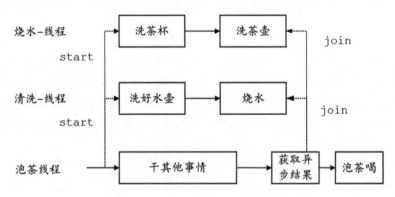

图 9-1　使用 join() 实现泡茶实例的流程

9.2.2 调用 join()实现异步泡茶喝

使用join()实现泡茶喝是一个异步阻塞版本，具体的代码实现如下：

```
package com.crazymakercircle.coccurrent;
...
public class JoinDemo {
    public static final int SLEEP_GAP = 500;
    public static String getCurThreadName() {
        return Thread.currentThread().getName();
    }
    static class HotWarterThread extends Thread {
        public HotWarterThread() {
            super("** 烧水-Thread");
        }
        public void run() {
            try {
                Logger.info("洗好水壶");
                Logger.info("灌上凉水");
                Logger.info("放在火上");
                //线程睡眠一段时间，代表烧水中
                Thread.sleep(SLEEP_GAP);
                Logger.info("水开了");
            } catch (InterruptedException e) {
```

```
                Logger.info(" 发生异常被中断.");
            }
            Logger.info(" 运行结束.");
        }
    }
    static class WashThread extends Thread {
        public WashThread() {
            super("$$ 清洗-Thread");
        }
        public void run() {
            try {
                Logger.info("洗茶壶");
                Logger.info("洗茶杯");
                Logger.info("拿茶叶");
                //线程睡眠一段时间，代表清洗中
                Thread.sleep(SLEEP_GAP);
                Logger.info("洗完了");
            } catch (InterruptedException e) {
                Logger.info(" 发生异常被中断.");
            }
            Logger.info(" 运行结束.");
        }
    }
    public static void main(String args[]) {
        Thread hThread = new HotWarterThread();
        Thread wThread = new WashThread();
        hThread.start();
        wThread.start();

        //在等待烧水和清洗之时，可以干点其他事情

        try {
            //合并烧水-线程
            hThread.join();
            //合并清洗-线程
            wThread.join();
            Thread.currentThread().setName("主线程");
            Logger.info("泡茶喝");

        } catch (InterruptedException e) {
            Logger.info(getCurThreadName() + "发生异常被中断.");
        }
        Logger.info(getCurThreadName() + " 运行结束.");
    }
}
```

　　程序中有三个线程：主线程main、烧水线程hThread和清洗线程wThread。 main调用了
hThread.join()实例方法，合并烧水线程，也调用了wThread.join()实例方法，合并清洗线程。

　　说明一下：hThread、wThread是线程实例，在例子代码中，hThread对应的线程名称为"** 烧
水-Thread"，wThread对应的线程名称为"$$ 清洗-Thread"。

9.2.3　join()方法详解

join()方法应用场景如下：

A线程调用B线程的join()方法，等待B线程执行完成；在B线程没有完成前，A线程阻塞。

join()方法是有三个重载版本：

1）void join()：A线程等待B线程执行结束后，A线程重启执行。

2）void join(long millis)：A线程等待B线程执行一段时间，最长等待时间为millis（毫秒）。超

过millis后，不论B线程是否结束，A线程重启执行。

3）void join(long millis,int nanos)：等待乙方线程执行一段时间，最长等待时间为millis加nanos（纳秒）。超过该时间后，无论乙方是否结束，甲方线程都重启执行。

强调一下容易混淆的几点：

1）join()是实例方法不是静态方法，需要使用线程对象去调用，如thread.join()。

2）调用join()时，不是thread所指向的目标线程阻塞，而是当前线程阻塞。

3）只有等到thread所指向的线程执行完成或者超时，当前线程才能启动执行。

join()有一个问题：被合并线程没有返回值。比如，在烧水的实例中，如果烧水线程的执行结束，main线程是没有办法知道结果的。同样，清洗线程的执行结果，main线程（泡茶线程）也是没有办法知道的。形象地说，join线程合并就像一个闷葫芦。只能发起合并线程，不能取到执行结果。

如果需要获得异步线程的执行结果，怎么办呢？可以使用Java的FutureTask系列类。

下面来查看join()的实现源码：

```
public final synchronized void join(long millis)
throws InterruptedException {
    long base = System.currentTimeMillis();
    long now = 0;

    if (millis < 0) {
        throw new IllegalArgumentException("timeout value is negative");
    }

    if (millis == 0) {
        while (isAlive()) {
            wait(0);                            //阻塞当前线程
        }
    } else {
        while (isAlive()) {
            long delay = millis - now;
            if (delay <= 0) {
                break;
            }
            wait(delay);                        //限时阻塞当前线程
            now = System.currentTimeMillis() - base;
        }
    }
}
```

join()的实现原理是不停地检查join线程是否存活，如果join线程存活，wait(0)就永远等下去，直至join线程终止后，线程的this.notifyAll()方法会被调用（该方法是在JVM中实现的，JDK中并不会看到源码），join()方法将退出循环，恢复主线程执行。很显然这种循环检查的方式比较低效。

除此之外，调用join()缺少很多灵活性，比如实际项目中很少让自己单独创建线程，而是使用Executor，这进一步减少了join()的使用场景，所以join()的使用多数停留在Demo演示上。

9.3　FutureTask：异步调用之重武器

为了获取异步线程的返回结果，Java在1.5版本之后提供了一种新的多线程的创建方式——FutureTask方式。FutureTask方式包含了一系列的Java相关的类，处于java.util.concurrent包中。使用FutureTask方式进行异步调用时，所涉及的重要组件为FutureTask类和Callable接口。

由于Runnable有一个重要的问题，其run()方法是没有返回值的，因此Runnable不能用在需要有返回值的场景。为了解决Runnable接口的问题，Java定义了一个新的和Runnable类似的接口——Callable接口，并且将其中被异步执行的业务处理抽象方法——run()方法改名为call()，但是call()方法有返回值。

> 说明　由于第1章已经详细介绍了使用FutureTask进行异步调用所涉及的几个类和接口：Callable、Future和FutureTask，故这里不再赘述。建议大家翻到前面去温习一下这部分的内容。

9.3.1　通过 FutureTask 获取异步执行结果的步骤

通过FutureTask类和Callable接口的联合使用可以创建能获取异步执行结果的线程。具体的步骤重复介绍如下：

1）创建一个Callable接口的实现类，并实现其call()方法，编写好异步执行的具体逻辑，并且可以有返回值。

2）使用Callable实现类的实例构造一个FutureTask实例。

3）使用FutureTask实例作为Thread构造器的target入参，构造新的Thread线程实例。

4）调用Thread实例的start()方法启动新线程，启动新线程的run()方法并发执行。其内部的执行过程为：启动Thread实例的run()方法并发执行后，会执行FutureTask实例的run()方法，最终会并发执行Callable实现类的call()方法。

5）调用FutureTask对象的get()方法阻塞性地获得并发线程的执行结果。

> 说明　为什么将FutureTask称为异步调用之重武器呢？具体结论将在9.5.5节为大家揭晓。

9.3.2　使用 FutureTask 实现异步泡茶喝

前面的join版本喝茶实例中有一个很大的问题：就是主线程获取不到异步线程的返回值。打个比方，如果烧水线程出了问题，或者清洗线程出了问题，main线程（泡茶线程）没有办法知道。哪怕不具备泡茶条件，main线程（泡茶线程）也只能继续泡茶喝。

使用FutureTask实现异步泡茶喝，main线程可以获取烧水线程、清洗线程的执行结果，然后根据结果判断是否具备泡茶条件，如果具备泡茶条件再泡茶。

使用FutureTask实现异步泡茶喝的执行流程具体如图9-2所示。

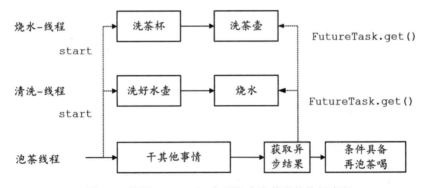

图 9-2　使用 FutureTask 实现异步泡茶喝的执行流程

使用FutureTask类和Callable接口进行泡茶喝的实战，代码如下：

```java
package com.crazymakercircle.coccurent;
...
public class JavaFutureDemo {
    public static final int SLEEP_GAP = 500;
    public static String getCurThreadName() {
        return Thread.currentThread().getName();
    }
    static class HotWarterJob implements Callable<Boolean> //①
    {
        @Override
        public Boolean call() throws Exception //②
        {
            try {
                Logger.info("洗好水壶");
                Logger.info("灌上凉水");
                Logger.info("放在火上");
                //线程睡眠一段时间，代表烧水中
                Thread.sleep(SLEEP_GAP);
                Logger.info("水开了");
            } catch (InterruptedException e) {
                Logger.info(" 发生异常被中断.");
                return false;
            }
            Logger.info(" 运行结束.");
            return true;
        }
    }
    static class WashJob implements Callable<Boolean> {
        @Override
        public Boolean call() throws Exception {
            try {
                Logger.info("洗茶壶");
                Logger.info("洗茶杯");
                Logger.info("拿茶叶");
                //线程睡眠一段时间，代表清洗中
                Thread.sleep(SLEEP_GAP);
                Logger.info("洗完了");
            } catch (InterruptedException e) {
                Logger.info(" 清洗工作 发生异常被中断.");
                return false;
            }
            Logger.info(" 清洗工作  运行结束.");
            return true;
        }
    }
    public static void drinkTea(boolean warterOk, boolean cupOk) {
        if (warterOk && cupOk) {
            Logger.info("泡茶喝");
        } else if (!warterOk) {
            Logger.info("烧水失败，没有茶喝了");
        } else if (!cupOk) {
            Logger.info("杯子洗不了，没有茶喝了");
        }
    }
    public static void main(String args[]) {
        Thread.currentThread().setName("主线程");
        Callable<Boolean> hJob = new HotWarterJob();//③
        FutureTask<Boolean> hTask =
                new FutureTask<>(hJob);//④
```

```
Thread hThread = new Thread(hTask, "** 烧水-Thread");//⑤

Callable<Boolean> wJob = new WashJob();//③
FutureTask<Boolean> wTask =
        new FutureTask<>(wJob);//④
Thread wThread = new Thread(wTask, "$$ 清洗-Thread");//⑤
hThread.start();
wThread.start();

//在等待烧水和清洗时可以干点其他事情

try {
    boolean warterOk = hTask.get();
    boolean cupOk = wTask.get();
    drinkTea(warterOk, cupOk);
} catch (InterruptedException e) {
    Logger.info(getCurThreadName() + "发生异常被中断.");
} catch (ExecutionException e) {
    e.printStackTrace();
}
Logger.info(getCurThreadName() + " 运行结束.");
}
}
```

首先，在上面的喝茶实例代码使用了Callable接口来替代Runnable接口，并且在call()方法中返回了异步线程的执行结果。

```
static class WashJob implements Callable<Boolean>
{
    @Override
    public Boolean call() throws Exception
    {
    //业务代码，并且有执行结果返回
    }
}
```

其次，从Callable异步逻辑到异步线程需要创建一个FutureTask实例，并通过FutureTask实例创建新的线程：

```
Callable<Boolean> hJob = new HotWarterJob();//异步逻辑
FutureTask<Boolean> hTask =
        new FutureTask<Boolean>(hJob); //包装异步逻辑的异步任务实例
Thread hThread = new Thread(hTask, "** 烧水-Thread");//异步线程
```

FutureTask和Callable都是泛型类，泛型参数表示返回结果的类型。所以，在使用时它们两个实例的泛型参数需要保持一致。

最后，通过FutureTask实例取得异步线程的执行结果。一般来说，通过FutureTask实例的get()方法可以获取线程的执行结果。

总之，FutureTask比join线程合并操作更加高明，能取得异步线程的结果。但是，也就未必高明到哪里去。为什么呢？

因为通过FutureTask的get()方法获取异步结果时，主线程也会被阻塞。这一点FutureTask和join是一致的，它们都是异步阻塞模式。

异步阻塞的效率往往比较低，被阻塞的主线程不能干任何事情，唯一能干的就是傻傻等待。原生Java API除了阻塞模式的获取结果外，并没有实现非阻塞的异步结果获取方法。如果需要用到获取异步的结果，得引入一些额外的框架，接下来将会介绍谷歌的Guava框架。

9.4　异步回调与异步阻塞调用

在前面的泡茶喝实例中，无论主线程调用join()进行闷葫芦式线程同步，还是使用Future.get()去获取异步线程的执行结果，都属于异步阻塞的调用。

异步阻塞属于主动模式的异步调用；异步回调属于被动模式的异步调用。

在前面的异步阻塞版本的泡茶喝的实现中，泡茶线程是调用线程，烧水（或者清洗）线程是被调用线程，调用线程和被调用线程之间是一种主动关系，而不是被动关系。泡茶线程需要主动获取烧水（或者清洗）线程的执行结果。

调用join()或Future.get()进行线程同步时，泡茶线程和烧水（或者清洗）线程之间的主动关系如图9-3所示。

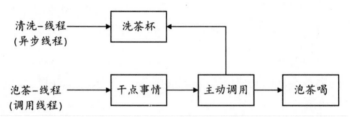

图 9-3　泡茶线程（调用方）和清洗线程之间的主动关系

主动调用是一种阻塞式调用，"调用方"要等待"被调用方"执行完毕才返回。如果"被调用方"的执行时间很长，那么"调用方"线程需要阻塞很长一段时间。

如何将主动调用的方向进行反转呢？这就是异步回调。回调是一种被动的调用模式，也就是说，被调用方在执行完成后，会反向执行"调用方"所设置的钩子方法。

使用回调模式将泡茶线程和烧水（或者清洗）线程之间的"主动"关系进行反转，具体如图9-4所示。

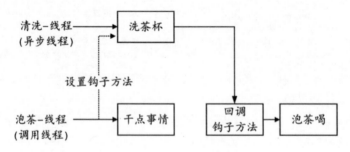

图 9-4　泡茶线程（调用方）和清洗线程之间的回调关系

实质上，在异步回调模式中负责执行回调方法的具体线程已经不再是调用方的线程（如实例中的泡茶喝线程），而是变成了异步的被调方的线程（如烧水线程）。

Java中回调模式的标准实现类为CompletableFuture，由于该类出现的时间比较晚，因此很多的著名的中间件如Guava、Netty等都提供了自己的异步回调模式API供开发者使用。开发者还可以使用RxJava响应式编程组件进行异步回调的开发。

> **说明** RxJava响应式编程组件也是一个非常重要的组件，在Android应用开发、Spring Cloud基础开发中使用得非常多。有关RxJava的具体内容请参阅《Spring Cloud、Nginx高并发核心编程》一书。

接下来，为大家介绍Guava、Netty等著名组件中的异步回调模式实现。

9.5 Guava 的异步回调模式

Guava是Google提供的Java扩展包，它提供了一种异步回调的解决方案。Guava中与异步回调相关的源码处于com.google.common.util.concurrent包中。包中的很多类都用于对java.util.concurrent的能力扩展和能力增强。比如，Guava的异步任务接口ListenableFuture扩展了Java的Future接口，实现了异步回调的的能力。

9.5.1 详解 FutureCallback

总的来说，Guava主要增强了Java而不是另起炉灶。为了实现异步回调方式获取异步线程的结果，Guava做了以下增强：

- 引入了一个新的接口ListenableFuture，继承了Java的Future接口，使得Java的Future异步任务在Guava中能被监控和以非阻塞方式获取异步结果。
- 引入了一个新的接口FutureCallback，这是一个独立的新接口。该接口的目的是在异步任务执行完成后，根据异步结果完成不同的回调处理，并且可以处理异步结果。

FutureCallback是一个新增的接口，用来填写异步任务执行完后的监听逻辑。FutureCallback拥有两个回调方法：

- onSuccess()方法，在异步任务执行成功后被回调。调用时，异步任务的执行结果作为onSuccess()方法的参数被传入。
- onFailure()方法，在异步任务执行过程中抛出异常时被回调。调用时，异步任务所抛出的异常作为onFailure方法的参数被传入。

FutureCallback的源码如下：

```
package com.google.common.util.concurrent;

public interface FutureCallback<V> {
    void onSuccess(@Nullable V var1);
    void onFailure(Throwable var1);
}
```

注意，Guava的FutureCallback与Java的Callable名字相近，实质不同，存在本质的区别：

1）Java的Callable接口代表的是异步执行的逻辑。

2）Guava的FutureCallback接口代表的是Callable异步逻辑执行完成之后，根据成功或者异常两种情形所需要执行的善后工作。

Guava是对Java Future异步回调的增强，使用Guava异步回调也需要用到Java的Callable接口。简单地说，只有在Java的Callable任务执行结果出来后，才可能执行Guava中的FutureCallback结果回调。

Guava如何实现异步任务Callable和结果回调FutureCallback之间的监控关系呢？Guava引入了一个新接口ListenableFuture，它继承了Java的Future接口，增强了被监控的能力。

9.5.2　详解 ListenableFuture

Guava的ListenableFuture接口是对Java的Future接口的扩展，可以理解为异步任务实例，源码如下：

```
package com.google.common.util.concurrent;
import java.util.concurrent.Executor;
import java.util.concurrent.Future;
public interface ListenableFuture<V> extends Future<V> {
    //此方法由Guava内部调用
    void  addListener(Runnable  r, Executor  e);
}
```

ListenableFuture仅仅增加了一个addListener()方法。它的作用就是将9.5.1节的FutureCallback善后回调逻辑封装成一个内部的Runnable异步回调任务，在Callable异步任务完成后回调FutureCallback善后逻辑。

注意，此addListener()方法只在Guava内部使用，如果对它感兴趣，可以查看Guava源码。在实际编程中，addListener()不会使用到。

在实际编程中，如何将FutureCallback回调逻辑绑定到异步的ListenableFuture任务呢？可以使用Guava的Futures工具类，它有一个addCallback()静态方法，可以将FutureCallback的回调实例绑定到ListenableFuture异步任务。下面是一个简单的绑定实例：

```
Futures.addCallback(listenableFuture,  new FutureCallback<Boolean>()
{
    public void onSuccess(Boolean r)
    {
        // listenableFuture内部的Callable成功时回调此方法
    }
    public void onFailure(Throwable t)
    {
        // listenableFuture内部的Callable异常时回调此方法
    }
});
```

现在的问题来了，既然Guava的ListenableFuture接口是对Java的Future接口的扩展，两者都表示异步任务，那么Guava的异步任务实例从何而来？

9.5.3　ListenableFuture 异步任务

如果要获取Guava的ListenableFuture异步任务实例，主要是通过向线程池（ThreadPool）提交Callable任务的方式获取。不过，这里所说的线程池不是Java的线程池，而是经过Guava自己定制过的Guava线程池。

Guava线程池是对Java线程池的一种装饰。创建Guava线程池的方法如下：

```
//Java线程池
ExecutorService jPool = Executors.newFixedThreadPool(10);
```

```
//Guava线程池
ListeningExecutorService gPool = MoreExecutors.listeningDecorator(jPool);
```

首先创建Java线程池，然后以其作为Guava线程池的参数再构造一个Guava线程池。有了Guava的线程池之后，就可以通过submit()方法来提交任务了，任务提交之后的返回结果就是我们所要的ListenableFuture异步任务实例。

简单来说，获取异步任务实例的方式是通过向线程池提交Callable业务逻辑来实现，代码如下：

```
//submit()方法用来提交任务，返回异步任务实例
ListenableFuture<Boolean> hFuture = gPool.submit(hJob);
//绑定回调实例
Futures.addCallback(listenableFuture, new FutureCallback<Boolean>()
{
    //有两种实现回调的方法
});
```

取到了ListenableFuture实例后，通过Futures.addCallback()方法将FutureCallback回调逻辑的实例绑定到ListenableFuture异步任务实例，实现异步执行完成后的回调。

总结一下，Guava异步回调的流程如下：

1）实现Java的Callable接口，创建的异步执行逻辑。还有一种情况，如果不需要返回值，异步执行逻辑也可以实现Runnable接口。

2）创建Guava线程池。

3）将1）创建的Callable/Runnable异步执行逻辑的实例提交到Guava线程池，从而获取ListenableFuture异步任务实例。

4）创建FutureCallback回调实例，通过Futures.addCallback将回调实例绑定到ListenableFuture异步任务上。

完成以上4步，当Callable/Runnable异步执行逻辑完成后，就会回调异步回调实例FutureCallback实例的回调方法onSuccess()/onFailure()。

9.5.4 使用 Guava 实现泡茶喝的实例

前面已经完成了join版本、FutureTask版本的泡茶喝实战。大家对此实例的业务功能应该已经非常熟悉了，这里不再赘述。

基于Guava异步回调模式的泡茶喝程序的执行流程如图9-5所示。

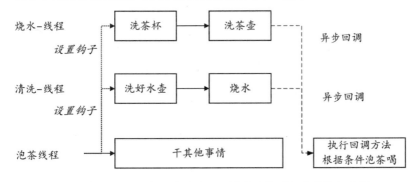

图 9-5 使用 Guava 实现的异步回调模式泡茶喝程序的执行流程

下面是基于Guava异步回调的泡茶喝程序演进版本，代码如下：

```java
package com.crazymakercircle.coccurent;
//省略import
public class GuavaFutureDemo
{
    public static final int SLEEP_GAP = 3000;
    static class HotWaterJob implements Callable<Boolean> //①
    {
        @Override
        public Boolean call() throws Exception //②
        {
            try
            {
                Print.tcfo("洗好水壶");
                Print.tcfo("烧开水");

                //线程睡眠一段时间，代表烧水中
                Thread.sleep(SLEEP_GAP);
                Print.tcfo("水开了");

            } catch (InterruptedException e)
            {
                Print.tcfo(" 发生异常被中断.");
                return false;
            }
            Print.tcfo(" 烧水工作，运行结束.");

            return true;
        }
    }

    static class WashJob implements Callable<Boolean>
    {
        @Override
        public Boolean call() throws Exception
        {
            try
            {
                Print.tcfo("洗茶杯");
                //线程睡眠一段时间，代表清洗中
                Thread.sleep(SLEEP_GAP);
                Print.tcfo("洗完了");

            } catch (InterruptedException e)
            {
                Print.tcfo(" 清洗工作发生异常被中断.");
                return false;
            }
            Print.tcfo(" 清洗工作运行结束.");
            return true;
        }
    }

    //泡茶喝的工作
    static class DrinkJob
    {
        boolean waterOk = false;
        boolean cupOk = false;

        //泡茶喝，回调方法
        public void drinkTea()
```

```
    {
        if (waterOk && cupOk)
        {
            Print.tcfo("泡茶喝，茶喝完");
            this.waterOk = false;
        }
    }
}

public static void main(String args[])
{
    Thread.currentThread().setName("泡茶喝线程");
    //新起一个线程，作为泡茶主线程
    DrinkJob drinkJob = new DrinkJob();

    //烧水的业务逻辑
    Callable<Boolean> hotJob = new HotWaterJob();
    //清洗的业务逻辑
    Callable<Boolean> washJob = new WashJob();

    //创建Java线程池
    ExecutorService jPool =
            Executors.newFixedThreadPool(10);

    //包装Java线程池，构造Guava线程池
    ListeningExecutorService gPool =
            MoreExecutors.listeningDecorator(jPool);

    //烧水的回调钩子
    FutureCallback<Boolean> hotWaterHook = new FutureCallback<Boolean>()
    {
        public void onSuccess(Boolean r)
        {
            if (r)
            {
                drinkJob.waterOk = true;
                //执行回调方法
                drinkJob.drinkTea();
            }
        }

        public void onFailure(Throwable t)
        {
            Print.tcfo("烧水失败，没有茶喝了");
        }
    };

    //启动烧水线程
    ListenableFuture<Boolean> hotFuture = gPool.submit(hotJob);
    //设置烧水任务的回调钩子
    Futures.addCallback(hotFuture, hotWaterHook);

    //启动清洗线程
    ListenableFuture<Boolean> washFuture = gPool.submit(washJob);
    //使用匿名实例，作为清洗之后的回调钩子
    Futures.addCallback(washFuture, new FutureCallback<Boolean>()
    {
        public void onSuccess(Boolean r)
        {
            if (r)
            {
                drinkJob.cupOk = true;
                //执行回调方法
```

```
                        drinkJob.drinkTea();
                    }
                }
                public void onFailure(Throwable t)
                {
                    Print.tcfo("杯子洗不了，没有茶喝了");
                }
            });
            Print.tcfo("干点其他事情...");
            sleepSeconds(1);
            Print.tcfo("执行完成");
        }
    }
```

运行以上程序，结果如下：

```
[pool-1-thread-1|GuavaFutureDemo$HotWaterJob.call]：洗好水壶
[泡茶喝线程|GuavaFutureDemo.main]：干点其他事情...
[pool-1-thread-2|GuavaFutureDemo$WashJob.call]：洗茶杯
[泡茶喝线程|GuavaFutureDemo.main]：执行完成
[pool-1-thread-1|GuavaFutureDemo$HotWaterJob.call]：烧开水
[pool-1-thread-2|GuavaFutureDemo$WashJob.call]：洗完了
[pool-1-thread-2|GuavaFutureDemo$WashJob.call]： 清洗工作 运行结束.
[pool-1-thread-1|GuavaFutureDemo$HotWaterJob.call]：水开了
[pool-1-thread-1|GuavaFutureDemo$HotWaterJob.call]： 烧水工作, 运行结束.
[pool-1-thread-2|GuavaFutureDemo$DrinkJob.drinkTea]：泡茶喝, 茶喝完
[pool-1-thread-1|GuavaFutureDemo$DrinkJob.drinkTea]：泡茶喝, 茶喝完
```

以上结果，烧水线程为pool-1-thread-1，清洗线程为pool-1-thread-2，在二者完成之前，泡茶喝线程已经执行完了。泡茶喝的工作在异步回调方法drinkTea()中执行，执行的线程并不是"泡茶喝"线程，而是烧水线程和清洗线程。

9.5.5 Guava 异步回调和 Java 异步调用的区别

总结一下Guava异步回调和Java的FutureTask异步调用的区别，具体如下：

1）FutureTask是主动调用的模式，"调用线程"主动获得异步结果，在获取异步结果时处于阻塞状态，并且会一直阻塞，直到拿到异步线程的结果。

2）Guava是异步回调模式，"调用线程"不会主动去获得异步结果，而是准备好回调函数，并设置好回调钩子；执行回调函数的并不是"调用线程"自身，回调函数的执行者是"被调用线程"，"调用线程"在执行完自己的业务逻辑后就已经结束了。当回调函数被执行时，"调用线程"已经结束很久了。

> 🎮➕说明 9.3节为什么将FutureTask称为异步调用之重武器呢？这里为大家揭晓答案。主要有两个原因：1）和异步回调模式相比，使用FutureTask获取结果时，调用线程（如泡茶线程）多少存在阻塞；2）使用FutureTask又涉及三四个类或接口的使用，与join相比，使用起来烦琐多了。所以，本书特将其称为异步调用之重武器。

9.6 Netty 的异步回调模式

Netty官方文档说明Netty的网络操作都是异步的。Netty源码中大量使用了异步回调处理模式。在Netty的业务开发层面，处于Netty应用的Handler处理程序中的业务处理代码也都是异步执行的。所以，了解Netty的异步回调，无论是Netty应用开始还是源码级开发都是十分重要的。

Netty和Guava一样，实现了自己的异步回调体系：Netty继承和扩展了JDK Future系列异步回调的API，定义了自身的Future系列接口和类，实现异步任务的监控、异步执行结果的获取。

总的来说，Netty对Java Future异步任务的扩展如下：

继承Java的Future接口得到一个新的属于Netty自己的Future异步任务接口；该接口对原有的接口进行了增强，使得Netty异步任务能够非阻塞地处理回调结果。注意，Netty没有修改Future的名称，只是调整了所在的包名，Netty的Future类的包名和Java的Future接口的包不同。

引入了一个新接口——GenericFutureListener，用于表示异步执行完成的监听器。这个接口和Guava的FutureCallbak回调接口不同。Netty使用了监听器的模式，异步任务执行完成后的回调逻辑抽象成了Listener监听器接口。可以将Netty的GenericFutureListener监听器接口加入Netty异步任务Future中，实现对异步任务执行状态的事件监听。

总的来说，在异步非阻塞回调的设计思路上，Netty和Guava是一致的。对应关系为：

1）Netty的Future接口可以对应到Guava的ListenableFuture接口。

2）Netty的GenericFutureListener接口可以对应到Guava的FutrueCallback接口。

9.6.1 GenericFutureListener 接口详解

前面提到，和Guava的FutrueCallback一样，Netty新增了一个接口，用来封装异步非阻塞回调的逻辑，那就是GenericFutureListener接口。

GenericFutureListener位于io.netty.util.concurrent包中，源码如下：

```
package io.netty.util.concurrent;
import java.util.EventListener;
public interface GenericFutureListener<F extends Future<?>> extends EventListener {
    //监听器的回调方法
    void operationComplete(F var1) throws Exception;
}
```

GenericFutureListener拥有一个回调方法operationComplete()，表示异步任务操作完成。在Future异步任务执行完成后将回调此方法。大多数情况下，Netty的异步回调的代码编写在GenericFutureListener接口的实现类中的operationComplete()方法中。

说明一下，GenericFutureListener的父接口EventListener是一个空接口，没有任何抽象方法，是一个仅仅具有标识作用的接口。

9.6.2 Netty 的 Future 接口详解

Netty也对Java的Future接口进行了扩展，并且名称没有变，还是被称为Future接口，实现在io.netty.util.concurrent包中。

和Guava的ListenableFuture一样，Netty的Future接口扩展了一系列方法，对执行的过程进行监控，对异步回调完成事件进行Listen监听并且回调。Netty的Future的源码如下：

```
public interface Future<V> extends java.util.concurrent.Future<V> {
    boolean isSuccess();               //判断异步执行是否成功
    boolean isCancellable();           //判断异步执行是否取消
    Throwable cause();                 //获取异步任务异常的原因

//增加异步任务执行完成Listener监听器
    Future<V> addListener(GenericFutureListener<? extends Future<? super V>> listener);

//移除异步任务执行完成Listener监听器
Future<V> removeListener(GenericFutureListener<? extends Future<? super V>> listener);
    ...
}
```

Netty的Future接口一般不会直接使用，使用过程中会使用其他的子接口。Netty有一系列的子接口，代表不同类型的异步任务，如ChannelFuture接口。

ChannelFuture子接口表示Channel通道I/O操作的异步任务；如果在Channel的异步I/O操作完成后，需要执行回调操作，就需要使用到ChannelFuture接口。

9.6.3 ChannelFuture 的使用

在Netty网络编程中，网络连接通道的输入、输出处理都是异步进行的，都会返回一个ChannelFuture接口的实例。通过返回的异步任务实例，可以为其增加异步回调的监听器。在异步任务真正完成后，回调执行。

Netty的网络连接的异步回调，实例代码如下：

```
//connect是异步的，仅仅是提交异步任务
ChannelFuture future = bootstrap.connect(
        new InetSocketAddress("www.manning.com",80));

//connect的异步任务真正执行完成后，future回调监听器会执行
future.addListener(new ChannelFutureListener()  {
        @Override
        public void operationComplete(ChannelFuture channelFuture)
            throws Exception   {
                if(channelFuture.isSuccess()){
                    System.out.println("Connection established");
                }   else   {
                    System.err.println("Connection attempt failed");
                    channelFuture.cause().printStackTrace();
                }
            }
        });
```

GenericFutureListener接口在Netty中是一个基础类型接口。在网络编程的异步回调中，一般使用Netty中提供的某个子接口，如ChannelFutureListener接口。在上面的代码中，使用到的是这个子接口。

9.6.4 Netty 的出站和入站异步回调

Netty的出站和入站操作都是异步的。这里异步回调的方法和前面Netty建立的异步回调是一样的。

下面以经典的NIO出站操作write为例说明ChannelFuture的使用。

在write操作调用后，Netty并没有立即完成对Java NIO底层连接的写入操作，底层的写入操作是异步执行的，代码如下：

```
//write()输出方法，返回的是一个异步任务
ChannelFuture future = ctx.channel().write(msg);
//为异步任务加上监听器
future.addListener(
        new ChannelFutureListener()
        {
                @Override
                public void operationComplete(ChannelFuture future)
                {
                        //write操作完成后的回调代码
                }
        });
```

在write操作完成后立即返回，返回的是一个ChannelFuture接口的实例。通过这个实例可以绑定异步回调监听器，编写异步回调的逻辑。

如果大家运行以上的EchoServer案例会发现一个很大的问题：客户端接收到的回写信息和发送到服务器的信息不是一一对应输出的。看到的比较多的情况是：客户端发出很多次信息后，客户端才收到一次服务器的回写。

这是什么原因呢？这就是网络通信中的粘包/半包问题。对于这个问题的解决方案，在后面会做非常详细的解答，这里暂时搁置。粘包/半包问题的出现说明了一个问题：仅仅基于Java的NIO开发一套高性能、没有Bug的通信服务器程序远远没有大家想象的简单，有一系列的坑、一大堆的基础问题等着大家解决。

在进行大型的Java通信程序的开发时，尽量采用一些实现了成熟、稳定的基础通信的Java开源中间件（如Netty）。这些中间件已经帮助大家解决了很多的基础问题，如前面出现的粘包/半包问题。

至此，大家已经学习了Java NIO、Reactor模式、Future模式，这些都是学习Netty应用开发的基础。

9.7　异步回调模式小结

随着高并发系统越来越多，异步回调模式愈发重要。在Netty源码中大量使用了异步回调技术，所以在开始介绍Netty之前，用整整一章的内容非常详细、由浅入深地为大家介绍了异步回调模式。

本章首先为大家介绍了Java的join闷葫芦式的异步阻塞，然后介绍了Java的FutureTask阻塞式地获取异步任务结果，最后介绍了Guava和Netty的异步回调方式。

Guava和Netty的异步回调是非阻塞的，而Java的join、FutureTask都是阻塞的。

第 10 章

CompletableFuture异步回调

很多语言（如JavaScript）提供了异步回调，一些Java中间件（如Netty、Guava）也提供了异步回调API，为开发者带来更好的异步编程工具。Java 8提供一个新的、具备异步回调能力的工具类——CompletableFuture，该类实现了Future接口，还具备函数式编程的能力。

10.1　CompletableFuture 详解

CompletableFuture是JDK 1.8引入的实现类，该类实现了Future和CompletionStage两个接口。该类的实例作为一个异步任务，可以在自己异步执行完成之后触发一些其他的异步任务，从而达到异步回调的效果。

10.1.1　CompletableFuture 的 UML 类关系

CompletableFuture的UML类关系图如图10-1所示。

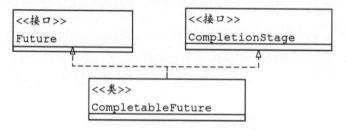

图 10-1　CompletableFuture 的 UML 类关系图

对于Future接口，大家已经非常熟悉了，接下来介绍一下CompletionStage接口。CompletionStage代表异步计算过程中的某一个阶段，一个阶段完成以后可能会进入另一个阶段。一个阶段可以理解为一个子任务，每个子任务会包装一个Java函数式接口实例，表示该子任务所要执行的操作。

10.1.2　CompletionStage 接口

顾名思义，Stage是阶段的意思。CompletionStage代表某个同步或者异步计算的一个阶段，或者是一系列异步任务中的一个子任务（或者阶段性任务）。

每个CompletionStage子任务所包装的可以是一个Function、Consumer或者Runnable函数式接口实例。这三个常用的函数式接口的特点如下：

（1）Function

Function接口的特点是：有输入、有输出。包装了Function实例的CompletionStage子任务需要一个输入参数，并会产生一个输出结果到下一步。

（2）Runnable

Runnable接口的特点是：无输入、无输出。包装了Runnable实例的CompletionStage子任务既不需要任何输入参数，又不会产生任何输出。

（3）Consumer

Consumer接口的特点是：有输入、无输出。包装了Consumer实例的CompletionStage子任务需要一个输入参数，但不会产生任何输出。

多个CompletionStage构成了一条任务流水线，一个环节执行完成了就可以将结果移交给下一个环节（子任务）。多个CompletionStage子任务之间可以使用链式调用，下面是一个简单的例子：

```
oneStage.thenApply(x -> square(x))
                   .thenAccept(y -> System.out.println(y))
                   .thenRun(() -> System.out.println())
```

对以上例子中的CompletionStage子任务说明如下：

1）oneStage是一个CompletionStage子任务，这是一个前提。

2）"x->square(x)"是一个Function类型的Lambda表达式，被thenApply方法包装成了一个CompletionStage子任务，该子任务需要接收一个参数x，然后会输出一个结果——x的平方值。

3）"y->System.out.println(y)"是一个Consumer类型的Lambda表达式，被thenAccept()方法包装成了一个CompletionStage子任务，该子任务需要上一个子任务的输出值，但是此子任务并没有输出。

4）"()->System.out.println()"是一个Runnable类型的Lambda表达式，被thenRun()方法包装成了一个CompletionStage子任务，既不需要上一个子任务的输出值，又不产生结果。

CompletionStage代表异步计算过程中的某一个阶段，一个阶段完成以后可能会触发另一个阶段。虽然一个子任务可以触发其他子任务，但是并不能保证后续子任务的执行顺序。

10.1.3　使用 runAsync 和 supplyAsync 创建子任务

CompletionStage子任务的创建是通过CompletableFuture完成的。CompletableFuture类提供了非常强大的Future的扩展功能来帮助我们减少异步编程的复杂性，提供了函数式编程的能力来帮助我们通过回调的方式处理计算结果，也提供了转换和组合CompletionStage()的方法。

CompletableFuture定义了一组方法用于创建CompletionStage子任务（或者阶段性任务），基础的方法如下：

```
//子任务包装一个Runnable实例，并使用ForkJoinPool.commonPool()线程池来执行
public static CompletableFuture<Void> runAsync(Runnable runnable)

//子任务包装一个Runnable实例，并调用指定的executor线程池来执行
public static CompletableFuture<Void> runAsync(Runnable runnable, Executor executor)

//子任务包装一个Supplier实例，并调用ForkJoinPool.commonPool()线程池来执行
public static <U> CompletableFuture<U> supplyAsync(Supplier<U> supplier)

//子任务包装一个Supplier实例，并调用指定的executor线程池来执行
public static <U> CompletableFuture<U> supplyAsync(
                        Supplier<U> supplier, Executor executor)
```

在使用CompletableFuture创建CompletionStage子任务时，如果没有指定Executor线程池，在默认情况下CompletionStage会使用公共的ForkJoinPool线程池。

下面是两个创建CompletionStage子任务的简单示例：

```
package com.crazymakercircle.completableFutureDemo;
//省略import
public class CompletableFutureDemo
{
    //创建一个无输入值、无返回值的异步子任务
    @Test
    public static void runAsyncDemo() throws Exception
    {
        CompletableFuture<Void> future = CompletableFuture.runAsync(() ->
        {
            sleepSeconds(1);//模拟执行1秒
            Print.tcfo("run end ...");
        });

        //等待异步任务执行完成，现时等待2秒
        future.get(2, TimeUnit.SECONDS);
    }

    //创建一个无输入值、有返回值的异步子任务
    @Test
    public static void supplyAsyncDemo() throws Exception
    {
        CompletableFuture<Long> future = CompletableFuture.supplyAsync(() ->
        {
            long start = System.currentTimeMillis();
            sleepSeconds(1);                //模拟执行1秒
            Print.tcfo("run end ...");
            return System.currentTimeMillis() - start;
        });

        //等待异步任务执行完成，现时等待2秒
        long time = future.get(2, TimeUnit.SECONDS);
        Print.tcfo("异步执行耗时（秒）= " + time / 1000);
    }
    //省略其他代码
}
```

10.1.4　设置的子任务回调钩子

可以为CompletionStage子任务设置特定的回调钩子，当计算结果完成或者抛出异常的时候，可以执行这些特定的回调钩子。

设置子任务回调钩子的主要函数如下：

```
//设置子任务完成时的回调钩子
public CompletableFuture<T> whenComplete(
        BiConsumer<? super T,? super Throwable> action)
```

```
//设置子任务完成时的回调钩子, 可能不在同一线程执行
public CompletableFuture<T> whenCompleteAsync(
        BiConsumer<? super T,? super Throwable> action)
```

```
//设置的子任务完成时的回调钩子, 提交给线程池executor执行
public CompletableFuture<T> whenCompleteAsync(
        BiConsumer<? super T,? super Throwable> action,
        Executor executor)
```

```
//设置的异常处理的回调钩子
public CompletableFuture<T> exceptionally(Function<Throwable,? extends T> fn)
```

下面是一个为CompletionStage子任务设置完成钩子和异常钩子的简单示例：

```
package com.crazymakercircle.completableFutureDemo;
//省略import
public class CompletableFutureDemo
{
    @Test
    public void whenCompleteDemo() throws Exception
    {
        //创建异步任务
        CompletableFuture<Void> future = CompletableFuture.runAsync(() ->
        {
            sleepSeconds(1);              //模拟执行1秒
            Print.tco("抛出异常！");
            throw new RuntimeException("发生异常");
         });
        //设置异步任务执行完成后的回调钩子
        future.whenComplete(new BiConsumer<Void, Throwable>()
        {
            @Override
            public void accept(Void t, Throwable action)
            {
                Print.tco("执行完成！");
            }
        });
        //设置异步任务发生异常后的回调钩子
        future.exceptionally(new Function<Throwable, Void>()
        {
            @Override
            public Void apply(Throwable t)
            {
                Print.tco("执行失败！" + t.getMessage());
                return null;
            }
        });
        //获取异步任务的结果
        future.get();
    }
    //省略其他代码
}
```

运行程序，结果如下：

```
[ForkJoinPool.commonPool-worker-1]: 抛出异常！
[main]: 执行完成！
```

[ForkJoinPool.commonPool-worker-1]：执行失败！java.lang.RuntimeException：发生异常

调用cancel()方法取消CompletableFuture时，任务被视为异常完成，completeExceptionally()方法所设置的异常回调钩子也会被执行。

如果没有设置异常回调钩子，发生内部异常时可能会发生两种情况：

1）在调用get()和get(long, TimeUnit)方法启动任务时，如果遇到内部异常，get()方法就会抛出ExecutionException（执行异常）。

2）在使用join()和getNow(T)启动任务时（大多数情况下都是如此），如果遇到内部异常，join()和getNow(T)方法就会抛出CompletionException。

10.1.5　调用 handle()方法统一处理异常和结果

除了通过whenComplete、exceptionally设置完成钩子、异常钩子之外，还可以调用handle()方法统一处理结果和异常。

handle()方法有三个重载版本，声明如下：

```
//在执行任务的同一个线程中处理异常和结果
public <U> CompletionStage<U> handle(BiFunction<? super T, Throwable, ? extends U> fn);
//可能不在执行任务的同一个线程中处理异常和结果
public <U> CompletionStage<U> handleAsync(
        BiFunction<? super T, Throwable, ? extends U> fn);
//在指定线程池executor中处理异常和结果
public <U> CompletionStage<U> handleAsync(
        BiFunction<? super T, Throwable, ? extends U> fn,
        Executor executor);
```

handle()方法的示例代码如下：

```
package com.crazymakercircle.completableFutureDemo;
// 省略import
public class CompletableFutureDemo
{
    @Test
    public void handleDemo() throws Exception
    {
        CompletableFuture<Void> future = CompletableFuture.runAsync(() ->
        {
            sleepSeconds(1);                        //模拟执行1秒
            Print.tco("抛出异常！");
            throw new RuntimeException("发生异常");
            //Print.tco("run end ...");
        });
        //统一处理异常和结果
        future.handle(new BiFunction<Void, Throwable, Void>()
        {
            @Override
            public Void apply(Void input, Throwable throwable)
            {
                if (throwable == null)
                {
                    Print.tcfo("没有发生异常！");
                } else
```

```
            {
                Print.tcfo("sorry,发生了异常！");
            }
            return null;
        }
    });

    future.get();
}
//省略其他代码
}
```

运行程序，结果如下：

```
[ForkJoinPool.commonPool-worker-1]: 抛出异常！
[ForkJoinPool.commonPool-worker-1|CompletableFutureDemo$3.apply]: sorry,发生了异常！
```

10.1.6　线程池的使用

默认情况下，通过静态方法runAsync()、supplyAsync()创建的CompletableFuture任务会使用公共的ForkJoinPool线程池，默认的线程数是CPU的核数。当然，它的线程数可以通过以下JVM参数设置：

```
option:-Djava.util.concurrent.ForkJoinPool.common.parallelism
```

问题是：如果所有CompletableFuture共享一个线程池，那么一旦有任务执行一些很慢的IO操作，就会导致线程池中所有线程都阻塞在IO操作上，造成线程饥饿，进而影响整个系统的性能。所以，强烈建议大家根据不同的业务类型创建不同的线程池，以避免互相干扰。第1章为大家介绍了三种线程池：IO密集型任务线程池、CPU密集型任务线程池和混合型任务线程池，大家可以根据不同的任务类型确定线程池的类型和线程数。

作为演示，这里使用混合型任务线程池执行CompletableFuture任务，具体的代码如下：

```
package com.crazymakercircle.completableFutureDemo;
//省略import
public class CompletableFutureDemo
{
    @Test
    public void threadPoolDemo() throws Exception
    {
        //混合线程池
        ThreadPoolExecutor pool= ThreadUtil.getMixedTargetThreadPool();
        CompletableFuture<Long> future = CompletableFuture.supplyAsync(() ->
        {
            Print.tco("run begin ...");
            long start = System.currentTimeMillis();
            sleepSeconds(1);                    //模拟执行1秒
            Print.tco("run end ...");
            return System.currentTimeMillis() - start;
        },pool);

        //等待异步任务执行完成，限时等待2秒
        long time = future.get(2, TimeUnit.SECONDS);
        Print.tco("异步执行耗时（秒） = " + time / 1000);
    }

//省略其他代码
}
```

运行程序，结果如下：

```
[apppool-1-mixed-1]: run begin ...
[apppool-1-mixed-1]: run end ...
[main]: 异步执行耗时（秒） = 1
```

10.2 异步任务的串行执行

如果两个异步任务需要串行（当一个任务依赖另一个任务）执行，可以通过CompletionStage接口的thenApply()、thenAccept()、thenRun()和 thenCompose()四个方法来实现。

10.2.1 thenApply()方法

thenApply方法有三个重载版本，声明如下：

```
//后一个任务与前一个任务在同一个线程中执行
public <U> CompletableFuture<U> thenApply(Function<? super T,? extends U> fn)

//后一个任务与前一个任务不在同一个线程中执行
public <U> CompletableFuture<U> thenApplyAsync(Function<? super T,? extends U> fn)

//后一个任务在指定的executor线程池中执行
public <U> CompletableFuture<U> thenApplyAsync(
                    Function<? super T,? extends U> fn, Executor executor)
```

thenApply的三个重载版本有一个共同的参数fn，该参数表示待串行执行的第二个异步任务，其类型为Function。fn的类型声明涉及两个泛型参数，具体如下：

- 泛型参数T：上一个任务所返回结果的类型。
- 泛型参数U：当前任务的返回类型。

作为示例，调用thenApply分两步计算 (10+10)*2，代码如下：

```
package com.crazymakercircle.completableFutureDemo;
//省略import
public class CompletableFutureDemo
{
   @Test
   public void thenApplyDemo() throws Exception
   {
      CompletableFuture<Long> future =
         CompletableFuture.supplyAsync(new Supplier<Long>()
      {
         @Override
         public Long get()
         {
            long firstStep = 10L + 10L;
            Print.tco("firstStep outcome is " + firstStep);

            return firstStep;
         }
      }).thenApplyAsync(new Function<Long, Long>()
      {
         @Override
         public Long apply(Long firstStepOutCome) //传入第一步的结果
```

```
            {
                long secondStep = firstStepOutCome * 2;
                Print.tco("secondStep outcome is " + secondStep);
                return secondStep;
            }
        });

        long result = future.get();
        Print.tco(" outcome is " + result);
    }
    //省略其他代码
}
```

运行以上代码，结果如下：

```
[ForkJoinPool.commonPool-worker-1]: firstStep outcome is 20
[ForkJoinPool.commonPool-worker-1]: secondStep outcome is 40
[main]:  outcome is 40
```

thenApply系列函数的回调参数为fn，它的类型为接口Function<T, R>，该接口的代码如下：

```
@FunctionalInterface
public interface Function<T, R> {
    R apply(T t);
}
```

Function<T, R>接口既能接收参数又支持返回值，所以thenApply可以将前一个任务的结果通过Function的R apply(T t)方法传递给第二个任务，并且能输出第二个任务的执行结果。

10.2.2　thenRun()方法

thenRun()与thenApply()方法不同的是，不关心任务的处理结果。只要前一个任务执行完成，就开始执行后一个串行任务。

thenApply()方法也有三个重载版本，声明如下：

```
//后一个任务与前一个任务在同一个线程中执行
public CompletionStage<Void> thenRun(Runnable action);

//后一个任务与前一个任务可以不在同一个线程中执行
public CompletionStage<Void> thenRunAsync(Runnable action);

//后一个任务在executor线程池中执行
public CompletionStage<Void> thenRunAsync(Runnable action,Executor executor);
```

从方法的声明可以看出，thenRun()方法同 thenApply()方法类似；不同的是前一个任务处理完成后，thenRun()并不会把计算的结果传给后一个任务，而且后一个任务也没有结果输出。

thenRun系列方法中的action参数是Runnable类型的，所以thenRun()既不能接收参数又不支持返回值。

10.2.3　thenAccept()方法

thenAccept()方法对thenRun()、thenApply()的特点进行了折中，使用此方法时一个任务可以接收（或消费）前一个任务的处理结果，但是后一个任务没有结果输出。

thenAccept()方法有三个重载版本，声明如下：

```
//后一个任务与前一个任务在同一个线程中执行
public CompletionStage<Void> thenAccept(Consumer<? super T> action);

//后一个任务与前一个任务不在同一个线程中执行
public CompletionStage<Void> thenAcceptAsync(Consumer<? super T> action);

//后一个任务在指定的executor线程池中执行
public CompletionStage<Void> thenAcceptAsync(
                    Consumer<? super T> action,Executor executor);
```

thenAccept系列方法的回调参数为action，它的类型为Consumer<? super T>接口，该接口的代码如下：

```
@FunctionalInterface
public interface Consumer<T> {

    void accept(T t);

}
```

Consumer<T>接口的accept()可以接收一个参数，但是不支持返回值，所以thenAccept()可以将前一个任务的结果及该阶段性的结果通过void accept(T t)方法传递到下一个任务。但是Consumer<T>接口的accept()方法没有返回值，所以thenAccept()也不能提供第二个任务的执行结果。

10.2.4　thenCompose()方法

thenCompose()方法在功能上与thenApply()、thenAccept()、thenRun()一样，可以对两个任务进行串行的调度操作，第一个任务操作完成时，将其结果作为参数传递给第二个任务。

thenCompose()方法有三个重载版本，声明如下：

```
public <U> CompletableFuture<U> thenCompose(
        Function<? super T, ? extends CompletionStage<U>> fn);

public <U> CompletableFuture<U> thenComposeAsync(
        Function<? super T, ? extends CompletionStage<U>> fn) ;

public <U> CompletableFuture<U> thenComposeAsync(
        Function<? super T, ? extends CompletionStage<U>> fn,
        Executor executor) ;
```

thenCompose()方法要求第二个任务的返回值是一个CompletionStage异步实例。因此，可以调用CompletableFuture.supplyAsync()方法将第二个任务所要调用的普通异步方法包装成一个CompletionStage异步实例。

作为演示，使用thenCompose分两步计算(10+10)*2，代码如下：

```
package com.crazymakercircle.completableFutureDemo;
//省略import
{
    @Test
    public void thenComposeDemo() throws Exception
    {
        CompletableFuture<Long> future =
                CompletableFuture.supplyAsync(new Supplier<Long>()
        {
            @Override
            public Long get()
            {
                long firstStep = 10L + 10L;
```

```
        Print.tco("firstStep outcome is " + firstStep);
        return firstStep;
    }
}).thenCompose(new Function<Long, CompletionStage<Long>>()
{
    @Override
    public CompletionStage<Long> apply(Long firstStepOutCome)
    {
        //重点：将第二个任务所要调用的普通异步方法包装成一个CompletionStage异步实例
        return CompletableFuture.supplyAsync(new Supplier<Long>()
        {
            //两个任务所要调用的普通异步方法
            @Override
            public Long get()
            {
                long secondStep = firstStepOutCome * 2;
                Print.tco("secondStep outcome is " + secondStep);
                return secondStep;
            }
        });
    }
});
long result = future.get();
Print.tco(" outcome is " + result);
}
//省略其他代码
}
```

　　这段程序的执行结果与使用thenApply()分两步计算(10+10)*2的结果是一样的。但是，thenCompose()所返回的不是第二个任务所要执行的普通异步方法Supplier<Long>.get()的直接计算结果，而是调用CompletableFuture.supplyAsync()方法将普通异步方法Supplier<Long>.get()包装成了一个CompletionStage异步实例并返回。

10.2.5　4 个任务串行方法的区别

　　thenApply()、thenRun()、thenAccept()这三个方法的不同之处主要在于其核心参数fn、action、consumer的类型不同，分别为Function<T, R>、Runnable、Consumer<? super T>类型。

　　但是，thenCompose()方法与thenApply()方法有本质的不同：

　　1）thenCompose()的返回值是一个新的CompletionStage实例，可以持续用来进行下一轮CompletionStage任务的调度。

　　具体来说，thenCompose()返回的是包装了普通异步方法的CompletionStage任务实例，通过该实例还可以进行下一轮CompletionStage任务的调度和执行，比如可以持续进行CompletionStage链式（或者流式）调用。

　　2）thenApply()的返回值简单多了，直接就是第二个任务的普通异步方法的执行结果，其返回类型与第二步执行的普通异步方法的返回类型相同，通过thenApply()所返回的值不能进行下一轮CompletionStage链式（或者流式）调用。

10.3　异步任务的合并执行

　　如果某个任务同时依赖另外两个异步任务的执行结果，就需要对另外两个异步任务进行合并。以泡茶喝为例，"泡茶喝"任务需要对"烧水"任务与"清洗"任务进行合并。

　　对两个异步任务的合并可以通过CompletionStage接口的thenCombine()、runAfterBoth()、thenAcceptBoth()三个方法来实现。这三个方法的不同之处主要在于这三类方法的核心参数fn、action、consumer的类型不同，分别为Function<T, R>、Runnable、Consumer<? super T>类型。

10.3.1　thenCombine()方法

　　thenCombine()会在两个CompletionStage任务都执行完成后，一块来处理两个任务的执行结果。

```
//合并第二步任务的CompletionStage实例，返回第三步任务的CompletionStage
public <U,V> CompletionStage<V> thenCombine(
        CompletionStage<? extends U> other, //待合并CompletionStage实例
        BiFunction<? super T,? super U,? extends V> fn); //第三步的逻辑
//不一定在同一个线程中执行第三步任务的CompletionStage实例
public <U,V> CompletionStage<V> thenCombineAsync(
        CompletionStage<? extends U> other,
        BiFunction<? super T,? super U,? extends V> fn);
//第三步任务的CompletionStage实例在指定的executor线程池中执行
public <U,V> CompletionStage<V> thenCombineAsync(
        CompletionStage<? extends U> other,
        BiFunction<? super T,? super U,? extends V> fn,
        Executor executor);
```

　　thenCombine()方法的调用者为第一步的CompletionStage实例；该方法的第一个参数为第二步的CompletionStage实例；该方法的返回值为第三步的CompletionStage实例。在逻辑上，thenCombine()方法的功能是将第一步、第二步的结果合并到第三步上。

　　thenCombine系列方法有两个核心参数：

- other参数：表示待合并的第二步任务的CompletionStage实例。
- fn参数：表示第一个任务和第二个任务执行完成后，第三步的需要执行的逻辑。

　　fn参数的类型为BiFunction<? super T,? super U,? extends V>，该类型的声明涉及三个泛型参数，具体如下：

- 泛型参数T：表示第一个任务所返回结果的类型。
- 泛型参数U：表示第二个任务所返回结果的类型。
- 泛型参数V：表示第三个任务所返回结果的类型。

　　BiFunction<? super T,? super U,? extends V>的源码如下：

```
@FunctionalInterface
public interface BiFunction<T, U, R> {
```

```
        R apply(T t, U u);
    }
```

通过BiFunction的apply()方法的源码可以看出，BiFunction的前两个泛型参数T、U是输入参数类型，BiFunction的后一个泛型参数V是输出参数的类型。

作为示例，接下来使用thenCombine分三步计算(10+10)*(10+10)，具体的代码如下：

```java
package com.crazymakercircle.completableFutureDemo;
//省略import
public class CompletableFutureDemo
{

    @Test
    public void thenCombineDemo() throws Exception
    {
        CompletableFuture<Integer> future1 =
                CompletableFuture.supplyAsync(new Supplier<Integer>()
                {
                    @Override
                    public Integer get()
                    {
                        Integer firstStep = 10 + 10;
                        Print.tco("firstStep outcome is " + firstStep);
                        return firstStep;
                    }
                });
        CompletableFuture<Integer> future2 =
                CompletableFuture.supplyAsync(new Supplier<Integer>()
                {
                    @Override
                    public Integer get()
                    {
                        Integer secondStep = 10 + 10;
                        Print.tco("secondStep outcome is " + secondStep);
                        return secondStep;
                    }
                });
        CompletableFuture<Integer> future3 = future1.thenCombine(future2,
                new BiFunction<Integer, Integer, Integer>()
                {
                    @Override
                    public Integer apply(
                        Integer step1OutCome, Integer step2OutCome)
                    {
                        return step1OutCome * step2OutCome;
                    }
                });
        Integer result = future3.get();
        Print.tco(" outcome is " + result);
    }
    //省略其他代码
}
```

运行程序，结果如下：

```
[ForkJoinPool.commonPool-worker-1]: firstStep outcome is 20
[ForkJoinPool.commonPool-worker-2]: secondStep outcome is 20
[main]:  outcome is 400
```

10.3.2 runAfterBoth()方法

runAfterBoth()方法跟thenCombine()方法不一样的是：runAfterBoth()方法不关心每一步任务的输入参数和处理结果。runAfterBoth()方法也有三个重载版本，声明如下：

```
//合并第二步任务的CompletionStage实例，返回第三步任务的CompletionStage
public CompletionStage<Void> runAfterBoth(
        CompletionStage<?> other,Runnable action);
//不一定在同一个线程中执行第三步任务的CompletionStage实例
public CompletionStage<Void> runAfterBothAsync(
        CompletionStage<?> other,Runnable action);
//第三步任务的CompletionStage实例在指定的executor线程池中执行
public CompletionStage<Void> runAfterBothAsync(
        CompletionStage<?> other,Runnable action,
        Executor executor);
```

runAfterBoth()方法的调用者为第一步任务的CompletionStage实例；runAfterBoth()方法的第一个参数为第二步任务的CompletionStage实例；runAfterBoth()方法的返回值为第三步的CompletionStage实例。

在逻辑上，第一步任务和第二步任务是并行执行的，thenCombine()方法的功能是将第一步、第二步的结果合并到第三步任务上。

与thenCombine系列方法的不同，runAfterBoth系列方法的第二个参数action为Runnable类型，表示其第一步任务、第二步任务、第三步任务既没有输入值，也没有输出值。

10.3.3 thenAcceptBoth()方法

thenAcceptBoth()方法对runAfterBoth()方法和thenCombine()方法的特点进行了折中，调用该方法，第三个任务可以接收其合并过来的第一个任务、第二个任务的处理结果，但是第三个任务（合并任务）却不能返回结果。

thenAcceptBoth()方法有三个重载版本，声明如下：

```
//合并第二步任务的CompletionStage实例，返回第三步任务的CompletionStage
public <U> CompletionStage<Void> thenAcceptBoth(
        CompletionStage<? extends U> other,
        BiConsumer<? super T, ? super U> action);
//功能与上一个方法相同，不一定在同一个线程执行第三步任务
public <U> CompletionStage<Void> thenAcceptBothAsync(
        CompletionStage<? extends U> other,
        BiConsumer<? super T, ? super U> action);
//功能与上一个方法相同，在指定的executor线程池中执行第三步任务
public <U> CompletionStage<Void> thenAcceptBothAsync(
        CompletionStage<? extends U> other,
        BiConsumer<? super T, ? super U> action,
        Executor executor);
```

thenAcceptBoth系列方法的第二个参数为需要合并的第二步任务的CompletionStage实例。第三个参数为第三个任务的回调函数，该参数名称为action，其类型为BiConsumer<? super T, ? super U>接口，该接口的代码如下：

```
@FunctionalInterface
public interface BiConsumer<T, U> {
    void accept(T t, U u);
}
```

BiConsumer<? super T, ? super U>接口的accept()方法可以接收两个参数，但是不支持返回值。所以thenAcceptBoth()可以将前面的第一个任务、第二个任务的结果作为阶段性的结果进行合并。但是BiConsumer<T, U>的accept()方法没有返回值，所以thenAccept()不能提供第三个任务的执行结果。

10.3.4　allOf()等待所有的任务结束

CompletionStage接口的allOf()会等待所有的任务结束，以合并所有的任务。thenCombine()只能合并两个任务，如果需要合并多个异步任务，可以使用allOf()。

一个简单的实例如下：

```
package com.crazymakercircle.completableFutureDemo;
//省略import
public class CompletableFutureDemo
{
    @Test
    public void allOfDemo() throws Exception
    {
        CompletableFuture<Void> future1 =
            CompletableFuture.runAsync(() -> Print.tco("模拟异步任务1"));

        CompletableFuture<Void> future2 =
            CompletableFuture.runAsync(() -> Print.tco("模拟异步任务2"));
        CompletableFuture<Void> future3 =
            CompletableFuture.runAsync(() -> Print.tco("模拟异步任务3"));
        CompletableFuture<Void> future4 =
            CompletableFuture.runAsync(() -> Print.tco("模拟异步任务4"));

        CompletableFuture<Void> all =
            CompletableFuture.allOf(future1, future2, future3, future4);
        all.join();
    }
    //省略其他代码
}
```

运行程序，结果如下：

```
[ForkJoinPool.commonPool-worker-1]: 模拟异步任务1
[ForkJoinPool.commonPool-worker-4]: 模拟异步任务4
[ForkJoinPool.commonPool-worker-3]: 模拟异步任务3
[ForkJoinPool.commonPool-worker-2]: 模拟异步任务2
```

10.4　异步任务的选择执行

CompletableFuture对异步任务的选择执行不是按照某种条件进行选择的，而是按照执行速度进行选择的：前面两并行任务，谁的结果返回速度快，其结果将作为第三步任务的输入。

对两个异步任务的选择可以通过CompletionStage接口的applyToEither()、runAfterEither()和acceptEither()三个方法来实现。这三个方法的不同之处在于它的核心参数fn、action、consumer的类型不同，分别为Function<T, R>、Runnable、Consumer<? super T>类型。

10.4.1　applyToEither()方法

两个CompletionStage谁返回结果的速度快，applyToEither()就用这个最快的CompletionStage的结果进行下一步（第三步）的回调操作。

applyToEither()方法有三个重载版本，声明如下：

```
//和other任务进行速度比较，最快返回的结果用于执行fn回调函数
public <U> CompletionStage<U> applyToEither(
        CompletionStage<? extends T> other,Function<? super T, U> fn);

//功能与上一个方法相同，不一定在同一个线程中执行fn回调函数
public <U> CompletionStage<U> applyToEitherAsync(
        CompletionStage<? extends T> other,Function<? super T, U> fn);

//功能与上一个方法相同，在指定线程执行fn回调函数
public <U> CompletionStage<U> applyToEitherAsync(
        CompletionStage<? extends T> other,
        Function<? super T, U> fn,Executor executor);
```

applyToEither系列方法的回调参数为fn，其类型为接口Function<T, R>，该接口的代码如下：

```
@FunctionalInterface
public interface Function<T, R> {
    R apply(T t);
}
```

Function<T, R>接口既能接收输入参数也支持返回值。在applyToEither()方法中，Function的输入参数为前两个CompletionStage中返回快的那个结果，Function的输出值为最终的执行结果。

作为示例，接下来使用applyToEither随机选（10+10）和（100+100）的结果，代码如下：

```
package com.crazymakercircle.completableFutureDemo;
//省略import
{
    @Test
    public void applyToEitherDemo() throws Exception
    {
        CompletableFuture<Integer> future1 =
                CompletableFuture.supplyAsync(new Supplier<Integer>()
                {
                    @Override
                    public Integer get()
                    {
                        Integer firstStep = 10 + 10;
                        Print.tco("firstStep outcome is " + firstStep);
                        return firstStep;
                    }
                });
        CompletableFuture<Integer> future2 =
                CompletableFuture.supplyAsync(new Supplier<Integer>()
                {
                    @Override
                    public Integer get()
                    {
                        Integer secondStep = 100 + 100;
                        Print.tco("secondStep outcome is " + secondStep);
                        return secondStep;
                    }
                });
```

```
                //谁返回结果快，其结果将被第三步选择到
        CompletableFuture<Integer> future3 =
                        future1.applyToEither(future2,
            new Function<Integer, Integer>()
            {
                @Override
                public Integer apply(Integer eitherOutCome)
                {
                    return eitherOutCome;
                }
            });
        Integer result = future3.get();
        Print.tco(" outcome is " + result);
    }
    //省略其他代码
}
```

运行程序，结果如下：

```
[ForkJoinPool.commonPool-worker-1]: firstStep outcome is 20
[ForkJoinPool.commonPool-worker-2]: secondStep outcome is 200
[main]:  outcome is 200
```

说明　以上示例中，由于commonPool-worker-1、commonPool-worker-2两个线程的调度具有随机性，因此输出结果有时是200，有时是20。

10.4.2　runAfterEither()方法

runAfterEither()方法功能为：前面两个CompletionStage实例，任何一个完成了都会执行第三步回调操作。三个任务的回调函数都是Runnable类型的。

runAfterEither()方法有三个重载版本，声明如下：

```
//和other任务进行速度PK，只要一个执行完成，就开始执行fn回调函数
public CompletionStage<Void> runAfterEither(
        CompletionStage<?> other,Runnable action);
//功能与上一个函数相同，不一定在同一个线程中执行fn回调函数
public CompletionStage<Void> runAfterEitherAsync(
        CompletionStage<?> other,Runnable action);
//功能与上一个函数相同，在指定线程执行fn回调函数
public CompletionStage<Void> runAfterEitherAsync(
        CompletionStage<?> other,Runnable action,
        Executor executor);
```

runAfterEither()方法的调用者为第一步任务的CompletionStage实例；runAfterEither()方法的第一个参数为第二步任务的CompletionStage实例；runAfterEither()方法的返回值为第三步任务的CompletionStage实例。

调用runAfterEither()方法，只要前面两个CompletionStage实例中的任何一个执行完成，就开始执行第三步的CompletionStage实例。

10.4.3　acceptEither()方法

acceptEither()方法对applyToEither()方法和runAfterEither()方法的特点进行了折中，两个

CompletionStage谁返回结果的速度快，acceptEither()就用这个最快的CompletionStage的结果作为下一步（第三步）的输入，但是第三步没有输出。

acceptEither()方法有三个重载版本，声明如下：

```
//和other任务进行速度PK，最快返回的结果用于执行fn回调函数
public CompletionStage<Void> acceptEither(
        CompletionStage<? extends T> other,
        Consumer<? super T> action);

//功能与上一个方法相同，不一定在同一个线程中执行fn回调函数
public CompletionStage<Void> acceptEitherAsync(
        CompletionStage<? extends T> other,
        Consumer<? super T> action);

//功能与上一个方法相同，在指定的executor线程池中执行第三步任务
public CompletionStage<Void> acceptEitherAsync(
        CompletionStage<? extends T> other,
        Consumer<? super T> action,Executor executor);
```

acceptEither系列方法的第二个参数other为待进行速度比较的第二步任务的CompletionStage实例。第三个参数为第三个任务的回调函数，该参数名称为action，其类型为Consumer<? super T>接口，该接口的代码如下：

```
@FunctionalInterface
public interface Consumer<T> {
    void accept(T t);
}
```

Consumer<T>接口的accept()可以接收一个参数，但是不支持返回值，所以acceptEither()可以将前面最快返回的阶段性结果通过void accept(T t)方法传递给第三个任务。但是Consumer<T>接口的accept()方法没有返回值，所以acceptEither()也不能提供第三个任务的执行结果。

10.5　CompletableFuture 的综合案例

本节基于CompletableFuture来实现前面介绍的泡茶喝实例和RPC异步调用实例。

10.5.1　使用 CompletableFuture 实现泡茶喝实例

为了领略CompletableFuture异步编程的优势，这里用CompletableFuture重新实现前面曾提及的烧水泡茶程序。首先需要完成分工方案，在下面的程序中，我们分3个任务：任务1负责洗水壶、烧开水，任务2负责洗茶壶、洗茶杯和拿茶叶，任务3负责泡茶。其中任务3要等待任务1和任务2都完成后才能开始。

基于CompletableFuture框架实现的泡茶喝程序，具体的代码如下：

```
package com.crazymakercircle.completableFutureDemo;
//省略import
public class DrinkTea
{
    private static final int SLEEP_GAP = 3;//等待3秒

    public static void main(String[] args)
```

```
        {
            // 任务 1: 洗水壶 -> 烧开水
            CompletableFuture<Boolean> hotJob =
                    CompletableFuture.supplyAsync(() ->
                    {
                        Print.tcfo("洗好水壶");
                        Print.tcfo("烧开水");

                        //线程睡眠一段时间, 代表烧水中
                        sleepSeconds(SLEEP_GAP);
                        Print.tcfo("水开了");
                        return true;

                    });
            // 任务 2: 洗茶壶 -> 洗茶杯 -> 拿茶叶
            CompletableFuture<Boolean> washJob =
                    CompletableFuture.supplyAsync(() ->
                    {
                        Print.tcfo("洗茶杯");
                        //线程睡眠一段时间, 代表清洗中
                        sleepSeconds(SLEEP_GAP);
                        Print.tcfo("洗完了");

                        return true;
                    });
            // 任务 3: 任务 1 和任务 2 完成后执行泡茶
            CompletableFuture<String> drinkJob=
                    hotJob.thenCombine(washJob, (hotOk, washOK) ->
                    {
                        if (hotOk && washOK)
                        {
                            Print.tcfo("泡茶喝, 茶喝完");
                            return "茶喝完了";
                        }
                        return "没有喝到茶";
                    });
            // 等待任务 3 执行结果
            Print.tco(drinkJob.join());
        }
    }
```

执行程序，结果如下：

```
[ForkJoinPool.commonPool-worker-2|DrinkTea.lambda$main$1]: 洗茶杯
[ForkJoinPool.commonPool-worker-1|DrinkTea.lambda$main$0]: 洗好水壶
[ForkJoinPool.commonPool-worker-1|DrinkTea.lambda$main$0]: 烧开水
[ForkJoinPool.commonPool-worker-2|DrinkTea.lambda$main$1]: 洗完了
[ForkJoinPool.commonPool-worker-1|DrinkTea.lambda$main$0]: 水开了
[ForkJoinPool.commonPool-worker-2|DrinkTea.lambda$main$2]: 泡茶喝, 茶喝完
[main]: 茶喝完了
```

以上结果，烧水线程为commonPool-worker-1，清洗线程为commonPool-worker-2。通过整体的执行过程可以发现：

1）给任务分配线程的工作由框架自动完成，没有烦琐的手工维护线程的工作，当然也无须手工维护线程。

2）任务之间的依赖关系能够一目了然。以下面的伪代码为例：

```
job3 = job1.thenCombine( job2, (result1, result2)->{回调逻辑})
```

以上伪代码能够清晰地表述"任务3要等待任务1和任务2都完成后才能开始"。所以，使用CompletableFuture框架能使得代码更简练、并发逻辑更加清晰。

10.5.2 使用 CompletableFuture 进行多个 RPC 调用

使用CompletableFuture进行多个RPC调用，参考的代码如下：

```java
package com.crazymakercircle.completableFutureDemo;
//省略import
public class IntegrityDemo
{
    /**
     * 模拟RPC调用1
     */
    public String rpc1()
    {
        //睡眠400毫秒，模拟执行耗时
        sleepMilliSeconds(600);
        Print.tcfo("模拟RPC调用: 服务器server 1");
        return "sth. from server 1";
    }

    /**
     * 模拟RPC调用2
     */
    public String rpc2()
    {
        //睡眠400毫秒，模拟执行耗时
        sleepMilliSeconds(600);
        Print.tcfo("模拟RPC调用: 服务器 server 2");
        return "sth. from server 2";
    }

    @Test
    public void rpcDemo() throws Exception
    {
        CompletableFuture<String> future1 = CompletableFuture.supplyAsync(() ->
        {
            return rpc1();
        });

        CompletableFuture<String> future2 =
                CompletableFuture.supplyAsync(() -> rpc2());

        CompletableFuture<String> future3 =
                future1.thenCombine(future2,
            (out1, out2) ->
            {
                return out1 + " & " + out2;
            });

        String result = future3.get();
        Print.tco("客户端合并最终的结果: " + result);
    }
}
```

运行程序，结果如下：

```
[ForkJoinPool.commonPool-worker-2|IntegrityDemo.rpc2]: 模拟RPC调用: 服务器 server 2
[ForkJoinPool.commonPool-worker-1|IntegrityDemo.rpc1]: 模拟RPC调用: 服务器 server 1
[main]: 客户端合并最终的结果: sth. from server 1 & sth. from server 2
```

10.5.3　使用 RxJava 模拟 RPC 异步回调

除了使用CompletableFuture组件外，很多Android程序员会使用RxJava去实现RPC异步回调，类似的代码如下：

```
package com.crazymakercircle.completableFutureDemo;
//省略import
public class IntegrityDemo
{
    //省略重复代码
    @Test
    public void rxJavaDemo() throws Exception
    {
        Observable<String> observable1 = Observable.fromCallable(() ->
        {
            return rpc1();
        }).subscribeOn(Schedulers.newThread());

      Observable<String> observable2 =
                    Observable.fromCallable(() -> rpc2())
                    .subscribeOn(Schedulers.newThread());

        Observable.merge(observable1, observable2)
              .observeOn(Schedulers.newThread())
              .toList()
              .subscribe(
              (result) -> Print.tco("客户端合并最终的结果: " + result));

        sleepSeconds(Integer.MAX_VALUE);
    }

}
```

运行程序，结果如下：

```
[RxNewThreadScheduler-2|IntegrityDemo.rpc2]: 模拟RPC调用: 服务器 server 2
[RxNewThreadScheduler-1|IntegrityDemo.rpc1]: 模拟RPC调用: 服务器 server 1
[RxNewThreadScheduler-3]: 客户端合并最终的结果: [sth. from server 1, sth. from server 2]
```

> 说明　RxJava在Android开发、Spring Cloud基础开发中得到了广泛的应用，唯一的问题就是上手不容易，但是无论实际开发是否用到RxJava，其原理和思想都值得大家学习。有关RxJava的原理和实战知识请参阅笔者的另一本书《Spring Cloud、Nginx高并发核心编程》。